PRISMA BIOLOGIE 5|6

Ausgabe A

Manfred Bergau
Anke Beuren
Irmgard Bohm
Günter Ganz
Gerda Hagen
Claudia Lissé-Thöneböhn
Helmut Prechtl
Burkhard Schäfer
Hans-Jürgen Seitz
Charlotte Willmer-Klumpp

Ernst Klett Verlag
Stuttgart Düsseldorf Leipzig

54 Bewegung hält fit und macht Spaß

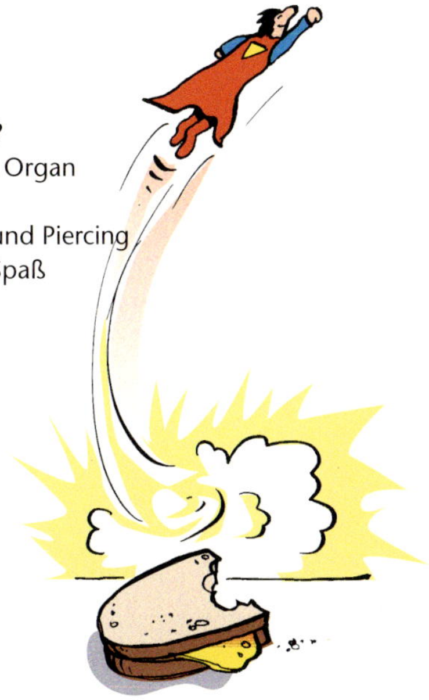

84 „Guten Appetit!"

100 Eine neue Zeit beginnt

120 Grüne Pflanzen – Grundlage für das Leben

150 Pflanzen und Tiere im Wechsel der Jahreszeiten

204 Vögel – Beherrscher der Luft

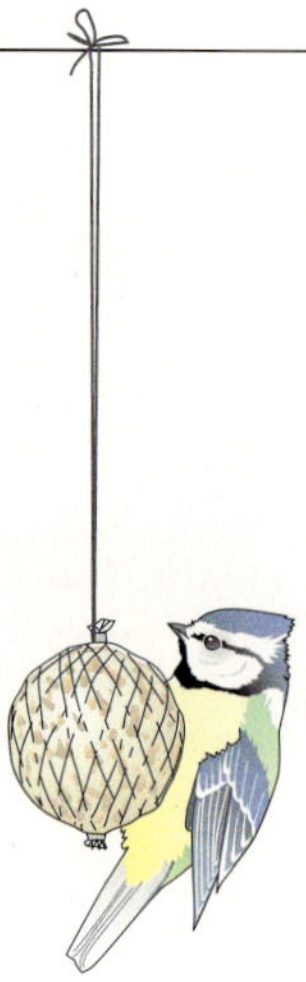

226 Säugetiere – zu Wasser, zu Lande und in der Luft

242 Pflanzen und Tiere im Schulumfeld

260 Der Wald – Lebensraum für Pflanze, Tier und Mensch

278 Anhang

Rallye durch dein Bio-Buch

Dein neues Biologiebuch gefällt dir gut. Du hast darin herumgeblättert. Aber kennst du dich schon richtig aus? Weißt du, was du damit alles machen kannst? Die Schulbuchrallye führt dich durch dein neues Biologiebuch und zeigt dir, was es alles bietet.
Nimm ein Blatt Papier zur Hand und notiere dir alle Begriffe, nach denen gefragt wird. Rahme dann den gewünschten Buchstaben ein. Die Buchstaben ergeben, nacheinander gelesen, den Lösungssatz! Viel Spaß!

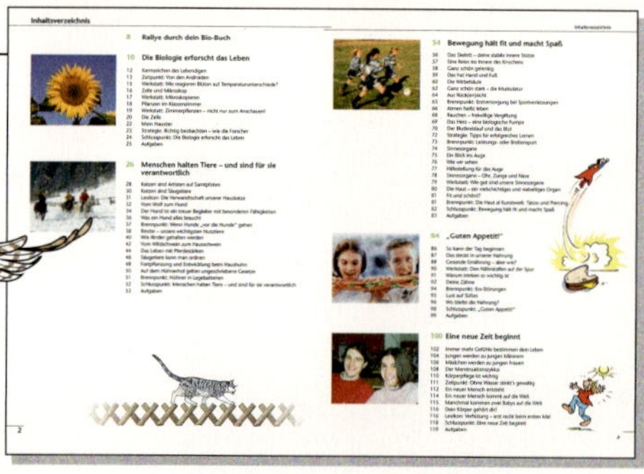

1 Im **Inhaltsverzeichnis** auf Seite 2–7 erfährst du, welche Kapitel dein Biologiebuch enthält. Finde das Kapitel „Vögel".
Welche Vögel können am weitesten fliegen? Nimm den 4. Buchstaben des Vogelnamens.

2 In der Umgebung deiner Schule (Kapitel Schulumfeld) können auch giftige Pflanzen wachsen. Im **Brennpunkt** erfährst du etwas über wichtige und aktuelle Themen, hier über Vergiftungen durch Pflanzen. Ein gelb blühender Strauch ist besonders gefährlich. Notiere den 2. Buchstaben der Pflanze.

3 Tiger, Löwe, Luchs und Gepard, alle sind Verwandte unserer Hauskatze. Die Vielfalt der Lebewesen in der Biologie schaust du am besten auf den blauen **Lexikon-Seiten** nach. Findest du heraus, wie die Vorfahren der Katzen hießen (S. 31)? Nimm den 7. Buchstaben.

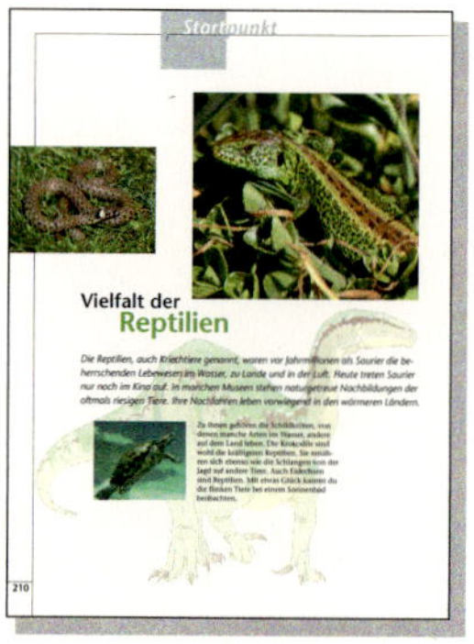

4 Dein Biologiebuch enthält viele schöne Fotos und interessante Abbildungen, besonders im **Startpunkt**. Finde den Startpunkt zum Kapitel „Bewegung" und notiere dir, welches Sportgerät links oben auf dem Foto abgebildet ist. Du brauchst den 2. Buchstaben.

5 Du machst selbst gerne Versuche? Dann solltest du dir die grünen **Werkstatt-Seiten** genau anschauen. Auf der Seite 178 wird untersucht, wie ein besonderes Organ von Fischen funktioniert. Welches? Du brauchst den 9. Buchstaben.

6 Hast du schon die kleinen **grauen Quadrate** in den Ecken deines Biologiebuchs bemerkt? Auf diesen Seiten bekommst du allgemeine Informationen über das jeweilige Thema, z. B. wie eine Blütenpflanze aufgebaut ist. An welcher Pflanze bekommst du den Aufbau erklärt (S. 122)? Nimm den 13. Buchstaben.

7 Die **Merksätze** sind sehr wichtig. Du erkennst sie am kleinen blauen Dreieck. Schau auf Seite 86 nach, warum ein Frühstück der Start in den Tag ist. Es liefert dir etwas Notwendiges. Nimm den ersten oder letzten Buchstaben.

8 Dein Biologiebuch kann noch mehr als dir über die Biologie erzählen. Es hilft dir beim Lernen und zeigt dir Methoden, wie du Ergebnisse präsentieren kannst, zum Beispiel auf einem Plakat. Schlage die **Strategie-Seite** 184 auf und finde heraus, was das Wichtigste ist. Du brauchst den 2. Buchstaben.

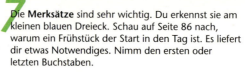

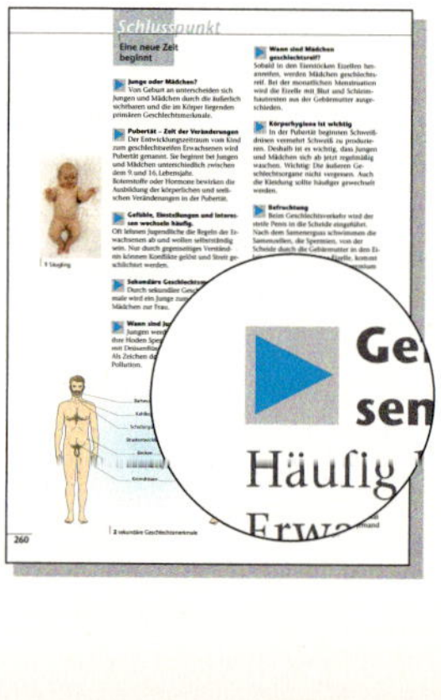

9 Im **Schlusspunkt** kannst du noch einmal alles wiederholen, was du gelernt hast. Hier findest du auch Aufgaben, besonders kniffelige haben eine rote Zahl. Aufgaben, für die es hinten im Buch eine Lösung gibt, sind doppelt unterstrichen.
Ihr werdet sicher auch über die Veränderungen bei Jungen und Mädchen sprechen. Wie nennt man sie (S. 118)? Notiere den 4. Buchstaben.

10 Die Naturschutz AG (S.192) trifft sich jedes Jahr schon Ende Februar, um eine Aktion zu planen. Welche? Nimm den 6. oder 10. Buchstaben.

11 Dein Biologiebuch hilft dir auch, einen Blick in Vergangenheit und Zukunft zu werfen. Weißt du, wie man künstliche Menschen noch nennt? Die Antwort findest du im Kapitel „Biologie erforscht das Leben" (S.13). Schreib den 3. Buchstaben auf.

12 Saurier haben in verschiedenen Lebensräumen gelebt, auch im offenen Meer. Fischsaurier waren ausgezeichnete Schwimmer. Sie haben auch einen wissenschaftlichen Namen. Schau im Lexikon auf Seite 202. nach und notiere den 1. Buchstaben.

13 Autos sind für ihn die größte Gefahr. Welches Tier ist gemeint? Die Antwort findest du im Kapitel „Säugetiere" (S.230). Nimm den 2. und 3. Buchstaben.

14 Auf der Seite 73 lernst du Lisa und Martha kennen. Beide treiben Sport. Wie nennt man es, wenn man – wie Martha – Sport als Hobby betreibt? Nimm den 1. Buchstaben.

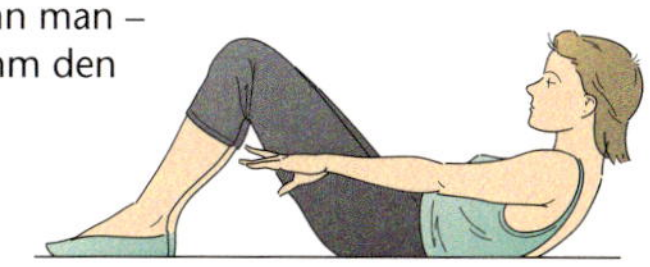

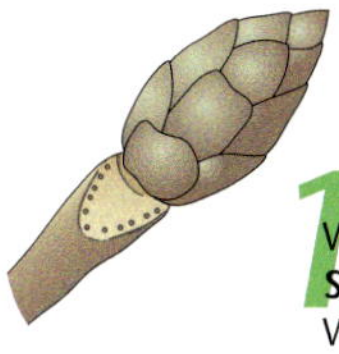

15 Welches ist die schwerste Jahreszeit für Pflanzen? Im **Schlusspunkt** des Kapitels „Pflanzen und Tiere im Wechsel der Jahreszeiten" erfährst du es. Du brauchst den 2. Buchstaben.

16 Der **Startpunkt** des ersten Kapitels gibt dir einen Überblick über die Fachgebiete der Biologie. Welches beschäftigt sich mit Pflanzen? Notiere dir den 2. Buchstaben.

17 Unternimm im **Zeitpunkt** auf Seite 127 eine Reise in die Vergangenheit. Außer Zuckerrohr gibt es noch eine weitere Pflanze, die Zucker enthält, welche? Der 6. Buchstabe wird gebraucht.

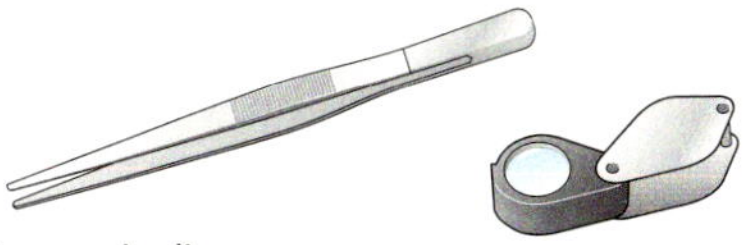

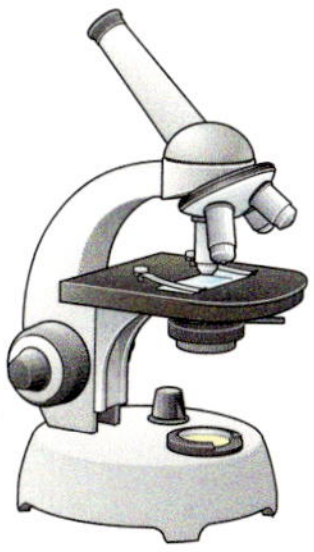

18 Die **Strategie-Seite** „Richtig beobachten – wie die Forscher" (S. 23) gibt dir ein Beispiel, wie man ein Beobachtungsprotokoll erstellt. Wen beobachtet Felix am 20. März? Notiere den 2. Buchstaben des Namens.

19 In der **Werkstatt-Seite** „Den Nährstoffen auf der Spur" (S.90) kannst du nachlesen, wie du Traubenzucker nachweist. Dazu brauchst du Teststreifen. Wie heißen sie? Nimm den 1. Buchstaben.

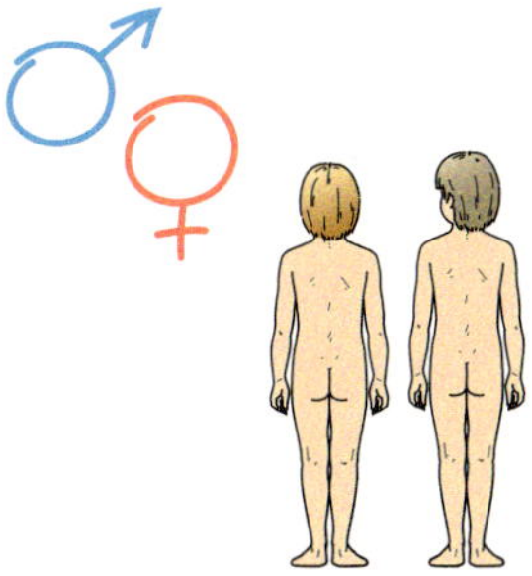

20 Im Kapitel „Eine neue Zeit beginnt" erfährst du einiges über ein Zwillingspärchen. Der Junge heißt Mark. Welchen Namen hat das Mädchen? Notiere den Buchstaben, der zweimal vorkommt.

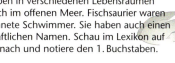

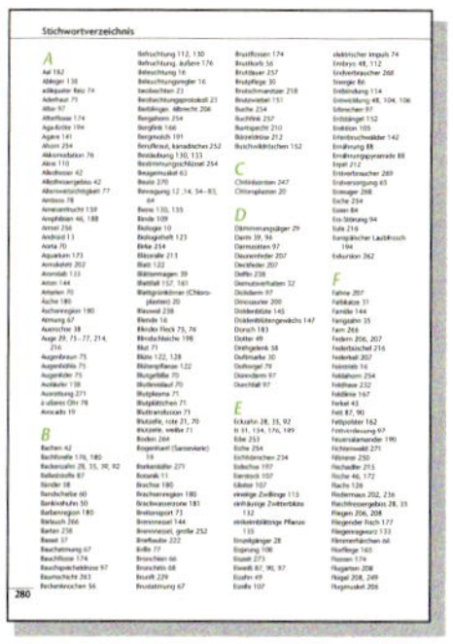

21 Zum Schluss deines Biologiebuches findest du das **Register**. Hier sind alle wichtigen Begriffe alphabetisch aufgelistet. Ein Register nennt man auch Stichwortverzeichnis. Nimm von diesem Wort den 11. Buchstaben.

Die Biologie erforscht das Leben

So sehen Astronauten, die von einem Weltraumflug zurückkehren, die Erde. Je mehr sie sich dem Heimatplaneten nähern, desto deutlicher können sie Einzelheiten erkennen. Schließlich sehen sie Pflanzen, Tiere und Menschen und es ist klar, dass die Erde ein Planet des Lebens ist.

Du wirst kaum einen Platz auf der Erde finden, der ohne Leben ist. Die Wissenschaft, die das Leben auf der Erde erforscht, ist die Biologie. Das Wort „Biologie“ stammt aus dem Griechischen und heißt übersetzt: Lehre vom Leben.
Aber auch andere Wissenschaften erforschen die Lebensbedingungen auf der Erde. Die Chemie untersucht die Eigenschaften der Stoffe in der Natur und die Physik erforscht die unbelebte Umwelt.

Biologie, Chemie und Physik sind Naturwissenschaften. Die Naturwissenschaften erforschen die gesamte Umwelt des Menschen. Naturwissenschaftler stellen Fragen zur Natur und versuchen, diese Fragen mithilfe von Beobachtungen und Versuchen zu beantworten.

Bestimmt hast auch du viele Fragen zur Natur. Dein neues Biologiebuch kann dir helfen, Antworten auf deine Fragen zu finden.

Die **Humanbiologie** widmet sich der Erforschung des Menschen.

Die **Ökologie** untersucht die vielfältigen Wechselbeziehungen zwischen verschiedenen Lebewesen und ihrer Umwelt.

Das Leben auf der Erde ist sehr vielfältig. Die Biologie ist in verschiedene Fachgebiete aufgeteilt, um diese Vielfalt zu erforschen:

Die **Botanik** beschäftigt sich mit den Pflanzen.

Biologie

Die **Zoologie** erforscht das Leben der Tiere.

1 Zwergkaninchen

Leben – was ist das?

Moffel ist ein Zwergkaninchen und lebt bei Felix zu Hause. Er ist ein lebhaftes, kleines Kaninchen, und die ganze Familie hat ihn ins Herz geschlossen.
Felix hat ihn als junges Tier geschenkt bekommen (▷ B 1). Inzwischen ist Moffel kräftig gewachsen. **Wachstum** ist ein Kennzeichen, das alle Lebewesen auf der Erde besitzen.

Neben dem Wachstum gibt es noch andere Kennzeichen, die das Leben ausmachen.

Moffel hoppelt gerne in der ganzen Wohnung oder in seinem Käfig im Garten herum (▷ B 2). Das Tier braucht diese Bewegung, damit es gesund bleibt. **Bewegung** ist ebenfalls ein Merkmal von Lebewesen.

2 Bewegung

3 Reizbarkeit

Wenn Moffel erschrickt und Angst bekommt, läuft er sofort in ein Versteck (▷ B 3). Er zeigt aber auch, wenn er sich wohl fühlt. Diese Reaktion auf Reize aus der Umwelt nennen Biologen **Reizbarkeit**. Auch dies ist ein Kennzeichen des Lebens. Fast alle Lebewesen haben Sinnesorgane, wie z. B. Augen, mit denen sie Reize aus der Umwelt aufnehmen.

Wenn Felix Zwergkaninchen züchten wollte, so müsste er dafür sorgen, dass Moffel sich mit einem weiblichen Kaninchen paaren kann. Etwa 28–30 Tage nach der Paarung bekommt das Weibchen mehrere blinde, nackte und taube Junge.
Fortpflanzung (▷ B 4) gehört also auch zum Leben. Könnten sich Zwergkaninchen nicht fortpflanzen, würden sie allmählich aussterben.

4 Fortpflanzung

5 Kaninchen haben einen Stoffwechsel.

Der kleine Kerl hat einen ganz schönen Appetit. Moffel braucht Wasser und gutes Futter, sonst fühlt er sich nicht wohl oder wird krank. Was sein Körper von der Nahrung nicht braucht, scheidet er wieder aus. Diesen Vorgang nennt man Stoffwechsel (▷ B 5). Auch der **Stoffwechsel** ist ein Kennzeichen aller Lebewesen.

Aufgaben

1 Überprüfe bei folgenden Dingen, ob es Lebewesen sind oder nicht: Schlange, Wolke, Kerzenflamme, Pilz, Teddybär.

2 Notiere welche verschiedenen Lebewesen dir an einem Tag begegnen.

Tierart	Höchstalter
Schildkröte	150 Jahre
Mensch	122 Jahre
Wal	100 Jahre
Karpfen	100 Jahre
Kakadu	100 Jahre
Elefant	70 Jahre
Pferd	50 Jahre
Erdkröte	40 Jahre
Riesenschlange	28 Jahre
Stubenfliege	76 Tage
Eintagsfliege	4 Stunden

7 Höchstalter verschiedener Tierarten

Aber auch ein Zwergkaninchen lebt nicht ewig. Wie alle anderen Lebewesen wird Moffel einmal sterben. Zwergkaninchen werden im Durchschnitt etwa sieben Jahre alt. Bei guter Pflege und Gesundheit können sie aber auch bis zu zehn Jahre alt werden. So merkwürdig es klingen mag, aber auch der **Tod** (▷ B 6) gehört zum Leben, denn alles, was lebt, muss einmal sterben.

Die Kennzeichen des Lebendigen sind: Wachstum, Bewegung, Reizbarkeit, Fortpflanzung und Stoffwechsel.
Durch den Tod wird das Leben beendet.

6 Tod

Zeitpunkt

Von den Androiden

Schon immer hatten die Menschen den Wunsch, künstliches Leben zu schaffen. Der Arzt Frankenstein fügte im Film aus Leichenteilen einen neuen Menschen zusammen und erweckte das Wesen mithilfe von elektrischem Strom zum Leben. Heute schaffen wir künstliche Menschen, so genannte Androiden, die in manchen Filmen sehr menschenähnlich dargestellt sind.

Aufgabe

1 Sind Androiden echte Lebewesen? Begründe deine Antwort.

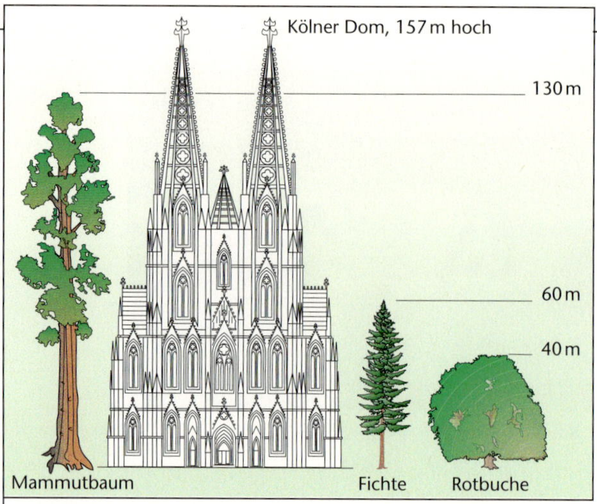

1 Größenvergleich von Bäumen mit dem Kölner Dom

Zeigen auch Pflanzen die Kennzeichen des Lebens?
Beim **Wachstum** können wir das sofort bestätigen. Die meisten Pflanzen wachsen aus Samen heran. Am Beispiel des Apfelbaumes kannst du das leicht erkennen. Manche Baumarten, wie z. B. die Mammutbäume in Amerika, können über 100 m hoch werden; fast so hoch wie der Kölner Dom (▷ B 1).

2 Bewegung

Können sich Pflanzen wirklich bewegen?
Die **Bewegung** bei Pflanzen kannst du ganz einfach z. B. bei einem Gänseblümchen beobachten. Je nach Tageszeit oder Temperatur öffnet oder schließt sich die Blüte der Pflanze (▷ B 2). Auch die Blüten des Löwenzahns richten sich nach der Helligkeit. Pflanzen bewegen sich, selbst wenn wir das nicht immer sofort erkennen, da die Bewegungen für unser Auge meist zu langsam sind.

Pflanzen zeigen **Reizbarkeit**: Sie nehmen Umweltreize wahr und reagieren darauf. Sehr eindrucksvoll kannst du das bei der Mimose beobachten: Wenn man diese Pflanze berührt, klappen ihre Blätter ein (▷ B 3).

3 Reizbarkeit: Mimose bei Berührung

4 Fortpflanzung

Fortpflanzung ist auch bei Pflanzen notwendig. Aus der befruchteten Blüte eines Apfelbaumes zum Beispiel entwickelt sich die Frucht mit den Samen (▷ B 4). Aus diesen Samen entstehen wieder Apfelbäume, wenn sie in die Erde gelangen und dort austreiben können.

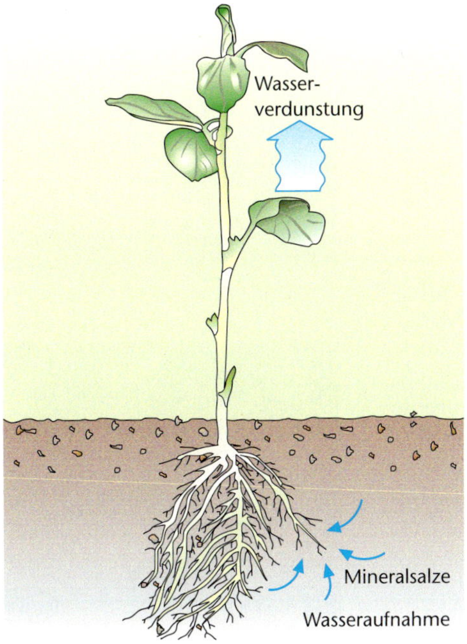

5 Pflanzen haben einen Stoffwechsel.

Den **Stoffwechsel** kannst du bei Pflanzen nicht so einfach erkennen. Aber Pflanzen nehmen Stoffe, wie z. B. Wasser und Mineralsalze, aus der Umwelt auf und wandeln diese um (▷ B 5).

Wie alle anderen Lebewesen müssen Pflanzen einmal sterben. Erst der **Tod** beendet das Wachstum der Pflanzen (▷ B 6).

6 Tote Bäume

Aufgaben

1 Überlege, wo du schon einmal die Bewegung von Pflanzen gesehen hast und berichte.

2 Was meint man damit, wenn man von einem Menschen sagt, er sei eine Mimose? Erkläre den Vergleich.

Auch Pflanzen zeigen die Kennzeichen des Lebendigen. Pflanzen haben einen Stoffwechsel, sie wachsen, pflanzen sich fort, sie reagieren auf Umweltreize und können sich bewegen.
Pflanzen wachsen bis zu ihrem Tod.

Pflanzenart	**Höchstalter**
Borstenkiefer	4600 Jahre
Mammutbaum	4000 Jahre
Fichte	1100 Jahre
Wacholder	500 Jahre
Birnbaum	300 Jahre
Eberesche	80 Jahre
Heidelbeere	25 Jahre
Bärlapp	7 Jahre
Wiesenbärenklau	2 Jahre
Einjähriges Rispengras	1 Jahr

7 Höchstalter verschiedener Pflanzenarten

Werkstatt

Wie reagieren Blüten auf Temperaturunterschiede?

Material
Gänseblümchen, zwei kleine Gefäße

Versuchsanleitung
In eines der Gefäße füllst du lauwarmes Wasser (ca. 30 °C) und in das andere gibst du kaltes Wasser. In jedes der Gefäße stellst du zwei bis drei Gänseblümchen.

Was denkst du, wird als Ergebnis herauskommen?
Stelle zunächst einige Vermutungen an.

Beobachte nun etwa 20 Minuten lang und notiere dann deine Beobachtung.

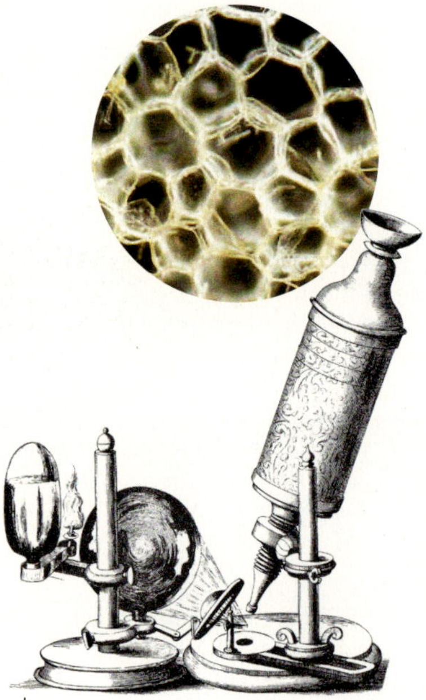

1 Mikroskop von Robert Hooke (unten), Korkzellen unter dem Lichtmikroskop (oben)

„Unsichtbares" wird sichtbar

So sieht die Haut deines Handrückens aus (▷ B 3). Ohne Lupe oder Mikroskop kannst du nur wenige Einzelheiten, wie z. B. die Poren, erkennen.
Mit etwa tausendfacher Vergrößerung unter dem Mikroskop sieht eine Schweißpore in der menschlichen Haut aus wie ein riesiger Tunnel (▷ B 3 unten).

Mit einem Mikroskop, wie du es in Abbildung 1 siehst, untersuchte der Engländer Robert Hooke (1635–1703) Flaschenkork aus Korkeichen. Er sah kleine Gebilde, die er Zellen nannte. Auch in den Blättern anderer Pflanzen konnte er Zellen erkennen. Inzwischen weiß man, dass alle Lebewesen aus Zellen bestehen. Zellen sind die kleinsten lebenden Bausteine von Pflanze, Tier und Mensch.

Alle Lebewesen bestehen aus Zellen. Die Zellen kann man unter dem Mikroskop sehen.

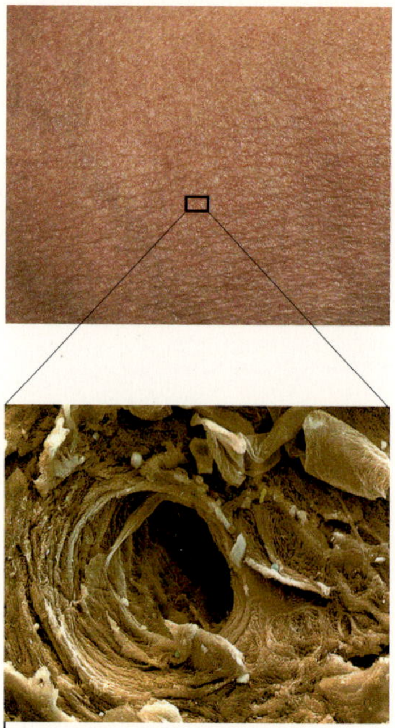

3 Menschliche Haut mit Schweißpore, unten 880fach vergrößert

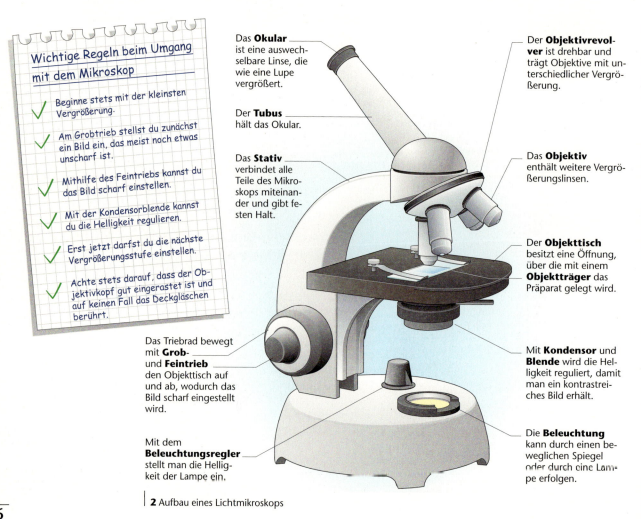

Wichtige Regeln beim Umgang mit dem Mikroskop

- ✓ Beginne stets mit der kleinsten Vergrößerung.
- ✓ Am Grobtrieb stellst du zunächst ein Bild ein, das meist noch etwas unscharf ist.
- ✓ Mithilfe des Feintriebs kannst du das Bild scharf einstellen.
- ✓ Mit der Kondensorblende kannst du die Helligkeit regulieren.
- ✓ Erst jetzt darfst du die nächste Vergrößerungsstufe einstellen.
- ✓ Achte stets darauf, dass der Objektivkopf gut eingerastet ist und auf keinen Fall das Deckgläschen berührt.

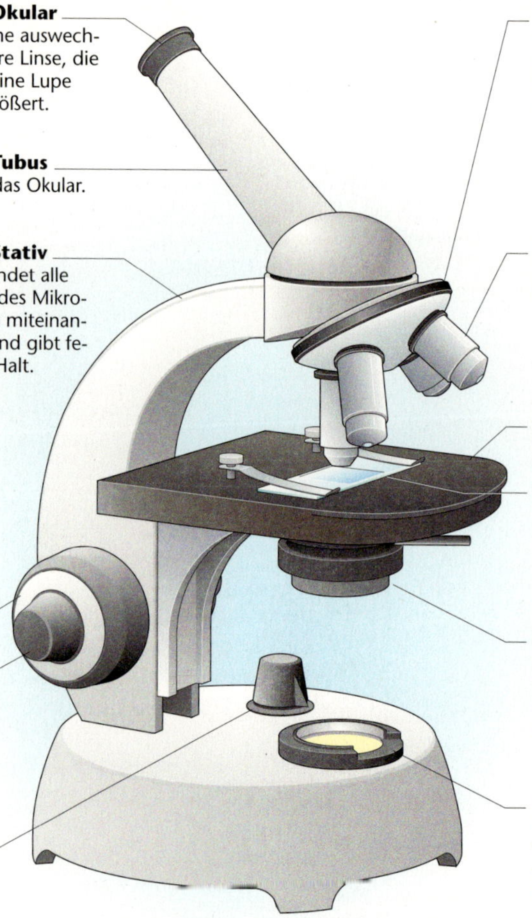

Das **Okular** ist eine auswechselbare Linse, die wie eine Lupe vergrößert.
Der **Tubus** hält das Okular.
Das **Stativ** verbindet alle Teile des Mikroskops miteinander und gibt festen Halt.
Das Triebrad bewegt mit **Grob-** und **Feintrieb** den Objekttisch auf und ab, wodurch das Bild scharf eingestellt wird.
Mit dem **Beleuchtungsregler** stellt man die Helligkeit der Lampe ein.
Der **Objektivrevolver** ist drehbar und trägt Objektive mit unterschiedlicher Vergrößerung.
Das **Objektiv** enthält weitere Vergrößerungslinsen.
Der **Objekttisch** besitzt eine Öffnung, über die mit einem **Objektträger** das Präparat gelegt wird.
Mit **Kondensor** und **Blende** wird die Helligkeit reguliert, damit man ein kontrastreiches Bild erhält.
Die **Beleuchtung** kann durch einen beweglichen Spiegel oder durch eine Lampe erfolgen.

2 Aufbau eines Lichtmikroskops

Werkstatt

Mikroskopieren

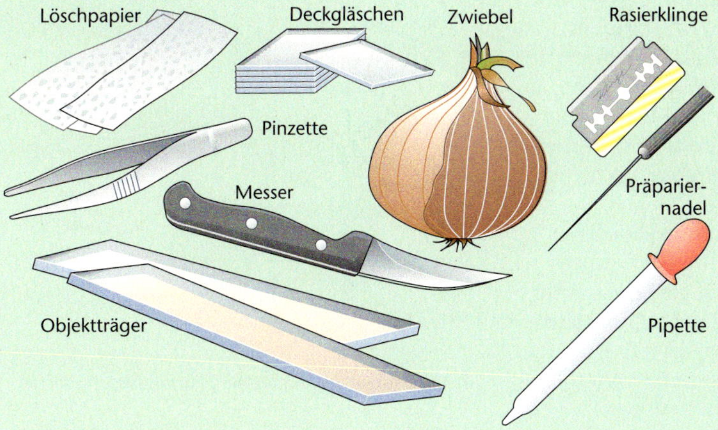

Wir untersuchen die Zellen einer Küchenzwiebel. Dafür benötigen wir die oben abgebildeten Arbeitsgeräte.
Mit den Arbeitsgeräten musst du sehr sorgfältig umgehen, damit du dich oder andere nicht verletzt.

Material:
Küchenzwiebel, Messer, Rasierklinge, Pinzette, Objektträger, Deckgläschen, Pipette, Löschpapier

Durchführung:
1. Lege die Arbeitsgeräte bereit und zerschneide die Zwiebel.

2. Löse eine Zwiebelschuppe heraus.

3. Schneide die Zwiebelschuppe mit dem Skalpell oder einer Rasierklinge ein.

4. Gib mit einer Pipette einen Tropfen Wasser auf den Objektträger.

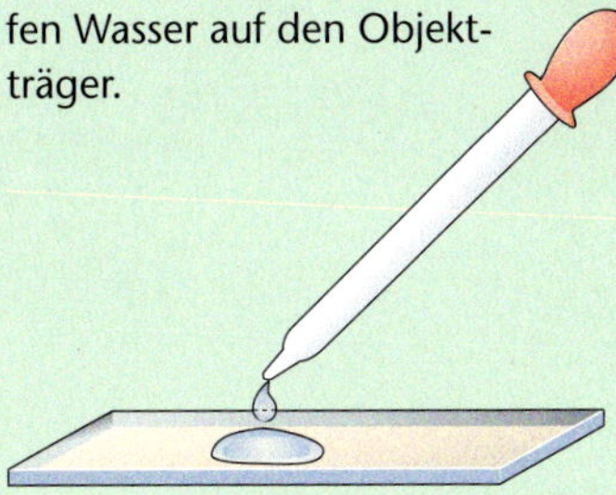

5. Löse mit der Pinzette ein kleines Stückchen Zwiebelhaut heraus.

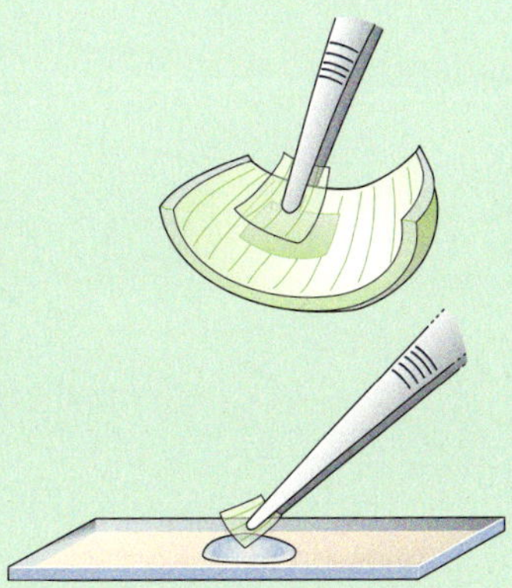

6. Lege das Zwiebelhäutchen in den Wassertropfen auf dem Objektträger.

7. Senke das Deckgläschen vorsichtig auf das Zwiebelhäutchen ab, am besten mithilfe der Präpariernadel.

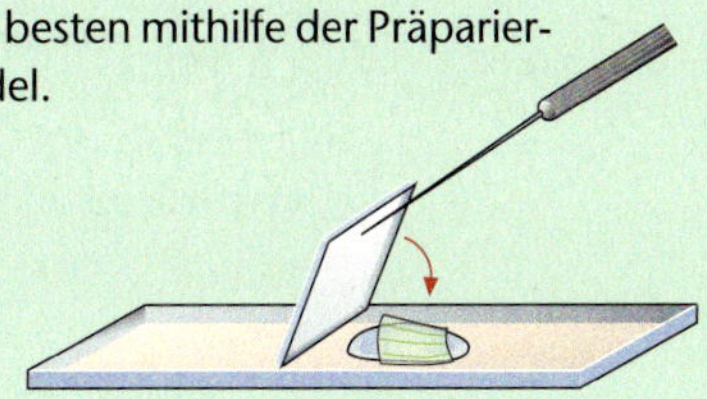

8. Sauge überschüssiges Wasser mit einem Löschblatt ab.

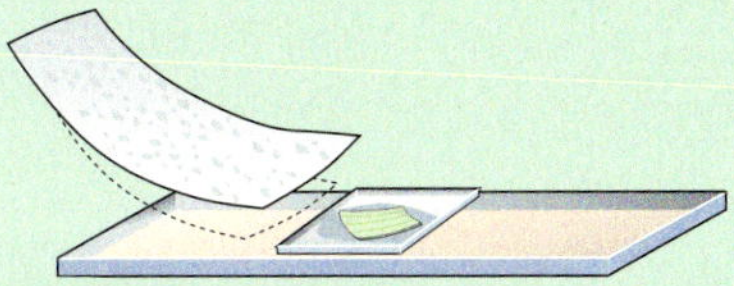

9. Lege das fertige Präparat unter das Mikroskop.

10. Beginne mit der kleinsten Vergrößerung.

11. Stelle eine immer stärkere Vergrößerung ein.

12. Schaue dir das Präparat in Ruhe genau an.

13. Fertige eine große Zeichnung von dem Zwiebelhautpräparat an. Zeichne mindestens drei Zellen.

14. Wenn du fertig bist, nimm das Präparat vom Objekttisch und reinige Objektträger und Deckgläschen.

15. Stelle das Mikroskop wieder auf die kleinste Vergrößerung und räume alle Arbeitsgeräte auf.

Aufgaben

1 Betrachte einen Salzkristall unter dem Mikroskop und zeichne ihn.

2 Besorge dir Blättchen der Wasserpest und betrachte sie unter dem Mikroskop. Fertige eine Skizze der Zellen an.

Die 5a bezieht nach den Sommerferien ihr neues Klassenzimmer. „Oh je“ ruft Tim, „das sieht ja langweilig aus!“ „Vielleicht können wir mit Pflanzen etwas Leben in unseren Raum bringen. Immer zwei von uns könnten doch eine Zimmerpflanze in Pflege nehmen“, meint Lisa. Am nächsten Tag bringt sie einige Bücher über Zimmerpflanzen in die Biologiestunde mit. Die Klasse informiert sich zuerst in Gruppen über das Thema Zimmerpflanzen.

Richtige Pflege von Zimmerpflanzen
Nicht immer gedeihen unsere Zimmerpflanzen gut, obwohl wir sie regelmäßig gießen. In ihrer Heimat herrschen nämlich andere Lebensbedingungen als bei uns im Klassenraum. Deshalb sollte man folgende Regeln kennen, bevor man sich „grüne Pfleglinge“ ins Zimmer holt.

Viele Zimmerpflanzen kommen aus tropischen Ländern mit feucht-warmem Klima. In unseren Räumen mit Zentralheizung ist es zwar warm, aber es fehlt die nötige Luftfeuchtigkeit. Gießen allein hilft nicht, wir müssen einen Handzerstäuber benut-

3 Grundausstattung für die Zimmerpflanzenpflege

zen. Gönne deinen Pflanzen ab und zu ein „Bad im Regen“.

Oft sterben Zimmerpflanzen ab, weil sie zu viel und zu häufig gegossen werden. Erkundige dich zuerst nach dem Wasserbedarf deiner Pflanzen und gieße nur mit

1 Zypergras

2 Yucca

zimmerwarmem Wasser. Vermeide ein „Fußbad“, sonst faulen die Wurzeln.
Mit großer Sorgfalt solltest du den Standort deiner Zimmerpflanzen auswählen. Halte dich an die Ratschläge von Gärtnern, sie sind die Fachleute. Wenige Pflanzen vertragen die pralle Sonne.

Achte regelmäßig auf Schädlinge an deiner Zimmerpflanze, z. B. Blattläuse oder Milben. Du erkennst eine Pflanzenkrankheit oft am Zustand der Blätter. Blattläuse kannst du übrigens mit bloßem Auge sehen.
Ab und zu braucht deine Zimmerpflanze einen neuen, größeren Topf und frische Blumenerde. „Umtopfen“ nennen Gärtner diese Aktion.
Im Zimmer kann man Wärme, Licht und Bodenfeuchtigkeit so regeln, dass Pflanzen zu allen Jahreszeiten blühen und wachsen.

Die 5a braucht eine Grundausstattung an Arbeitsmaterial und kleinen Gartengeräten, ohne die sie die Pflege ihrer Zimmerpflanzen nicht durchführen kann (▷B 3).

4 Bogenhanf (Sansevierie)

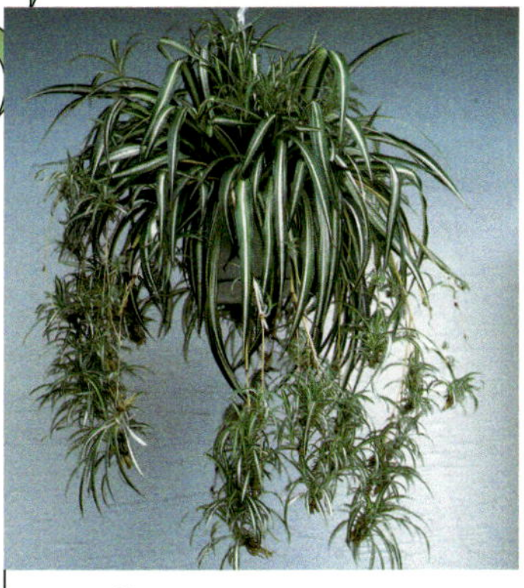

5 Grünlilie

Werkstatt

Zimmerpflanzen – nicht nur zum Anschauen!

1 Buchstabensalat

Material

Blumendraht, Watte, Kressesamen, Teller und Wasser

Durchführung

Forme aus Blumendraht den Anfangsbuchstaben deines Namens. Befestige eine dicke Watteschicht um den Draht. Besprühe den Wattebuchstaben mit Wasser und bestreue ihn mit Kressesamen. Lege den Buchstaben auf einen Teller. Halte alles feucht und beobachte. Wenn die Kressesamen gewachsen sind, ergibt sich – aufgehängt – ein tolles Mobile als Fensterdekoration. Die Kresse schmeckt später auf einem Tomatenbrot besonders gut.

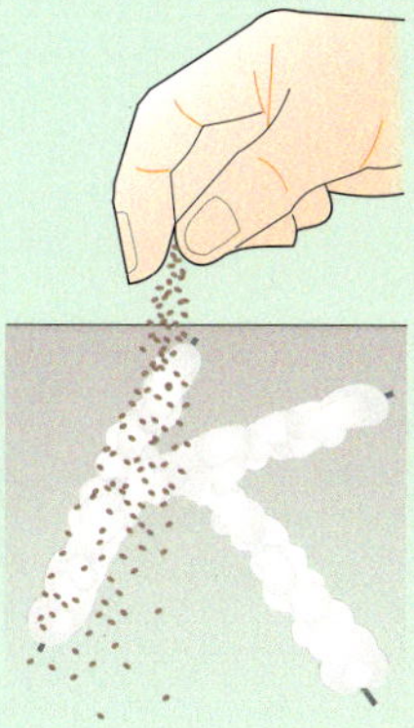

1 Kressebuchstabe

2 Anzucht von Kopfstecklingen

Material

Zypergras, Messer, Tasse und Wasser

Durchführung

Schneide von einem Zypergras einen Stiel ungefähr 5 cm unter dem Blattquirl ab. Kürze alle Blätter um die Hälfte und lege Blätter und Stiel in eine Tasse mit Wasser.
Was geschieht?
Den Vorgang nennt man Anzucht von „Kopfstecklingen“.

2 Kopfsteckling

3 Avocadopflanzen

Material

Avocadokern, Messer, Streichhölzer, Marmeladenglas und Wasser

Durchführung

Schneide einen Avocadokern an der breiten Seite ungefähr bis zur Mitte auf. Spitze drei Streichhölzer so an, dass du sie an drei Stellen des Kerns hineinstecken kannst. Lege nun den Kern in ein Marmeladenglas mit Wasser; dabei darf nur der untere Teil des Kerns ins Wasser eintauchen. Nun musst du einige Wochen Geduld haben. Was geschieht? Schreibe deine Beobachtungen ins Biologieheft.

3 Avocadokern zur Anzucht einer neuen Avocadopflanze

Die Zelle

1 Laubblatt

2 Blatt, Längsschnitt

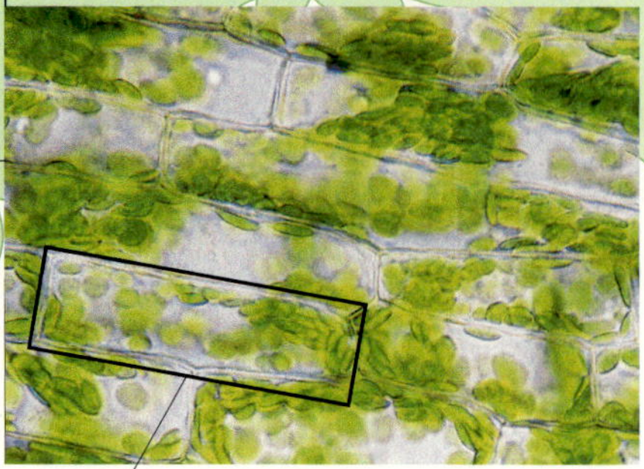

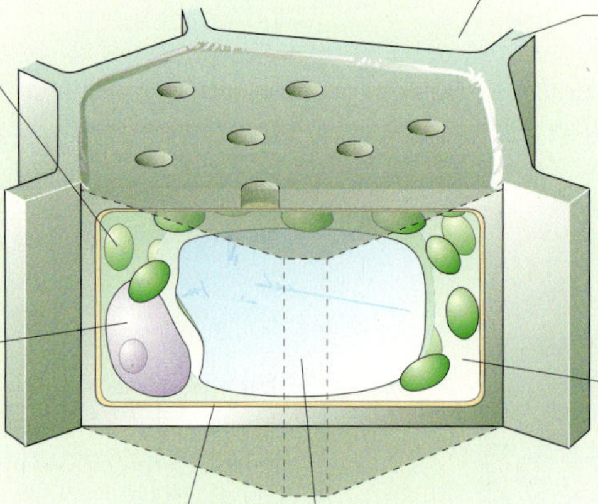

Die **Blattgrünkörner** (Chloroplasten) dienen der Pflanzenzelle dazu, Nährstoffe herzustellen. Es gibt aber auch Pflanzenzellen ohne Blattgrünkörner.
Die Pflanzenzelle wird von einer dicken **Zellwand** umschlossen. Die Zellwand gibt der Zelle Festigkeit.
Der **Zellkern** steuert alle Vorgänge in der Zelle.
Die Zelle ist mit flüssigem **Zellplasma** ausgefüllt, in das die anderen Zellbestandteile, wie Zellkern oder Blattgrünkörner, eingelagert sind.
Direkt innerhalb der Zellwand liegt die **Zellmembran**. Durch diese Membran können Stoffe von einer Zelle zur anderen weitergegeben werden.
In den **Vakuolen** oder Zellsafträumen werden verschiedene Stoffe gelagert: Öle, Farbstoffe, Duftstoffe und auch Abfallstoffe, die nicht nach außen transportiert werden können.

Die Pflanzenzelle

Betrachtest du ein Laubblatte unter dem Mikroskop, so kannst du die einzelnen Zellen erkennen (▷ B 2).

Bei einer starken Vergrößerung entdeckt man in den Zellen viele kleine Zellbestandteile, die **Zellorganellen** genannt werden. Zu den Zellorganellen gehören z. B. der **Zellkern**, die **Blattgrünkörner** und die **Vakuole**.

Jede Zelle ist ein kleines Wunderwerk der Natur: Nur wenn die kleinen Zellorganellen richtig zusammenarbeiten, kann die Zelle leben. Zellen können sehr unterschiedlich gebaut sein.

Die wesentlichen Bestandteile einer Pflanzenzelle sind:

- Zellkern
- Vakuole
- Zellplasma
- Blattgrünkörner bei grünen Pflanzen
- Zellwand
- Zellmembran

Aufgabe

1 Vergleiche die Zellen der Küchenzwiebel mit denen der Wasserpest. Nenne Unterschiede und Gemeinsamkeiten.

Die Tierzelle

Die Zellen von Mensch und Tier weisen drei wesentliche Unterschiede zu Pflanzenzellen auf: Die Mundschleimhautzellen (▷ B 3) besitzen keine Zellwand, sondern nur eine dünne Zellmembran. Sie haben keine Blattgrünkörner und meist keine Vakuole.
Jede Zelle erfüllt eine ganz bestimmte Aufgabe. Zellen, die gleiche Aufgaben in einem Körper erfüllen, werden **Gewebe** genannt. Ein Beispiel ist das Muskelgewebe. Verschiedene Gewebe bilden zusammen ein **Organ**. Die Haut des Menschen ist aus verschiedenen Geweben aufgebaut und wird deshalb ein Organ genannt.

▶ Im Unterschied zu Pflanzenzellen besitzen Menschen- und Tierzellen keine Blattgrünkörner, keine Zellwand und meist keine Vakuolen.

3 Mundschleimhaut

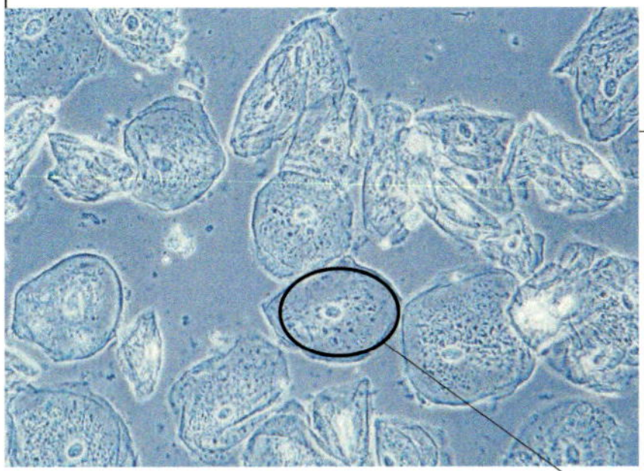

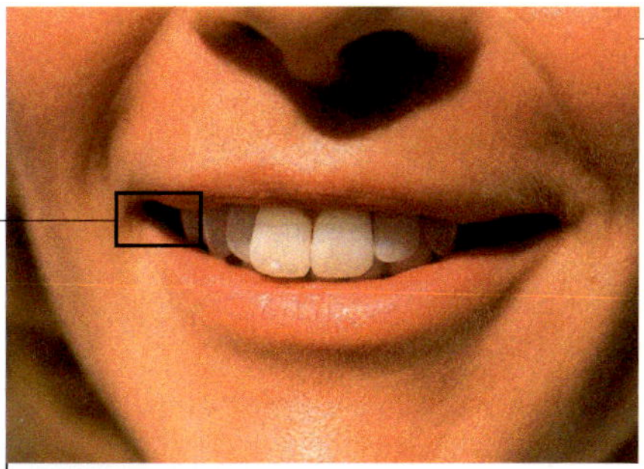

4 Mund

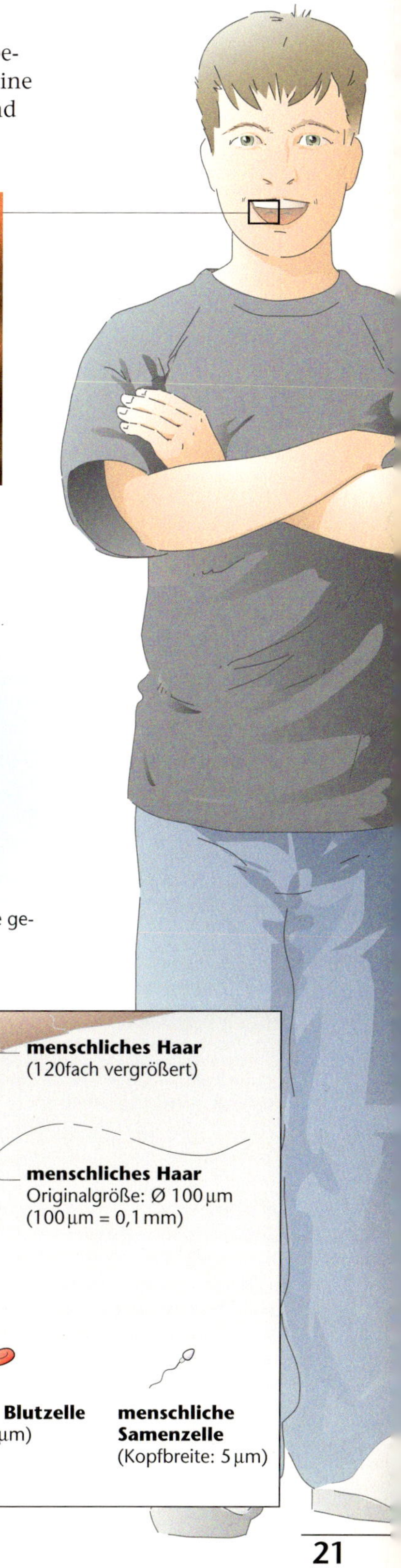

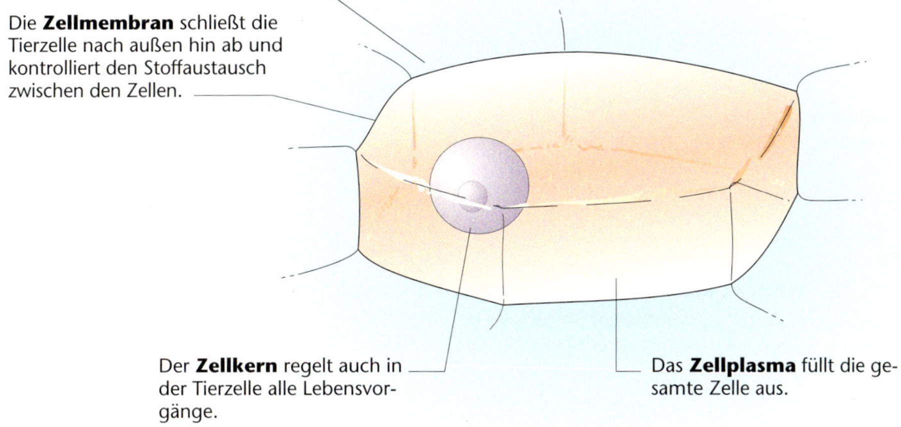
Die **Zellmembran** schließt die Tierzelle nach außen hin ab und kontrolliert den Stoffaustausch zwischen den Zellen.
Der **Zellkern** regelt auch in der Tierzelle alle Lebensvorgänge.
Das **Zellplasma** füllt die gesamte Zelle aus.

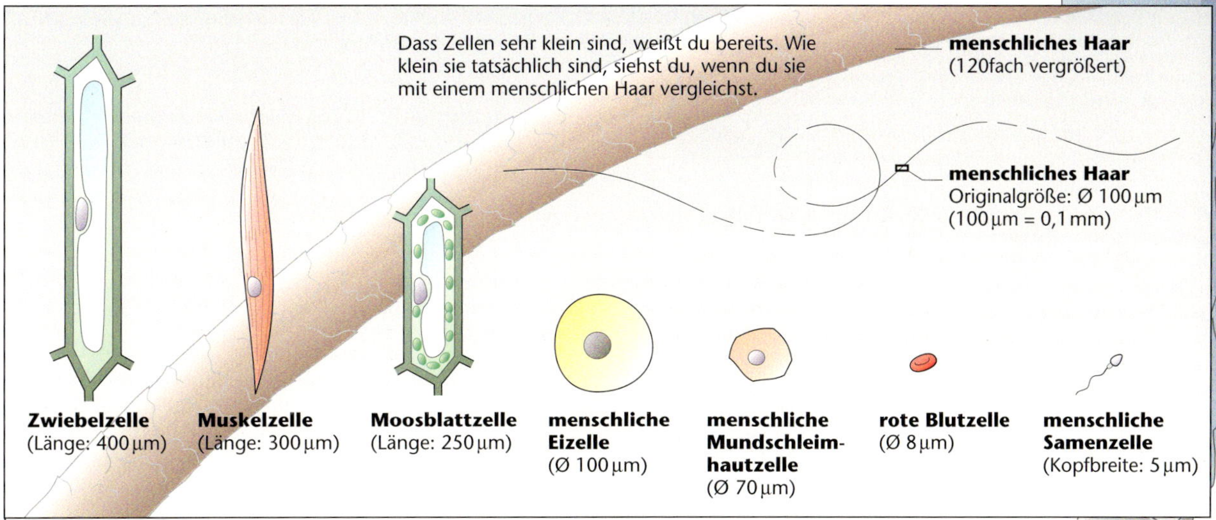
Dass Zellen sehr klein sind, weißt du bereits. Wie klein sie tatsächlich sind, siehst du, wenn du sie mit einem menschlichen Haar vergleichst.
menschliches Haar (120fach vergrößert)
menschliches Haar Originalgröße: Ø 100 µm (100 µm = 0,1 mm)
Zwiebelzelle (Länge: 400 µm)
Muskelzelle (Länge: 300 µm)
Moosblattzelle (Länge: 250 µm)
menschliche Eizelle (Ø 100 µm)
menschliche Mundschleimhautzelle (Ø 70 µm)
rote Blutzelle (Ø 8 µm)
menschliche Samenzelle (Kopfbreite: 5 µm)

5 Verschiedene Zellen im Vergleich

Das richtige Haustier?

Mit Haustieren kannst du viel erleben: In einem Aquarium kannst du dir eine kleine Unterwasserwelt mit Fischen und Pflanzen aufbauen. Meerschweinchen, Hamster oder Zwergkaninchen sind etwas zum Schmusen und Kuscheln. Eine Katze kann lieb, aber auch sehr eigensinnig sein. Wellensittiche sind lustige Zeitgenossen und machen viel „action", wenn man sie als Pärchen hält. Ein Hund wird schnell zu deinem besten Freund. Haustiere sind auf uns angewiesen. Sie brauchen Futter, ausreichend Platz und vor allem Zeit – und das Tag für Tag, auch am Wochenende und in den Ferien. Daran solltest du denken, bevor du dir ein Haustier anschaffst. Mach doch zuerst einmal den **Haustiertest**, vielleicht wird dir dann einiges klarer.

Haustiertest

Bei dir zu Hause ...
- ◆ darf es nie unordentlich sein
- ● darf es schon mal unordentlich sein
- ✚ ist nur in deinem Zimmer Unordnung erlaubt

Wo darf sich dein Haustier aufhalten?
- ◆ nur außerhalb der Wohnung (Stall, Zwinger)
- ● in der ganzen Wohnung
- ✚ nur in deinem Zimmer

Wie viel Zeit hast du am Tag für dein Haustier?
- ● eine Stunde, manchmal mehr
- ✚ eine halbe Stunde höchstens
- ◆ mal viel, mal wenig, je nach Lust und Hausaufgaben

Dein Haustier macht in deinem Zimmer „sein Geschäft" auf den Boden,
- ◆ da ekelst du dich
- ● das würdest du schnell sauber machen
- ✚ keine Ahnung, was du tun würdest

Hättest du Unterstützung bei der Pflege?
- ✚ nein, deine Eltern sagen, es sei dein Tier
- ◆ du brauchst keine Hilfe
- ● ja, alle wollen mithelfen

Leidet in deiner Familie jemand an einer Allergie?
- ● nein
- ◆ ja
- ✚ keine Ahnung

Weißt du schon über dein Haustier Bescheid?
- ● ja, du hast viel darüber gelesen
- ◆ noch nichts
- ✚ du fragst mal nach

Was machst du in den Ferien mit deinem Haustier?
- ◆ weißt du noch nicht
- ● du hast eine zuverlässige Pflegeperson
- ✚ du würdest auf den Urlaub verzichten

Auswertung:
Wie oft hast du ● angekreuzt?

7 bis 8mal:
Bei dir scheinen die Voraussetzungen für eine gute Tierhaltung gegeben zu sein. Aber ohne Hilfe verliert man schnell die Lust an seinem Haustier. Gemeinsam mit deiner Familie kannst du einem Tier ein Zuhause bieten.

5 bis 6mal:
Nicht jedes Tier passt zu dir. Wenn du wenig Unterstützung hast, solltest du genau überlegen, ob und welches Haustier du dir anschaffst.

4mal und weniger:
Bei dir hätte es ein Haustier nicht leicht. Die Bedingungen sind schlecht. Verzichte lieber auf ein Haustier.

Strategie

Richtig beobachten – wie die Forscher

Biologen untersuchen die Zusammenhänge in der Natur. Sie wollen dem Leben der Pflanzen oder dem Verhalten der Tiere auf die Spur kommen. Richtige Forscher gehen Schritt für Schritt vor:

a) Formuliere eine Frage, z. B.: Wie verhält sich Moffel, wenn er Hunger hat?

b) Vermute, wie die Antwort lauten könnte.

c) Überlege dir einen Versuch, mit dessen Hilfe du die Frage beantworten kannst.

d) Beobachte sorgfältig und notiere deine Beobachtungen genau in einem Beobachtungsprotokoll.

Manchmal musst du lange beobachten und viel Geduld haben.

Datum: 20. März 2005
Beobachtungszeitraum: 16.00 bis 16.15 Uhr
Beobachter: Felix
Tier: Zwergkaninchen Moffel
Frage: Wie verhält sich Moffel, wenn er Hunger hat?
Beobachtung: 16.00 Uhr

Der Futternapf ist leer.

Moffel kommt aus seinem Versteck unter dem Bett hervor.

Er hoppelt zum Fressnapf und beschnuppert ihn.

Er steckt den Kopf hinein und leckt mit seiner Zunge den Boden ab. Er hoppelt zu mir und stupst mich mit der Schnauze an. Dann hoppelt er aufgeregt vor dem Fressnapf herum. Er putzt sich. Danach kommt er wieder zum Fressnapf zurück und schiebt ihn ein Stück vor sich her. Jetzt schaut er mich an.

16.15 Uhr
Ich gebe Moffel das Futter und er frisst.

Bald wirst du feststellen, dass du immer genauer beobachten kannst und dir immer mehr Einzelheiten auffallen. Diese Beobachtungsgabe ist für deine weiteren Forschungen eine große Hilfe.

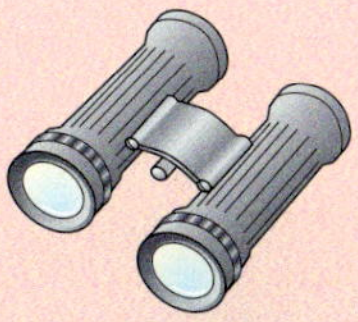

Überlege, welche Tiere du noch beobachten könntest. Auch Pflanzen sind lohnende Beobachtungsobjekte. Vielleicht kannst du ein Naturtagebuch führen. Suche dir draußen einen Platz aus: eine Wiese, einen Teich oder eine Ecke in deinem Garten. Beobachte den ausgewählten Ort vom Frühjahr bis in den Herbst. Aus allen Beobachtungen, Erlebnissen, Veränderungen und allem, was dir sonst noch auffällt, gestaltest du dein eigenes Naturtagebuch. Du kannst Beobachtungsprotokolle erstellen und dazu malen, dichten oder erzählen. Klebe selbstgemachte Fotos dazu oder Bilder, die du gesammelt hast.

Aufgaben

1 Sieh im Internet unter dem Stichwort „Naturtagebuch" nach.

2 Führe selbst ein Naturtagebuch zu einem Thema, das dich interessiert.

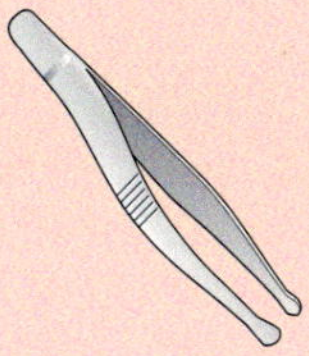

Schlusspunkt

Die Biologie erforscht das Leben

Biologie
Biologie heißt wörtlich übersetzt: Lehre vom Leben. Biologen erforschen die Lebewesen der Erde und die Lebensbedingungen, die sie zum Leben benötigen. Die Biologie gliedert sich in verschiedene Fachgebiete. Einige davon sind: Botanik, Zoologie, Ökologie und Humanbiologie.

Kennzeichen des Lebendigen
Das Leben wird durch folgende Kennzeichen bestimmt: Bewegung, Fortpflanzung, Reizbarkeit, Wachstum, Stoffwechsel. Am Ende jeden Lebens steht der Tod. Die Biologie ist eine Naturwissenschaft, die ihre Erkenntnisse vor allem aus Beobachtungen und Versuchen gewinnt.

1 Die Botanik untersucht Pflanzen.

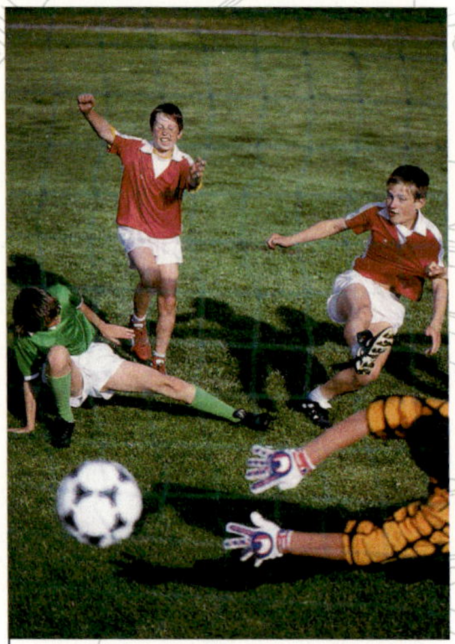

2 Die Humanbiologie erforscht den Menschen.

3 Die Zoologie erforscht das Leben der Tiere.

4 Wachstum

5 Reizbarkeit

6 Bewegung

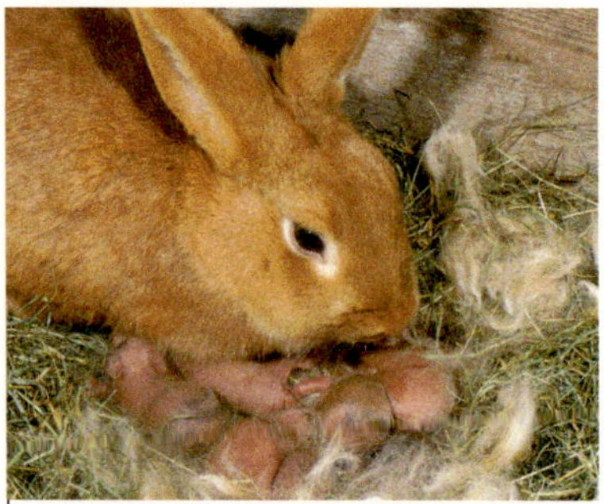

7 Fortpflanzung

8 Stoffwechsel

„Unsichtbares" wird sichtbar

Mithilfe von Mikroskopen ist es möglich, winzig kleine Dinge sichtbar zu machen. Der Engländer ROBERT HOOKE entwickelte im 17. Jahrhundert das erste brauchbare Mikroskop.

Die Zelle

Pflanzenzellen bestehen aus: Zellwand, Zellkern, Zellplasma, Vakuole, Blattgrünkörner und Zellmembran.
Tierzellen haben keine Zellwand, keine Blattgrünkörner und keine große Vakuole.

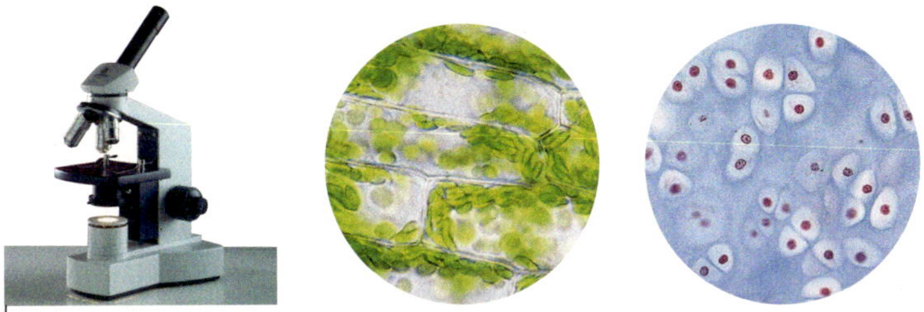

9 Unter dem Mikroskop werden Zellen sichtbar, links Pflanzenzelle, rechts Tierzelle

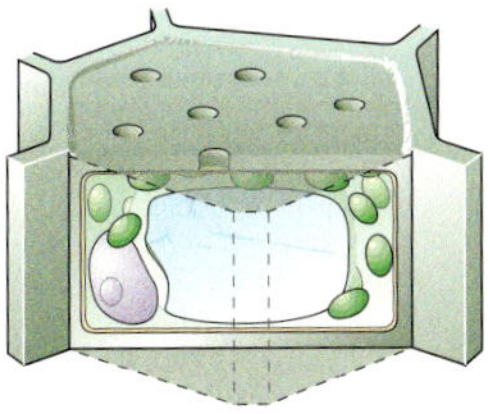

10 Pflanzenzelle

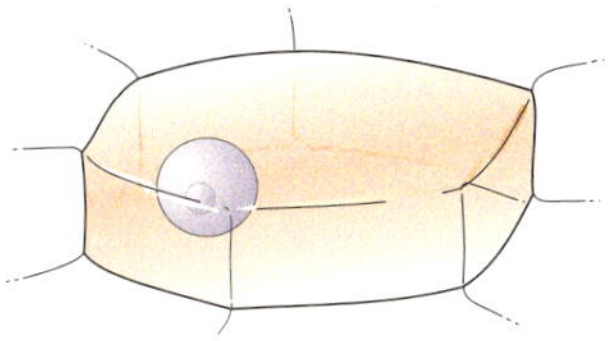

11 Tierzelle

Zimmerpflanzen

Zimmerpflanzen sind Lebewesen, die gepflegt werden müssen. Sie gedeihen im Klassenzimmer nur dann, wenn du dich vorher über ihre Herkunft und Bedürfnisse informierst und sie richtig versorgst.

Haustiere

Wenn du ein Tier hältst, bist du dafür verantwortlich. Du musst es seiner Art und seinen Bedürfnissen entsprechend ernähren, pflegen und unterbringen.

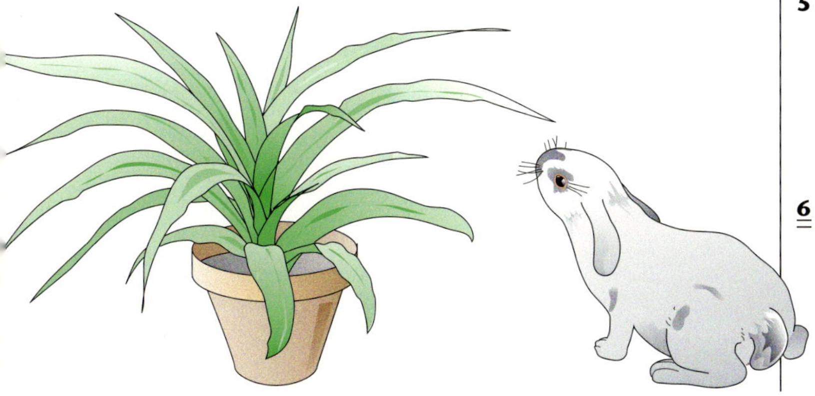

Aufgaben

1 Begründe, weshalb die Kunst keine Naturwissenschaft ist.

2 Roboter sind aus unserem Leben nicht mehr wegzudenken. Roboter sind „Maschinenmenschen", die uns viele schwierige Aufgaben abnehmen können. Auch Roboter können sprechen und auf Fragen antworten. Sie können sehr komplizierte Aufgaben oft viel schneller und genauer lösen als Menschen. Was meinst du: Sind Roboter Lebewesen? Überlege und begründe deine Antwort.

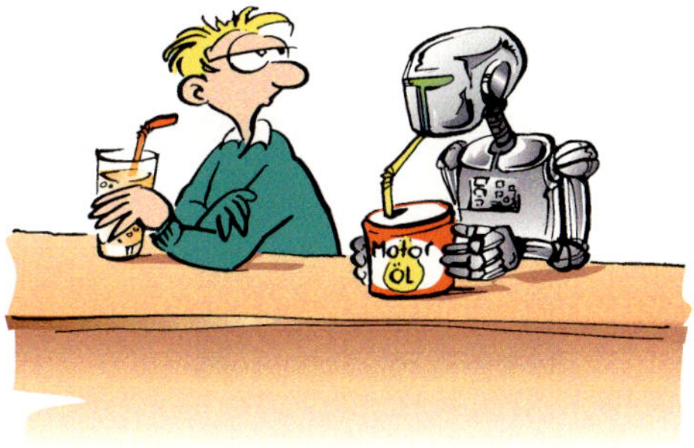

3 Erstelle eine Tabelle, in die du die Unterschiede zwischen Pflanzen- und Tierzellen einträgst.

4 In den Abbildungen 4–8 werden einige Kennzeichen des Lebendigen dargestellt. Sammle weitere Bilder zu diesem Thema und klebe diese dann in dein Heft ein.

5 Welche Grundausstattung brauchen z. B. Katze, Hund, Meerschweinchen und Papagei?
Suche im Internet nach Informationen.

6 Stelle in einer Tabelle zusammen, welche Zimmerpflanzen viel Sonnenlicht brauchen, Halbschatten lieben oder kaum Sonne vertragen.
Befrage dazu einen Gärtner oder eine Gärtnerin.

Menschen halten Tiere

– und sind für sie verantwortlich

In vielen Familien, vielleicht auch in deiner, leben Haustiere wie Familienmitglieder oder Freunde. Häufig halten wir Tiere aber auch zu unserem Nutzen. In jedem Fall müssen wir sie richtig behandeln und für sie da sein.

Warum leben Menschen so gerne mit Tieren zusammen? Sicher gibt es dafür ganz unterschiedliche Gründe.
Viele sind froh darüber, dass ihre Tiere sie brauchen. Mit ihnen täglich zusammen zu sein und sie immer besser kennen zu lernen, macht Spaß, bedeutet aber auch eine große Verantwortung.

Als Nutztiere geben sie uns Fleisch, Milch, Leder, Haare, Borsten, Federn oder Eier, die verkauft werden können.
Sollen Fleisch, Milch oder Eier in großen Mengen und billig produziert werden, wird an Platz und Zeit für die Tiere gespart.

Alle unsere Haus- und Nutztiere stammen von Wildtieren ab.
Vor einigen tausend Jahren zähmten die Menschen Wildtiere. Dadurch blieben einige Tiere in der Nähe des Menschen. Die besonderen Eigenschaften der Tiere konnten durch Züchtungen verstärkt werden. Heute sehen viele unserer Haus- und Nutztiere deshalb ihren Vorfahren kaum mehr ähnlich.

1. Preis

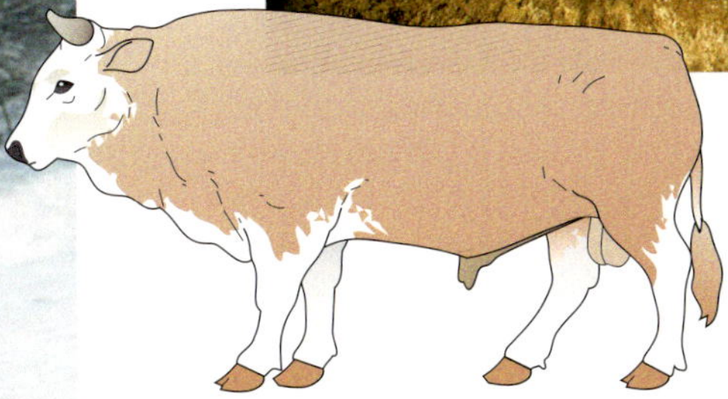

Katzen sind Artisten auf Samtpfoten

1 Katze pirscht sich an.

„Die Katze lässt das Mausen nicht“
sagt eine Redewendung. Was bedeutet das?

Auch die vom Menschen gefütterte Katze geht auf die Jagd, wenn sie Gelegenheit dazu hat. Mäuse, aber auch Ratten, Eidechsen, Kaninchen und vor allem junge Vögel stehen dann auf ihrem Speiseplan.

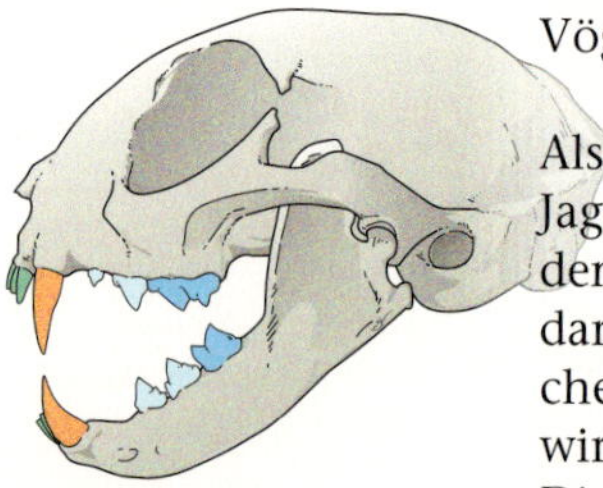

2 Schädel einer Katze

Als **Schleichjäger** zeigt sie ein besonderes Jagdverhalten. Egal, ob auf dem Dachboden, in der Scheune oder auf der Wiese, sie darf beim Jagen keinerlei Geräusche machen, damit ihre Beute nicht vorgewarnt wird.
Die Katze jagt als **Einzelgänger** immer allein.

Sie pirscht sich mit ihren kurzen Beinen in geduckter Haltung langsam heran. Dabei tritt die Katze nur mit den Zehen auf. Sie läuft auf weichen Fußballen und mit eingezogenen Krallen wie auf Samtpfoten.
Ist sie nahe genug herangekommen, schnellt sie mit einem Satz vor. Die scharfen Krallen der Vorderpfoten hat sie jetzt aus den Hautfalten geschoben und packt damit die Beute. Ein Nackenbiss mit den dolchartigen Eckzähnen tötet blitzschnell. Die scharfhöckrigen Backenzähne zerschneiden die Beute. Die Katze hat ein **Fleischfressergebiss** (▷ B 2).
Manchmal lässt die Katze ihr Beutetier frei und spielt mit ihm.

Katzenkrallen müssen kratzen
Um ihre Krallen (▷ B 3) abzuschleifen und nachzuschärfen, kratzt die Katze an Baumrinden oder anderen rauen Gegenständen. In der Wohnung können dies auch Möbel oder Tapeten sein, wenn sie keinen Kratzbaum hat.

Immer im Gleichgewicht
Vielleicht hast du das schon einmal beobachtet: Eine Katze balanciert über schmale Gartenzäune, dünne Äste oder Balkongeländer – wie ein Artist!
Ihr Schwanz hilft ihr, das Gleichgewicht zu halten. Fällt sie aus nicht zu großer Höhe, dreht sie sich so geschickt, dass sie wieder sicher auf allen Vieren landet. Auch dabei wirkt ihr Schwanz wie ein Ruder.

Nicht alle Katzen sind Schmusekatzen
Katzen können sehr zutraulich und anschmiegsam sein. Sie bestimmen aber immer selbst, wann und wie oft sie schmusen wollen. Als Einzelgänger werden sie nie so anhänglich wie ein Hund und lassen sich nur schwer erziehen. Im Gegensatz zum Hund sind Katzen immer an das Haus und nicht an den Menschen gebunden.

Katzen jagen als Einzelgänger. Sie sind Schleichjäger und haben ein Fleischfressergebiss.

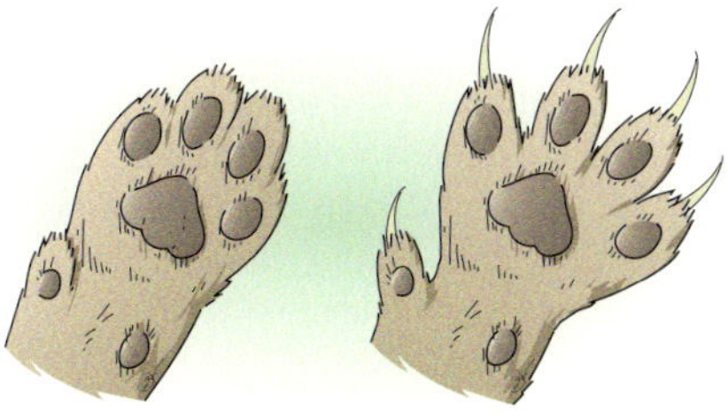

3 Katzenpfote

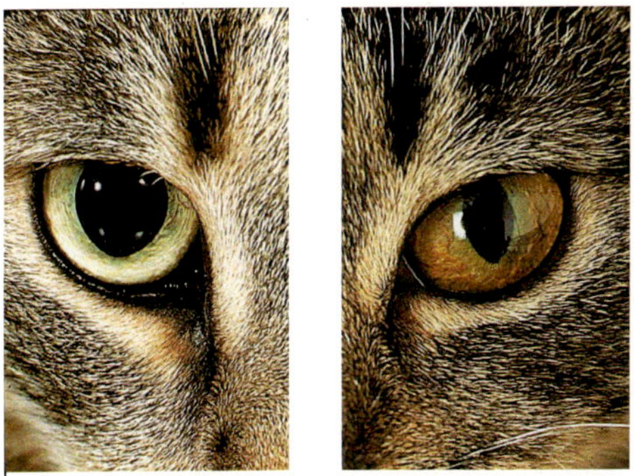

4 Pupillen bei unterschiedlicher Helligkeit

5 Katzenaugen leuchten, wenn sie angestrahlt werden.

Jäger in der Dämmerung
Katzen siehst du vor allem in der Dämmerung jagen. Sie sehen im Dunkeln sehr viel besser als wir, weil sie besonders lichtempfindliche Augen haben. Die Pupillen öffnen sich bei Dunkelheit kreisrund, damit möglichst viel Licht ins Auge fallen kann (▷ B 4). Eine besondere Farbschicht spiegelt das einfallende Licht und verstärkt es so noch einmal. Katzenaugen leuchten deshalb auf, wenn sie von einem Licht angestrahlt werden (▷ B 5). Katzen sind **Dämmerungsjäger**.

Bei völliger Dunkelheit kann auch die Katze nichts mehr sehen. Sie verlässt sich dann auf ihr feines **Gehör** und ihre empfindlichen **Schnurrhaare**. Diese ragen rechts und links über die Kopfbreite hinaus. So kann das Tier die Breite eines Schlupfloches, ohne zu sehen, genau bemessen. Mit ihren spitzen Tütenohren, die sich unabhängig voneinander drehen können, peilt sie jedes Geräusch an. Selbst auf größere Entfernung nimmt sie leises Rascheln wahr.

Katzen sind Dämmerungsjäger. Sie haben besonders lichtempfindliche Augen und ein gutes Gehör.

Aufgaben

1 Beschreibe wie die Katze als Schleichjäger Beute macht.

2 Beobachte eine Katze, wenn sie sich bedroht fühlt.
Schreibe deine Ergebnisse auf.

3 Erstelle eine Liste mit Fragen, mit denen du klären kannst, ob eine Katze das richtige Haustier für dich wäre.

4 Überprüft in Partnerarbeit die Veränderung der menschlichen Pupillen im Hellen und im Dunkeln.
Dazu müsst ihr euch gegenseitig in die Augen sehen. Schließt die Augen für einige Zeit und öffnet sie dann schnell wieder. Beschreibt die Veränderungen.

5 Vergleicht das Aussehen eurer Pupillen mit denen der Katze auf den Abbildungen 4 und 5. Zeichnet die jeweiligen Pupillenformen.

6 Finde eine Erklärung dafür, warum man Rückstrahler am Fahrrad oder an Leitpfosten „Katzenaugen" nennt.

1 Katzenmutter mit Jungen

Katzenkinder
Hast du nachts schon einmal kreischende jaulende Laute gehört, die an Babygeschrei erinnern?
So werben Kater um eine Katze, wenn sie 2–3-mal im Jahr paarungsbereit sind. In dieser Zeit verhält sich die Katze sehr auffällig: Sie rollt sich auf dem Boden hin und her – sie ist **rollig**.
Nach der Paarung dauert es etwa zwei Monate, bis die Katze in einem gut gepolsterten Versteck die jungen Kätzchen zur Welt bringt. Sie sind völlig hilflos, blind und nur wenig behaart, wenn sie sich aus ihrer Fruchtblase befreit haben. Die Katzenmutter wärmt ihre unselbstständigen Kleinen, säubert sie und das Lager: Sie betreibt intensive **Brutpflege**.

Bald kriechen die Kleinen unbeholfen über den Boden und gelangen an die warme Bauchseite ihrer liegenden Mutter. Dort stoßen sie mit ihren Schnäuzchen in das Fell der Katze und finden die **Zitzen**, aus denen sie Milch saugen (▷ B 1). Um die Milchdrüsen anzuregen, treten die Kätzchen mit den Vorderpfoten gegen die Umgebung der Zitzen: das nennt man **Milchtritt**. Suchen, Saugen und Milchtreten sind angeborene Fähigkeiten.

Alle Tiere, die wie Katzen Haare haben, lebende Junge gebären und diese säugen, heißen Säugetiere.

Spielend lernen
Nach einer Woche öffnen die Kätzchen die Augen und werden immer lebhafter. Sie spielen viel miteinander. Dabei üben sie schon das spätere Jagdverhalten als Raubtier: Anschleichen und Beute-Ergreifen.

Manchmal packt die Katze ihre Kleinen mit den Zähnen im Genick und trägt sie davon. Hat sich ein Junges weiter entfernt, wird es mit maunzenden Lauten zurückgerufen.
Nach drei Wochen beginnen die Zähne zu wachsen. Mit ungefähr einem Vierteljahr sind die Kätzchen selbstständig.

Nur eine Katzenwäsche?
Da Katzen sehr reinlich sind, lecken und glätten sie ihr Fell und ihre Pfoten bei jeder Gelegenheit. Ihre raue Zunge wirkt bei der Katzenwäsche wie Bürste und Waschlappen. Der Speichel schützt dabei das Fell vor Schädlingen. Dieses angeborene **Putzverhalten** (▷ B 2) soll verhindern, dass die Beutetiere sie vorzeitig riechen.
Deshalb verscharren Katzen auch ihren Kot sorgfältig.
Dagegen nutzen sie den Geruch des Urins als **Duftmarken**, wenn sie ihr Revier markieren.

2 Katzenwäsche

Aufgaben

1 Nenne Haustiere, die auch Säugetiere sind.

2 Liste Tätigkeiten der Katzenmutter auf, die zur Brutpflege gehören.

3 Erläutere, wozu das Spielverhalten der jungen Kätzchen nützlich ist.

4 Finde Gründe für die Reinlichkeit der Katzen.

Die Verwandtschaft der Hauskatze

Katzen haben es gerne warm. Das weist auf ihre Herkunft hin. Sie stammen von der **Falbkatze** ab, die vor mehr als 5 000 Jahren in Ägypten gezähmt wurde. Wahrscheinlich hatten Mäuse in den großen Getreidevorräten Wildkatzen angelockt. Die Ägypter nahmen diese Katzen in Pflege, damit sie halfen, die Vorräte zu schützen.

Die ägyptische **Göttin Bastet** hatte sogar Katzengestalt.
Unsere Hauskatzen, die erst seit ungefähr 1000 Jahren in Europa heimisch sind, stammen alle von der ägyptischen Urform ab.
Außer als geschätzter Mäusefänger wurde sie wenig beachtet und kaum gezüchtet. Daher gibt es viel weniger Rassen als bei Hunden; Katzen ähneln äußerlich und im Wesen viel mehr der Ursprungsform.

Unsere Hauskatze hat wild lebende Verwandte, die **Wildkatzen**. Sie leben versteckt in großen Wäldern von Eifel und Harz. Erst in der Dämmerung verlassen sie das sichere Versteck und gehen

allein auf die Jagd. Nur an ihrem buschigen Schwanz mit 3–4 breiten, dunklen Ringen sind sie von der kleineren Hauskatze zu unterscheiden.

Der **Tiger** lebt als Einzelgänger in Asien, vor allem in Indien. Mit seinen schwarzen Streifen auf gelb-braunem Fell ist er gut getarnt, weil im hohen Gras die Schatten der Blätter ein ähnliches Muster haben. Er braucht ein ausgedehntes Revier mit großen Beutetieren.
Der sibirische Tiger ist die größte lebende Raubkatze.
Weltweit sind Tiger vom Aussterben bedroht, weil sie von Menschen zu stark bejagt wurden.

Löwen leben in Rudeln von 1–2 Männchen und 5–9 Weibchen mit ihren Jungtieren zusammen. Die Löwen sind nicht die „Wüstenkönige", sondern leben in Savannen-, Busch- oder Graslandschaften Zentralafrikas. Durch lautes Brüllen scheuchen die Löwen Tiere auf, die von den versteckt lauernden Weibchen und Jungtieren gejagt werden. Satte Löwen sind sehr friedliche Tiere.

Die größte europäische Wildkatze ist der **Luchs**, der an seinem beweglichen Backenbart und den Pinselohren zu erkennen ist. Diese menschenscheue Katze jagt im Wald Vögel, Nagetiere, Rehe und anderes Wild. Im Bayerischen Wald und im Harz wird der Luchs wieder angesiedelt.

Der **Gepard** mit seinem sehr schlanken Körperbau und den langen Beinen ist ein Hetzjäger. Er schleicht kaum noch und hat auch keine zurückziehbaren Krallen. In Steppen hetzt er mit bis zu 120 km/h vor allem Gazellen.
Er ist der schnellste Läufer überhaupt. Allerdings kann er diese hohe Geschwindigkeit nur einige hundert Meter weit halten.

1 Wolfsrudel

Wölfe sind Rudeltiere

Wölfe leben in einer Gemeinschaft von 5–12 Tieren zusammen. In so einem **Rudel** (▷ B 1) herrscht eine feste Rangordnung, jedes Mitglied nimmt einen bestimmten Platz ein. Es gibt jeweils ein männliches und ein weibliches **Leittier**, die zusammen das Rudel anführen. Alle anderen Rudelmitglieder sind den beiden Leittieren untergeordnet. Die Leittiere haben ihre Stellung im Rudel durch Kämpfe mit anderen Mitgliedern erworben.

Verständigung im Rudel

Die Tiere verständigen sich im Rudel durch Laute und **Körpersprache** (▷ B 2). Der Leitwolf frisst als Erster. Er hebt den Kopf, richtet den Schwanz auf und spitzt die Ohren. So **imponiert** er den anderen, das heißt, er stellt seine Größe zur Schau.

Fühlt er sich bedroht, sträubt er die Nacken- und Rückenhaare. Oft fletscht er die Zähne: **er droht**.

Rangniedere Tiere halten den Schwanz gesenkt oder sogar zwischen die Beine geklemmt.
Im Kampf um einen höheren Rang wirft der Unterlegene sich auf den Rücken und bietet dem Gegner seine ungeschützte Hals- und Bauchseite dar. Dieses **Demutsverhalten** hemmt die Angriffslust.

Die Grenzen ihres großen Jagdreviers **markieren** Wölfe eines Rudels mit Harn und Kot, um fremde Rudel fern zu halten.

2 Körpersprache bei Wölfen

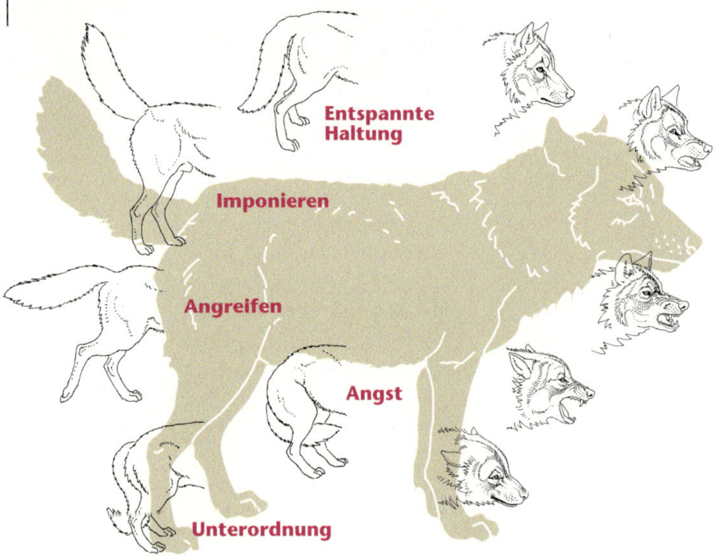

Wölfe sind Hetzjäger

Nur in der Gemeinschaft jagen sie erfolgreich. Wölfe verfolgen ihre Beute so lange, bis sich größere Tiere wie Elch oder Hirsch zum Kampf stellen oder vor Erschöpfung nicht mehr fliehen können. Oft erlegen Wölfe kranke und schwache Tiere.

▶ Wölfe leben im Rudel mit einer festen Rangordnung.

Wie durch Züchtung verschiedene Hunderassen entstanden

Schon vor 12 000 Jahren haben Altsteinzeitmenschen begonnen, Wölfe zu halten. Die scheuen Tiere blieben wahrscheinlich in Menschennähe, da sie nach der Jagd

Reste von der Beute fressen konnten. Zogen die Menschen weiter, folgten ihnen die Tiere. Die Wölfe konnten durch ihr besonders gutes Gehör viel früher als die Menschen Geräusche wahrnehmen und durch Bellen auf Gefahren aufmerksam machen. Mit ihrer empfindlichen Nase spürten sie Beutetiere eher auf.
Vielleicht gelang es Jägern, junge Wölfe mitzunehmen und sie zu **zähmen**.
Von den Nachkommen dieser Wölfe wählten die Menschen immer nur solche Tiere zur Fortpflanzung aus, die durch besondere Eigenschaften auffielen.
Durch diese **Züchtungen** sind über lange Zeiträume mehr als 400 **Hunderassen** entstanden, die der Ursprungsform Wolf nur noch wenig ähnlich sehen.
Da sich Rassen untereinander fortpflanzen können, sind auch Mischformen, so genannte **Mischlinge**, möglich.

Der Wolf gilt als Stammform des Hundes. Durch Zähmung und Züchtung entstanden in Jahrtausenden alle heutigen Hunderassen.

Aufgaben

1 Welche Vorteile bringt den Wölfen das Leben im Rudel?

2 Nenne Märchen, Sagen und Fabeln, in denen Wölfe eine Rolle spielen.

3 Suche im Internet Länder, in denen Wölfe heute noch vorkommen und berichte.

4 Hunde mit „Beruf“? Beschreibe die Eigenschaften der abgebildeten Hunderassen und den jeweiligen Nutzen für den Menschen. Suche weitere Beispiele für Hunde mit „Berufen“.

Windhund als Rennhund

Schäferhund als Drogensuchhund

Schäferhund als Lawinensuchhund

Mischling als Familienhund

Münsterländer als Jagdhund

Labrador als Blindenhund

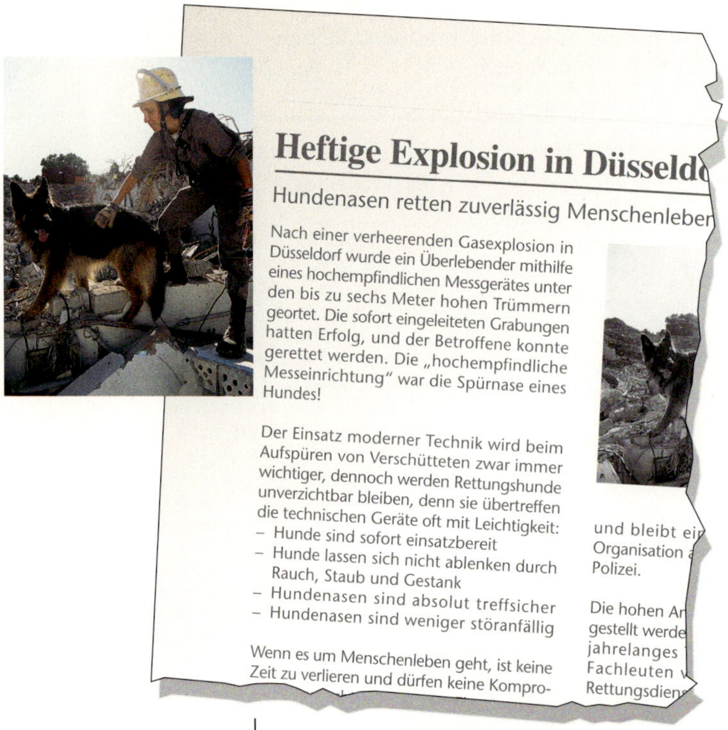

Heftige Explosion in Düsseld

Hundenasen retten zuverlässig Menschenleben

Nach einer verheerenden Gasexplosion in Düsseldorf wurde ein Überlebender mithilfe eines hochempfindlichen Messgerätes unter den bis zu sechs Meter hohen Trümmern geortet. Die sofort eingeleiteten Grabungen hatten Erfolg, und der Betroffene konnte gerettet werden. Die „hochempfindliche Messeinrichtung" war die Spürnase eines Hundes!

Der Einsatz moderner Technik wird beim Aufspüren von Verschütteten zwar immer wichtiger, dennoch werden Rettungshunde unverzichtbar bleiben, denn sie übertreffen die technischen Geräte oft mit Leichtigkeit:
- Hunde sind sofort einsatzbereit
- Hunde lassen sich nicht ablenken durch Rauch, Staub und Gestank
- Hundenasen sind absolut treffsicher
- Hundenasen sind weniger störanfällig

Wenn es um Menschenleben geht, ist keine Zeit zu verlieren und dürfen keine Kompro-

und bleibt ei
Organisation
Polizei.

Die hohen A
gestellt werde
jahrelanges
Fachleuten
Rettungsdien

1 Hunde im Rettungsdienst

Immer der Nase nach

Wenn du schon einmal einen Hund beobachtet hast, ist dir aufgefallen, dass er am Boden schnuppert. Er orientiert sich als **Nasentier** auf diese Weise in seiner Umwelt.

Der Hund ist ein Meister im Riechen.
Mit seiner hochempfindlichen Nase kann er Duftstoffe sehr viel besser wahrnehmen als wir. In der Riechschleimhaut des Hundes gibt es dazu etwa 230 Millionen Riechzellen. Der Mensch hat dagegen nur etwa 20–30 Millionen Riechzellen.

Die besondere Riechleistung von Hunden nutzt auch die Polizei: Der Schäferhund „Joker" kann als besonders ausgebildeter und begabter Fährtenspürhund auch mehrere Stunden alte Spuren kilometerweit verfolgen. Bis zu 300-mal in der Minute schnuppert seine Nase nach der Fährte. „Joker" sucht flüchtende Verbrecher genauso wie vermisste Personen.

Er hört selbst das, was du nicht hörst

Ein schlafender Hund wird bei jedem ungewohnten Geräusch hellwach. Selbst auf hohe Töne, die wir gar nicht hören, reagiert er, indem er den Kopf hebt, die Ohren spitzt, aufspringt und bellt. Es gibt Hundepfeifen, die menschliche Ohren nicht wahrnehmen können. Mit seinem guten Hörsinn ist der Hund auch ein **Ohrentier**.
Da der Hund keine Sprache erlernen kann, hört er nur auf Tonfall und Lautstärke.

Hunde nehmen ihre Umwelt als Nasen- und Ohrentiere vor allem über Gerüche und Geräusche wahr.

Auf Zehen schneller voran – das Skelett macht's möglich

Hunde haben wie die Menschen eine bewegliche **Wirbelsäule** aus einzelnen Wirbeln (▷ B 2). Durch Muskeln wird sie gekrümmt und wieder in die Ausgangslage zurückgebracht. Versuchst du neben einem Hund herzulaufen, musst du bald feststellen, dass er viel schneller ist als du.

Mit seinen langen Beinen kann er in großen, ausholenden Sätzen rennen. Außerdem läuft der Hund nur auf den Zehen, Mittelfuß und Ferse treten nicht mit auf. Er ist ein **Zehengänger**.
Seine dicken, verhornten Ballen unter den Zehen federn den Körper ab und schützen ihn beim Dauerlauf. Die immer ausgefahrenen Krallen geben Halt auf rutschigem Untergrund.

Durch seinen besonderen Körperbau kann der Hund als Langstreckenläufer manch-

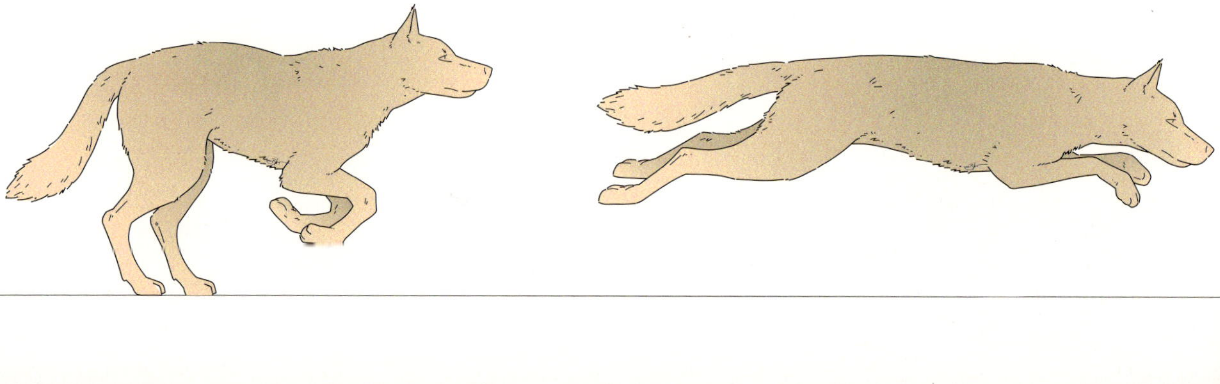

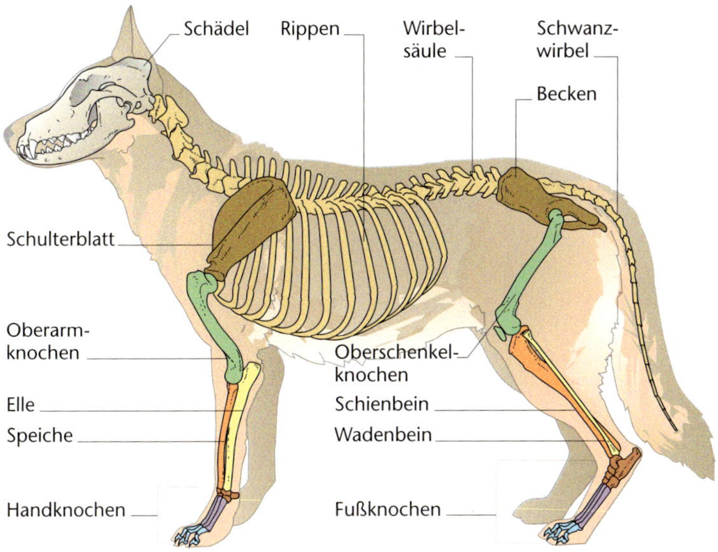

2 Skelett eines Hundes

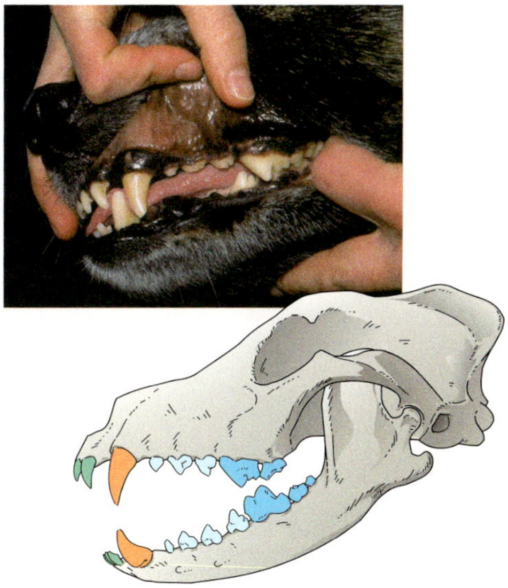

3 Gebiss und Schädel eines Hundes

mal mit Höchstgeschwindigkeit Beutetiere jagen. Du erkennst daran noch gut das Erbe des Hetzjägers Wolf.

Hunde sind Zehengänger, die ihre Beute hetzen.

Fangen – zerreißen – schlucken
Hunde sind Fleischfresser. Sofort fallen dir am **Fleischfressergebiss** (▷ B 3) des Hundes die riesigen Eckzähne, die Fangzähne, auf. Mit ihren dolchartigen Spitzen wird die Beute festgehalten und mit einem schnellen, kräftigen Biss getötet.
Die größten Zähne unter den gezackten Backenzähnen sind die Reißzähne, die mit ihren messerscharfen Kanten wie eine Schere arbeiten. Damit zerteilen Hunde Fleisch und zerbrechen sogar Knochen. Ohne viel zu kauen, werden abgerissene Fleisch- und Knochenstücke verschluckt und von Verdauungssäften im Magen und Dünndarm zersetzt. Mit den Schneidezähnen können sie feine Fleischreste von den Knochen abschaben. Die hinteren Backenzähne dienen dazu, Knochen zu zermalmen und auch Pflanzen zu zerquetschen.

Hunde haben ein typisches Fleischfressergebiss.

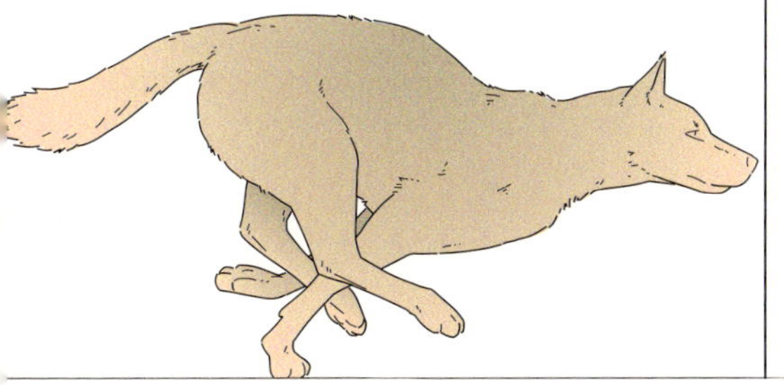

Aufgaben

1 Unsere Hunde werden meist als Einzeltiere gehalten, obwohl sie eigentlich Rudeltiere sind. Welche Rolle übernimmt der Mensch als Hundehalter?

2 Beschreibe das Unterordnungsverhalten eines Hundes und vergleiche es mit dem Verhalten der Wölfe.

3 a) Beschreibe die besonderen Körpermerkmale, die den Hund zum schnellen Langstreckenläufer machen.
b) Vergleiche die Hundepfote mit dem Fuß eines Sportlers, der beim Sprint Schuhe mit Spikes trägt.

4 Vergleiche das Skelett des Hundes in Abbildung 2 mit dem menschlichen Skelett.

5 Begründe, warum Hunde nicht nur auf weichem Boden laufen sollen.

6 a) Erkläre die Aufgaben der verschiedenen Zahnarten beim Fleischfressergebiss.
b) Vergleiche die Arbeitsweise der Schneidezähne von Mensch und Hund.

4 Hundepfote

1 Ein Hund braucht viel Bewegung.

Steuer/Versicherung

Zubehör

„Auf den Hund gekommen"
Seit einigen Wochen ist Alexander seinem Traum vom eigenen Hund ein Stückchen näher gekommen. Zusammen mit seiner Klassenkameradin Tanja darf er den Nachbarhund Piko regelmäßig ausführen und sogar in den Ferien in Pflege nehmen. Nur wenn er diese Verpflichtung die ganze Zeit durchhält, werden seine Eltern über die Anschaffung eines Hundes nachdenken.

Alexander möchte am liebsten einen großen Hund aus dem Tierheim, mit dem er im Garten oft herumtollen kann.
Durch Piko wird er einiges über das Verhalten und den Umgang mit Hunden lernen. Tägliche Fellpflege, richtiges Futter, viel Zuwendung und gute Erziehung sind wichtig. Auch die Kosten kann er nicht allein vom Taschengeld bezahlen. Da müssen ihm seine Eltern schon helfen.
Tanja ist nach den Spaziergängen mit Alexander und Piko oft ein wenig traurig, denn sie weiß, dass sie in ihrer Wohnung keinen Hund halten kann. Außerdem ist vormittags niemand zu Hause, der sich um einen Hund kümmern könnte.

Dann kommt der Tag, an dem Alexander mit seinen Eltern das Tierheim besucht. Tanja ist auch dabei. Damit Alexander nachher die richtige Wahl trifft, sprechen sie zuerst mit dem Tierpfleger. Er rät zu einem Welpen, der sich leichter an Alexander gewöhnen kann. So findet ein kleiner Labrador bei ihm ein neues Zuhause. Tanja macht der Tierpfleger einen guten Vorschlag: Sie darf sich einen „Pflegehund" aussuchen, den sie so oft wie möglich besuchen kann.

Futter

Hundeschule

Tierarzt

Wünschst du dir auch einen Hund?
Bevor du und deine Familie sich einen Hund anschaffen, ist es gut sich zu informieren
- über die geeignete Rasse oder den Mischling und deren Wesensmerkmale,
- über die Unterschiede in der Haltung von Rüde oder Hündin,
- über den Züchter und seinen Ruf,
- über die nächste Hundeschule,
- über die Hundeverordnung,
- über eine Versicherung.

Außerdem mach dir noch Folgendes klar: Ein Hund ist kein Spielzeug, das weggeräumt werden kann oder das du gar mit ins Bett nimmst!

Die Kommandos „Komm!", „Sitz!", „Platz!" und „Bei Fuß!" sollte dein Hund beherrschen. Er lernt dies durch Lob und Belohnung. Tadelnder Tonfall ist Strafe genug. Mit der Anschaffung eines Hundes übernimmst du mithilfe deiner Familie eine große Verantwortung für viele Jahre.

2 Hunde im Tierheim

Aufgaben

1 Schreibe auf, für welchen Hund du dich interessierst. Suche eine Rasse-Beschreibung aus Büchern heraus und fertige einen Steckbrief an.

2 Stelle zusammen, wie viel Geld die Hundehaltung pro Monat und pro Jahr kostet. Erkundige dich vorher bei Mitschülern, die einen Hund haben.

3 Befrage eine Tierärztin oder einen Tierarzt nach Hundekrankheiten und Impfungen.

4 Nenne Gründe, warum Tiere ins Tierheim kommen.

Wenn Hunde „vor die Hunde gehen"

Falsche Tierhaltung
Hunde verwahrlosen und verändern sich in ihrem Wesen, wenn Menschen sich nicht richtig um sie kümmern.
Manche Hundehalter richten sich nicht nach den Bedürfnissen der Hunde, sondern missbrauchen sie als billige „Alarmanlage" oder abschreckende „Waffe".

Aber auch übertriebene und falsch verstandene Zuneigung schadet den Tieren. Viele Rassen werden nur für sensationelle Erfolge bei Hundeschauen gezüchtet und gewinnen Preise. Selbst Hunderassen, die durch Erbfehler außergewöhnlich aussehen, haben ihre Liebhaber (▷ B 4).

Wer sich verantwortungslos verhält und seinen Hund misshandelt, wird nach dem **Tierschutzgesetz** bestraft.

Können Hunde gefährlich werden?
Wenn Hunde falsch gehalten und erzogen werden, können sie in besonderen Situationen Menschen angreifen und sogar lebensgefährlich beißen.

Kampfhunde werden von Hundeführern darauf abgerichtet, solches Angriffsverhalten als Waffe einzusetzen.
Verantwortungslose Züchter suchen besonders beißwütige und angriffslustige Welpen für die Weiterzucht aus. Ein scharf gemachter Pit-Bull-Terrier (▷ B 6) kann tödlich zubeißen.
Fachleute meinen, dass sich auch Kampfhunde-Rassen unter richtiger Führung wie normale Hunde verhalten und keine Gefahr darstellen.

Aufgaben

1 Sammle Zeitungsartikel oder informiere dich im Internet über Hunderassen, die durch Züchtung in Körperbau und Verhalten als problematisch gelten.

2 Finde Gründe, warum Tierschützer gegen die Zucht bestimmter Rassen protestieren.

3 Informiere dich im Internet über das Tierschutzgesetz und berichte.

1 Kettenhund

2 Basset

3 Karnevalshund

4 Nackthund

5 Pudel wird frisiert

6 Kampfhund

1 Rinder auf der Weide

Rinder sind Herdentiere
Bedächtig grasen Rinder gemeinsam auf der Weide (▷ B 1). Sie sind typische **Herdentiere**, die sich in einer Gruppe von Artgenossen am wohlsten fühlen. Diese Verhaltensweisen haben die Hausrinder von ihrem Stammvater, dem **Auerochsen** oder Ur (▷ B 2) geerbt.

2 Zurückgezüchteter Auerochse

Abstammung des Hausrindes
Die wilden Vorfahren unserer Hausrinder lebten in sumpfigen, lichten Wäldern und offenem Weideland und ernährten sich von den Blättern und Knospen der Laubbäume und von Gras. Sie bildeten kleine Herden, die aus einem Bullen und mehreren Kühen sowie deren Kälbern bestanden. Geführt wurde die Herde von einer erfahrenen Kuh. Der Bulle übernahm den Schutz. Mit einer Länge von 3 m, einer Höhe von 1,80 m und einem Gewicht von 1000 kg war er ein beeindruckendes Tier. Zur Verteidigung gegen Wölfe und Bären setzte er seine spitzen Hörner ein.

Steinzeitliche Höhlenmalereien (▷ B 3) zeigen, dass die Wildrinder bei den damaligen Menschen als Jagdbeute sehr begehrt waren. Für die Steinzeitmenschen mit ihren einfachen Waffen waren sie sicherlich keine leichte Beute.

Uns erscheint es ganz selbstverständlich, dass es Rinder als Haustiere gibt. Doch erst als der Mensch vor etwa 8 000 Jahren mit der Zähmung von Rindern Erfolg hatte, konnte er sie für seine Zwecke nutzen. Den Völkern in Mesopotamien, Ägypten und Persien waren die Rinder heilig und sie opferten die Tiere ihren Göttern. Schnell erkannten die Menschen aber ihren Wert als Arbeits- und Fleischtiere, erst später nutzte man sie auch als Milchlieferanten. Für die Zucht wurden nur Tiere ausgewählt, deren Eigenschaften erwünscht waren. Auf diese Art entstanden mehrere hundert verschiedene Rinderrassen.
Heute gibt es keine ursprünglichen Auerochsen mehr, denn der letzte Vertreter dieser Rasse ist vor 300 Jahren vom Menschen erlegt worden.

▶ Das Hausrind stammt vom Auerochsen ab und zählt zu den ältesten Haustieren.

Rinder sind Weidetiere
Je nach Rasse wiegt eine Kuh bis zu 700 kg. Getragen wird der Körper von vier stämmigen Beinen. Das Rind ist ein **Zehenspitzengänger**, denn es tritt nur mit den Spitzen der beiden mittleren Zehen auf, die besonders stark ausgebildet sind. Jede Zehe ist von einem Huf umgeben, deshalb heißen die Rinder **Paarhufer** (▷ B 6). Die Hufe werden beim Auftreten leicht gespreizt, sodass die Rinder trotz ihres großen Gewichts nur wenig in weiche Böden einsinken.

▶ Das Rind ist ein Zehenspitzengänger. Es tritt nur mit zwei Zehen auf und gehört deshalb zu den Paarhufern.

Erst mal fressen und dann kauen
Rinder grasen den ganzen Tag. Zwischendurch legen sie sich nieder und kauen immerzu, obwohl sie gar keine Nahrung zu sich nehmen. Dieses rätselhafte Verhalten hängt mit ihrer komplizierten Verdauung zusammen.
Ihre Hauptnahrung, das Gras, ist schwer verdaulich und enthält nur wenig Nährstoffe. Deshalb müssen sie täglich etwa 70 kg Futter fressen, um satt zu werden.

3 Höhlenmalerei mit Auerochse

Die aufgenommene Nahrung wird mit viel Speichel vermischt und dann fast unzerkaut geschluckt. Nur so kann das Rind in kurzer Zeit große Futtermengen aufnehmen. Das Futter gelangt als erstes in den **Pansen** (▷ B 5), den größten der drei Vormägen. Er fasst bis zu 200 l, das ist etwa eine große Badewanne voll. Hier leben viele Milliarden einzelliger Lebewesen. Sie helfen mit, die Nahrung für die Verdauung vorzubereiten. Das vorverdaute Futter wird im **Netzmagen** in mundgerechte Happen geformt, hochgeschluckt und gründlich gekaut. Dazu legen sich die Rinder nieder. Dieser Vorgang heißt **Wiederkäuen**.
Das so vorbereitete Futter gelangt nach dem Schlucken wieder in den Pansen und dann weiter in den **Blättermagen** (▷ B 5). Hier wird der Nahrung Wasser entzogen. Die Vorverdauung ist damit abgeschlossen. Jetzt gleitet das Futter in den **Labmagen** (▷ B 5), den letzten Abschnitt. Hier werden Verdauungssäfte zugegeben und die eigentliche Verdauung beginnt. Im 50–60 m langen Darm gelangen die in ihre Bausteine zerlegten Nährstoffe ins Blut.

Rinder haben ein Pflanzenfressergebiss
Das Gras können Rinder nicht einfach abbeißen, denn sie haben im Oberkiefer keine Schneidezähne. Deshalb umfassen sie mit ihrer rauen, beweglichen Zunge die Grasbüschel und ziehen sie über die scharfe Kante der Schneidezähne im Unterkiefer. Dabei drücken sie das Gras gegen die Knorpelleiste des Oberkiefers, rupfen kurz und schlucken es ohne weiteres Kauen hinunter. Erst beim Wiederkäuen kommen die kräftigen **Backenzähne** (▷ B 4) mit einer breiten Kaufläche zum Einsatz. Die Backenzähne des Rindes haben harte Schmelzfalten. Dadurch bekommen sie eine raue Oberfläche, die wie eine Reibe wirkt. Das harte Gras kann so gründlich zerrieben werden.

▶ Rinder sind wiederkäuende Pflanzenfresser. Ihr Magen ist in vier Abschnitte unterteilt.

Aufgaben

1 a) Zeichne den Rindermagen in dein Heft. Beschrifte die einzelnen Abschnitte. Zeichne den ersten Durchgang der Nahrung mit einer roten Linie, den zweiten Durchgang mit einer blauen Linie ein.
b) Schreibe auf, welche Aufgaben die einzelnen Abschnitte des Magens haben.

2 a) Welche Tiere gehören zu den Wiederkäuern? Informiere dich über deren Lebensweise. Erstelle eine kleine Übersicht.
b) Welche Vorteile haben die Wiederkäuer dadurch, dass sie ihr Futter so schnell schlucken und erst später verdauen? Schreibe deine Vermutungen auf.

3 Vergleiche die Backenzähne des Rindes mit denen eines Fleischfressers (Katze/Hund). Zeichne beide Zahnarten in dein Heft. Verwende bei der Zeichnung für Zahnschmelz und Zahnbein verschiedene Farben.

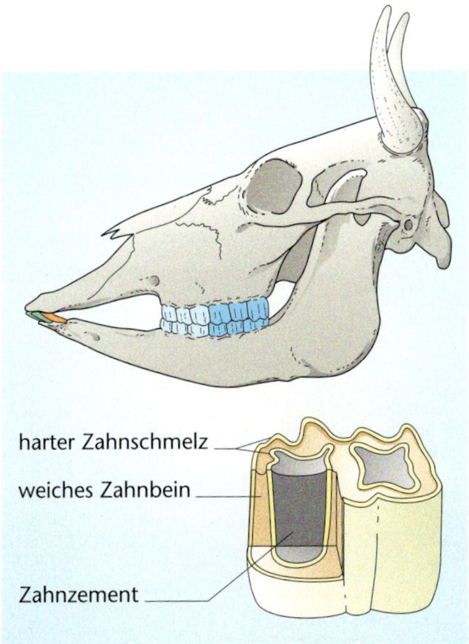

4 Schädel und Zähne eines Rindes

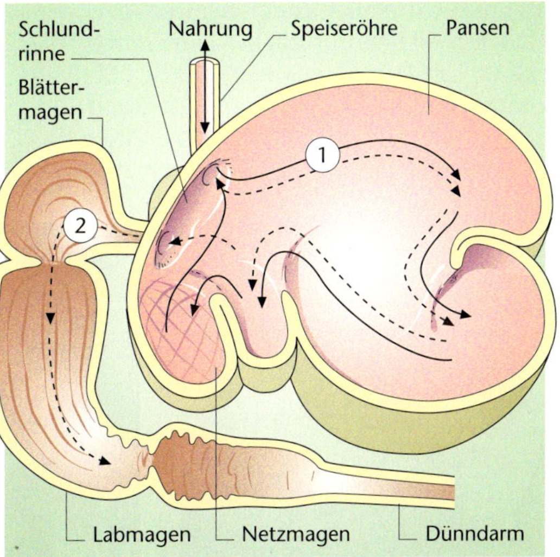

5 Magen eines Rindes

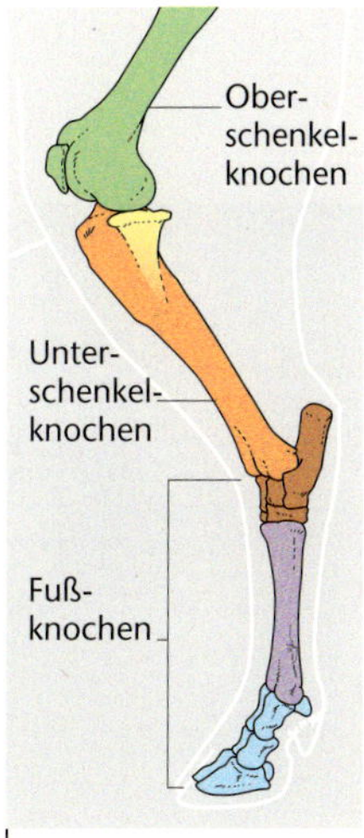

6 Hinterbein, Rind

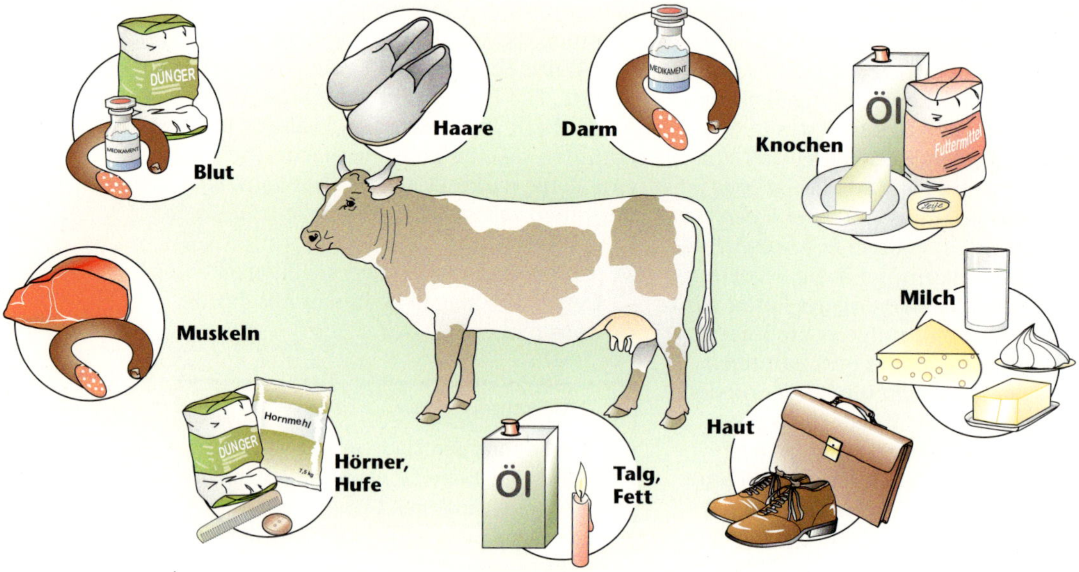

1 Nutzung des Rindes

Weidewirtschaft und Massentierhaltung
Auf der Weide können Rinder weit gehend so leben, wie es ihren natürlichen Bedürfnissen entspricht. Diese Form der Rinderhaltung nennt man **Weidewirtschaft**. Doch kommt sie zunehmend seltener vor. Die meisten Rinder werden heutzutage in Ställen gehalten, die so groß sind, dass sie an Fabrikhallen erinnern. Ziel dieser **Massentierhaltung** ist es, dass viele Tiere von wenigen Menschen versorgt werden können. Nur so können die Produkte aus Rindern (▷ B 1) billig produziert werden.

Die Tiere stehen auf Betonböden ohne Stroh und können sich kaum bewegen. Kot und Urin fallen durch Spalten im Boden in die darunterliegenden Güllebehälter. Landwirte brauchen also den Stall nicht auszumisten und sparen dadurch Zeit und Geld. Fließbänder transportieren das Futter heran. Damit die Rinder sich gegenseitig nicht verletzen können, werden ihnen oftmals die Hörner entfernt.

Artgerechte Stallhaltung
Bei einer artgerechten Stallhaltung, wird auf die Lebensgewohnheiten der Tiere Rücksicht genommen. Die Tiere sind nicht angebunden. Sie können Kontakt zueinander aufnehmen und sich frei zwischen Liegeplätzen und voneinander getrennten Futtertrögen bewegen. Das entspricht ihrer natürlichen Lebensweise. Dabei ist so viel Platz vorhanden, dass die Kühe Abstand zueinander halten können, denn Rinder vermeiden Körperkontakte, obwohl es Herdentiere sind. Die Liegeboxen sind mit Stroh oder Sägespänen gefüllt und so geräumig, dass die Kühe ungehindert aufstehen und sich niederlegen können.
Heu und Gras holen sie sich nach Belieben vom Futtertisch. Aus einem Automaten

2 Anbindestall

3 Laufstall

können die Kühe eiweißreiches Kraftfutter bekommen. Moderne Melkanlagen melken die Tiere schonend und erlauben ein bequemes und aufrechtes Arbeiten. So können Landwirte den Gesundheitszustand der Euter und Zitzen gut kontrollieren.

Ein Kälbchen wird geboren

Nur die besten Rinder sollen sich fortpflanzen. Deshalb überlässt man beim Nachwuchs der Kühe nichts dem Zufall. Zeichnet sich ein Bulle durch gute Erbeigenschaften aus, möchte man von ihm möglichst viele Nachkommen. Daher wird heutzutage die Kuh meistens durch künstliche Besamung befruchtet. So ist es möglich, gleichzeitig mehrere Kühe zu befruchten.

Ist die Kuh trächtig, kommt nach einer Tragzeit von neun Monaten ein Kalb auf die Welt (▷B 4). Wenige Minuten nach der Geburt versucht es, sich auf die noch wackeligen Beine zu stellen. Das Kälbchen wird mit Fell geboren und kann von Anfang an sehen. Das Muttertier leckt mit der rauen Zunge sorgfältig das Fell trocken. Erstes Ziel des Kalbes ist das Euter, aus dem es die Milch saugt (▷B 5). Sie enthält alle notwendigen Nährstoffe für sein Wachstum. Weil die Kälber ziemlich schnell nach der Geburt der Mutter folgen können, heißen diese Tiere **Nestflüchter**.

Milchkühe

Die Kühe geben erst Milch, nachdem sie ihr erstes Kalb geboren haben. Dann wird in den **Milchdrüsen** des Euters aus den Nährstoffen im Blut Milch gebildet.
Der Mensch melkt die Kühe weiter, auch wenn die Kälber schon aufgehört haben zu trinken. So produzieren die Kühe weiterhin Milch. Doch die Kuh muss jedes Jahr ein Kalb bekommen, sonst gibt sie keine Milch mehr. Unsere Milchkühe erhalten hochwertiges Kraftfutter, sodass sie viel Milch geben und zweimal am Tag gemolken werden können. Sie geben zwischen 5 000 und 8 000 l Milch pro Jahr.

Aufzucht

Mastkälber kommen oft in Einzelboxen, in denen sie sich nur wenig bewegen können und keinen Kontakt zu Artgenossen haben. Sie erhalten energiereiches Mastfutter, damit sie viel Fleisch in möglichst kurzer Zeit ansetzen. Nach ungefähr zehn Monaten haben sie ihr Schlachtgewicht erreicht.

Das Rind liefert Milch und Fleisch sowie viele andere Produkte. Moderne Großställe enthalten automatische Melk- und Fütterungsanlagen. So ist eine preisgünstige Produktion von Milch und Fleisch möglich.

4 Ein Kalb wurde geboren.

5 Ein Kalb wird gesäugt.

6 Mastkälber im Laufstall

7 Mastkälber im Boxenstall

Aufgaben

1 Auf welche natürlichen Verhaltensweisen der Rinder sollten Landwirte bei der Stallhaltung Rücksicht nehmen?

2 Sieh dich in einem Supermarkt um, welche Produkte aus Milch angeboten werden. Sammle Bilder aus Zeitschriften und fertige eine Collage dazu an.

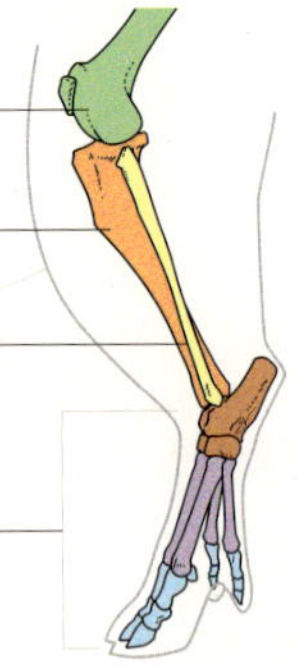

1 Hinterbein, Schwein

2 Wildschwein suhlt sich.

3 Bachen mit Frischlingen

Das Wildschwein

Wildschweine sieht man nur selten, obwohl sie in waldreichen Gegenden weit verbreitet sind. Sie sind sehr scheu und mit ihrem schwarzbraunen Borstenkleid gut getarnt, wenn sie sich tagsüber im Dickicht verbergen. Das dichte Fell und die dicke Schwarte an den Seiten schützt sie vor Verletzungen und ermöglicht ihnen auch dichtes, dorniges Gebüsch zu durchqueren. Sie halten sich gern an **Suhlen** auf (▷ B 2). Das sind schlammige Wasserstellen, in denen sie sich wälzen, um sich abzukühlen und Ungeziefer loszuwerden. Hier hinterlassen sie im feuchten Boden ihre Fußabdrücke. Neben den gespreizten Hufen sind noch die Abdrücke des hinteren Zehenpaares zu erkennen. Es verhindert ein Einsinken im morastigen Boden. Das Wildschwein ist ein **Paarhufer** und **Zehenspitzengänger**.

Wenn Wildschweine hungrig sind

In der Abenddämmerung begeben sich die Wildschweine gemeinsam auf Nahrungssuche. Dabei hilft ihnen ihr ausgezeichneter **Geruchssinn**. Sie können sogar unter dem Boden verborgene Nahrung wahrnehmen. Zielgerichtet wühlen sie mit der kräftigen Rüsselnase, die in einer empfindlichen Nasenscheibe endet, im Waldboden und Morast. Ihre vergrößerten Eckzähne, die **Hauer**, unterstützen die Wühltätigkeit.

Wildschweine sind **Allesfresser**: Eicheln, Bucheckern, Wurzeln, Knollen und Früchte, aber auch Insekten, Würmer, Vogeleier und sogar tote Tiere gehören zu ihrer Nahrung.
Häufig wechseln sie auf angrenzende Felder, wo sie beträchtliche Schäden anrichten. Landwirte sind deshalb auf Wildschweine nicht gut zu sprechen.
Das Gebiss ist dieser Ernährungsweise angepasst, es ist ein **Allesfressergebiss**.

Wildschweine sind gesellig lebende Tiere

Wildschweine leben in Familienverbänden, den **Rotten**. Nur die erwachsenen männlichen Tiere, die **Keiler**, sind Einzelgänger.
Eine Rotte besteht aus mehreren weiblichen Tieren, den **Bachen**, mit ihren Jungtieren (▷ B 3). Angeführt wird der Familienverband von der ältesten Bache. Die Mitglieder einer Rotte erkennen sich am strengen Geruch, den auch Menschen bei bestimmter Witterung wahrnehmen können.
Erst während der Paarungszeit zwischen November und Januar stoßen die Keiler zu den Rotten. Die Keiler liefern sich heftige Kämpfe. Dabei kommt es auch schon mal zu Verletzungen, die sie sich mit ihren ausgeprägten Hauern zufügen.

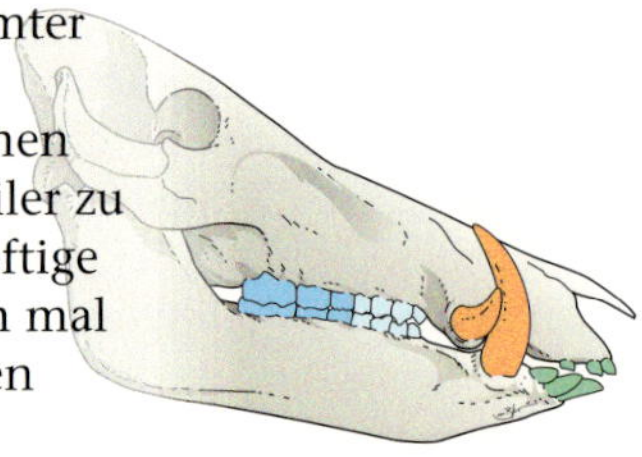

Nachwuchs

Im Frühjahr bringt die Bache 4–12 **Frischlinge** zur Welt. Vor der Geburt baut die Bache einen Wurfkessel aus Gras und Zweigen. Hier liegen die Jungen in den ersten Lebenstagen eng beieinander. Nach etwa einer Woche folgen sie der Bache.
Die Frischlinge mit dem typischen hell und dunkelbraun gestreiften Fell sind so gut getarnt, dass sie im Wald kaum zu erkennen sind (▷ B 3). Mit einem Jahr wächst ihnen das feste schwarzbraune Fell. Normalerweise sind Wildschweine nicht angriffslustig. Aber eine Bache, die Junge führt, kann dem Spaziergänger gefährlich werden. Wenn sie sich und ihren Nachwuchs bedroht fühlt, geht sie auf den vermeintlichen Feind los. Auch die Keiler greifen an, wenn sie sich in die Enge getrieben fühlen oder verletzt wurden.
Mit ihren gefährlichen Hauern können sie jemanden sogar tödlich verletzen.

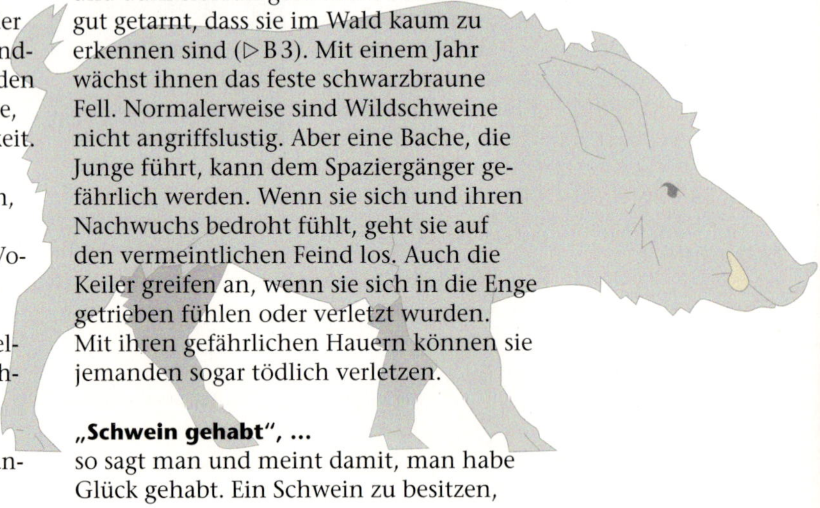

„Schwein gehabt", …

so sagt man und meint damit, man habe Glück gehabt. Ein Schwein zu besitzen,

4 Sau mit Ferkeln

5 Zuchtsau mit Ferkeln

6 Trüffelschwein

bedeutete für den Menschen früher, dass er nicht hungern musste. Vor rund 10000 Jahren wurde das Wildschwein vermutlich als Nutztier gehalten, das sich von den Abfällen der Menschen ernährte. Seitdem hat der Mensch als Züchter starken Einfluss auf das Aussehen und Verhalten des **Hausschweins** genommen. Im Laufe der Jahrtausende wurde es zahmer. Aus ihm ist ein kurzbeiniger, hellhäutiger, dickbäuchiger Fleischlieferant geworden.

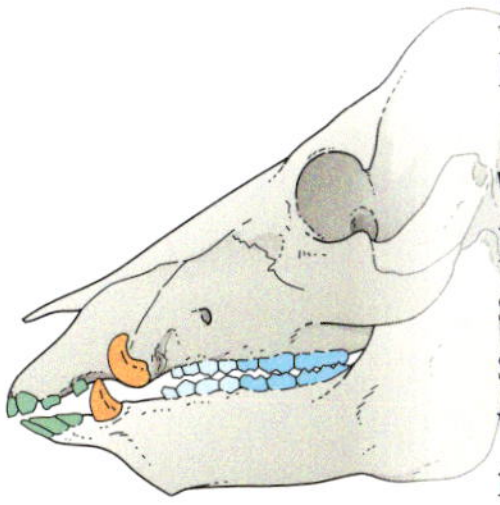

Wie Schweine sich sauwohl fühlen

Haben Hausschweine die Möglichkeit sich im Freiland aufzuhalten, so zeigen sie ähnliche Verhaltensweisen wie ihre wilden Vorfahren. Sie leben in einem fest gefügten Familienverband und brauchen genügend Platz, um bei Rangordnungskämpfen ihrem Gegner auszuweichen.

Auch Hausschweine suhlen sich gern und verbringen viel Zeit mit der Futtersuche, indem sie den Boden aufwühlen. Schweine sind reinliche Tiere. Um ihr Geschäft zu verrichten, suchen sie einen Platz am Rand der Ruhezone auf. Außerdem lieben sie es, sich aus weichem Material wie Stroh und Laub ein Nest zu bauen, in dem sie schlafen und ruhen. Trächtige Sauen bauen einige Stunden vor der Geburt ein gepolstertes Ferkelnest aus Gras und Ästen.

Wie unsere Koteletts wachsen

Immer mehr Fleisch zu immer günstigeren Preisen, das ist nach Meinung vieler nur durch Massentierhaltung zu schaffen. In manchen Betrieben werden 1000 Tiere und mehr gehalten. Dicht gedrängt stehen 8–12 Mastschweine in Betonbuchten und können sich kaum bewegen. So erreichen sie in nur 5–7 Monaten die Schlachtreife. Um zu verhindern, dass sich die gelangweilten Tiere gegenseitig die Schwänze anknabbern, werden die Kringelschwänze gleich nach der Geburt abgeschnitten. Die Schweine stehen auf nackten Beton-Spaltenböden, was leicht zu Verletzungen an ihren Füßen führt. Die Gülle sammelt sich in Abflusskanälen unter dem Stallboden. Stinkende, ätzende Dämpfe ziehen durch die Spalten nach oben und sind für die geruchsempfindlichen Schweine nicht nur eine Qual, sondern sie führen darüber hinaus zu Erkrankungen der Atemwege und der Lunge. Entsprechend häufig müssen Tierärzte die Tiere mit Medikamenten behandeln.

Das Hausschwein ist vor allem wegen seines Fleisches ein wichtiges Nutztier für den Menschen.
Es ist ein Allesfresser und stammt vom Wildschwein ab. Beide haben ähnliche Lebensgewohnheiten.

Aufgaben

1 Wildschweine gelten als Gesundheitspolizisten des Waldes.
Erkläre diese Aussage.

2 a) Welche Auswirkungen kann die Massentierhaltung auf die Qualität des Fleisches haben?
b) Wie sollen sich Verbraucher deiner Meinung nach verhalten?

3 Stelle in Form einer Tabelle die körperlichen Merkmale von Wild- und Hausschwein gegenüber.

4 Stelle die Familienmitglieder der Wild- und Hausschweine in der Fachsprache vor.

5 Welche natürlichen Verhaltensweisen der Hausschweine werden bei der Massentierhaltung nicht berücksichtigt?

1 Ausritt

2 Junge mit Pferd

3 Polizeipferde im Einsatz

4 Pferdetypen

Pferde unterscheiden sich im Körperbau
Wenn du Pferde einmal genauer betrachtest, fallen dir Unterschiede in der Fellfarbe, in der Größe und in der Gestalt auf. Pferde werden nach ihrem Körperbau eingeteilt in **Kaltblut**, **Warmblut** und **Vollblut** (▷ B 4). Diese Typenbezeichnung hat natürlich nichts mit der Temperatur des Blutes zu tun, die selbstverständlich bei allen gleich ist.
Kaltblutpferde wirken wuchtig und kommen dort zum Einsatz, wo mehr Kraft als Schnelligkeit gebraucht wird. Deshalb arbeiten sie vor allem als Zugpferde, wobei ihre Ruhe und die langsamen Bewegungen von Vorteil sind.

Im Gegensatz dazu sind Vollblüter temperamentvoll und schnell. Sie gelten als die edelsten und schönsten Pferde. Zwischen diesen beiden gegensätzlichen Typen liegen die Warmblutpferde mit ihrem kompakten, aber eleganten Körperbau. Sie sind die häufigsten Reit- und Nutzpferde, sowohl zäh als auch schnell.

Ponys sind widerstandsfähige und genügsame Tiere, die anders als ihre großen Verwandten den überwiegenden Teil ihrer Zeit im Freien verbringen können. Sie brauchen nur ein Schutzdach. Ponys kann man reiten, aber auch vor kleine Kutschen spannen.

Pferde werden nach ihrem Körperbau eingeteilt in Kaltblut, Warmblut und Vollblut.

Immer mehr Kinder und Erwachsene verbringen ihre Freizeit mit Pferden oder Ponys. Auf Reiterhöfen kannst du lernen, wie du mit Pferden umgehst oder reitest.

Noch vor wenigen Jahren waren Pferde aus dem Arbeitsleben fast ganz verschwunden. Heute haben wir Menschen die vielfältigen Einsatzmöglichkeiten dieser Tiere wieder neu entdeckt. Überall dort, wo Fahrzeuge nicht eingesetzt werden können oder störend sind, kommen Pferde wieder öfter zum Einsatz (▷ B 3).

Auf der Speisekarte der Pferde stehen Pflanzen
Pferde sind **Weidetiere**, die den ganzen Tag fressen. Mit ihren weichen Lippen umschließen sie das Futter und rupfen es mit den schräg gestellten Schneidezähnen ab. Bevor es geschluckt wird, zermahlen die großen Backenzähne das Futter. Dabei nutzen sie sich nach und nach ab. Geschulte Pferdehalter können an dieser Abnutzung das Alter des Pferdes erkennen. Der kleine Magen kann nur wenig Futter aufnehmen. Deshalb müssen Pferde viel häufiger fressen als Kühe, denn sie sind

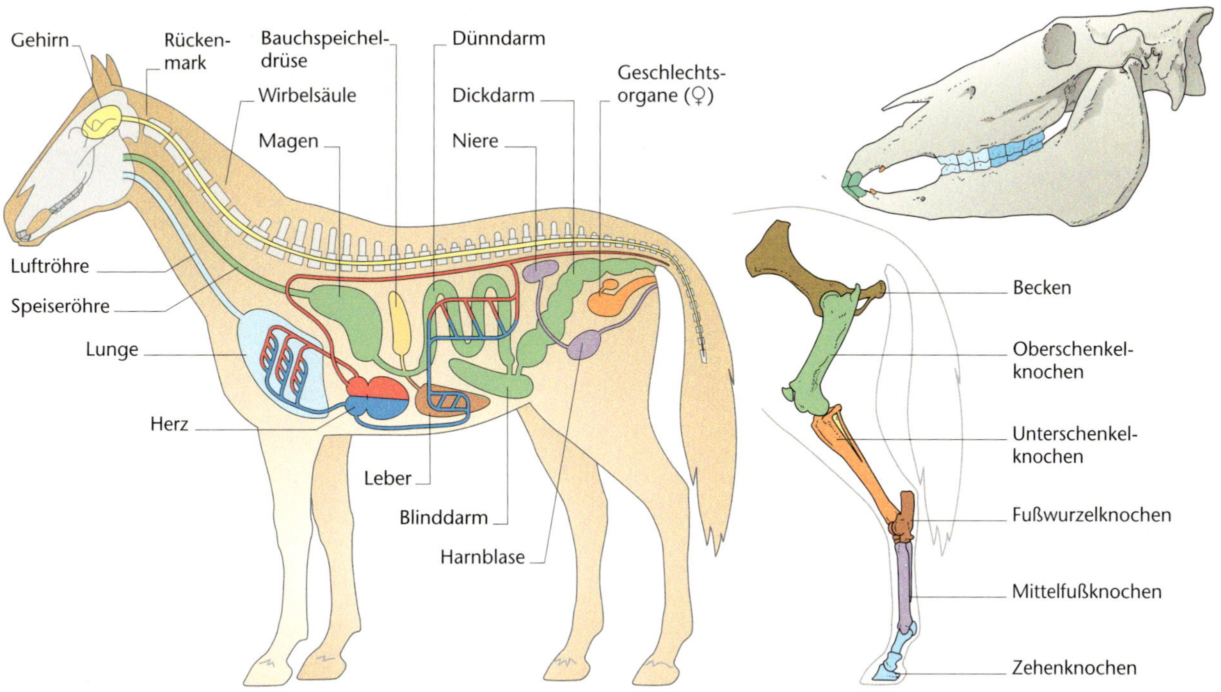

5 Körperbau eines Pferdes

keine Wiederkäuer. Die Hauptverdauungsarbeit leisten dann der lange Darm und ein riesiger Blinddarm.

Pferde haben ein Pflanzenfressergebiss und sind keine Wiederkäuer.

Schnelles Laufen auf Zehenspitzen

Ausdauer und Geschwindigkeit werden durch den Bau des Beinskeletts aus kräftigen Knochen (▷ B 5) möglich.
Pferde treten nur mit der Spitze einer Zehe, der verbreiterten Mittelzehe auf. Sie sind **Zehenspitzengänger**.
Jeweils ein Zehennagel aus Horn umschließt als Huf das vorderste Zehenglied. Pferde sind also **Unpaarhufer**.
Der Huf berührt den Boden nur mit seinen harten Rändern. Auf steinigem Untergrund braucht er ein schützendes Hufeisen. Das Pferd wird dann „beschlagen“ (▷ B 7). Der englische Begriff „horse shoe“ für das Hufeisen macht die Funktion des Eisens besonders deutlich.
Pferde laufen in verschiedenen **Gangarten** unterschiedlich schnell (▷ B 6). Im **Schritt** könntest du nebenher gehen. Beim **Trab** müsstest du schon ein Fahrrad benutzen.
Galoppiert ein Pferd, kannst du im Auto hinterher fahren. Gute Rennpferde erreichen Geschwindigkeiten bis zu 60 km/h.

Pferde sind Unpaarhufer. Sie treten als Zehenspitzengänger nur mit den Spitzen der Mittelzehen auf.

Aufgaben

1 Erstellt in Gruppen Plakate mit Abbildungen aus Zeitschriften, auf denen Pferde mit unterschiedlichen Berufen zu sehen sind und ordnet sie den drei Pferdetypen zu.

2 Vergleiche das Gebiss von Pferd und Rind und erkläre, warum die beiden Tiere so unterschiedlich Nahrung aufnehmen.

3 Begründe, warum ein Pferd auf der Weide fast den ganzen Tag lang frisst.

7 Beim Hufschmied

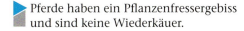

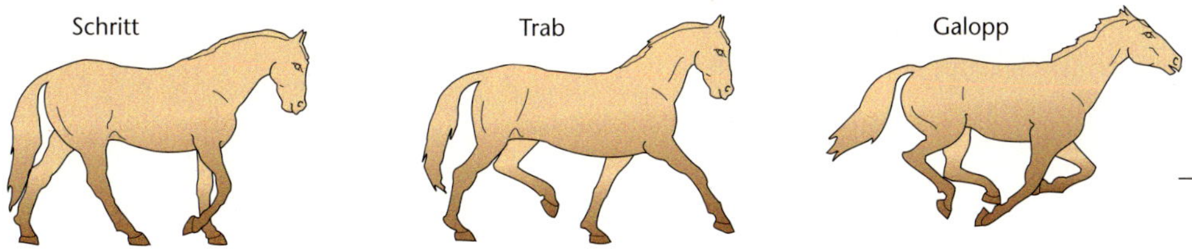

6 Gangarten der Pferde

1 Fische

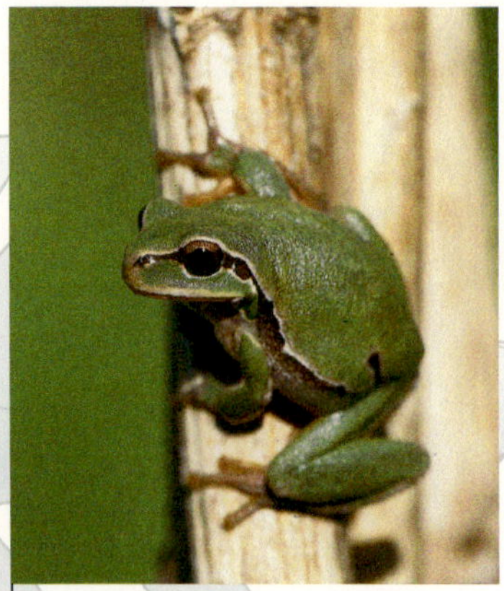

2 Amphibien

3 Reptilien

Ordnung muss sein!
Es gibt viele Möglichkeiten, Lebewesen zu ordnen. Die Biologen haben sich darauf geeinigt, immer jene Lebewesen in Gruppen zusammenzufassen, die sich besonders ähnlich sind. Sie sagen, diese Tiere seien miteinander verwandt. So bezeichnet man alle Tiere, die eine Wirbelsäule aus einzelnen Wirbeln besitzen, als **Wirbeltiere**. Diese teilt man wiederum in Fische, Amphibien, Reptilien, Vögel und Säugetiere ein. Tiere ohne Wirbelsäule wie Insekten, Schnecken und auch der Regenwurm zählen zu den **wirbellosen Tieren**.

Was macht das Säugetier zum Säugetier?
Zwergkaninchen, Rind, Elefant, Spitzmaus, Fledermaus, Igel und Blauwal sehen sehr verschieden aus. Aber die Biologen rechnen diese Tiere aufgrund ihrer gemeinsamen Merkmale zu der großen Gruppe der **Säugetiere**.
Bei allen Säugetieren wird die Eizelle im Mutterleib befruchtet. Die Jungen entwickeln sich im Körper der Mutter und werden nach der Geburt mit Milch aus ihren Milchdrüsen ernährt. Alle Säugetiere atmen über Lungen und alle besitzen Haare. Das Fell schützt den Körper vor Wärmeverlust und sorgt mit dafür, dass die Körpertemperatur stets gleich bleibt.

Die Zähne zeigen
Auch die Säugetiere kann man wiederum in Gruppen mit gemeinsamen Merkmalen aufteilen. Wenn Moritz seiner Mongolischen Rennmaus beim Fressen zuschaut, kann er sehen, wie die beiden kräftigen Schneidezähne im Ober- und Unterkiefer innerhalb kürzester Zeit eine Möhre wegraspeln. Seine Freundin Yasmin hat ein Erdhörnchen, das auf die gleiche Weise die Nahrung benagt und Maikes Chinchillas haben die Spur ihrer **Nagezähne** auf den Möbeln hinterlassen. Wegen dieser typischen Zähne werden die drei Tierarten mit Eichhörnchen, Maus, Hamster, Biber und vielen anderen zu einer Gruppe zusammengefasst. Die Biologen nennen sie die Ordnung der **Nagetiere**.

Auch eine andere Ordnung der Säugetiere kann man am Gebiss erkennen. Alle **Raubtiere** haben ein Fleischfressergebiss.

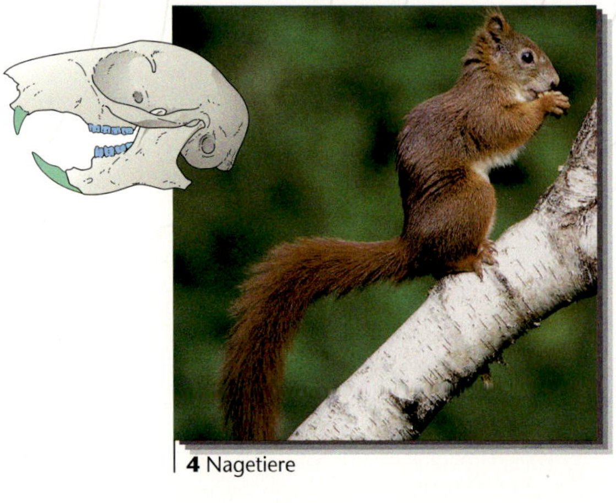

4 Nagetiere

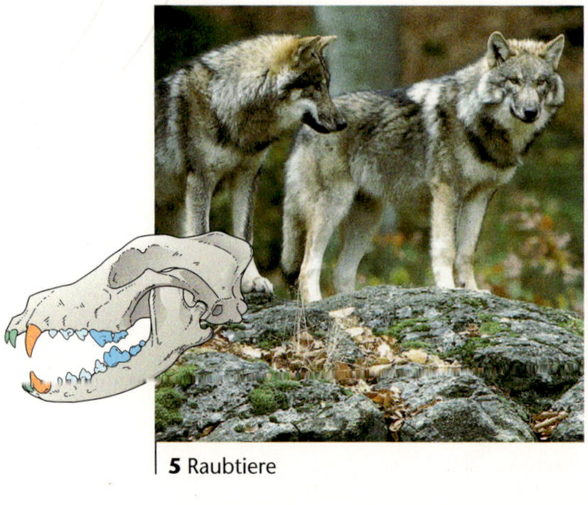

5 Raubtiere

6 Vögel

7 Säugetiere

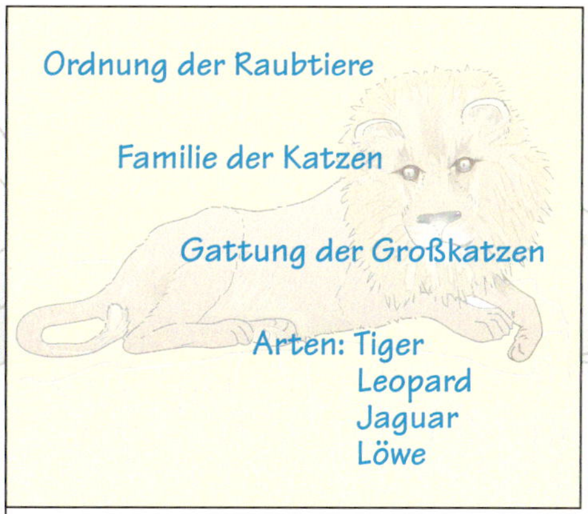

8 Ordnung der Raubtiere

Die spitzen Fangzähne und gezackten Reißzähne findest du nicht nur bei Hund und Katze, sondern auch bei Wolf, Löwe, Tiger, Steinmarder, Fischotter und Eisbär.

Zeigt her eure Füße

Vergleichst du die Füße der Säugetiere, die auf den ersten 45 Seiten dieses Buches abgebildet sind, so wirst du schnell jene erkennen, die Hufe haben. Schaust du noch einmal genau hin, so stellst du fest, dass bei einigen der Huf aus einem Stück besteht und andere dagegen gespaltene, also zweiteilige Hufe haben.
Biologen bezeichnen die erste Gruppe als Ordnung der **Unpaarhufer**. Zu ihr zählen Pferd und Esel. Die andere Gruppe, zu der Rind, Schaf, Schwein, Reh und Hirsch gehören, werden als Ordnung der **Paarhufer** bezeichnet.

Mit der Aufteilung in Ordnungen geben sich die Biologen noch nicht zufrieden. So gliedert man die über 20 **Ordnungen** der Säugetiere nochmals in **Familien**, diese wieder in **Gattungen**, in denen man sehr ähnliche **Arten** zusammenfasst.

Tiere mit gleichen Merkmalen im Körperbau werden zu Gruppen zusammengefasst. Die Wirbeltiere kann man in Fische, Amphibien, Reptilien, Vögel und Säugetiere aufteilen.

Aufgaben

1 Notiere die Namen aller Tiere, die auf den ersten 45 Seiten des Buches vorgestellt werden, und versuche sie in unterschiedliche Gruppen einzuordnen.

2 Schau dir die Abbildungen der Schädel von Hund, Katze, Rind und Pferd an und vergleiche sie. Stelle die Unterschiede und Gemeinsamkeiten in einer Tabelle dar.

3 Begründe, warum Landschildkröte, Hering, Laubfrosch und Amsel nicht zu den Säugetieren gehören.

4 Suche in deinem Biologiebuch nach Tieren, die zu den Nagetieren, den Paarhufern oder Raubtieren gehören. Notiere und begründe deine Auswahl.

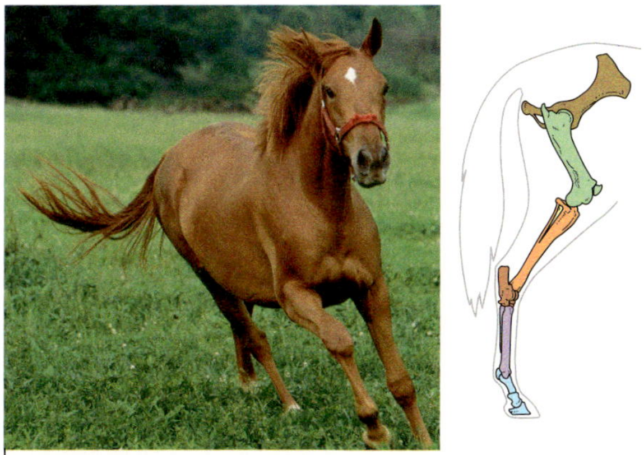

9 Unpaarhufer

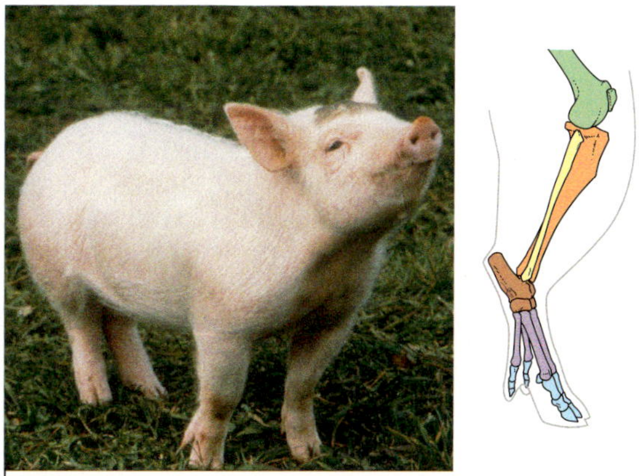

10 Paarhufer

Die Henne hat gelegt

Bei der Balz umtanzt der auffallend bunt gefärbte Hahn die Henne. Geht die Henne auf die Werbungen ein, so duckt sie sich und der Hahn steigt auf sie auf. Der Hahn „tritt" die Henne, wie Hühnerzüchter sagen. Die Tiere pressen ihre Geschlechtsöffnungen aneinander. Hierbei kommt es zur Besamung (▷ B 1). Im hinteren Teil des Eileiters erfolgt die **Befruchtung** der Eizelle, womit die Verschmelzung einer Eizelle mit einer Samenzelle gemeint ist.

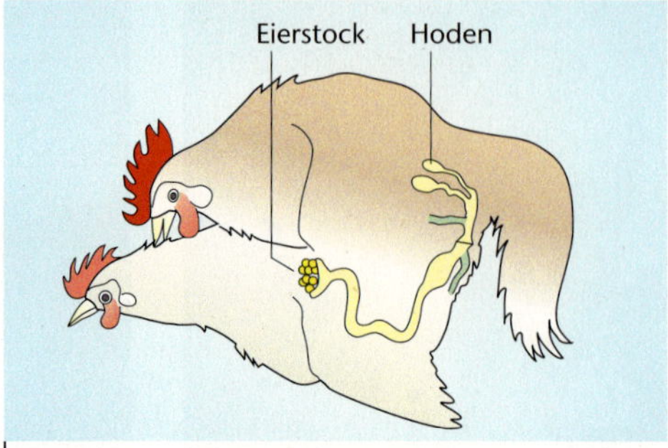

1 Paarung

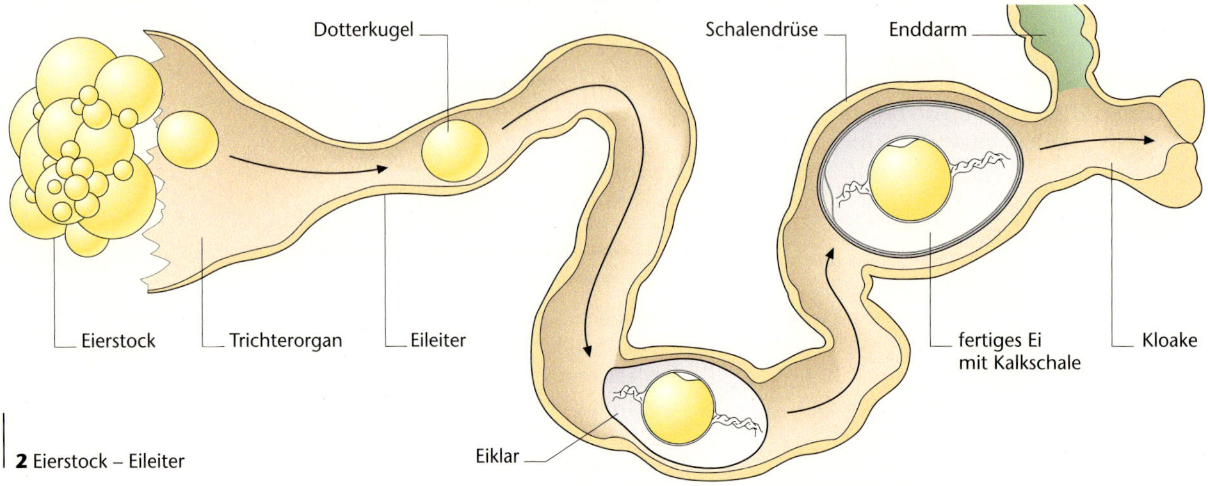

2 Eierstock – Eileiter

Innerhalb von 24 Stunden erfolgt jetzt im Eileiter die Entwicklung zum fertigen Hühnerei, das dann von der Henne abgelegt wird. Im Ei teilt sich die winzige Eizelle mehrfach und bildet die kleine Keimscheibe. Sie ist auf der Dotterkugel bei genauem Hinsehen gut zu erkennen (▷ B 5). Aus ihr entsteht später der Embryo. Nach und nach kommen Eiklar, die Hagelschnüre und die feinen Schalenhäute hinzu. In der Schalendrüse wird schließlich die Kalkschale hinzugefügt. Damit der heranwachsende Embryo atmen kann, enthält die Schale viele kleine luftdurchlässige Öffnungen. Das sind die Poren.

Von der Befruchtung bis zur Eiablage dauert es nur 24 Stunden. Entfernt man die Eier, legt die Henne erneut. Dieses Verhalten ist dem Tier angeboren. Eine Henne kann bis zu 250 Eier im Jahr legen. Findet keine Besamung statt, bleiben die Eier unbefruchtet.

▶ Das Hühnerei enthält Nährstoffe für das heranwachsende Küken, das durch Poren in der Eierschale atmen kann.

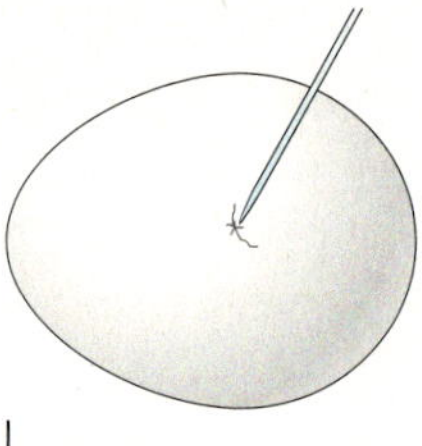

3 Einstechen eines Loches

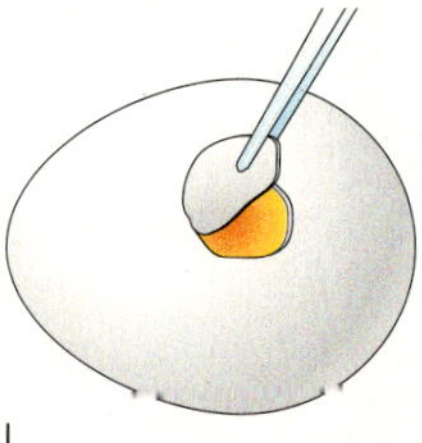

4 Aufbrechen der Kalkschale

Versuche

1 Lege ein Hühnerei waagerecht in die Vertiefung eines Eierkartons. Stich vorsichtig ein kleines Loch in die Eierschale und sauge mit einer Einwegspritze ca. 1,5 ml Eiklar ab.
Mit Schere und Pinzette kannst du jetzt vorsichtig das Loch zu einem kleinen „Fenster" erweitern (▷ B 3 und 4). Welche Teile aus Bild 5 erkennst du wieder?

2 Halte ein Stückchen Kalkschale gegen das Licht und betrachte es mit der Lupe.

3 Drehe das geöffnete Ei. Wie verhält sich die Keimscheibe?

4 Öffne das Ei vollständig und gib den Inhalt in eine Petrischale. Zieh vorsichtig mit einer stumpfen Pinzette an den Hagelschnüren!
Welche Aufgabe könnten die Hagelschnüre haben?

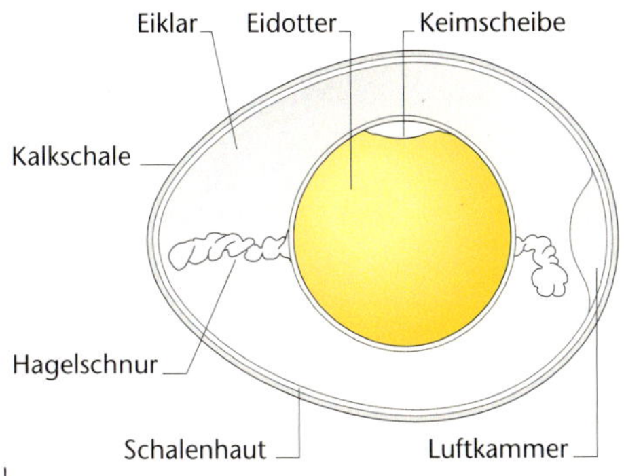

5 Hühnerei, Schema

6 Entwicklungsstadien im Hühnerei

Ein Küken schlüpft

Wenn die Glucke brütet, hält ihr Körper die Eier gleichmäßig warm. Bis dann schließlich ein Küken schlüpft, passiert unter der Eischale Erstaunliches: Langsam entwickelt sich aus der Keimscheibe der Embryo. Auch wenn die Glucke die Eier wendet – die Keimscheibe bleibt immer oben. Sie schwimmt auf der Dotterkugel. Schon nach drei Tagen sind erste Äderchen auf der Dotterkugel erkennbar. Sie versorgen den Embryo mit Nährstoffen aus dem Dotter und dem Eiklar. Nach 14 Tagen sind Kopf, Schnabel, Augen, Flügel und Federn gut ausgebildet. Um die Eischale durchbrechen zu können, hat das Küken einen kleinen Eizahn auf dem Schnabel. Nach 21 Tagen schlüpft das Hühnerküken.
Als **Nestflüchter** geht das Küken sofort mit der Glucke und den Geschwistern auf Futtersuche.

▶ Damit sich im befruchteten Hühnerei aus der Keimscheibe das Küken entwickeln kann, muss die Henne das Ei beim Brüten gleichmäßig warm halten.

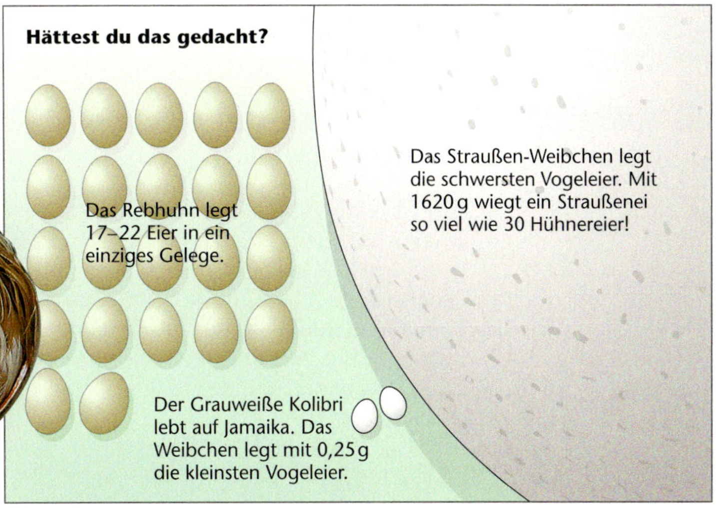

Hättest du das gedacht?
Das Rebhuhn legt 17–22 Eier in ein einziges Gelege.
Das Straußen-Weibchen legt die schwersten Vogeleier. Mit 1620 g wiegt ein Straußenei so viel wie 30 Hühnereier!
Der Grauweiße Kolibri lebt auf Jamaika. Das Weibchen legt mit 0,25 g die kleinsten Vogeleier.

Aufgaben

1 Schreibe zu jedem Stadium in Bild 6 einen Text, der die Entwicklung des Kükens beschreibt.

2 Erkläre den Begriff „Nesthocker" und nenne einige Vogelarten, deren Küken Nesthocker sind.

3 Suche im Buch nach weiteren Tierarten, deren Junge Nestflüchter sind.

Jedem sein Rang
Bauer Hinrichs hält neben seinem Milchvieh noch einige Hühner und einen Hahn. Die Tiere dürfen frei auf dem Hof herumlaufen und in der Erde nach Würmern, Insekten und Samen scharren. Es ist Fütterungszeit. Als die Bäuerin den Hühnern etwas Futter vorwirft, zeigen die Tiere ein auffälliges Verhalten. Sobald zwei Hühner nach demselben Korn picken wollen, weicht eines der Tiere zurück (▷ B 4). Dies ist ein Hinweis auf eine **Rangordnung**, die das Zusammenleben der Hühner weit gehend bestimmt. Bei Stockenten am Teich oder bei Tauben auf dem Marktplatz

1 Hahnenkampf

kannst du das ebenfalls beobachten.
Bei den Hühnern werden die Ränge schon frühzeitig festgelegt. Während der ersten Lebenswochen betreut die Mutter, die man auch **Glucke** nennt, ihre Küken. Alle Küken halten sich in ihrer Nähe auf. Begegnen sich zwei Küken zufällig, so pickt plötzlich das eine spielerisch nach dem anderen. Dieses weicht aus. Auch bei späteren Treffen spielt sich der gleiche harmlose Rangordnungskampf ab. Auf diese Weise wird die „Hackordnung" festgelegt.

▶ Im Hühnervolk regelt die Rangordnung das Zusammenleben der Tiere.

Der Ranghöchste auf dem Hühnerhof ist der Hahn. Sind mehrere Hähne vorhanden, laufen unter ihnen die Kämpfe um die Revierherrschaft besonders hart ab. Die beiden Kämpfer stehen sich tief geduckt gegenüber. Ihre aufgestellten Halskrausen lassen den Körper größer erscheinen (▷ B 1). Im Sprung versucht jeder, den anderen mit den spornbewehrten Füßen am Kopf oder Hals zu treffen. Der Besiegte kann sich vor weiteren Angriffen nur dadurch schützen, dass er flüchtet. Wenn das nicht möglich ist, muss er sein Gesicht verstecken. Auch dadurch wird der Kampf beendet.

Abstammung des Haushuhns
Unsere Haushuhnrassen stammen alle vom asiatischen **Bankivahuhn** (▷ B 2) ab. Bereits 3 200 v. Chr. wurden in Indien Haushühner gehalten. In Europa hielt man um 500 v. Chr. Hühner als Fleisch- und Eierlieferanten. Erst im 19. Jahrhundert entwickelte sich eine planmäßige Hühnerzucht. Inzwischen gibt es bei uns mehr als 70 Hühnerrassen. Alle zeigen das gleiche Verhalten wie die heute noch in Asien lebenden Bankivahühner. Fliegen können die Haushühner allerdings kaum noch, da sie zu schwer sind und nur noch kleine Flügel haben.

▶ Haushühner stammen vom asiatischen Bankivahuhn ab.

2 Bankivahuhn

3 Hühnervolk im Freiland

4 Hühner bei der Fütterung

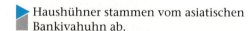

Hühner in Legebatterien

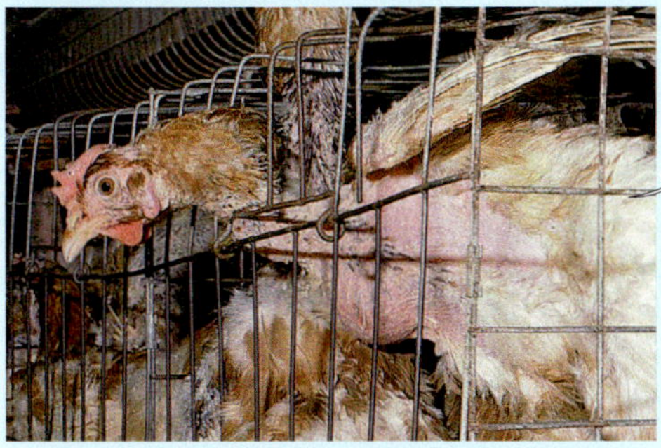

So groß wie eine Buchseite ist die Fläche, die einem Huhn in der Batteriehaltung zur Verfügung steht. Dabei sind mehrere Legehennen in einem Drahtkäfig untergebracht. Viele dieser Käfige stehen neben- und übereinander. Zusammen bilden sie eine „Batterie“. Die Tiere stehen auf Metallrosten, durch die der Kot fällt und leicht beseitigt werden kann. Die Eier rollen sofort auf ein Band und brauchen nicht aus den Käfigen geholt zu werden. Auf diese Weise spart man Arbeitskraft und kann mit geringem Aufwand sehr viel produzieren.

Tierschützer sehen in dieser Massentierhaltung eine Tierquälerei. Die Tiere sind oft in einem erbärmlichen Zustand. Sie können nicht scharren oder mit den Flügeln schlagen. Ein artgerechtes Verhalten wie auf dem Hühnerhof ist nicht möglich.

Aufgaben

1 Begründe die Preisunterschiede der Eier aus unterschiedlichen Tierhaltungen in der Abbildung rechts.

2 Salmonellen sind Krankheitserreger, die besonders durch Massentierhaltung verbreitet werden.
Informiere dich darüber im Internet und schreibe auf, wie Salmonellen unserer Gesundheit schaden können.

3 Im Vergleich zu den Hühnern würde dir eine Fläche von etwa 5 DIN-A4-Blättern zustehen.
Lege die Blätter auf den Boden und stelle dich 5 Minuten darauf.
Wie fühlst du dich? Berichte!

4 Schreibe die Geschichte von „Frieda“ in deinem Heft zu Ende.

Ich heiße Frieda,

mir war ein Leben in einem Hühnergefängnis vorherbestimmt. Ich lebte mit fünfhundert anderen kleinen Hennen in einem riesengroßen, fensterlosen Stall. Das Atmen fiel einem schwer, weil Staub und beißender Gestank den Raum erfüllten. Ich saß in einem der unteren Käfige, die vierfach übereinander gestapelt waren. Ich musste auf Drahtgittern hocken, auf einer Fläche, die etwa so groß ist wie ein DIN-A4-Blatt. Da konnte man nicht mal mit den Flügeln schlagen oder scharren, geschweige denn ein Sandbad nehmen. Im Stall brannte Tag und Nacht das Licht. Man konnte nicht ungestört fressen und auch nicht schlafen. Manchmal wenn es mir langweilig wurde, rupfte ich mir die Federn aus und wurde an einigen Stellen ganz kahl.

Je nach Tierhaltung können Eierpreise unterschiedlich sein.

Menschen halten Tiere – und sind für sie verantwortlich

Vom Wildtier zum Haustier
In vielen tausend Jahren sind durch Zähmung und Züchtung aus wild lebenden Vorfahren unsere Haus- und Nutztiere entstanden.

Wenn Menschen Tiere halten, übernehmen sie eine große Verantwortung. Durch artgerechte Haltung nehmen wir auf die Lebensbedürfnisse unserer Haus- und Nutztiere Rücksicht und sorgen dafür, dass es ihnen gut geht.

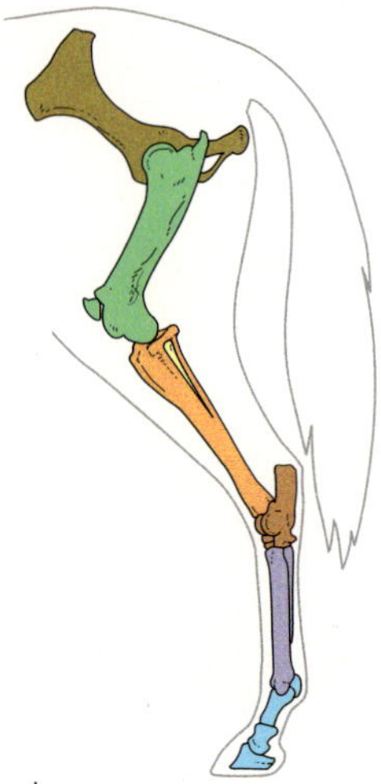

1 Hinterbein, Pferd

Unsere Haus- und Nutztiere gehören zu den Wirbeltieren
Denn sie haben ein Knochengerüst mit Wirbelsäule – das Skelett. Es stützt den Körper und gibt ihm seine Gestalt.

Fortbewegung auf Beinen
Die Beine der Wirbeltiere haben alle den gleichen Grundbauplan, auch wenn sie bei den verschiedenen Tieren unterschiedlich aussehen.
Katzen und Hunde treten nur mit den Zehen auf, sie sind Zehengänger.
Schweine, Rinder und Pferde laufen nur auf den Zehenspitzen und sind Zehenspitzengänger.

Säugetiere entwickeln sich im mütterlichen Körper
Nach der Geburt säugt die Mutter ihre Jungen bis sie sich selbstständig ernähren können. Die Jungen von Katze und Hund werden von den Tiermüttern eine Zeit lang versorgt und gepflegt.
Herdentiere wie Schweine, Rinder und Pferde müssen bald nach der Geburt laufen können und mit der Herde weiterziehen.

2 Haustiere

Jagen oder weiden
Katzen jagen als Einzelgänger. Sie sind Raubtiere, die als Schleichjäger ihre Beute fangen. Durch besonders lichtempfindliche Augen und ein gutes Gehör können sie auch in der Dämmerung erfolgreich jagen.

Hunde sind Raubtiere, die ursprünglich im Rudel jagten und die Beute als Hetzjäger gemeinsam erlegten. Als „Nasentiere“ können sie besonders gut riechen. Außerdem besitzen sie ein ausgezeichnetes Gehör.

Rinder schlucken zunächst große Mengen Pflanzennahrung, die sie als Wiederkäuer hochwürgen und dann erst zerkauen. Vier Mägen sind an der Verdauung beteiligt.

Pferde sind Pflanzenfresser, die den ganzen Tag weiden. Da sie keine Wiederkäuer sind, müssen sie ihren kleinen Magen portionsweise füllen.

Gebisse und Nahrung sind aufeinander abgestimmt
Katzen und Hunde haben ein Fleischfressergebiss mit besonderen Fang- und Reißzähnen.
Rinder und Pferde fressen Pflanzennahrung, die von breiten, grobhöckrigen Backenzähnen im Pflanzenfressergebiss zermahlen wird.
Das Allesfressergebiss der Schweine ist auf Fleisch- und Pflanzennahrung ausgelegt.

Tiere lassen sich ordnen
Tiere mit gleichen Körpermerkmalen werden zu Gruppen zusammengefasst. Die Wirbeltiere kann man in Fische, Amphibien, Reptilien, Vögel und Säugetiere aufteilen. Nagetiere, Raubtiere, Paarhufer und Unpaarhufer sind einige Säugetierordnungen.

Zu viele Tiere auf zu wenig Raum
Hühner, Schweine und Rinder werden oft in riesigen Ställen in zu engen Käfigen oder Boxen gehalten. Sie können sich dort kaum bewegen. Ihr Futter suchen sie nicht mehr selber, denn große Futterautomaten liefern die vorausberechnete Menge und Mischung.
Massentierhaltung wird nötig, wenn viel Fleisch, Eier oder Milch zu niedrigen Preisen erzeugt werden soll.

Aufgaben

1 Nenne die jeweilige Urform von fünf Haustieren und erkläre, wie sie im Laufe der langen Zeit zu Begleitern der Menschen werden konnten.

2 Was müssen Menschen beachten, wenn sie sich Haustiere anschaffen? Erstelle dazu ein Merkblatt.

3 Ordne die dargestellten Produkte (▷ B 3) jeweils den Nutztieren zu, aus deren Erzeugnissen die Produkte gewonnen werden.

4 Nenne Gründe dafür, warum eine nicht artgerechte Haltung unseren Haus- und Nutztieren schadet.

5 Warum sind Eier von Hühnern aus Käfighaltung billiger als Eier von frei laufenden Hühnern?

6 Richtig zusammengesetzt ergeben die Buchstabenschnipsel (▷ B 4) die Namen der abgebildeten Tierkinder und deren Elterntiere. Schreibe die Namen in eine Tabelle geordnet nach der jeweiligen Tierart.

7 Bei Wölfen bekommen nur die Leittiere Junge. Welche Vorteile bringt das dem Rudel?

8 Begründe, warum es neben reinrassigen Hunden auch Mischlinge gibt.

9 Stimmt folgende Aussage: „Das Rind braucht nicht so lange Beine wie das Pferd, dafür aber einen paarigen Huf"? Begründe deine Antwort.

10 „Je nach Gebissart ernähren sich die Haustiere unterschiedlich." Nenne die jeweiligen Gebissarten und erkläre die Aussage am Beispiel von Rind, Pferd und Hund, Katze.

3 Zu Aufgabe 3

ber – Bul – chen – chen – de – din – E – Fer – Foh – gst – Ha – hn – Hen – hn – Hu – Hün – K – Ka – Kat – Kälb – Kätz – kel – ken – Kü – le – len – pe – Rü – Sau – Stu – ter – te – uh – Wel – ze

4 Zu Aufgabe 6

Bewegung
hält fit und macht Spaß

Tanzen, einem Ball hinterherlaufen, Fahrrad oder Inliner fahren: Das macht Spaß! Und außerdem hält es deinen Körper in Schwung und gesund!

Bewegung ist ein Kennzeichen des Lebendigen. Schon vor der Geburt spürte deine Mutter dein erstes Strampeln und ein paar Jahre später hast du begonnen, mit deinen Freunden Fangen zu spielen. Selbst im Schlaf, wenn sich dein Körper erholt, drehst du dich oft von einer Seite auf die andere.

Manche Tiere können viel schneller laufen, geschickter schwimmen, eleganter klettern, weiter springen und gekonnter balancieren als der Mensch. Aber der Mensch beherrscht, wenn auch nicht perfekt, fast alle diese Bewegungsformen.

Wenn du schnell gelaufen bist, kannst du spüren, dass dein Herz schlägt und dass du schneller und tiefer atmest.
Auf den nächsten Seiten erfährst du, warum du deinen Körper bewegen kannst und wie die Atmung funktioniert.
Auch die Sinnesorgane spielen eine wichtige Rolle bei der Bewegung.

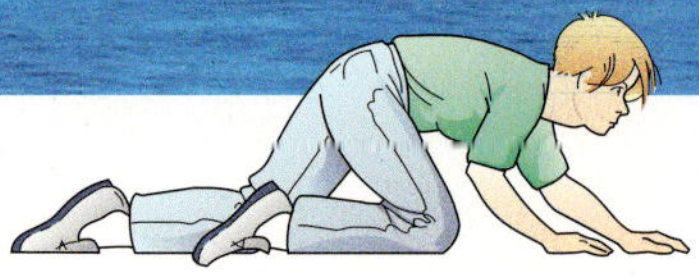

Aufgaben

Plant ein Projekt zum Thema Bewegung. Bittet auch eure Sportlehrer um Unterstützung. Für den Einstieg in das Projekt könnt ihr die folgenden Aufgaben lösen:

1 a) Erstelle eine Hitliste der Bewegungen, die du gern ausführst, und der Bewegungen, die du nicht magst.
b) Wie würdest du dich am liebsten fortbewegen, wenn du alles könntest? Schreibe dazu eine Geschichte.

2 a) Denkt euch in Partnerarbeit sechs Bewegungsstationen aus. Nutzt auch Geräte, die in der Turnhalle vorhanden sind.
b) Fertigt eine Skizze der Stationen an.
c) Fragt eure Sportlehrer, ob ihr diese Bewegungsstationen mit eurer Klasse ausprobieren dürft.

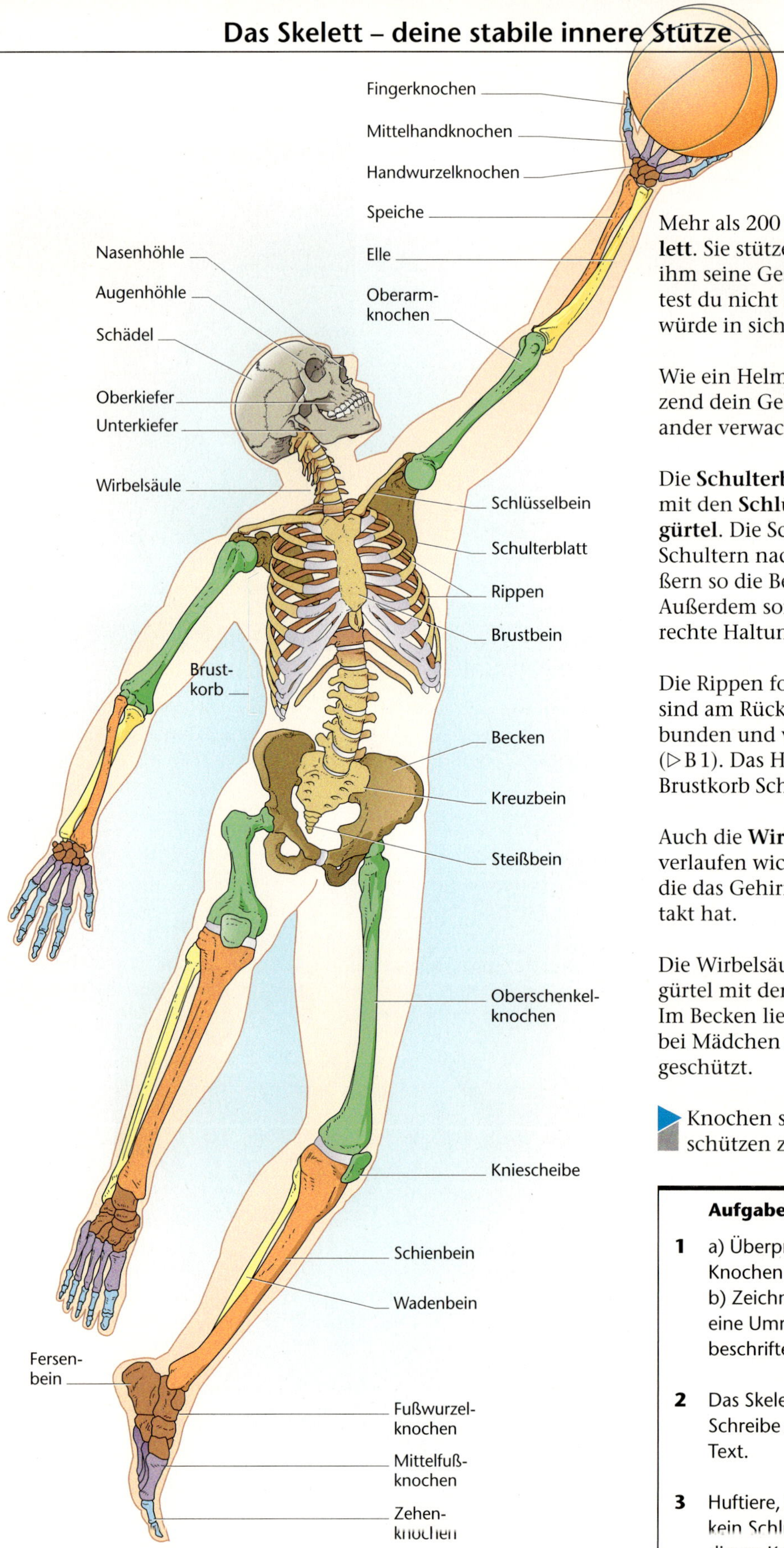

1 Skelett des Menschen

Mehr als 200 Knochen bilden dein **Skelett**. Sie stützen deinen Körper und geben ihm seine Gestalt. Ohne Knochen könntest du nicht aufrecht gehen, dein Körper würde in sich zusammensacken.

Wie ein Helm umgibt der **Schädel** schützend dein Gehirn. Er besteht aus miteinander verwachsenen Knochen (▷ B 1).

Die **Schulterblätter** bilden gemeinsam mit den **Schlüsselbeinen** den **Schultergürtel**. Die Schlüsselbeine „schieben“ die Schultern nach außen (▷ B 1) und vergrößern so die Bewegungsfreiheit der Arme. Außerdem sorgen sie für eine stabile, aufrechte Haltung des Oberkörpers.

Die Rippen formen deinen **Brustkorb**. Sie sind am Rücken mit der Wirbelsäule verbunden und vorn am Brustbein befestigt (▷ B 1). Das Herz und die Lunge finden im Brustkorb Schutz.

Auch die **Wirbelsäule** bietet Schutz: In ihr verlaufen wichtige Nervenbahnen, über die das Gehirn mit allen Körperteilen Kontakt hat.

Die Wirbelsäule verbindet den Schultergürtel mit den **Beckenknochen** (▷ B 1). Im Becken liegen die Blase, der Darm und bei Mädchen die Geschlechtsorgane gut geschützt.

▶ Knochen stützen den Körper und schützen zahlreiche innere Organe.

Aufgaben

1 a) Überprüfe an dir selbst, welche Knochen gut zu tasten sind.
b) Zeichne die ertasteten Knochen in eine Umrisszeichnung des Körpers und beschrifte.

2 Das Skelett erfüllt mehrere Aufgaben. Schreibe zu diesem Thema einen kurzen Text.

3 Huftiere, Hunde und Katzen besitzen kein Schlüsselbein. Warum benötigen sie diesen Knochen nicht? Vergleiche mit dem Menschen.

1 Eiffelturm

Wie sind Knochen aufgebaut?

Die äußere, feste und harte Schicht des Knochens ist das **Knochengewebe**. Dieses ist gleichzeitig elastisch, damit der Knochen nicht so leicht bricht. Die dünne **Knochenhaut** überzieht das Knochengewebe wie ein Strumpf den Fuß (▷ B 2).
Im Inneren mancher Knochen liegt eine weiche Masse, das **Knochenmark**. Es befindet sich meist nur im **Schaft** des Knochens und spielt eine wichtige Rolle bei der Bildung von Blut. Die hier gebildeten Blutbestandteile werden vom Blut mitgeführt.

Die Knochenenden zeigen einen erstaunlichen Aufbau: Viele kleine Balken und Verbindungen schaffen ein dichtes Netz (▷ B 2). Diese **Knochenbälkchen** sorgen dafür, dass der Knochen gleichzeitig leicht und stabil ist.
Architekten haben diese Leichtbauweise der Natur abgeschaut. Ein Beispiel hierfür ist der Eiffelturm in Paris (▷ B 1).

Der Knochen besteht aus Schaft, Knochenhaut, Knochengewebe, Knochenbälkchen und Knochenmark.

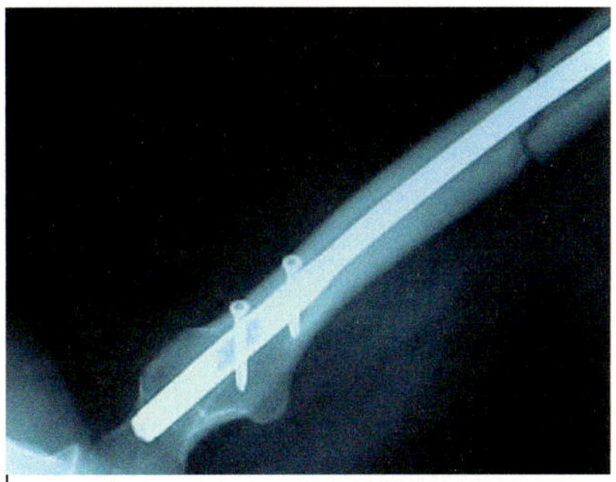

3 Röntgenaufnahme Knochenbruch

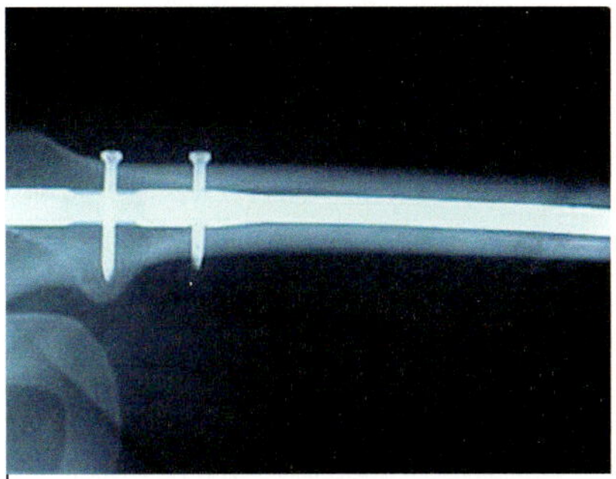

4 Röntgenaufnahme geheilter Knochenbruch

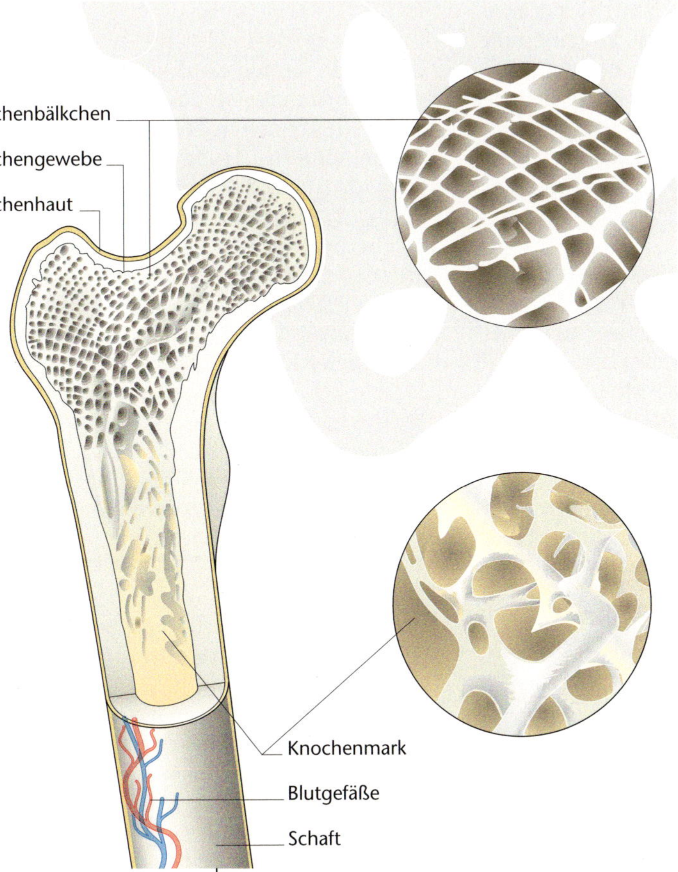

2 Aufbau des Oberschenkelknochens

Deine Knochen leben!

Knochen sind nicht starr und tot, sondern lebende Organe. Wenn du größer wirst, wachsen deine Knochen mit. Auch wenn du nicht mehr wächst, werden die Knochen ständig erneuert.
Deshalb muss der Knochen ernährt werden. Für die Ernährung sorgt das Blut. Es gelangt über Blutgefäße in den Knochen hinein.

Manchmal bricht ein Knochen (▷ B 3). Damit die Knochenteile richtig zusammenwachsen, müssen Ärzte ihre Lage überprüfen und, wenn nötig, korrigieren. Nur dann ist der nach einiger Zeit geheilte Knochen (▷ B 4) wieder normal belastbar.

Knochen erneuern sich ständig. Sie leben und werden über die Blutgefäße ernährt.

Aufgaben

1 Betrachte einen großen Knochen in der Metzgerei. Fertige zu Hause eine Zeichnung an und beschrifte sie.

2 Wozu dienen die Blutgefäße im Knochen?

Ganz schön gelenkig

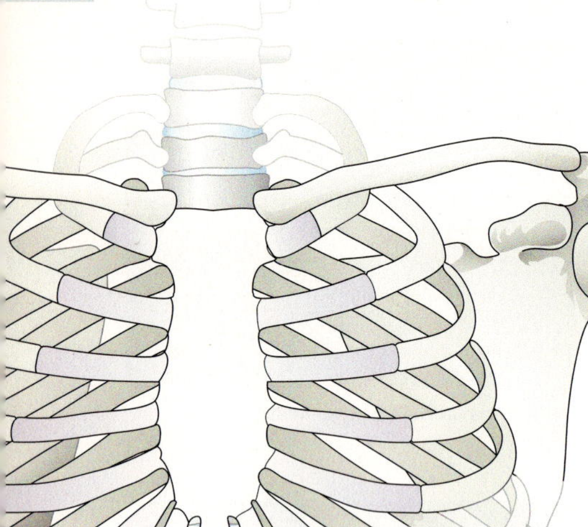

| **1** Schultergelenk

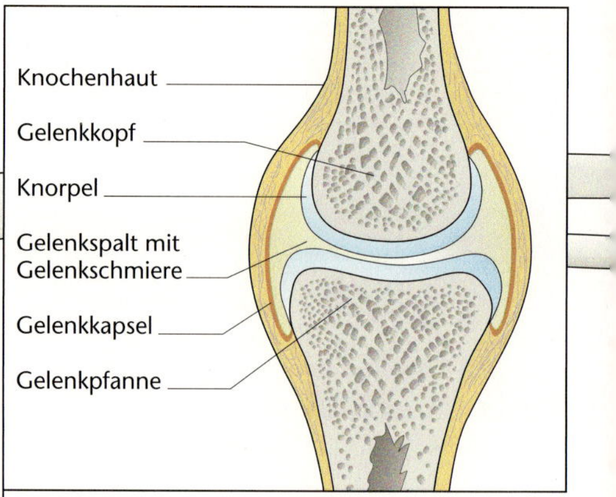

3 Aufbau eines Gelenkes, Schema

Du kannst den Arm seitlich heben, dich vielleicht sogar im Spagat auf den Boden setzen. In beiden Situationen werden die Knochen in deinem Arm oder deinen Beinen bewegt. Die bewegliche Verbindung zweier Knochen heißt **Gelenk**. Nur weil du Gelenke hast, kannst du laufen, schwimmen, tanzen und springen.

Wie ist ein Gelenk aufgebaut?
Die aufeinander liegenden Flächen der Knochen sind mit einer **Knorpelschicht** (▷ B 3) überzogen. Diese Schicht hat eine feste Form und ist elastisch. So reiben die Knochen nicht aneinander, nutzen sich nicht ab und sind auch bei starkem Druck zu bewegen. Damit die überknorpelten Flächen besser aufeinander gleiten, befindet sich im **Gelenkspalt** eine Schmiere, die **Gelenkflüssigkeit.**

Die **Gelenkkapsel** umschließt das Gelenk. **Bänder** festigen es und geben mögliche Bewegungsrichtungen vor. Sie sind stabil und kaum dehnbar. Deshalb können sie die Knochen im Gelenk zusammenhalten. Im Kniegelenk passen die aufeinander treffenden Gelenkflächen nicht gut zusammen. Eingelagerte Knorpelscheiben und Halt gebende Bänder haben hier eine besonders wichtige Funktion. Sie geben auch die Pendelbewegung des Unterschenkels vor.

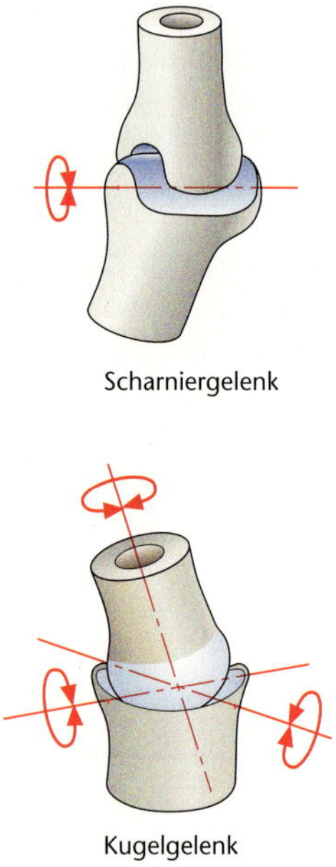

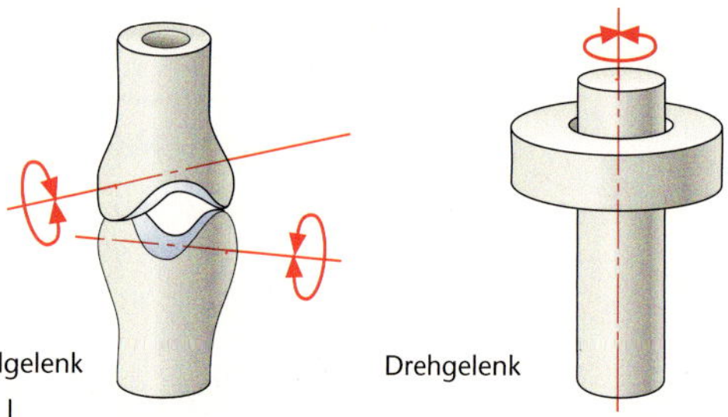

| **2** Gelenktypen

Gelenke sind unterschiedlich geformt
Nach ihrer Form werden die Gelenke in verschiedene Typen eingeteilt:
Du kannst deinen Unterarm am Ellbogen wie eine Tür bewegen. Türen sind mit Scharnieren befestigt. Gelenke, die solch eine Bewegung ermöglichen, heißen **Scharniergelenke** (▷ B 2).
Dein Oberarmknochen endet kugelförmig im Schultergelenk. Deshalb kannst du deinen Arm in jede Richtung bewegen. Diesen Gelenktyp nennt man **Kugelgelenk** (▷ B 2).

Drehst du deinen Kopf nach links oder rechts, ermöglichen das die beiden obersten Wirbelknochen der Wirbelsäule. Ein Wirbel bildet einen Zapfen, der andere hat eine passende Öffnung und kann um den Zapfen drehen. Dieses Gelenk ist ein **Drehgelenk** (▷ B 2).
Dein Daumen beginnt an der Handwurzel. Die Gelenkflächen dort sehen aus wie ein Pferdesattel. Daher heißt dieser Gelenktyp **Sattelgelenk** (▷ B 2).

Die bewegliche Verbindung von Knochen heißt Gelenk.
Es gibt Scharniergelenke, Kugelgelenke, Drehgelenke und Sattelgelenke.

Aufgaben

1 Versuche mit gestreckten Beinen zu hüpfen. Was beobachtest du? Begründe.

2 Viele Gegenstände aus dem täglichen Leben sind beweglich wie Gelenke. Notiere fünf Beispiele.

3 a) Überlegt in der Gruppe, wie ihr Modelle der Gelenktypen herstellen könnt.
b) Baut solche Modelle gemeinsam.

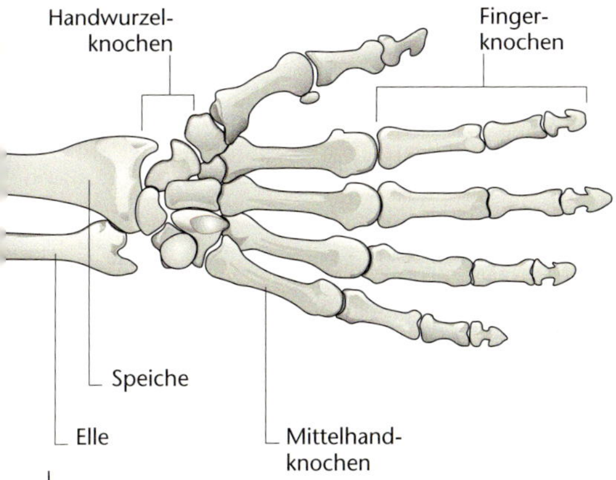

1 Handgelenk

So weit die Füße tragen

Fast alle Kinder kommen mit gesunden Füßen zur Welt. Schlechte Schuhe und mangelnde Bewegung können die Füße aber verändern. Bei über der Hälfte der Erwachsenen sind die Füße verformt. Sie haben Senk-, Hohl- und Spreizfüße. Diese verformten Füße schmerzen meistens. Das ganze Leben halten deine Füße viele Belastungen aus. Beim gesunden Fuß federt das **Fußgewölbe** (▷ B 2) das Körpergewicht ab und verteilt es auf Ballen und Ferse, wie du es von einer Brücke und den Brückenpfeilern kennst (▷ B 3).

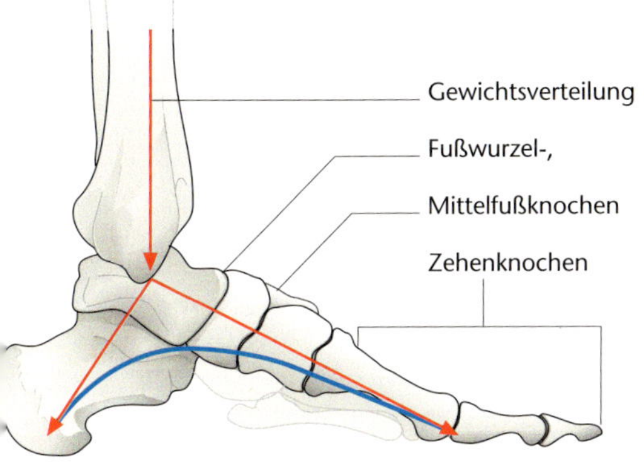

2 Fußgewölbe

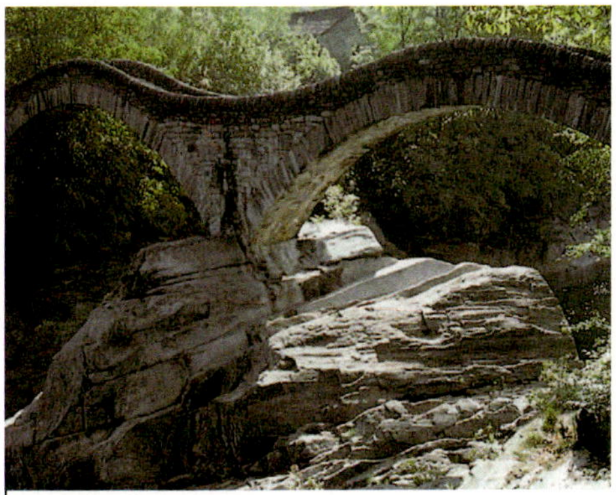

3 Brücke mit Pfeilern

Aufgaben

1 a) Zeichne den Umriss deiner Hand.
b) Markiere die beweglichen Stellen.

2 Überprüfe, wie du den gestreckten Daumen bewegen kannst.

3 Du kannst deine Hände wie Werkzeuge gebrauchen. Welche Werkzeuge sind das? Zeichne.

4 Überlege dir Übungen, die deine Füße stärken. Frage den Sportlehrer oder die Sportlehrerin, ob ihr diese Übungen gemeinsam ausprobieren könnt.

5 a) Drücke deinen nassen Fuß auf ein Küchenpapier und umrande den Abdruck sofort mit einem farbigen Stift.
b) Vergleiche mit den Fußformen in Abbildung 4. Ist dein Fuß verformt?

Die Hand kann beinahe alles

Es ist erstaunlich, wie vielseitig du deine Hände einsetzen kannst. Du hältst einen Stift zum Schreiben, du öffnest eine Flasche und du stützt deinen Körper am Reck. Deine Arme enden mit „Universalwerkzeugen“, die zugleich präzise und kräftig sind. Du kannst sie so unterschiedlich benutzen, weil du in der Lage bist, den Daumen zur Handfläche zu führen.
Die Hand ist für den Menschen ein sehr wichtiger Körperteil.

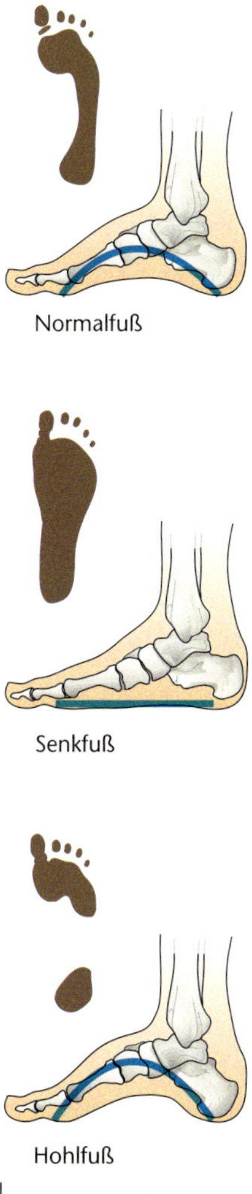

4 Fußskelettformen

Einige Tipps zur Pflege der Füße

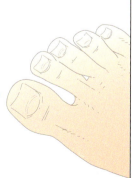

- Wasche deine Füße täglich und trockne sie gründlich ab.
  - Schneide dir regelmäßig die Zehennägel.
- Wechsle täglich die Strümpfe, da deine Füße schwitzen.
  - Gute Schuhe entsprechen der natürlichen Fußform.
- Laufe oft barfuß, um die Fußmuskulatur zu kräftigen.
  - Sorge für einen Wechsel von Bewegung und Ruhe. Lege in Ruhepausen die Füße hoch.

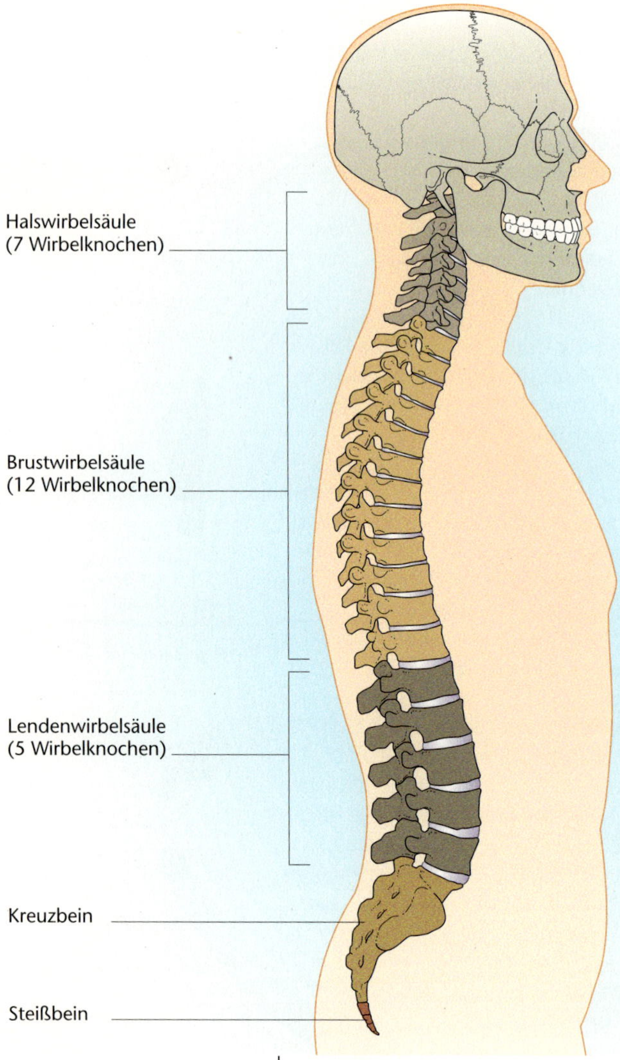

1 Wirbelsäule des Menschen

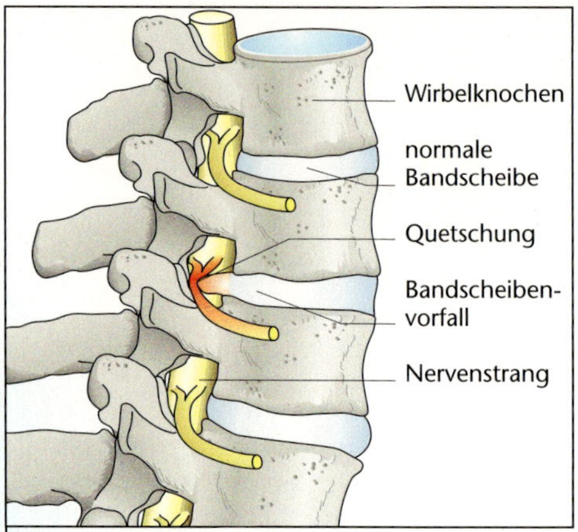

2 Bandscheiben und Bandscheibenvorfall

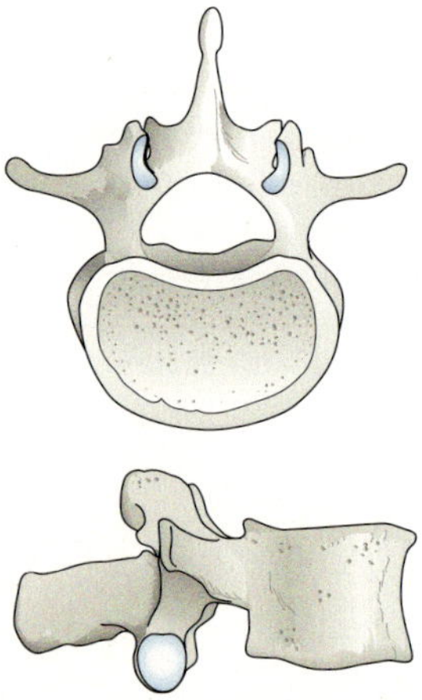

3 Wirbel von oben und von der Seite

Mitten durch deinen Oberkörper verläuft eine Stütze

Die **Wirbelsäule** verbindet Schädel und Becken. Sie verläuft durch den Schwerpunkt und die Mitte deines Körpers und ermöglicht so den aufrechten Gang.

Viele kurze Knochen – die **Wirbel** – bilden übereinander gelegt die Wirbelsäule. Sie wird in verschiedene Abschnitte unterteilt: Halswirbelsäule, Brustwirbelsäule, Lendenwirbelsäule, Kreuzbein und Steißbein (▷ B 1). Die Wirbel des Kreuz- und Steißbeins sind verkümmert und fest miteinander verwachsen.

Viele Wirbeltiere wie der Hund oder die Katze verfügen zusätzlich über eine Schwanzwirbelsäule.

Morgens bist du größer!

Die Wirbel sind durch Bänder miteinander verbunden. Elastische **Bandscheiben** liegen zwischen den Wirbeln (▷ B 2). Wenn du nach einem Sprung landest, wirken die Bandscheiben als Stoßdämpfer. Wie Gelkissen sind sie mit einer Flüssigkeit voll gesogen. Morgens sind deine Bandscheiben etwa 1 cm dick. Abends sind sie etwas flacher. Stöße und Erschütterungen werden auch durch die besondere Form deiner Wirbelsäule abgefedert. Sie sieht aus, als würdest du zwei lang gezogene „S“ untereinander schreiben (▷ B 1). Bei Tieren, wie dem Hund findest du diese Form nicht, da sich der Hund auf vier Beinen fortbewegt.

▶ Die Wirbelsäule des Menschen ist doppelt S-förmig und federt Stöße ab.

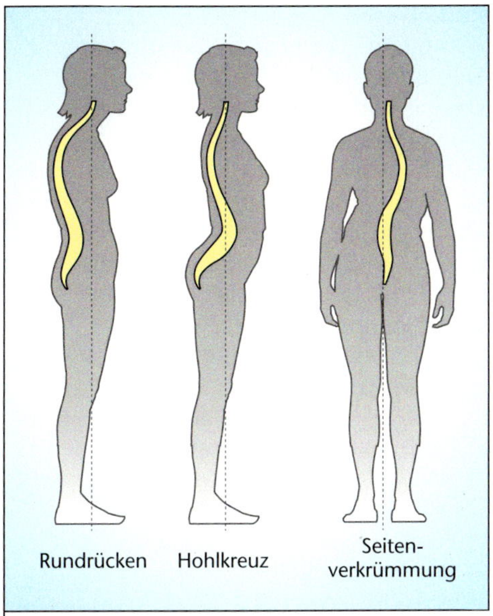

4 Krankhafte Veränderungen der Wirbelsäule

Haltungsschäden
Die Form der Wirbelsäule kann verändert sein. Ist der Bogen eines „S" sehr stark ausgeprägt, entsteht ein **Rundrücken** oder ein **Hohlkreuz**. Wenn die Wirbelsäule dauerhaft zur Seite verbogen ist, heißt das **Seitenverkrümmung** (▷ B 4). Oft sind Rückenschmerzen die Folge. Diese Haltungsschäden entstehen meist durch häufiges falsches Tragen, Heben und Sitzen (▷ B 5–7).

Aufgaben

1 Taste mit der flachen Hand die Rückenmitte deines Nachbarn in Längsrichtung ab. Was kannst du fühlen?

2 a) Lasse deine Körperhöhe morgens und abends möglichst genau messen.
b) Vergleiche die Messwerte und begründe.

3 a) Informiere dich über den Bau der Wirbelsäule von Hunden.
b) Vergleiche die Form der Wirbelsäule von Hund und Mensch.

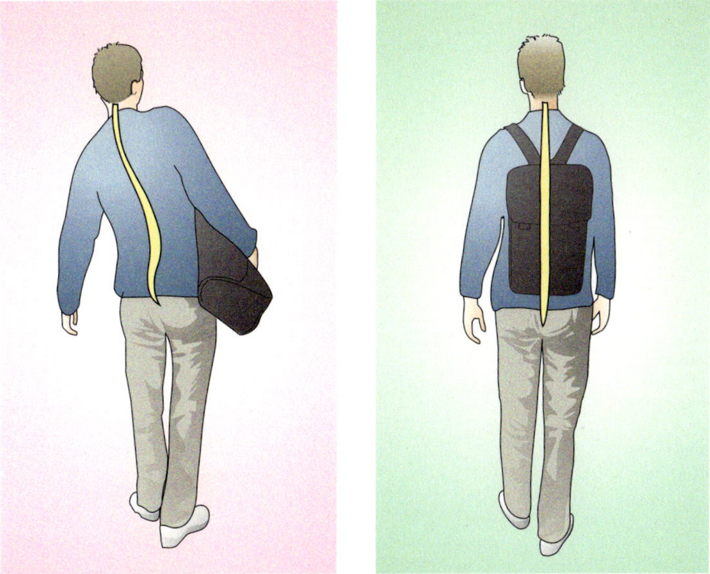

5 Falsches und richtiges Tragen

6 Falsches und richtiges Heben

7 Falsches und richtiges Sitzen

Ganz schön stark – die Muskulatur

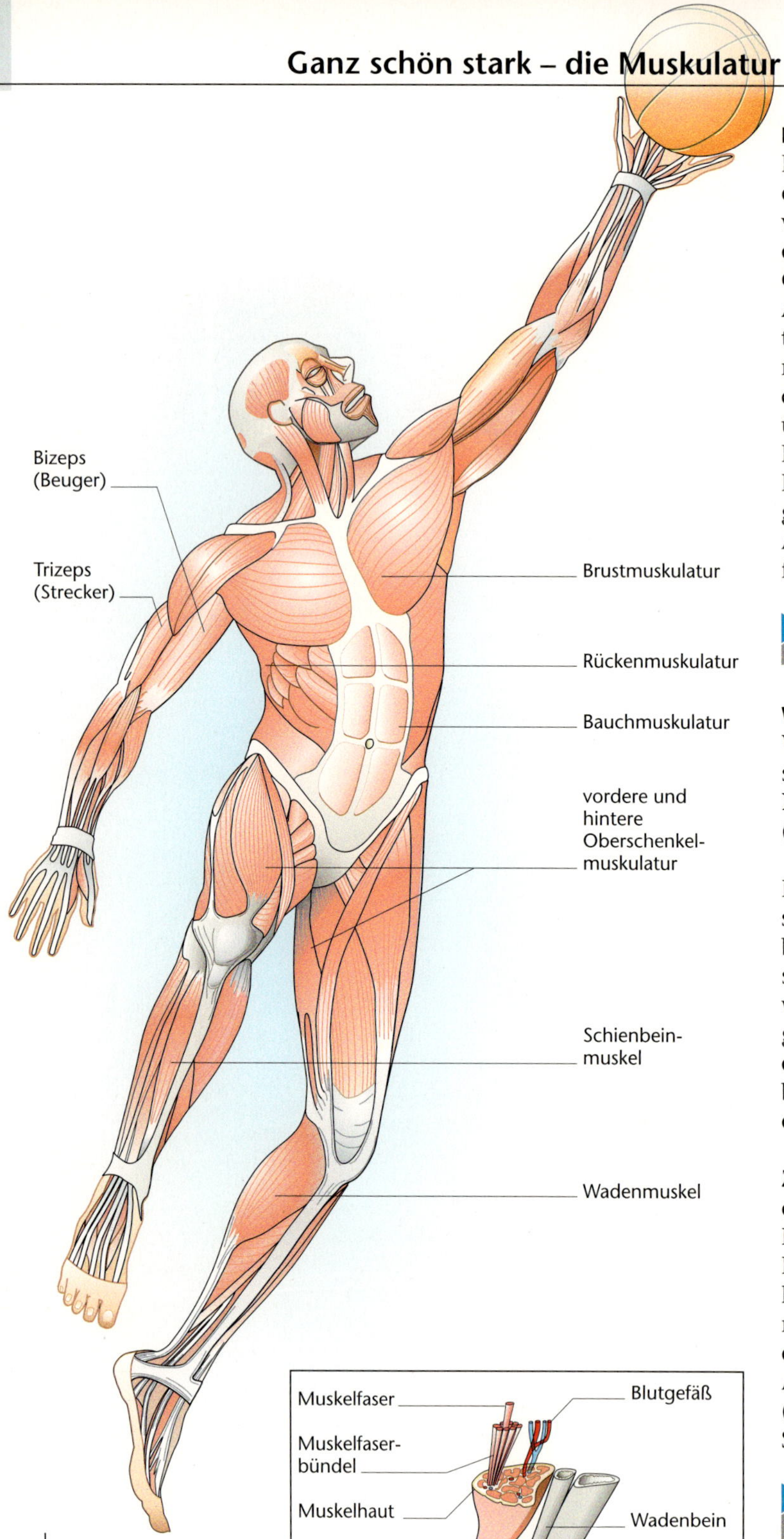

1 Muskulatur des Menschen

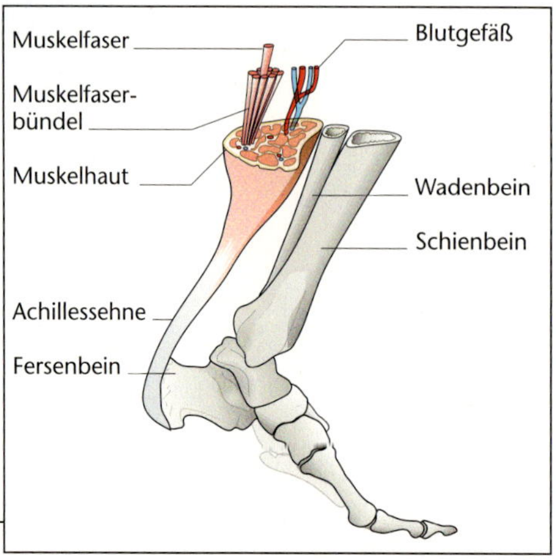

2 Aufbau des Muskels

Muskelsache
In Abbildung 1 siehst du die Muskulatur eines Basketballspielers in der Wurfbewegung. Die **Muskeln** sorgen dafür, dass er sich bewegen kann, und dass er seine Gliedmaßen anwinkeln und strecken kann. Auch wenn du auf einem Stuhl sitzt, halten dich Muskeln aufrecht. Die Gesichtsmuskeln bestimmen deinen Gesichtsausdruck. Insgesamt verfügt jeder Mensch über mehr als 600 Muskeln.
Einer davon bringt dein Blut in Bewegung. Es ist das **Herz**. Auch die Wände von Magen und Darm bestehen aus Muskulatur. Alle deine Muskeln zusammen machen fast die Hälfte deines Körpergewichts aus.

Für alle Bewegungen braucht der Mensch Muskeln.

Wie ist ein Muskel aufgebaut?
Wenn du dir ein Stück Fleisch anschaust, siehst du einen tierischen Muskel. Der Muskel des Menschen ist genauso gebaut (▷ B 2).

Der kleinste Bestandteil ist die **Muskelfaser**. Sie ist mit bloßem Auge nicht sichtbar, erst unter dem Mikroskop kannst du sie erkennen. Viele dünne Muskelfasern werden durch eine Bindehaut zusammengehalten und bilden ein **Muskelfaserbündel**. Die Muskelfaserbündel liegen eingebettet in Bindegewebe und werden von der **Muskelhaut** umschlossen.

Zwischen den Muskelfaserbündeln befinden sich Blutgefäße. In ihnen wird das Blut transportiert, das den Muskel ernährt. Die Enden des Muskels werden von Muskelhaut gebildet, sie werden **Sehnen** genannt. Sehnen befestigen den Muskel an einem Knochen.
An deiner Achillessehne an der Ferse (▷ B 2) kannst du ertasten, wie fest eine Sehne ist.

Der Muskel besteht aus Muskelfaserbündeln, die von Muskelhaut umhüllt sind. Er endet in einer Sehne, die am Knochen ansetzt.

Wie arbeitet ein Muskel?
Jeder Muskel kann sich zusammenziehen. Dabei wird er fester und dicker.
Wenn sich der Muskel zusammenzieht, wird dadurch der Knochen, der über eine Sehne mit diesem Muskel verbunden ist, in eine andere Lage gebracht.

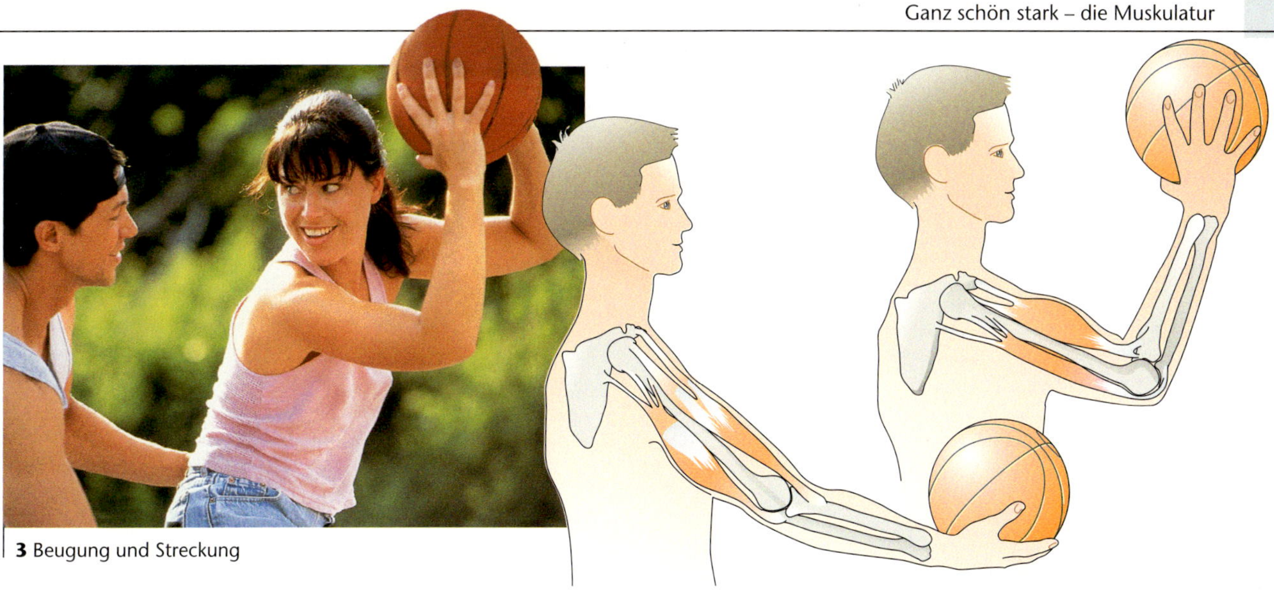

3 Beugung und Streckung

Entspannt sich der Muskel, wird er wieder länger und der Knochen bewegt sich zurück in die Ausgangslage.

Muskeln können sich zusammenziehen und die Lage von Knochen dadurch verändern.

Muskeln arbeiten immer im Team
Wenn du deinen Arm (▷ B 3) beugst, wird dein Unterarm an den Oberarm herangezogen (▷ B 3). Der Muskel, der sich dabei verkürzt, heißt Bizeps. Er ist ein **Beugemuskel**.
Um den Arm zu strecken (▷ B 3), muss der Beugemuskel wieder gedehnt werden. An der Rückseite des Oberarms arbeitet ein anderer Muskel und streckt den Arm im Ellenbogengelenk. Dieser Muskel wird Trizeps genannt und gehört zu den **Streckmuskeln**. Bizeps und Trizeps überspannen das Ellbogengelenk.

Da sich deine Muskeln nur verkürzen können, muss ein anderer Muskel sie wieder dehnen. Es gehören immer zwei Muskeln zusammen, die entgegengesetzt wirken. Diese beiden Muskeln heißen **Gegenspieler**. Auch Muskelgruppen können wie Gegenspieler wirken.

Muskeln arbeiten an einer Bewegung als Gegenspieler.

Stichwort: Muskelkater
Etwa 12 Stunden nach einer ungewohnten, größeren Anstrengung können Muskelschmerzen auftreten, wenn du die entsprechenden Muskeln bewegst. Diese Schmerzen entstehen durch Überdehnungen oder winzige Verletzungen von Muskelzellen. An den folgenden Tagen darfst du dieselbe Übung nur mit halb so großer Anstrengung durchführen. Nach 3–5 Tagen vergeht der Muskelkater.

Aufgaben

1 a) Ertaste die Muskeln deines linken Oberarms und deines rechten Unterschenkels.
b) Benenne die Muskeln und präge dir ihre Namen ein.

2 Betrachte Abbildung 1. Welche Muskeln sind angespannt?

3 a) Versuche durch das Gehen Stimmungen (traurig, aufgeregt, glücklich …) auszudrücken.
b) Drücke jetzt nur mit deinem Gesicht Stimmungen aus. Erratet in der Klasse, um welche es sich handelt.

4 a) Baue das in Abbildung 4 dargestellte Modell. Du brauchst Pappe, Gummiband, Musterklammer, Schere und Locher.
b) Winkle den Unterarm des Modells unterschiedlich stark an. Beobachte das Gummiband.
c) Was kannst du mit diesem Modell gut darstellen?
d) Was stimmt nicht mit der Funktionsweise des menschlichen Arms überein?

5 Beuge und strecke das Fußgelenk und das Kniegelenk. Beobachte, welche Muskeln du dabei anspannst.

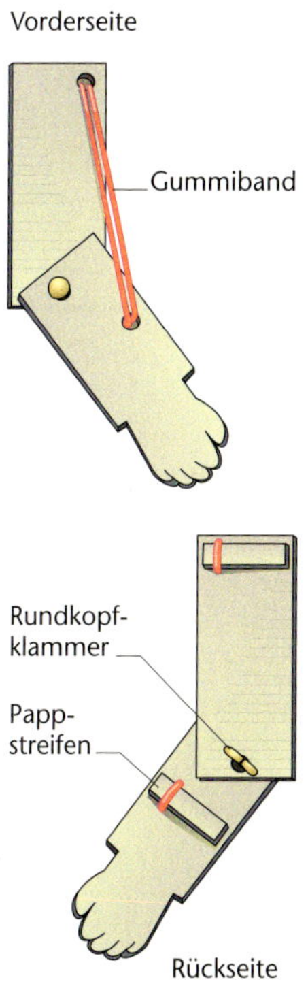

4 Modell zur Armmuskulatur

Mobilisation der Halswirbelsäule
Führe die Übung langsam und kontrolliert aus.
Du neigst deinen Kopf abwechselnd nach links und rechts. Dabei dehnst du die Muskeln im Halsbereich.

Führe Übungen immer so aus, wie sie beschrieben werden, denn falsche Bewegungen können schaden.

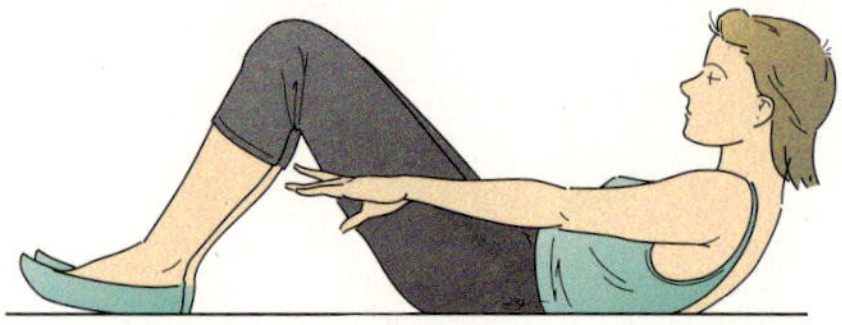

Stärkung von Rumpf- und Beinmuskulatur
In Seitenlage stützt du dich auf einen Unterarm. Du hebst dein Becken an, bis dein Körper gestreckt ist. Das obere Bein und den freien Arm kannst du zusätzlich abspreizen.

Kräftigung der Bauchmuskeln
In Rückenlage mit angestellten Beinen drückst du die Fersen in den Boden. Du hebst den Kopf und die Schultern etwas an, dabei sind deine Arme locker in der Vorhalte.

Kräftigung der Rückenmuskulatur I
In Bauchlage streckst du Arme und Beine, die Nase berührt fast den Boden. Du hebst diagonal einen Arm und ein Bein etwas an. Das stärkt deine Rückenmuskulatur und gleichzeitig streckst du deine Halswirbelsäule.

Kräftigung der Rückenmuskulatur II
Die Knie sind leicht gebeugt und die Beine stehen etwa Schulterbreit auseinander. Mit gestreckten Armen bringst du deinen geraden Rücken in die Vorhalte. Auch dabei werden deine Rückenmuskeln gestärkt.

Aufgaben

1 a) Trage in eine Tabelle ein, zu welcher Tageszeit du was getan hast. Kennzeichne die Bewegungsphasen rot und die Ruhephasen blau.
b) Plane deinen Tagesverlauf so, dass du mehr Zeit für Sport und Bewegung hast.
c) Besprecht in der Klasse, wie ihr gute Vorschläge umsetzen könnt. Probiert es aus.

2 a) Betrachtet die Zeichnungen zu den Rückenübungen.
b) Erstellt in Partnerarbeit mithilfe eurer Sportlehrer eine Sammlung weiterer Übungen zur Stärkung der Rückenmuskulatur.
c) Fasst die Übungen auf einem Plakat zusammen und hängt es in die Turnhalle.
d) Probiert diese Rückenübungen in der nächsten Sportstunde aus.

3 a) Bestimme das Gewicht deiner Schultasche.
b) Prüfe die Schultasche auf Dinge, die du nicht benötigst, und überlege, wie du das Gewicht deiner Schultasche weiter verringern könntest.

4 a) Welche Sportart betreibst du?
b) Welche Sportverletzungen treten in deiner Sportart häufig auf?
c) Wie kannst du diese Verletzungen vermeiden?

5 a) Erstellt in Gruppenarbeit ein Plakat mit den Dehnungs-Top-Ten und hängt es in der Turnhalle auf.
b) Führt die Übungen in der nächsten Sportstunde gemeinsam durch.

Rückenschmerzen kannst du vorbeugen
Vielleicht hat dir dein Rücken schon einmal weh getan? Bestimmt hast du zu lange gesessen oder gestanden. Das war für deinen Rücken zu einseitig. Bewege dich, wann immer es möglich ist, und achte darauf, dass sich Ruhephasen mit Bewegungsphasen abwechseln.
Eine falsche Körperhaltung kann auch die Ursache für Rückenschmerzen sein. Deine Rumpfmuskulatur muss kräftig genug sein, damit sie die Wirbelsäule und das Becken stabilisieren kann.
Mit speziellen Übungen (▷ B 1) kannst du die Muskulatur des Nackens, des Bauches und des Rückens kräftigen. Trainiere auch die Gesäßmuskulatur und die Oberschenkelmuskulatur regelmäßig.

Kräftige Muskeln sind wichtig für einen gesunden Rücken.

Wie du richtig trainierst
Als Allererstes findest du heraus, was deine Lieblingssportart ist. In einer Trainingsgruppe, in der du dich wohl fühlst, erlernst du die typischen Bewegungen, bis du sie automatisch ausführen kannst.
Dafür brauchst du Kraft. Deine Muskulatur wird nur dann stärker, wenn du sie nutzt. Nach und nach kannst du deinen Körper etwas mehr fordern. Du wirst merken, dass deine Leistungen steigen. Dann macht das Trainieren noch mehr Spaß.
Aber vermeide zu starke Beanspruchung. Nach einem anstrengenden Training musst du deinem Körper Zeit geben, um sich zu erholen.
Durch zu lange Trainingspausen wird die Muskulatur wieder schwächer. Das kannst du schon nach drei Wochen spüren.

Aufwärmen ist ein Muss
Deine Muskulatur kann mehr leisten und du verletzt dich seltener, wenn du dich aufwärmst. Ein lockeres Spiel oder das übliche Einlaufen bereitet deine Muskeln auf die Anstrengung vor. Zum Trainingsende solltest du deine Muskeln nur leicht belasten und auch dehnen. Diese Phase des Trainings heißt Abwärmphase. Abgewärmte Muskeln nehmen seltener Schaden und du erholst dich nach einem anstrengenden Training schneller und besser.

Trainiere regelmäßig und entsprechend deinem Leistungsstand.
Wärme dich zu Trainingsbeginn auf und zu Trainingsende ab.

Brennpunkt

Erstversorgung bei Sportverletzungen

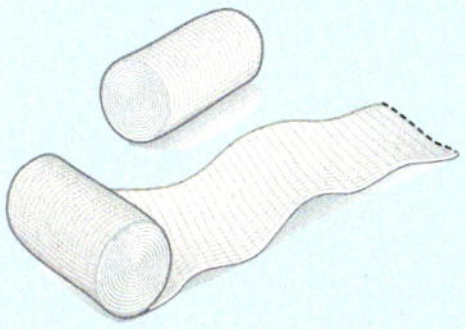

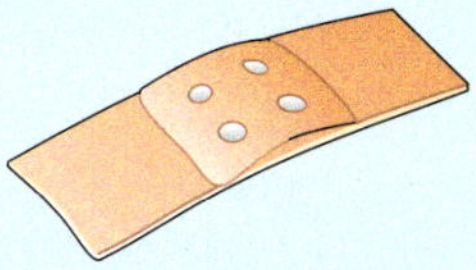

1. Kälte: Ein Eisbeutel soll den verletzten Bereich 30 Minuten kühlen.
2. Kompressionsverband: Das verletzte Gewebe wird so weit zusammengedrückt, dass Blut oder Gewebsflüssigkeit nicht weiter austritt.
3. Hoch lagern: Der verletzte Bereich wird höher als das Herz gelagert.
4. Nicht bewegen: Den verletzten Körperteil ruhig halten.

Bei Verletzungen entstehen oft Schwellungen. Dabei tritt Blut oder Gewebsflüssigkeit in das umliegende Gewebe ein. Die Punkte 1. bis 3. dienen dazu, Schwellungen zu verhindern. Der Punkt 4. hilft, eine Verletzung nicht zu verschlimmern.

NIE bei gerade aufgetretenen Sportverletzungen:
– Wärme anwenden
– Elastischen Verband zu eng anlegen
– Warnsignale wie Schmerz, Schwellung oder Benommenheit missachten.

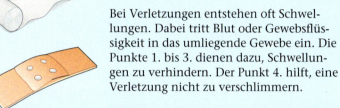

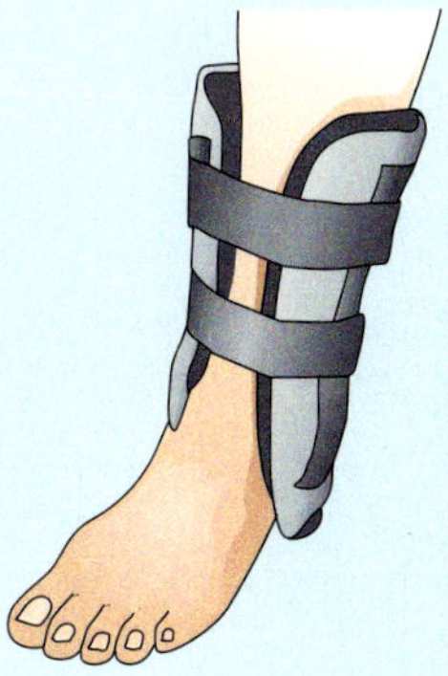

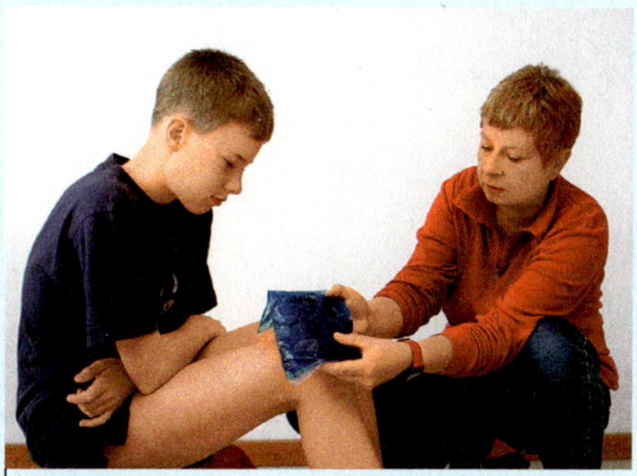

1 Sportverletzung

Beim Sport kann es zu Verstauchungen, Überdehnungen, Muskelzerrungen, Bänderrissen und Muskelrissen kommen. Immer muss geklärt werden: Was genau ist passiert? Welche Verletzung liegt vor? Die zweite Frage können oft nur Ärzte klären.

Aufgaben

1 Informiere dich über Verletzungen, die im Sportunterricht passieren.

2 Wie gehst du vor, wenn sich ein Mitschüler oder eine Mitschülerin verletzt? Schreibe die einzelnen Schritte genau auf.

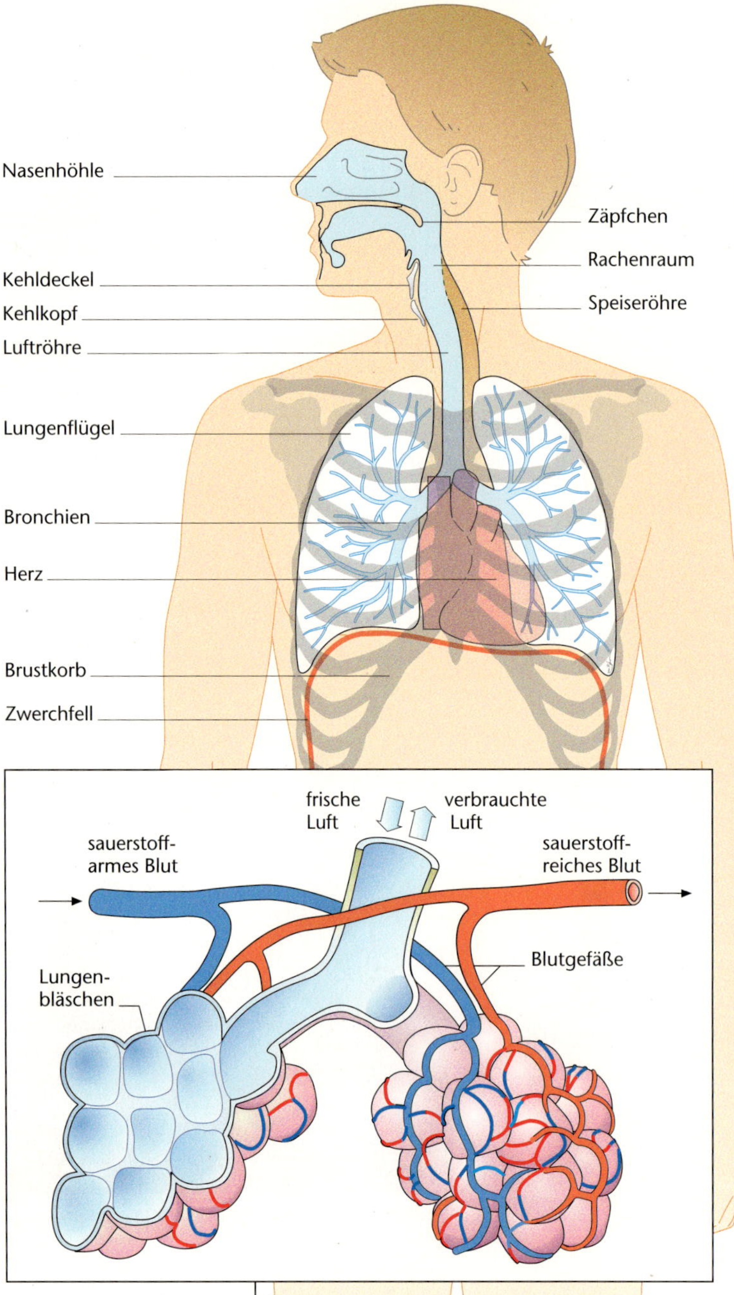

1 Atmungsorgane

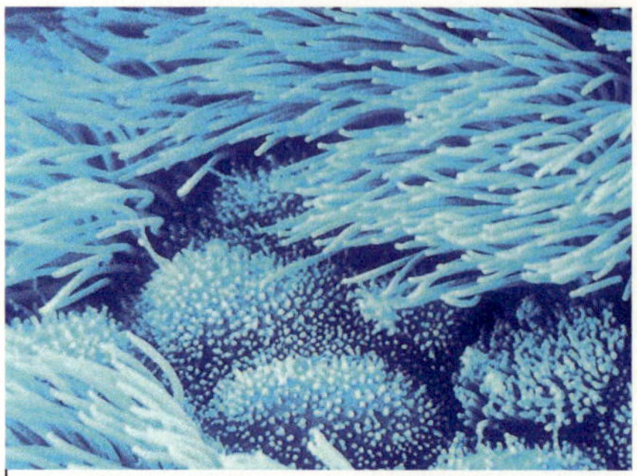

2 Flimmerhärchen

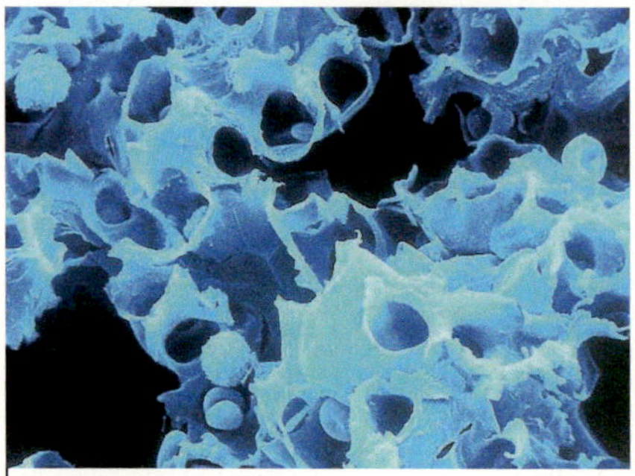

3 Lungenbläschen

Atmen geht von allein

Der Mensch atmet ständig ein und aus, am Tag und in der Nacht, ob er sitzt, läuft oder schläft. Das Atmen geht von allein, ohne dass du daran denken musst. Den Atem kannst du sehen als Hauch in der kalten Winterluft und auf einer Glasscheibe oder auch als Luftblasen, wenn du unter Wasser ausatmest. Den Atem kannst du hören als ruhiges Schnaufen oder als Keuchen, wenn du schnell gerannt bist. Den Atem kannst du spüren, wenn du durch Mund oder Nase auf deine Hand atmest.

Wohin geht dein Atem?

Alle Muskeln und Organe brauchen **Sauerstoff** zum Arbeiten. Denn in unserem Körper werden energiereiche Nährstoffe mithilfe von Sauerstoff langsam abgebaut. Der Sauerstoff ist in der Luft enthalten, die wir einatmen. Beim Einatmen strömt Luft durch die Nasenhöhle über den Rachen in die **Luftröhre.** Die Luftröhre gabelt sich an ihrem unteren Ende in zwei Äste, die **Bronchien**, die zu den beiden **Lungenflügeln** führen (▷ B 1).

Die Schleimhaut in der Nasenhöhle erwärmt und befeuchtet die Luft. Außerdem reinigt sie die Atemluft, indem kleine Staubteilchen an ihr haften bleiben. Auch die Luftröhre und die Bronchien sind von einer Schleimhaut ausgekleidet. Auf dieser sitzen viele kleine **Flimmerhärchen** (▷ B 2), die durch ihre Bewegung Staubteilchen und Krankheitserreger mit dem Schleim nach oben in den Rachen abtransportieren. Die Bronchien verzweigen sich wie Äste eines Baumes in immer kleinere Zweige. Die feinsten dieser Verästelungen enden in den **Lungenbläschen** (▷ B 1 und 3), von denen sich etwa 500 Millionen in der Lunge befinden. Die Wände der Lungenbläschen sind von feinen Blutgefäßen umgeben. Der Sauerstoff aus der Luft dringt durch die hauchdünnen Wände der Lungenbläschen in diese Blutgefäße ein. Über das Blut gelangt der Sauerstoff dann zu allen Organen.

Die Atemluft wird auf dem Weg zur Lunge erwärmt, befeuchtet und gereinigt. In der Lunge gelangt der Sauerstoff aus der Luft ins Blut.

Außer Atem

Wenn du schnell gelaufen bist, ändert sich deine Atmung. Dein Atem geht schneller, du atmest also häufiger ein und aus, und du atmest tiefer, was du am Heben und Senken des Brustkorbs beobachten kannst.

Bei Anstrengung atmen wir schneller

Beim Laufen brauchen deine Beinmuskeln mehr Sauerstoff als in Ruhe, weil sie dann mehr arbeiten müssen. Damit das Blut mehr Sauerstoff zu den Muskeln transportieren kann, muss es in der Lunge auch mehr davon aufnehmen. Durch die stärkere Atmung wird der Sauerstoff schneller nachgeliefert.
Bei der Arbeit der Muskeln und Organe wird nicht nur Sauerstoff verbraucht, sondern es entsteht auch **Kohlenstoffdioxid**. Dieses wird vom Blut zu den Lungen transportiert und gelangt über die Lungenbläschen in die Atemluft. Beim Ausatmen verlässt es dann den Körper. Es geht also genau den umgekehrten Weg wie der Sauerstoff. Je mehr die Muskeln arbeiten, desto mehr Kohlenstoffdioxid produzieren sie. Auch deshalb musst du beim Sport mehr atmen als in Ruhe.

Tief Luft holen

Bei körperlicher Anstrengung kannst du spüren, wie sich dein Brustkorb hebt und senkt. Dabei heben Zwischenrippenmuskeln den Brustkorb an und dehnen ihn aus. Dadurch strömt Luft in die Lungen. Beim Ausatmen senkt sich der Brustkorb, die Lunge verkleinert sich wieder und die Luft strömt aus ihr heraus. Diese Atmung nennt man **Brustatmung** (▷ B 4).

Ruhig durchatmen

In Ruhe bewegt sich der Brustkorb kaum beim Atmen. Nur der Bauch hebt und senkt sich. Das liegt an der Bewegung des **Zwerchfells** (▷ B 5), einer Muskelschicht, die Brust- und Bauchraum trennt. Bei dieser **Bauchatmung** zieht sich das Zwerchfell nach unten, wodurch sich der Bauch nach vorne wölbt. Außerdem wird dadurch auch die Lunge gedehnt, sodass Luft in sie hineinströmt. Zum Ausatmen hebt sich das Zwerchfell wieder und die Luft wird aus den Lungen herausgedrückt.

Die Atmung dient der Aufnahme von Sauerstoff und der Abgabe von Kohlenstoffdioxid. Man unterscheidet die Brustatmung und die Bauchatmung.

Versuche

1. Das Glasglockenmodell (▷ B 6) veranschaulicht wie die Bauchatmung funktioniert. Die Glasglocke stellt den Brustkorb dar, die Luftballons die Lungenflügel und die Gummihaut das Zwerchfell. Was passiert mit den Luftballons, wenn du das Modellzwerchfell nach unten ziehst? Vergleiche deine Beobachtung mit dem Text zur Bauchatmung.

2. Zähle, wie oft du in einer Minute ein- und ausatmest, wenn du ruhig sitzt. Notiere die Zahl deiner Atemzüge pro Minute. Laufe dann mindestens eine Minute lang. Zähle danach erneut deine Atemzüge pro Minute und notiere diese Zahl. Vergleiche die beiden Werte miteinander. Erkläre den Unterschied.

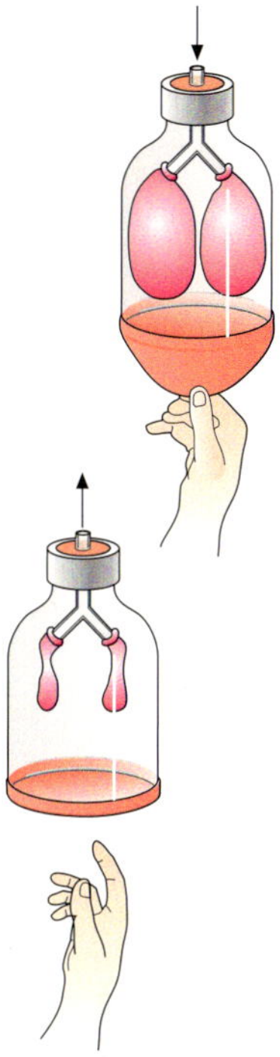

6 Glasglockenexperiment

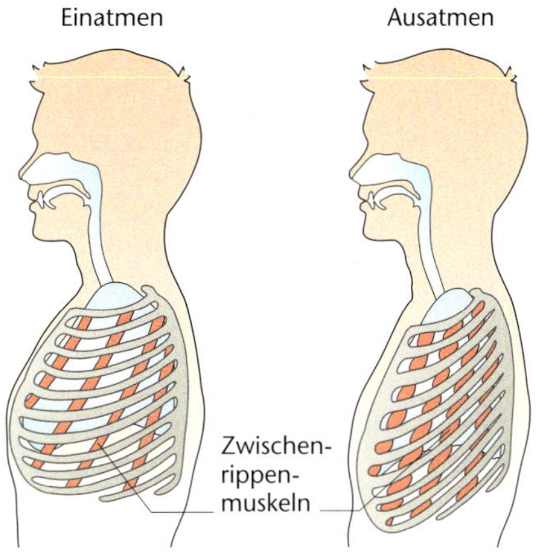

4 Brustatmung

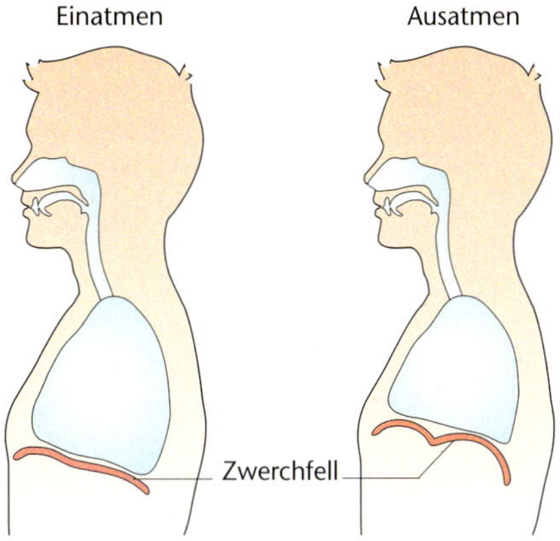

5 Bauchatmung

Rauchen – ich sag nein!

Ein paar aus der Klasse haben schon mal geraucht. Wer das nicht probiert, wird von ihnen lächerlich gemacht. Wenn sie dann rauchen, versuchen sie besonders interessant und cool auszusehen – wie die Leute in der Werbung. Selbst wenn es beim ersten Mal nicht schmeckt, gibt das keiner zu.

Ich probiere jetzt mal was anderes: Beim nächsten Mal, wenn die anderen rauchen, werde ich nicht mitmachen. Einfach „nein" sagen. Dazu gehört wirklich Mut!

1 „Nein" sagen

Warum rauchen manche Leute?
Rauchen schadet der Gesundheit – das steht auf jeder Zigarettenpackung. Trotzdem rauchen viele Erwachsene und Jugendliche. Sogar Kinder greifen schon zur Zigarette. Warum tun sie das?
Ein wichtiger Grund ist sicher die Werbung. Darin werden Raucher als jung, schön, lässig und interessant dargestellt. Wer raucht, ist erfolgreich und attraktiv, so lautet die Botschaft. Doch keine Werbung zeigt die Nachteile des Rauchens: süchtige und kranke Menschen.

Was ist so schädlich am Rauchen?
Zigarettenrauch enthält viele verschiedene Gifte, vor allem **Teer** und **Nikotin**. Der Teer im Rauch verklebt in den Bronchien die Flimmerhärchen, die normalerweise Schadstoffe abtransportieren. Er lagert sich in den Lungenbläschen ab und behindert so die Aufnahme von Sauerstoff. Wer raucht, ist daher körperlich weniger leistungsfähig. Teer und die nicht abtransportierten Schadstoffe verursachen bei Rauchern häufig **Bronchitis** und sogar **Lungenkrebs**.

Das Nikotin im Rauch verengt die Blutgefäße. Viele Organe, auch das Herz, werden dadurch schlechter durchblutet. Sie erhalten langfristig zu wenig Sauerstoff. Das Herz kann dadurch so geschädigt werden, dass ein **Herzinfarkt** entsteht. Dabei sterben Teile des Herzmuskels ab. Verengte Blutgefäße in den Beinen können auch zum Absterben der Beine führen: Sie müssen dann amputiert werden.

Auch wenn du nur den Zigarettenrauch anderer einatmest, ist das schädlich, weil du dadurch die gleichen giftigen Stoffe aufnimmst. Viele Schäden durch das Rauchen zeigen sich erst nach Jahren. Doch dann können viele nicht mehr damit aufhören, denn Rauchen macht **süchtig**.

▶ Rauchen schadet der Gesundheit. Es macht süchtig.

Aufgaben

1 Lies in dem Text „Rauchen – ich sag nein", was ein Schüler über das Rauchen sagt. Warum fängt jemand an zu rauchen?

2 Nenne Gründe, warum viele nicht mehr aufhören zu rauchen, obwohl sie wissen, dass es ungesund ist.

3 Denke dir eine Situation aus, in der du Mut bräuchtest, eine angebotene Zigarette abzulehnen. Spielt diese Situation in der Klasse.

4 Plant ein Aktionsplakat gegen das Rauchen. Durch welche Argumente könnten Mitschüler oder auch Erwachsene überzeugt werden? Wie könnte man damit Werbung gegen das Rauchen machen?

Wie ist unser Herz gebaut?
Das Herz liegt links in der Brust. Es ist ein **Hohlmuskel**, in dessen Innerem sich vier Hohlräume befinden: ein linker und rechter **Vorhof** sowie eine linke und eine rechte **Herzkammer** (▷ B 1).

Mit jedem Schlag zieht sich das Herz zusammen. Dabei pumpt es das Blut aus den Vorhöfen in die Herzkammern und von dort über große Blutgefäße in die Lunge und den übrigen Körper. Die rechte Herzhälfte pumpt das Blut in die Lunge. Die linke Herzhälfte pumpt das Blut in den übrigen Körper.

Zwischen Vorhof und Herzkammer liegen **Herzklappen**. Sie verhindern, dass das Blut zurückfließt, wenn sich der Herzmuskel entspannt. Auch zwischen Herzkammern und Blutgefäßen liegen Herzklappen.

Dein Herz schlägt und schlägt
Wenn du beim Sport schnell gelaufen bist, musst du nicht nur schneller und tiefer atmen, sondern du kannst auch dein Herz schnell und kräftig schlagen hören.

Besonders gut kannst du deinen Herzschlag fühlen, wenn du die Fingerspitzen einer Hand auf die Unterseite des Handgelenks der anderen Hand legst. Suche dann die Stelle, an der du ein deutliches Pochen spüren kannst: das ist der **Puls**. Er entsteht, weil das Herz mit jedem Schlag das Blut durch die Blutgefäße drückt.

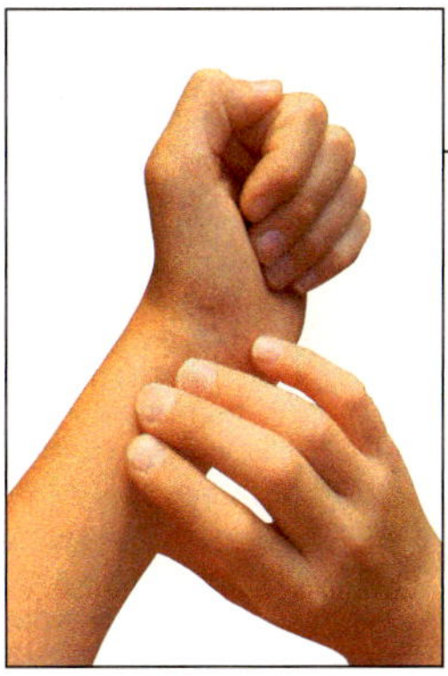

2 So fühlt man den Puls.

Je mehr du dich anstrengst, desto kräftiger und schneller schlägt das Herz. In Ruhe schlägt das Herz eines Erwachsenen etwa 70-mal in der Minute.

Warum schlägt dein Herz bei Anstrengung schneller?
Wenn du dich körperlich anstrengst, verbrauchen die arbeitenden Muskeln mehr Sauerstoff. Damit der in den Lungen aufgenommene Sauerstoff schneller zu den Muskeln transportiert werden kann, muss das Blut schneller fließen. Darum pumpt das Herz schneller und kräftiger. Das schneller fließende Blut transportiert auch das in den Muskeln entstandene Kohlenstoffdioxid rascher zur Lunge.

▶ Das Herz ist ein Hohlmuskel. Es pumpt Blut in die Lungen und in den Körper.

Aufgabe

1 Untersuche das Modell eines Herzens. Suche die Teile, die in Abbildung 1 beschriftet sind.

1 Aufbau und Funktion des Herzens

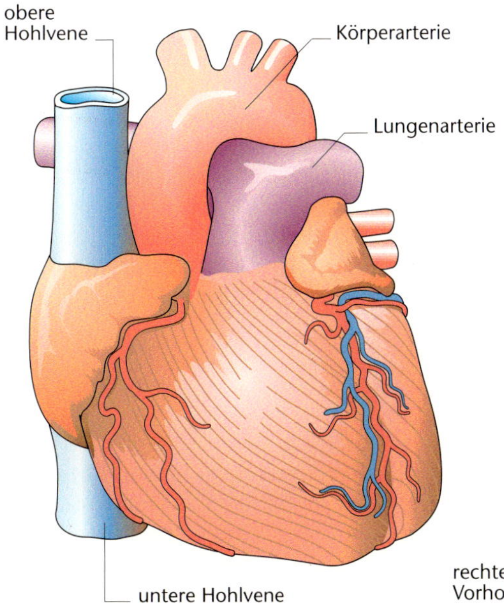

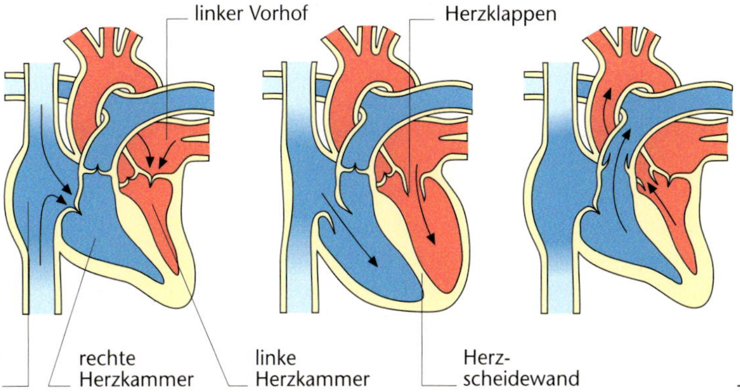

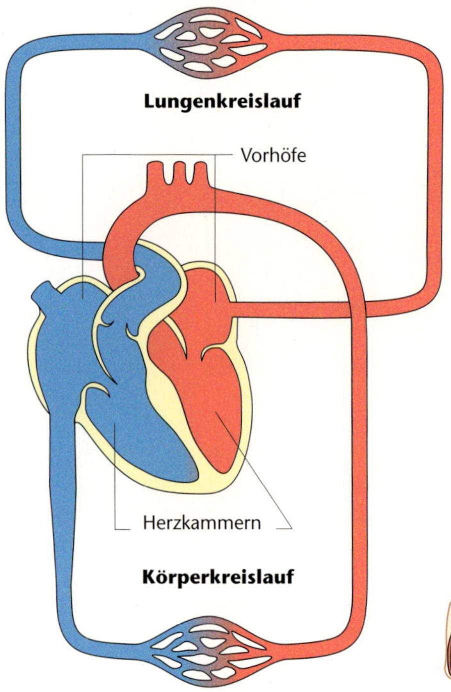

1 Blutkreislauf, Schema

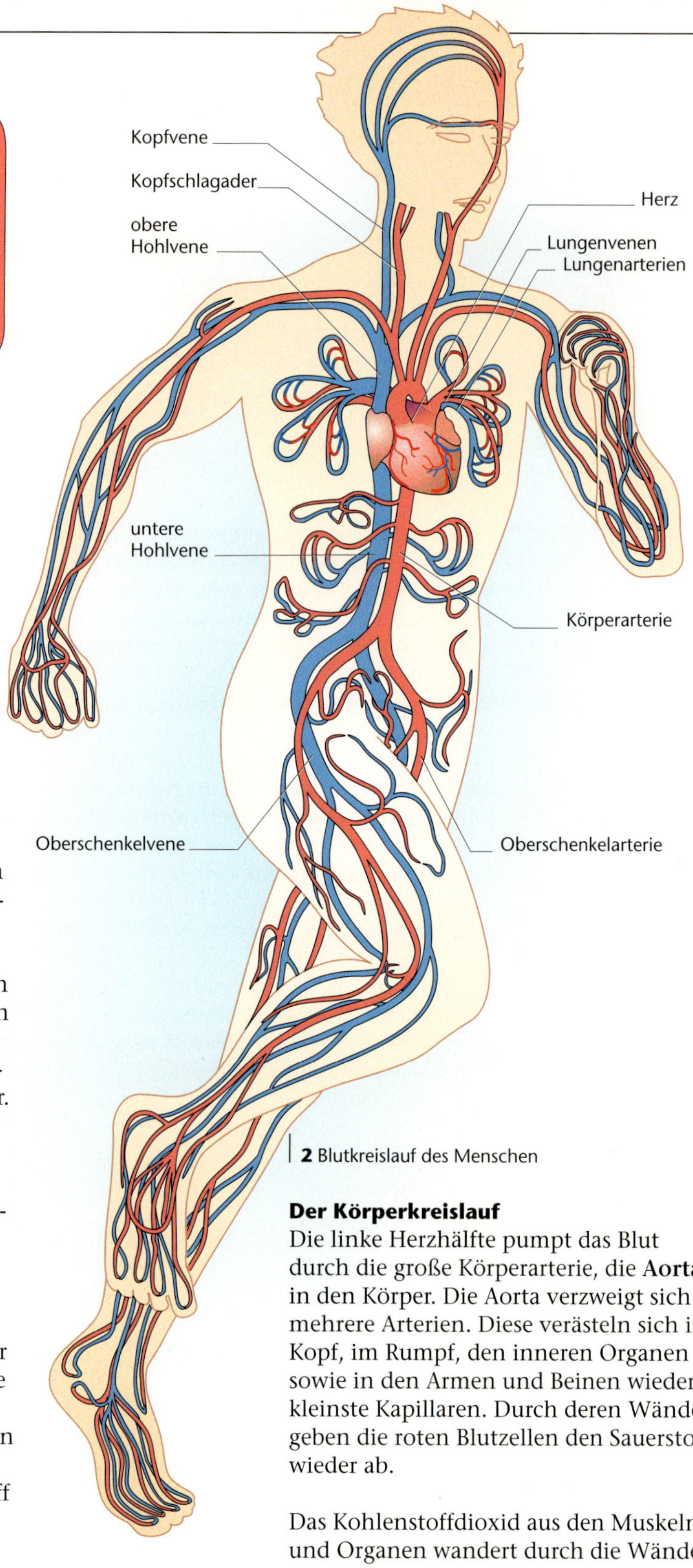

2 Blutkreislauf des Menschen

Eine rote Blutzelle auf ihrer Reise durch den Körper

Die rote Farbe des Blutes stammt von den **roten Blutzellen** (▷ B 4). Das sind die Zellen im Blut, die den Sauerstoff transportieren. Jede einzelne ist nur winzig, aber es gibt davon sehr viele. In einem Tropfen Blut befinden sich mehrere Millionen von ihnen! Nach ihrer Entstehung im Knochenmark wandern sie ins Blut und begeben sich auf die „Reise" durch den Körper.

Der Lungenkreislauf

Das Blut gelangt aus dem Körper über Blutgefäße zur rechten Herzhälfte. Blutgefäße, die zum Herzen führen, nennt man **Venen**. Die rechte Herzhälfte pumpt das Blut über andere Blutgefäße zur Lunge. Blutgefäße, die vom Herzen wegführen, nennt man **Arterien**. Die Arterien, die zur Lunge führen, heißen Lungenarterien. Sie verästeln sich in der Lunge zu feinsten Blutgefäßen, den **Kapillaren**. Sie umgeben die Lungenbläschen, durch deren dünne Wände die roten Blutzellen den Sauerstoff aus der Luft aufnehmen. Außerdem gibt hier das Blut Kohlenstoffdioxid ab.
Die Kapillaren vereinigen sich wieder zu größeren Blutgefäßen, die schließlich in die Lungenvenen münden. Durch sie fließt das sauerstoffreiche Blut zurück zur linken Herzhälfte. Dieser Kreislauf heißt **Lungenkreislauf** (▷ B 1 und B 2).

Der Körperkreislauf

Die linke Herzhälfte pumpt das Blut durch die große Körperarterie, die **Aorta**, in den Körper. Die Aorta verzweigt sich in mehrere Arterien. Diese verästeln sich im Kopf, im Rumpf, den inneren Organen sowie in den Armen und Beinen wieder in kleinste Kapillaren. Durch deren Wände geben die roten Blutzellen den Sauerstoff wieder ab.

Das Kohlenstoffdioxid aus den Muskeln und Organen wandert durch die Wände der Kapillaren ins Blut. Die Kapillaren vereinigen sich wieder zu Venen. Durch die großen Venen fließt das sauerstoffarme Blut aus dem Körper zur rechten Herzhälfte zurück. Dieser Kreislauf heißt **Körperkreislauf** (▷ B 1 und B 2).

Der Kreislauf beginnt nun von neuem. So durchfließt das Blut in den Blutgefäßen den gesamten Körper immer wieder. Daher spricht man von einem **geschlossenen Blutkreislauf.**

▶ Der Blutkreislauf besteht aus dem Lungenkreislauf und dem Körperkreislauf. Zusammen bilden sie einen geschlossenen Blutkreislauf.

Zusammensetzung des Blutes
Außer den roten Blutzellen enthält das Blut noch **weiße Blutzellen**, die Krankheitserreger bekämpfen. Die **Blutplättchen** helfen dabei, dass das Blut bei Verletzungen gerinnt und eine Wunde sich wieder verschließt. Neben diesen festen Bestandteilen besteht das Blut aus Flüssigkeit, dem **Blutplasma**. Dabei handelt es sich um Wasser, in dem unter anderem Kohlenstoffdioxid, Nährstoffe und Abfallstoffe gelöst sind. Die Bestandteile des Blutes kann man sehen, wenn man frisches Blut in einem Glaszylinder eine Zeit lang stehen lässt (▷ B 5).

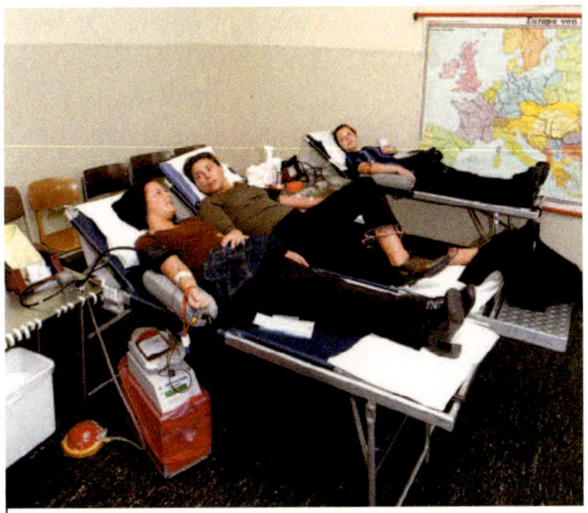

3 Blutspende

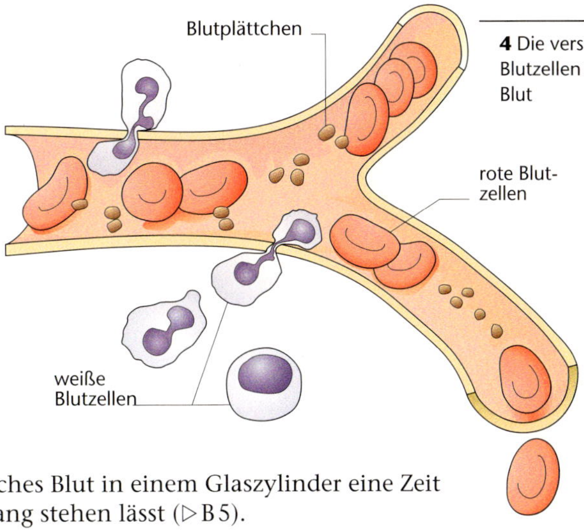

4 Die verschiedenen Blutzellen in unserem Blut

▶ Das Blut dient dem Transport von Sauerstoff durch rote Blutzellen, von Kohlenstoffdioxid und Nährstoffen. Außerdem enthält es weiße Blutzellen, die der Abwehr von Krankheitserregern dienen.

Bluttransfusion – wenn Blut übertragen wird
Bei schweren Verletzungen oder auch bei größeren Operationen kann ein Mensch sehr viel Blut verlieren. Dann ist eine Blutübertragung notwendig. Bei einer solchen **Bluttransfusion** wird das von anderen Menschen gespendete Blut einem Verletzten über eine Vene übertragen. Wird fehlendes Blut nicht sofort ersetzt, kann der Kreislauf zum Stillstand kommen. Dann sind alle Organe in Gefahr, nicht mehr ausreichend mit Sauerstoff versorgt zu werden.

5 Blutbestandteile

Aufgaben

1 Das Herz pumpt am Tag etwa 8000 l Blut durch den Körper. Ein Erwachsener hat etwa 5 l Blut.
Wie viel Mal am Tag fließt das gesamte Blut des Menschen also durch den Körper?

2 Malt den Blutkreislauf mit Kreide nach dem Schema von Abbildung 1 auf den Schulhof.
Versucht durch rote und blaue Kreide zwischen sauerstoffreichem und sauerstoffarmem Blut zu unterscheiden. Anschließend könnt ihr den Kreislauf durchlaufen. Ihr könnt dabei auch rote und blaue Zettel tragen, die Sauerstoff und Kohlenstoffdioxid darstellen.
Wo müsst ihr die Zettel jeweils aufnehmen und wo wieder abgeben?

3 Nenne die verschiedenen Bestandteile des Blutes.
Welche Aufgaben haben diese Bestandteile jeweils?

4 Durch intensives Ausdauertraining erhöht sich im Blut die Anzahl der roten Blutzellen.
Welchen Vorteil haben Ausdauersportler wie Marathonläufer oder Radrennfahrer davon?

Strategie

Tipps für erfolgreiches Lernen

A. Vor dem Lernen

Punkt 14 Uhr sitzt du am Schreibtisch und bist entschlossen, nun mit deinen Hausaufgaben zu beginnen. Wenn du früh am Nachmittag anfängst, hast du später mehr Zeit für Sport oder dein Hobby. Der Anfang fällt dir leichter, wenn du zuerst dein Gehirn in Schwung bringst: Wie wäre es zum Start mit etwas frischer Luft? Öffne das Fenster und atme tief durch. Jetzt kann es losgehen. Stimme dich aufs Lernen ein, indem du dich motivierst. Du hast es nämlich in der Hand, ob Lernen auch Spaß machen kann.

Schau zuerst auf deinen Stundenplan und überlege dir, in welcher Reihenfolge du lernen willst. Welche Aufgaben musst du schon bis zum nächsten Tag fertig haben?
Erledige zuerst Aufgaben, die dir Spaß machen oder leicht zu bewältigen sind, bis dein „Lernmotor" warm gelaufen ist, gehe erst dann an schwierigere Aufgaben.

B. Beim Lernen

Lasse dich beim Lernen nicht ablenken, weder von Musik noch von Anrufen oder Besuchern. Je konzentrierter du bei der Arbeit bleibst, umso schneller bist du fertig.
Versuche, Ordnung in deinem Gehirn zu schaffen. Gliedere einen langen Text in Abschnitte. Überlege dir Überschriften und Oberbegriffe. Schreibe dir Wörter, die nicht in deinen Kopf gehen wollen, auf. Stelle dir selber Fragen: „Wer? Was? Wann? Wo? Warum? Wieso?".
Setze dein „Kopfkino" in Gang. Stelle dir den Lernstoff möglichst bildlich und anschaulich wie in einem Film vor. Manchmal hilft es beim Lernen, wenn du dabei laut sprichst, z. B. dir selbst etwas erklärst.
Jeder lernt anders. Du hast sicher schon gehört, dass es verschiedene „Lerntypen" gibt. Zu welchem Lerntyp du gehörst, musst du erst ausprobieren.
Wenn du mal länger lernen musst, plane Pausen ein. Die erste solltest du nach 20 Minuten machen. Verschaffe dir Bewegung, reck und streck dich oder tanze nach deiner Lieblingsmusik. Iss eine Banane und weiter geht's.

C. Nach dem Lernen

Schau dir den Lernstoff regelmäßig wieder an, am besten nach einem Tag, nach einer Woche und nach einem Monat. Drei bis vier Wiederholungen reichen, um einmal Gelerntes zu speichern und nicht mehr zu vergessen. Vielleicht hört dir jemand zu, während du den Lernstoff wiederholst und du kannst seine Fragen beantworten. Das hilft, damit sich das Gelernte im Gehirn „setzt".

Brennpunkt

Leistungs- oder Breitensport

1 Im Freibad

Lisa schwimmt sehr gern. Sie hat ein großes Ziel – sie will Deutsche Meisterin werden. Lisa schwimmt schon sehr schnell. Ihre Trainerin sagt, sie habe großes Talent und das müsse gefordert und gefördert werden. Die Trainerin kennt sich gut aus, sie ist Sportlehrerin und selbst schon einmal bei den Olympischen Spielen gestartet.
Im Verein ist Lisa ein Vorbild für die jüngeren Schwimmerinnen. Sie trainiert fünfmal in der Woche: viermal im Wasser und einmal an Land. Das Trockentraining mit Gewichten dient dem Kraftaufbau. Lisa betreibt **Leistungssport**.
Verantwortliche Trainer achten darauf, dass sie ihre Schützlinge mit Spaß und ohne Schmerzen zu sehr guten Leistungen führen.
Lisa will in drei Wochen bei den Landesmeisterschaften besonders schnell schwimmen. Doch sie hat Schmerzen in der Schulter und überlegt, ob sie ein Schmerzmittel einnehmen soll.
Ihre Eltern werden sie zum Wettkampf begleiten, um sie anzufeuern. Sie erwarten viel von Lisa, denn im letzten Jahr gewann sie eine Silbermedaille.

Martha treibt auch gern Sport. Sie ist im Sportverein angemeldet und geht zweimal pro Woche zum Schwimmtraining. Schwimmen ist Marthas Hobby, sie betreibt **Breitensport**.
Es macht Martha viel Spaß sich im Wasser zu bewegen. Sie erlernt die verschiedenen Schwimmstile und die Wasserspiele am

2 Schwimmwettkampf

Ende der Trainingseinheit sind immer ein schöner Abschluss.
Manchmal geht Martha nicht zum Training, wenn sie viele Hausaufgaben erledigen muss oder eine ihrer Freundinnen Geburtstag hat.
Am liebsten schwimmt Martha im Sommer. Dann findet das Training im Freibad statt und auf dem Rasen wird auch Volleyball gespielt.

Aufgaben

1 Warum treiben Lisa und Martha Sport? Nenne für beide Mädchen die Gründe.

2 Was würdest du tun, wenn du vor einem Wettkampf Schmerzen hättest wie Lisa? Begründe deine Antwort.

3 Erstellt in Gruppenarbeit eine Tabelle mit Argumenten für und gegen den Leistungssport.

3 Siegerehrung

Sarah wirft den Ball

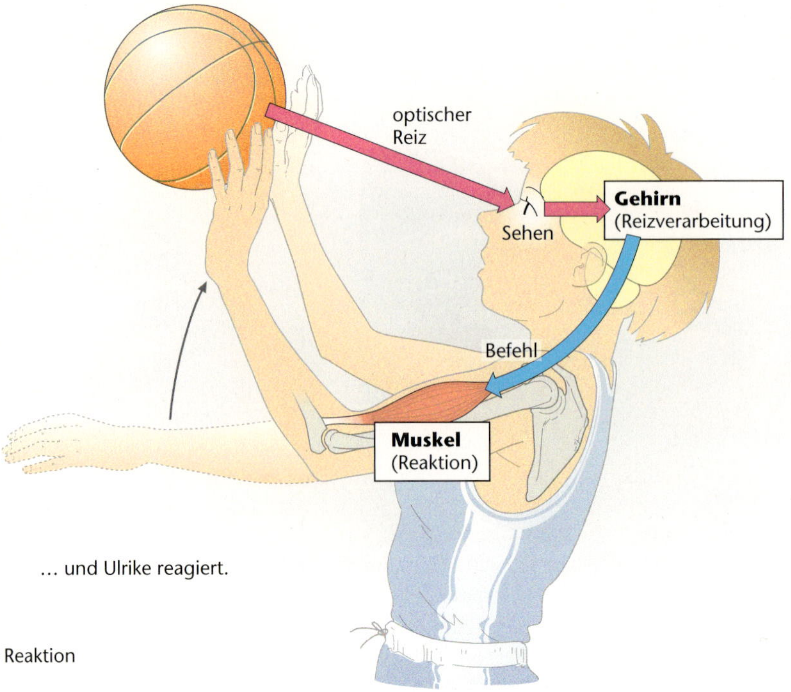

... und Ulrike reagiert.

1 Vom Reiz zur Reaktion

Bewegungen werden durch Sinnesorgane koordiniert

„Achtung!" ruft Sarah ihrer Freundin Ulrike zu. Gleichzeitig hat sie bereits den Ball in die Richtung ihrer Mitschülerin geworfen. Die hat aber aufgepasst; blitzschnell dreht sie sich um, sieht den Ball und fängt ihn auf.

Ulrike konnte schnell reagieren. Sie hat den Zuruf mit ihren Ohren aufgenommen, sie hat ihn gehört. Mit den Augen hat sie die Bewegung des Balls gesehen. Heftig hat sie den Aufprall des Balls auf der Haut ihrer Hände gefühlt. Mit ihrer Nase könnte sie riechen, ob der Ball aus Leder oder Kunststoff angefertigt ist, und nach der Sportstunde schmeckt sie mit der Zunge den süßen Geschmack ihres Müsli-Riegels.

Viele Reize erreichen uns nicht

Ulrike hört den Zuruf ihrer Freundin nur deshalb, weil in ihrem Ohr besondere Zellen, die **Sinneszellen**, angesprochen wurden. Geräusche, Bewegungen und Berührungen bezeichnen wir als **Reize**. Unsere Sinnesorgane wirken wie Filter. Sie sind jeweils nur für ganz bestimmte Reize empfänglich. So kann man mit den Augen nur Lichtreize wahrnehmen und mit den Ohren nur akustische Reize. Die Reize, auf die ein bestimmtes Sinnesorgan mit seinen Sinneszellen anspricht, nennt man **adäquate Reize**.

2 Reizüberflutung

Ein Reiz muss aber eine bestimmte Stärke haben, damit die Sinnesorgane angesprochen werden. Bei manchen Tieren liegt dieser Schwellenwert erheblich niedriger als beim Menschen. Hunde können die Fährten von Tieren riechen, Katzen hören das leiseste Rascheln eines Beutetieres und können auch nachts noch recht gut sehen. Es gibt außerdem eine große Zahl von Reizen, für die wir Menschen keine Sinnesorgane und Sinneszellen besitzen. Wir spüren deshalb z.B. keine Magnetfelder und hören auch Ultraschallwellen nicht. Einige Tiere können dies aber und nehmen ihre Umwelt daher völlig anders wahr.

Reize werden weitergeleitet und verarbeitet

Alle Sinneszellen melden die eintreffenden Reize als **elektrische Impulse** über Nervenbahnen zum Gehirn. Dort werden die Eindrücke verarbeitet und ausgewertet: Aus Lichtreizen werden Bilder, aus Schallwellen werden Töne, die uns als Musik oder Sprache bewusst werden. Das Gehirn ist die Schaltzentrale und gibt Befehle an die Muskeln, die darauf reagieren. Sinnesorgane, Nerven, Gehirn und Muskeln arbeiten zusammen wie ein Team.

Die Sinnesorgane werden nur durch adäquate Reize angesprochen. Die Sinneszellen der Sinnesorgane wandeln Reize in elektrische Impulse um und leiten sie über die Nerven weiter.

Extra guter Schutz
Unser empfindliches Auge ist gut geschützt. Es ist eingebettet in die knöcherne **Augenhöhle** des Schädels und zusätzlich gegen Stöße und Schläge durch ein Fettpolster abgesichert. Kommen Fremdkörper plötzlich auf das Auge zu – etwa eine Fliege – dann schließen sich die **Augenlider** schnell und automatisch. **Augenbrauen** und **Wimpern** bewahren das Auge vor Verunreinigungen. Kleine Fremdkörper, die zwischen Augenlid und Auge eingedrungen sind, werden durch die **Tränenflüssigkeit** fortgeschwemmt.

Wie ist unser Auge aufgebaut?
Die Wand unseres Auges besteht aus mehreren Schichten. Die äußerste ist die **Lederhaut**. Mit ihr sind die Muskeln verbunden, die dem Augapfel die Beweglichkeit innerhalb der Augenhöhle ermöglichen. An der Stelle, an der das Licht ins Auge eintritt, befindet sich statt der Lederhaut die durchsichtige **Hornhaut**. Sie schützt das Innere des Auges und wird durch Tränenflüssigkeit stets feucht gehalten.

Die zweite Schicht der Augenwand heißt **Aderhaut**. Wie sich bereits aus dem Namen erkennen lässt, ist diese Schicht reich an Blutgefäßen. Das Blut versorgt die anliegenden Schichten mit Sauerstoff und Nährstoffen.

Die **Netzhaut** ist die dritte und innerste Schicht. Sie ist zur Aderhaut mit der **Pigmentschicht** abgegrenzt. Hier sind schwarze Farbstoffe, Pigmente, eingelagert. Sie machen diese Schicht völlig undurchlässig für Licht. Sonst besteht die Netzhaut aus zahlreichen lichtempfindlichen Sinneszellen. Es gibt eine Stelle, an der der **Sehnerv** das Auge verlässt. Hier befinden sich keine Sinneszellen. Dieser Bereich der Netzhaut wird als **Blinder Fleck** bezeichnet.

Das Licht fällt durch die Hornhaut und das Sehloch, die **Pupille**, ins Auge. Ein farbiger Ring umgibt die Pupille. Diese Regenbogenhaut, auch **Iris** genannt, kann die Pupille vergrößern oder verkleinern. Damit regelt sie, ob viel oder wenig Licht in das Auge einfallen soll. Hinter dem Sehloch befindet sich die elastische **Linse**. Ein ringförmiger Muskel kann mithilfe kleiner Bändchen die Linse so verändern, dass immer ein scharfes Bild entsteht.
In der vorderen und hinteren Augenkammer befindet sich das Kammerwasser. Es versorgt die Linse und die Hornhaut mit Nährstoffen. Der **Glaskörper**, eine durchsichtige und gallertartige Masse füllt das gesamte Innere des Augapfels aus.

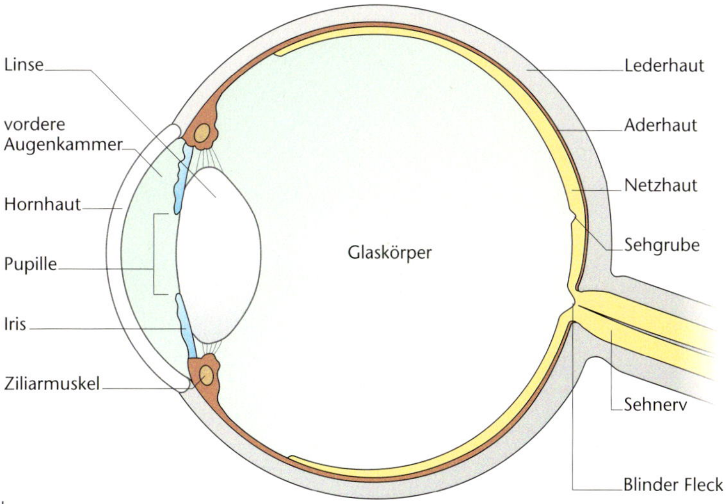

1 Aufbau des Auges, Längsschnitt

Das Auge liegt gut geschützt in der Augenhöhle. Lederhaut und Aderhaut umgeben den Augapfel. In der Netzhaut befinden sich die zahlreichen Sehzellen. Durch die Hornhaut, die Pupille und die Linse gelangen Lichtreize ins Auge.

Aufgaben

1 Welche Teile deines Auges kannst du im Spiegel erkennen?
a) Fertige eine Skizze dazu an und beschrifte sie.
b) Nenne jeweils die Funktion der sichtbaren Teile.

2 Plane einen Versuch, mit dem du die Reaktion der Pupille auf Lichtänderungen nachweisen kannst und führe ihn durch. Fertige dazu ein Protokoll an.

3 Gestalte ein Plakat mit dem Thema „Rund ums Auge".

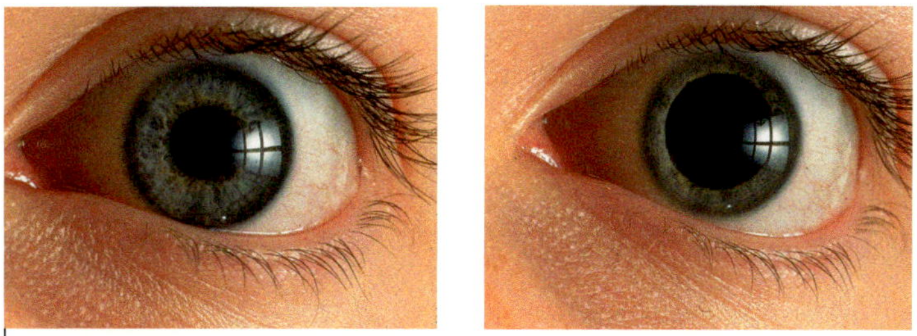
2 Die Pupille kann ihre Größe ändern.

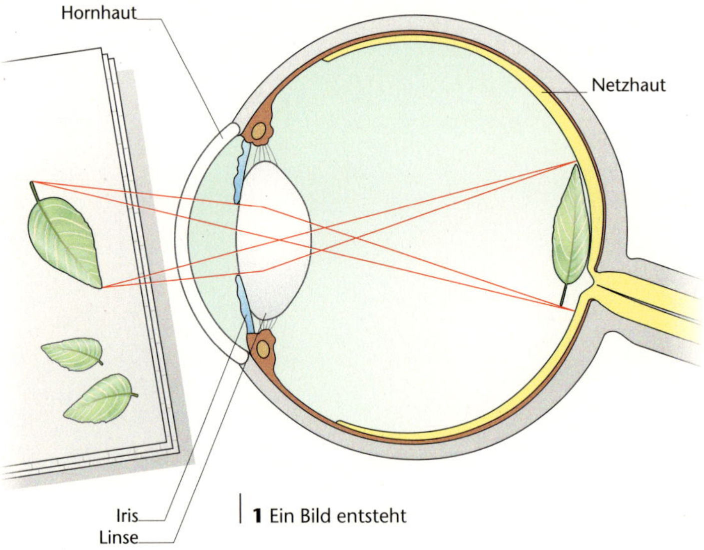

1 Ein Bild entsteht

Ein Bild entsteht
Vor uns auf dem Tisch liegt ein Laubblatt. Wir sehen es nur deshalb, weil Licht auf das Blatt fällt und dann in unser Auge gelangt. Würden wir den Raum vollkommen verdunkeln, sähen wir absolut nichts, obwohl das Blatt an seinem Platz bleibt. Der Lichtreiz fällt durch die Hornhaut, die Pupille und die Linse ins Innere des Auges. Die Iris regelt den Lichteinfall: Bei großer Helligkeit verkleinert sie die Pupille, so werden die empfindlichen Sinneszellen vor zu starkem Licht geschützt.

Die Linse kann durch einen Muskel und die Linsenbändchen mehr oder weniger gekrümmt werden. Die Wölbung der Linse passt sich den eintreffenden Lichtstrahlen an, und so entsteht stets ein scharfes Bild auf der Netzhaut. Man nennt die Anpassung des Auges an die verschiedenen Entfernungen **Akkomodation** (▷ B 2).

Wie eine Linse aus Glas bricht auch die Linse im Auge die Strahlen und so gelangt das Bild durch den Glaskörper umgekehrt, also auf dem Kopf stehend, auf die Netzhaut (▷ B 1).

Arbeitsteilung in der Netzhaut
In der Netzhaut befinden sich zwei unterschiedliche Typen von Sinneszellen: **Stäbchen** und **Zapfen.** Die längeren und schlankeren Stäbchen können nur hell-dunkel unterscheiden. Die kürzeren und dickeren Zapfen sind für das Sehen von Farben zuständig.
Unser Auge hat unvorstellbar viele Sehzellen auf der Netzhaut. Auf einer Fläche von einem Quadratmillimeter befinden sich ungefähr 140 000 Sehzellen, die meisten sind Stäbchen. Sie setzen aus vielen eintreffenden Lichtreizen ein Bild zusammen. In der Mitte der Netzhaut befinden sich allerdings auf einer kleinen Fläche nur Zapfen. Dieses ist die Stelle des schärfsten Sehens und wird der **Gelbe Fleck** genannt.

Am **Blinden Fleck** verlässt der Sehnerv durch die Netzhaut das Auge, hier gibt es keine Sinneszellen und man ist an dieser Stelle blind. Da man aber mit zwei Augen schaut, korrigiert sich der Fehler wieder.

In einem komplizierten Vorgang wandeln sich lichtempfindliche Farbstoffe in den Lichtsinneszellen in elektrische Impulse um. Diese werden über die Nerven zum Gehirn geleitet. Dort werden die Impulse wieder zu Bildern verarbeitet und übrigens auch wieder umgedreht.

▶ Durch die Linse wird ein Bild auf die Netzhaut übertragen. Stäbchen und Zapfen nehmen die Lichtsinnesreize auf und leiten sie über die Nerven als Impuls zum Gehirn.

2 Akkomodation

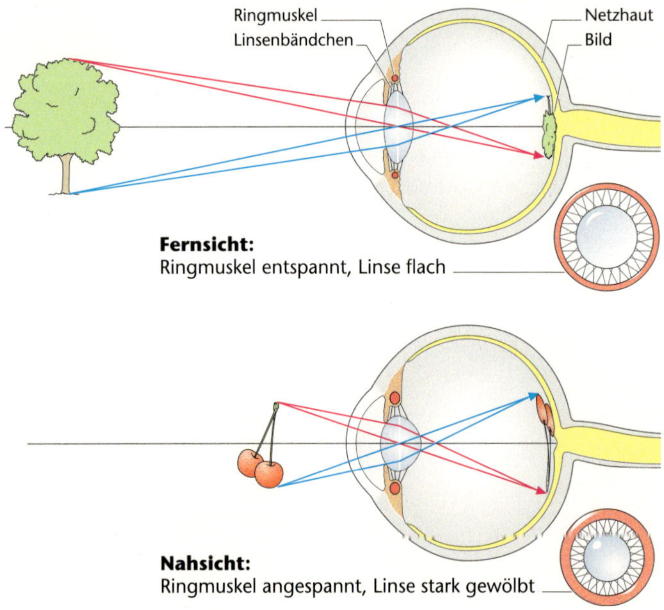

Aufgaben

1 Erkläre das Sprichwort „Nachts sind alle Katzen grau“.

2 a) Eulen haben auffallend große Augen. Erkläre.
b) Versuche, daraus eine allgemeine Regel abzuleiten.

So schnell arbeitet das Auge nicht!
Der Sehvorgang läuft unglaublich schnell ab. Dennoch gibt es eine gewisse „Trägheit" der Sehzellen. Im Film werden dir z. B. viele Einzelaufnahmen in kurzer Zeit vorgespielt und du glaubst, Bewegungen zu sehen. Erst wenn ein Film sehr langsam und mit weniger als 18 Bildern pro Sekunde gezeigt wird, erkennst du die einzelnen Bilder.

Warum eine Brille?
Um diesen Text lesen zu können, müssen manche Menschen die Augen sehr dicht an das Buch heranführen. Sie sind **kurzsichtig**. Ein zu breiter Augapfel oder eine zu stark gewölbte Linse lassen ein scharfes Bild nur vor der Netzhaut entstehen. Brillen mit speziellen Linsen können diesen Sehfehler korrigieren.
Ein **weitsichtiger** Mensch kann diesen Text nur lesen, wenn er das Buch weit von sich hält. Aber meistens sind „die Arme zu kurz". Augapfel und Linse sind so gestaltet, dass ein scharfes Bild nur hinter der Netzhaut entstehen würde. Dieser Augenfehler ist bei älteren Menschen recht häufig, da die Linse nicht mehr so elastisch ist und sich deshalb nicht mehr so gut krümmt. Man spricht dann von einer **Altersweitsichtigkeit**.
Auch Weitsichtigkeit kann durch Brillen mit entsprechenden Linsen ausgeglichen werden.

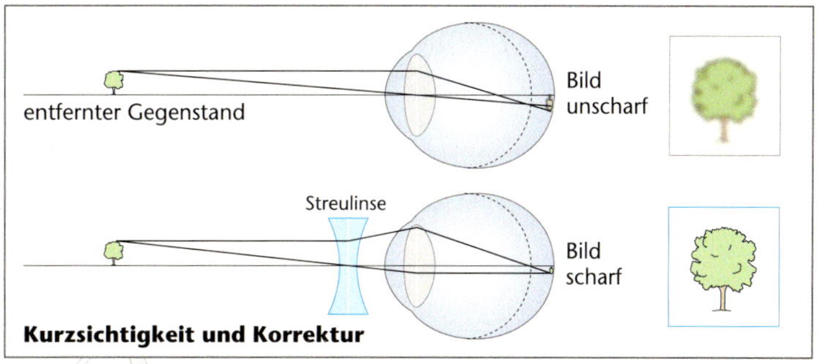

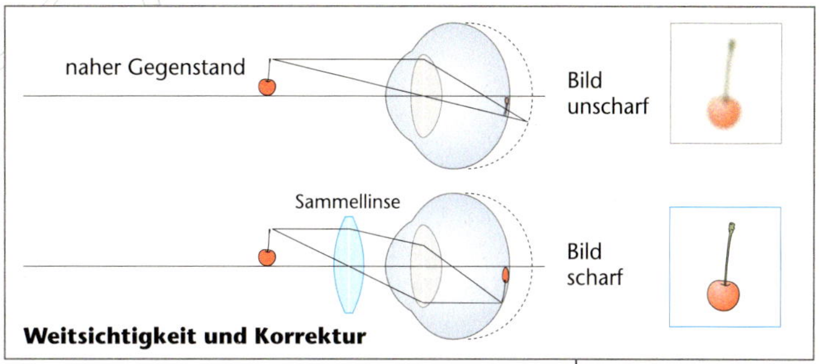

1 Augenfehler und Korrektur mit Brille

Werkstatt

Sehen

1 Wir bauen uns ein Modell-Auge

Mit einfachen Mitteln lässt sich das Modell eines Auges darstellen. Erkennst du die Ähnlichkeit mit einem Fotoapparat?

Material
Großer Karton, Decke, Pergamentpapier

Durchführung
Ein großer Karton wird so auf einen Tisch gestellt, dass der Boden zum Fenster zeigt. In den Boden bohrst du ein Loch von höchstens 1 cm Durchmesser. Jetzt steckst du den Oberkörper in den Karton und lässt die Decke von jemandem über dich decken, damit es im Karton dunkel ist. Halte das Pergamentpapier in etwa 30 cm Entfernung vor das Loch und verändere die Entfernung, bis du ein deutliches Bild siehst. Der Versuch ist einfacher, wenn du das Pergamentpapier mit einem stabilen Rahmen versiehst.

2 Der Vogel im Käfig

Wie man das „träge" Auge täuschen kann, zeigt der Versuch mit dem Vogelkäfig.

Material
Pappscheibe, Bindfaden, Malstifte

Durchführung
Male auf die Vorderseite einer Pappe einen Vogelkäfig, auf die andere Seite einen kleinen Vogel mit Sitzstange. Loche die Pappe an der Seite und knote dort einen kurzen Bindfaden fest. Drehe die Pappscheibe nun mehrmals um die Achse und lasse sie mithilfe der Bindfäden schnell und langsam drehen.
Was beobachtest du? Erkläre!

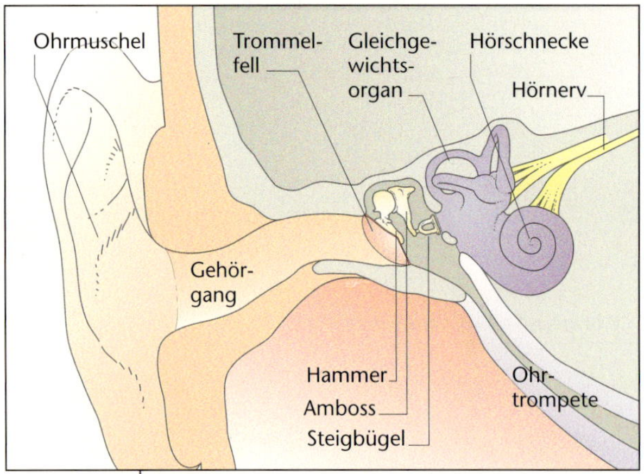

1 Aufbau des menschlichen Ohres

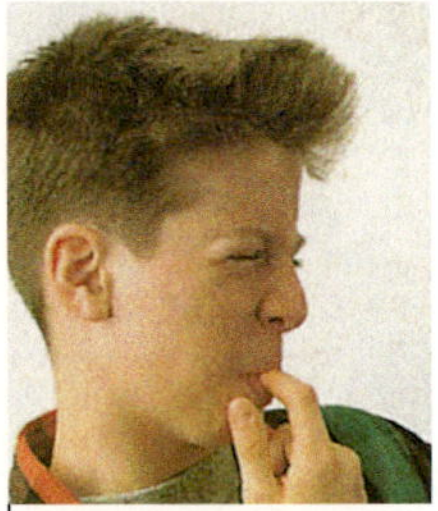

2 Das schmeckt sauer ...

3 Das riecht übel ...

Schon gehört?

Wenn Sarah ihrer Freundin zuruft, dass sie den Ball fangen soll, reagiert Ulrike blitzschnell. Das klappt nur, weil Ulrike den Ruf in kürzester Zeit gehört und richtig verarbeitet hat. Die Rufe der Freundin gelangen als Schallwellen an die **Ohrmuscheln**. Diese nehmen die Schallwellen auf und leiten sie an die **Gehörgänge** (▷ B 1). An deren Ende befindet sich ein dünnes Häutchen, das **Trommelfell**. Es schließt das **Äußere Ohr** gegen das **Mittelohr** ab und wird durch die Schallwellen zu Schwingungen angeregt. Am Trommelfell setzt im Mittelohr ein kleiner Knochen an, der **Hammer**. Er ist beweglich mit zwei weiteren Gehörknöchelchen, dem **Amboss** und dem **Steigbügel** verbunden. Die Gehörknöchelchen wirken wie Hebel. Sie verstärken die Kraft der Schwingungen und übertragen sie auf ein weiteres Häutchen, das die Grenze zum Innenohr bildet. Dadurch wird die Flüssigkeit in der **Schnecke** in Schwingungen versetzt und diese reizen die Hörsinneszellen. Der **Hörnerv** leitet die Impulse an das Gehirn weiter, das nun die Reize verarbeitet. Die Hörergebnisse beider Ohren werden vom Gehirn miteinander kombiniert. Deshalb kann Ulrike sich blitzschnell in die richtige Richtung wenden und den Ball von Sarah sicher fangen.

▶ Das Außenohr empfängt Schallwellen, die über das Mittelohr an das Innenohr weitergeleitet werden. Von dort werden sie als elektrische Impulse über den Hörnerv an das Gehirn übermittelt.

Das Ohr – ein empfindliches Sinnesorgan

Ständiger Lärm verursacht beim Menschen auf Dauer körperliche und seelische Störungen. Ein andauernder hoher Lärmpegel kann die Hörsinneszellen zerstören. Es gibt bereits Jugendliche, die mit zu lauter Musik ihr Gehör so geschädigt haben, dass sie ihr Leben lang unter Schwerhörigkeit leiden müssen.

▶ Lärm kann körperliche und seelische Schäden verursachen. Hörsinneszellen können durch Lärm auf Dauer geschädigt werden.

Riechen und Schmecken

Nach dem Sport schmeckt ein Müsliriegel wirklich gut. Ulrike behauptet, sie könne bereits am Geruch feststellen, welche Früchte in dem Riegel enthalten sind. Sarah mag vor allem Riegel, die auch säuerliche Beeren enthalten.
Geschmacks- und Geruchssinn gehören zusammen, denn Zunge und Nase sind Sinnesorgane, die sich ergänzen. Ist die Nase bei einer Erkältung verstopft, so können wir ein Essen gar nicht richtig genießen, da keine Duftstoffe an die **Riechzellen** in der Nasenhöhle gelangen.

Auf der **Zunge** haben wir winzige Erhebungen, die **Papillen**. Sie sind mit **Geschmacksknospen** besetzt, die viele Sinneszellen enthalten. Wir unterscheiden hauptsächlich vier Geschmacksqualitäten: süß, sauer, salzig und bitter. Forscher meinen aber noch weitere festgestellt zu haben, wie z. B. „umami", was mit „Fleischgeschmack" übersetzt werden könnte.
Riechen und Schmecken können lebenswichtig sein. Deshalb kontrollieren die Riechzellen ständig die Atemluft und können den Körper vor Gefahren, z. B. bei Brandgeruch warnen. Auch die für den Geschmack zuständigen Sinneszellen überprüfen immer die Nahrung. Du weißt selber, wie du reagierst, wenn du plötzlich etwas Unangenehmes auf deiner Zunge spürst.

▶ Nase und Zunge kontrollieren Geruch und Geschmack. Sie helfen mit, Gefahren rechtzeitig zu erkennen.

Aufgabe

1 Schall wird in Dezibel (dB) gemessen. Informiere dich, wie viel dB einige Larmquellen erzeugen und welche Folgen das für die menschliche Gesundheit hat.

Wie gut sind unsere Sinnesorgane?

1 Ist unser Temperatursinn zuverlässig?

Mit der Hand können wir fühlen, ob ein Gegenstand warm oder kalt ist. Ist aber unser Temperatursinn wirklich zuverlässig? Kann das Gehirn zwei Messergebnisse gleichzeitig verarbeiten?

Material

4 Schüsseln von ca. 25 cm Durchmesser, Wasserkocher, 4 Thermometer, Wasser, Stoppuhr

Durchführung

a) Vier Schüsseln werden nebeneinander aufgestellt und mit Wasser gefüllt. In die eine äußere Schüssel kommt sehr warmes Wasser (Vorsicht, nicht heiß!) in die andere sehr kaltes Wasser.
Die beiden mittleren Schüsseln werden mit lauwarmem Wasser der gleichen Temperatur gefüllt.
b) Mithilfe der Thermometer wird die Wassertemperatur in den einzelnen Schüsseln festgestellt und notiert.
c) Versuchspersonen, die den Versuchsaufbau nicht kennen, halten eine Minute lang jeweils eine Hand in die beiden äußeren Schüsseln und legen ihre Hände dann schnell in die mittleren Schüsseln.
d) Notiert die Ergebnisse und diskutiert sie gemeinsam.

2 Schweiß auf der Stirn ist cool!

Schwitzen kann unangenehm sein, der folgende Versuch zeigt aber, dass es auch Vorteile haben kann, tüchtig zu schwitzen.

Material

2 lange Glasthermometer, Stativ mit Halterung für die Thermometer, Watte, kaltes Wasser, Glasschale, Stoppuhr

Durchführung

a) 2 Glasthermometer werden an einem Stativ befestigt. Die unteren Enden befinden sich 1 cm über dem Untergrund (▷ B 2).

1 Eine Duftorgel selbst gemacht

b) Umwickle den unteren Teil des einen Thermometers mit Watte. Ein Zipfel der Watte ragt in ein Glasschälchen.
c) In das Glasschälchen und auf die Watte wird kaltes Wasser getropft.
d) Die Temperatur der beiden Thermometer werden in der folgenden halben Stunde alle fünf Minuten abgelesen.
e) Stelle die abgelesenen Werte grafisch dar.
f) Erörtert das Ergebnis in der Klasse.
Was sagen die Werte über den Sinn des Schwitzens aus?

Aufgabe

Überlegt, warum man bei einem Menschen, der einen Hitzschlag erlitten hat, keinen Schweiß auf der Stirn sehen kann.

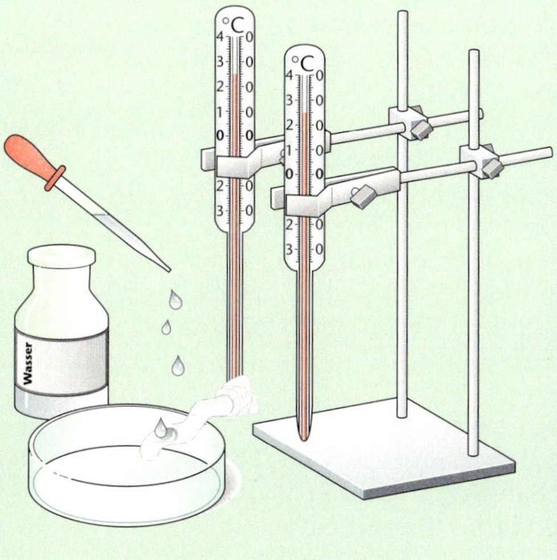

2 Versuchsanordnung zu Versuch 2

3 Wir bauen eine Duftorgel

Man kann Düfte tatsächlich sammeln! Du benötigst dafür nur wenige Materialien und viele Ideen, welche Düfte du in deine Sammlung aufnehmen möchtest. Leider hält deine Sammlung auch bei guter Pflege nicht lange! Je größer deine Sammlung ist, desto spannender ist der Wettkampf um die „Supernase".

Material

Mehrere leere schwarze Filmdosen, Papiertaschentücher, kleine Klebeetiketten, verschiedene Substanzen aus der Natur, wasserfester Stift

Durchführung

a) Lege auf die Böden der Filmdosen Stücke von Papiertaschentüchern.
b) Fülle nun verschiedene Substanzen aus der Natur in die Filmdosen (z. B. Harz, Erde, duftende Pflanzenteile, usw.)
c) Klebe auf die Unterseite der Filmdose jeweils ein Etikett mit dem Namen des Inhalts.
d) Lass nun die Mitschüler/innen an der „Duftorgel schnuppern und notieren, welche Inhalte sie vermuten. Schließe die Dosen aber sofort nach der Benutzung!
e) Diskutiert die Ergebnisse (z. B.: Wer kennt die meisten Düfte? Kann man seinen Geruchssinn trainieren? Gibt es ähnliche Düfte, die schwer zu unterscheiden sind?)

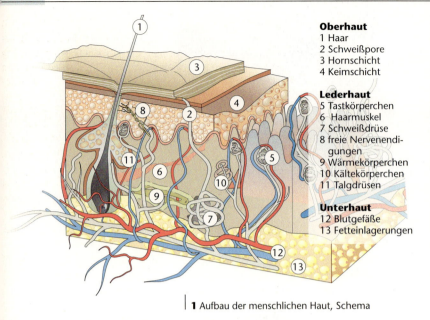

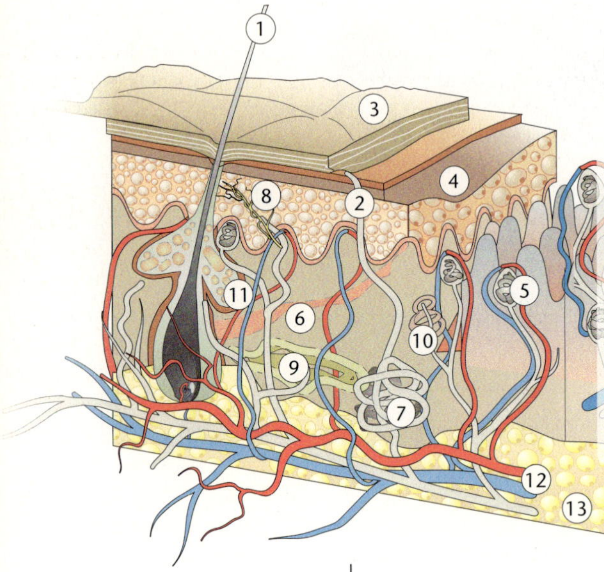

1 Aufbau der menschlichen Haut, Schema

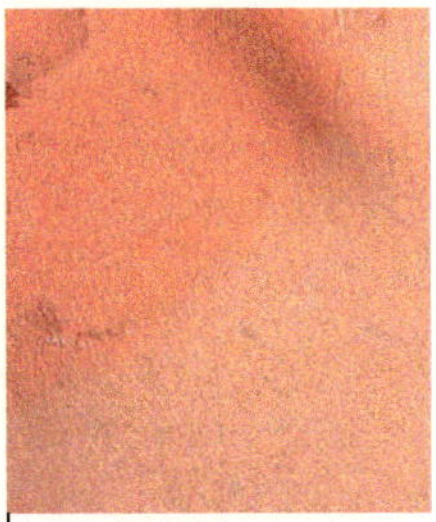

2 Gerötete Haut

3 Unreine Haut

4 Geschminkte Haut

Aufbau der Haut
Die Haut umgibt unseren ganzen Körper. Sie ist aus drei Schichten aufgebaut (▷ B 1): Außen schützt die **Oberhaut** den Körper vor Krankheitserregern, Austrocknung und Verletzungen. Sie ist in ihrer oberen Schicht verhornt und besteht aus abgestorbenen Zellen. Im unteren Teil, der **Keimschicht**, werden ständig neue Hautzellen gebildet.

In der zweiten Schicht, der gut durchbluteten **Lederhaut**, liegen Sinneskörperchen und freie Nervenendigungen. Mit diesen können Berührungsreize, Wärme und Kälte wahrgenommen werden.

Die besonders dicke **Unterhaut** besteht aus lockerem Bindegewebe. Sie ist mit den Muskeln, Knochen und Organen verwachsen. Fettzellen im Unterhautfettgewebe wirken als Energiespeicher und schützen vor Kälte und Stößen.

Die Haut regelt die Körpertemperatur
Wärme- und **Kältekörperchen** in der Lederhaut registrieren Temperaturreize. Muss die vorhandene Wärme im Körper gehalten werden, verengen sich die feinen Blutgefäße und wenig Blut fließt zur Körperoberfläche.

Ist Kühlung notwendig, weiten sich die Blutgefäße an der Außenseite des Körpers. Viel Blut gelangt dort hin und auf diese Weise wird Wärme abgegeben. Schweißdrüsen helfen bei der Kühlung: Flüssigkeit, die aus den Hautporen abgegeben wird, verdunstet und entzieht dabei dem Körper weitere Wärme.

Gut gefettet?
In der Lederhaut sitzen Fettdrüsen, die Talg absondern. Das Fett hält deine Haut geschmeidig und bewahrt sie vor dem Austrocknen. Häufiges Duschen beseitigt diese Schutzschicht; eine geeignete Körpercreme kann der Haut ihre Geschmeidigkeit wieder zurückgeben.

Gerade bei jungen Menschen sind die Fettdrüsen besonders aktiv und oft verstopfen die Ausgänge der Drüsen. Mitesser und Pickel sind die Folgen. Eine ausgewogene Ernährung, regelmäßiges Waschen und die Anwendung guter Körperpflegemittel helfen in vielen Fällen. Beim Arzt oder in der Apotheke kann man dir wertvolle Tipps geben.

▶ Die Haut ist ein lebenswichtiges Organ und hat viele Aufgaben. Sie besteht aus den drei Schichten Oberhaut, Lederhaut und Unterhaut und benötigt regelmäßige Pflege.

Ist Schminken auch Hautpflege?
Allgemein kann gesagt werden, dass es der Haut gut tut, wenn man in jungen Jahren auf das Schminken verzichtet. Vor allem minderwertige Make-ups können die Poren verstopfen, Hautreizungen verursachen oder auf andere Weise der Haut schaden. Man sollte stets darauf achten, dass die Schminke nur geringe Anteile an Öl und Fett enthält. Wichtig ist es auf jeden Fall, sich vor dem Schlafengehen wieder abzuschminken, da sonst die Entstehung von Pickeln gefördert wird.

Aufgaben

1 Überlege, woher der Begriff Lederhaut stammt. Erkläre.

2 Informiere dich in der Apotheke, in einem Fachbuch oder im Internet über Akne und berichte.

3 Informiere dich in einer Drogerie oder bei einer Kosmetikfirma über Hauttypen und ihre spezielle Pflege. Halte in der Klasse ein Referat über dieses Thema.

4 Es gibt Menschen, die mit den Fingerspitzen lesen können. Informiere dich über die Braille-Schrift und berichte.

Vornehme Blässe
Blasse Haut galt vor 100 Jahren als schön. Nur einfache, arbeitende Menschen, die sich nicht vor der Sonne schützen konnten, waren braun gebrannt. Die Zeiten haben sich geändert: Strand und Solarium sollen für attraktive Bräune sorgen; wir geben viel Geld dafür aus.

Braun werden um jeden Preis?
Im unteren Keimschichtbereich der Oberhaut bilden farbstoffhaltige Zellen die **Pigmentschicht**. Sie schützt den Körper vor den UV-Strahlen des Sonnenlichts. Die Strahlen regen auch die Farbstoffbildung an und sorgen so für die Bräunung der Haut.

Bei **übermäßiger Sonnenbestrahlung** werden die UV-Strahlen nicht ausreichend abgeschirmt und führen zu einem Sonnenbrand. Außerdem verliert die Haut Feuchtigkeit und die Hautalterung wird beschleunigt. Im schlimmsten Fall können sich die Zellen der Pigmentschicht so verändern, dass Hautkrebs entsteht. Dennoch nehmen viele Menschen diese Risiken auf sich, nur um so „knackig braun" und modern zu erscheinen wie manche Männer und Frauen im Film oder in der Werbung.

Will man aber die Haut gesund erhalten, sollten zu lange Sonnenbäder und zu häufige Solarienbesuche vermieden werden. Der Körper muss sich allmählich an die Sonne gewöhnen. Cremes mit hohem Lichtschutzfaktor bieten Schutz und eine langsame Gewöhnung an die UV-Strahlen. So kann die Haut die schützende Farbstoffschicht aufbauen.

Übermäßige Sonneneinstrahlung kann für die Haut schädlich sein.

Aufgabe

1 Führt ein Projekt zum Thema „Fit und schön" durch. Ladet auch Fachleute zu den Themen „Fitnessübungen", „Kosmetik" und „Gesunde Ernährung" ein.

1 Zu viel Sonne ...

2 Normale Haut

Brennpunkt

Die Haut als Kunstwerk: Tattoo und Piercing

Schon immer haben Menschen sich bemüht, ihren Körper zu schmücken. Bei den Eingeborenen der Südseeinseln hatten die **Tätowierungen** religiöse Bedeutung und kennzeichneten die Stammeszugehörigkeit. In Europa ließen sich früher Seeleute christliche Motive in die Haut tätowieren, um sicher zu sein, ein christliches Begräbnis zu erhalten, falls sie tot an eine Küste gespült werden sollten.
Heute sind Tattoos bei jungen Menschen aktuell. Jeder sollte aber bedenken, dass die schönen Bilder nicht einfach wieder beseitigt werden können. Deshalb ist es wichtig, die Entscheidung für ein Tattoo gut vorzubereiten.
Auch **Piercing** ist „in" und gefällt vielen Jugendlichen. Es hat vor dem Tattoo den Vorteil, dass es wieder rückgängig gemacht werden kann. Dennoch ist es nicht ohne Risiko. Ärzte kennen zahlreiche Fälle, bei denen Piercing zu schmerzhaften Entzündungen oder Schädigung von Nerven geführt hat. Man sollte also möglichst vorher einen Arzt oder eine Ärztin um Rat fragen und den Eingriff nur in einem erfahrenen Studio durchführen lassen.

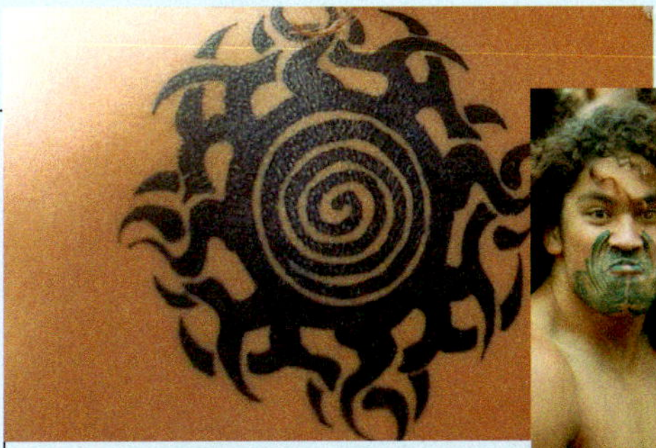

1 Tätowierung

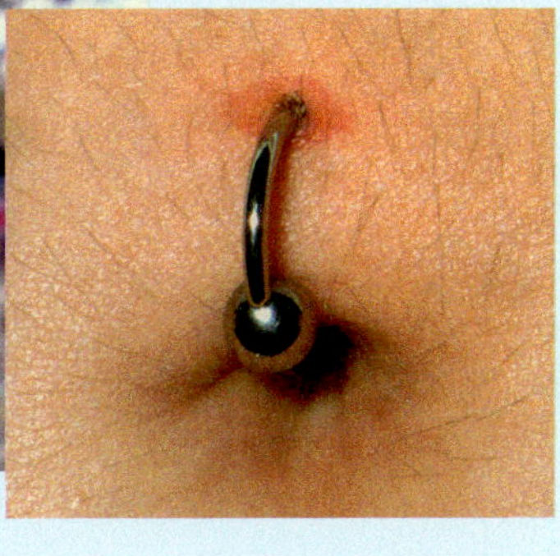
2 Piercing

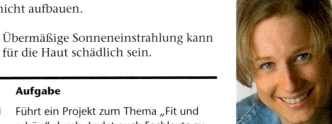

Schlusspunkt

Bewegung hält fit und macht Spaß

Skelett
Das Skelett ist aus zahlreichen Knochen zusammengesetzt, die den Körper stützen und vielen inneren Organen Schutz bieten.
Die Knochen bestehen aus Knochenhaut, Knochengewebe, Knochenbälkchen und Knochenmark und werden über die Blutgefäße ernährt.
Bewegliche Verbindungen der Knochen heißen Gelenke.
Hände sind Universalwerkzeuge. Füße tragen das gesamte Körpergewicht.
Die doppelt S-förmige Wirbelsäule federt Stöße und Erschütterungen ab und schützt das Rückenmark.

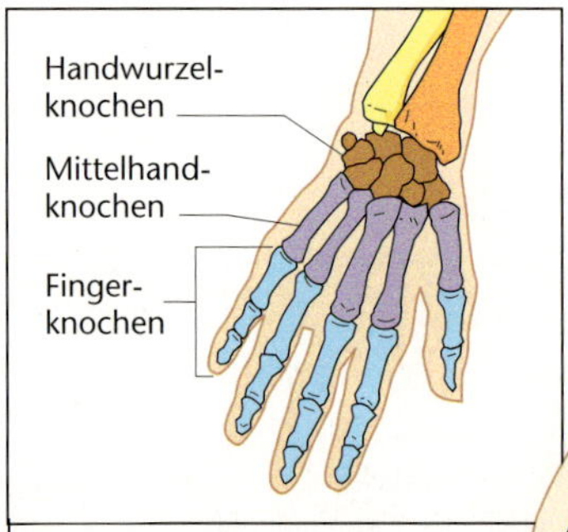

1 Handgelenk

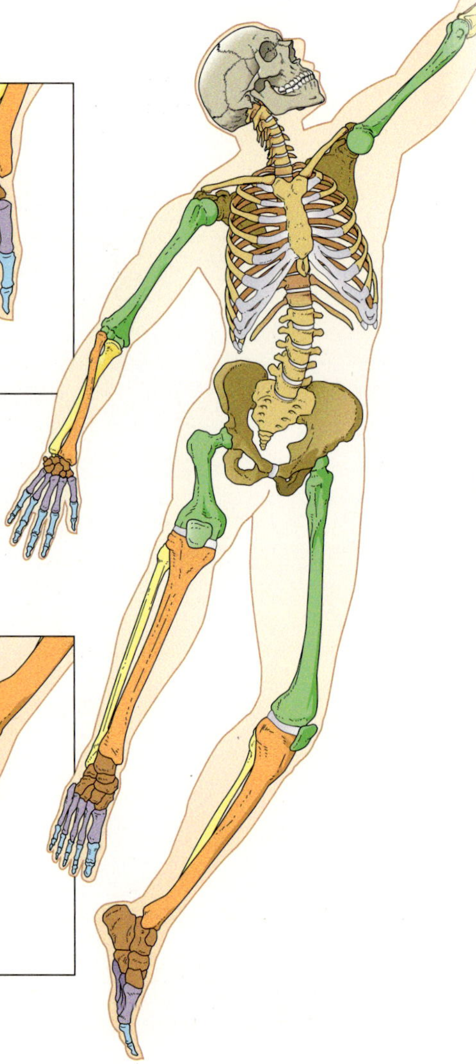

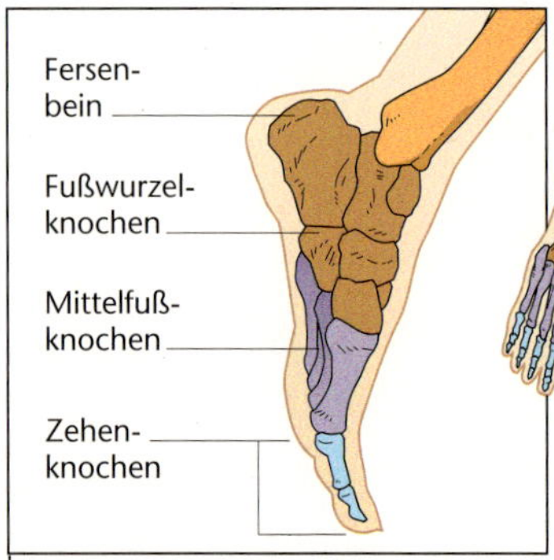

2 Fußgewölbe

Muskulatur
An jeder Bewegung sind Muskeln beteiligt. Ein Muskel kann sich nur verkürzen, sein Gegenspieler dehnt ihn dann wieder.

Funktion der Atmung
Die Atmung dient dazu, den Körper mit dem lebensnotwendigen Sauerstoff zu versorgen und Kohlenstoffdioxid abzugeben. Der Austausch von Sauerstoff und Kohlenstoffdioxid findet in der Lunge durch die dünnen Wände der Lungenbläschen statt.

Brust- und Bauchatmung
Bei körperlicher Anstrengung überwiegt die Brustatmung. Dabei heben und senken die Zwischenrippenmuskeln den Brustkorb. In Ruhe überwiegt die Bauchatmung. Dabei hebt und senkt sich das Zwerchfell.

Rauchen schadet!
Rauchen birgt große Gefahren für die Gesundheit. Viele Kinder und Jugendliche lassen sich zum Rauchen überreden, obwohl sie es von alleine nicht anfangen würden. Rauchen macht süchtig.

Das Herz pumpt das Blut durch Körper und Lungen
Das Herz beinhaltet vier Hohlräume: zwei Vorhöfe und zwei Herzkammern. Die rechte Herzhälfte pumpt Blut durch den Lungenkreislauf. Die linke Herzhälfte pumpt Blut durch den Körperkreislauf.

Der Blutkreislauf besteht aus dem Lungenkreislauf und dem Körperkreislauf.
Lungenkreislauf und Körperkreislauf bilden zusammen einen geschlossenen Blutkreislauf. In den Arterien fließt das Blut vom Herzen zu den Lungen und in den übrigen Körper. In den Venen fließt das Blut aus der Lunge und aus dem Körper zum Herzen zurück.
Das Blut dient dem Transport von Sauerstoff durch rote Blutzellen, von Kohlenstoffdioxid und von Nährstoffen. Außerdem enthält es weiße Blutzellen, die der Abwehr von Krankheitserregern dienen.

Wie wir sehen
Die Augenlider, die Tränendrüsen und die mit Fettpolstern ausgekleideten Augenhöhlen schützen die Augen. Durch die Linse wird ein verkleinertes und auf dem

Kopf stehendes Abbild des Gegenstandes auf die Netzhaut übertragen. Die entstehende Erregung wird über Nervenzellen an das Gehirn weitergeleitet.

Das Hören
Schalldruckwellen gelangen über Außenohr und Mittelohr ins Innenohr. Die Erregung wird von den Hörsinneszellen auf Nervenzellen übertragen, die sie an das Gehirn weitergeben. Sehr laute Geräusche können die Hörsinneszellen schädigen.

Riechen und Schmecken
Die Nase nimmt Geruchsstoffe wahr, wodurch z. B. Speisen geprüft werden. Auch der Geschmack hat eine solche Kontrollfunktion. Die Geschmackssinneszellen nehmen verschiedene Geschmacksqualitäten wahr.

Die Haut
Unsere Haut besteht aus Oberhaut, Lederhaut und Unterhaut. Sie dient als Tastorgan und registriert Temperatur und Schmerzen. Die Haut schützt vor Verletzung, Austrocknung, UV-Strahlen und reguliert den Wärmehaushalt. Wegen ihrer zahlreichen Funktionen benötigt sie Schutz und regelmäßige Pflege.

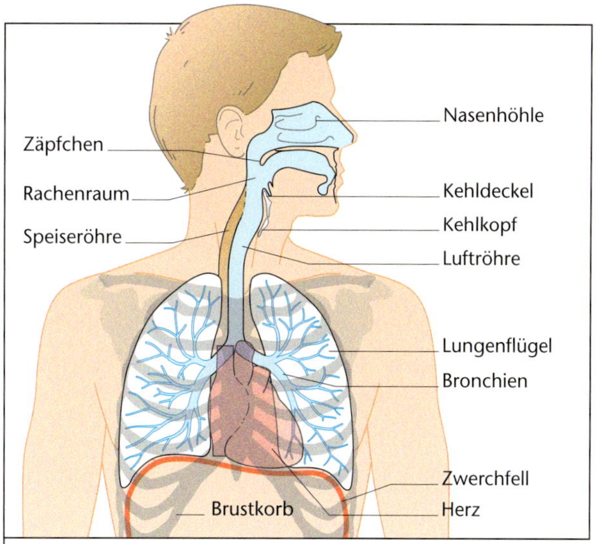

3 Weg der Atemluft bis zur Lunge

Aufgaben

1 Das Skelett bietet inneren Organen Schutz. Nenne Beispiele.

2 Beschreibe den Aufbau eines Knochens.

3 a) Welche Gelenktypen kennst du?
b) Nenne zu jedem Gelenktyp ein Beispiel aus deinem Körper.

4 Betrachte das Armskelett und das Beinskelett.
Welche Gemeinsamkeiten kannst du feststellen?

5 Welche Muskeln im Bein kennst du?

6 Nenne einen Muskel und seinen Gegenspieler. Beschreibe deren Wirkungsweise.

7 Jeder Mensch kann für die Gesunderhaltung des Skeletts und der Muskulatur sorgen. Was kannst du tun?

8 Beschreibe den Weg der Atemluft, wenn du durch den Mund atmest.

9 Beschreibe die Brustatmung.

10 Bei Verletzungen des Brustkorbs kann es passieren, dass durch eine Öffnung Luft in den Raum zwischen Rippen und Lunge gelangt.
Warum besteht für den Verletzten Erstickungsgefahr?

11 In großer Höhe enthält die Luft weniger Sauerstoff.
Warum fahren Leistungssportler vor wichtigen Wettkämpfen in ein Höhentrainingslager?

12 Es gibt preiswerte Sonnenbrillen, die jedoch keinen Schutz gegen UV-Strahlen bieten, sondern nur die Augen verdunkeln. Begründe, warum diese Brillen für die Augen schädlich sind.

13 Zeichne den Weg des Blutes durch das Herz.
Beschrifte deine Zeichnung mit folgenden Begriffen: linke Herzhälfte, rechte Herzhälfte, linker Vorhof, linke Kammer, rechter Vorhof, rechte Kammer, Herzklappen.

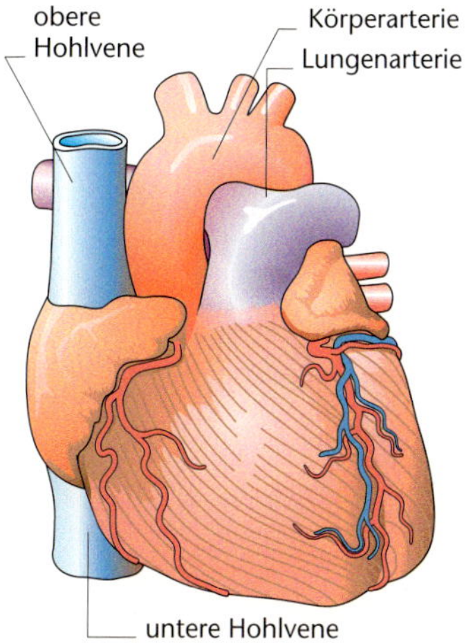

14 Nenne die Funktionen des Blutes.

15 a) Beschreibe den Aufbau des Ohres.
b) Der Mensch hat zwei Ohren. Ist das sinnvoll? Begründe.

„Guten Appetit!"

So sagt man und wünscht damit sich und anderen Freude und Genuss beim Essen. Essen spielt in unserem Leben eine wichtige Rolle und geschieht nicht nur, weil uns der Magen knurrt, sondern auch aus Lust am Essen. Am besten schmeckt es in Gesellschaft.

Nudeln mit Tomatensoße, Pizza und Hamburger sind hierzulande noch immer die Spitzenreiter auf der Hitliste der Kindergerichte. In anderen Ländern sehen die Speisepläne der Menschen anders aus. Was Menschen essen, ist abhängig vom Nahrungsangebot der Region. An der Küste isst man mehr Fisch als im Binnenland. In tropischen Gebieten ist Reis das Grundnahrungsmittel, während es bei uns die Kartoffel ist. Aber auch Traditionen und religiöse Ansichten bestimmen die Essgewohnheiten. So dürfen Moslems und Juden zum Beispiel kein Schweinefleisch essen. Natürlich spielt bei dem, was in den Kochtopf kommt, auch eine Rolle, ob die Menschen arm oder reich sind.

Was steckt drin in unserer Nahrung? Wie ernähren wir uns gesund? Wo bleibt unsere Nahrung? Warum ist Trinken so wichtig? Das sind einige der Fragen, auf die du im folgenden Kapitel Antworten findest.

Aufgaben

1 Jeder von euch hat sicherlich schon etwas zum Thema „Essen“ erlebt, das ihm besonders in Erinnerung geblieben ist. Erzählt euch in eurer Tischgruppe gegenseitig Essgeschichten.

2 Nicht nur die Speisen, die auf den Tisch kommen, sind wichtig. Essen in Ruhe, in Gesellschaft, ein hübsch gedeckter Tisch, … Was ist dir beim Essen wichtig?

3 Plant gemeinsam ein Projekt zum Thema „Ernährung“.

4 Hast du ein Lieblingsgericht? Wie wird es zubereitet? Schreibe das Rezept auf. Sammelt alle Rezepte, dann könnt ihr ein Kochbuch eurer Klasse zusammenstellen.

1 Guten Appetit

Zuerst das Frühstück
Paulina steht morgens nicht gern auf. Wenn ihre Mutter sie geweckt hat, dreht sie sich im Bett noch einmal um und döst vor sich hin. Doch sobald ihr der Duft von Kakao und frischen Brötchen in die Nase steigt, fällt ihr das Aufstehen nicht mehr schwer.

Auch während du schläfst, muss dein Herz schlagen, die Atmung weitergehen und die Körpertemperatur auf 37 °C gehalten werden. Das alles braucht Energie, die der Körper über die Nahrung erhält.

Nachts wird also Energie verbraucht und das Frühstück ist dein erster Energielieferant am Tag. Es soll nicht nur sättigen, sondern dir schmecken und dich mit allen notwendigen Stoffen versorgen. Vollkornbrot mit magerer Wurst und Käse, Müslis mit frischem Obst machen satt, ermöglichen Ausdauer und Konzentration.

Ein schön gedeckter Tisch, genügend Zeit, eine angenehme Atmosphäre – so macht das Frühstücken Spaß!

Pause! Und was hast du dabei?
Es klingelt! Endlich! Das Stillsitzen hat ein Ende und du kannst dich auf dem Schulhof bewegen. Die Pause musst du aber auch nutzen, um dich wieder mit Energie zu versorgen, damit du in den letzten Unterrichtsstunden noch fit bist.

Gehörst du zu den Frühstücksmuffeln, sollte dein Pausenimbiss entsprechend größer ausfallen, denn ein Schultag ist lang und fehlt die Energieversorgung, wirst du unkonzentriert und müde.

2 Was ein Pausenbrot bewirken kann

Deshalb brauchst du nach 2–3 Stunden ein Pausenbrot (▷ B 3). Das hält fit. Süßigkeiten sind als zweites Frühstück zwar beliebt, machen aber nur kurzfristig satt und wecken so den Appetit auf mehr. Als Pausenfüller sind sie wenig geeignet. Ein belegtes Brot, dazu ein Stück Obst bringen dich schnell wieder auf Touren.

Das Frühstück ist der Energielieferant für den Start in den Tag. Pausenbrote sollen zwischendurch Energie liefern.

3 Pausenfrühstück

Aufgaben

1 a) Was haltet ihr von Pausenbroten?
b) Begründet, warum Pausenbrote wichtig sind.
c) Sammelt Vorschläge für leckere Pausenbrote.

2 a) Welche Vorteile seht ihr, wenn ihr euer Pausenbrot von zu Hause mitbringt?
b) Wie könnt ihr das Pausenbrot praktisch und umweltfreundlich verpacken?

Die Nährstoffe

Obwohl Frühstücke ganz verschieden sein können, enthalten sie doch immer die gleichen drei Nährstoffe: **Kohlenhydrate**, **Fette** und **Eiweiße** (▷ B 2). Allerdings kommen diese in unterschiedlichen Anteilen vor.
Brötchen mit Marmelade oder Müsli enthalten überwiegend Stärke und Zucker. Beide Stoffgruppen gehören zu den Kohlenhydraten. Sie liefern dem Körper die notwendige Energie.
Butter, Margarine, Wurst und Käse enthalten Fett. Fett ist ebenfalls ein Energielieferant, doch liefert 1g Fett doppelt so viel Energie wie 1g Kohlenhydrate.
Für den Aufbau des Körpers, die Erneuerung und den Erhalt der Körperzellen sind Eiweiße unentbehrlich. Sie sind in Milchprodukten, Eiern, Fleisch, Wurst und Käse vorhanden.
Diese Nährstoffe, die der Körper zur Energiegewinnung, zum Aufbau und Wachstum braucht, werden vom Körper aufgenommen und durch das Blut dorthin transportiert, wo sie gebraucht werden.

▶ Nährstoffe sind Kohlenhydrate, Fette und Eiweiße. Sie liefern dem Körper Energie und dienen als Baustoffe.

Andere wichtige Inhaltsstoffe

Nahrungsmittel enthalten aber noch weitere wichtige Stoffe:
Ballaststoffe sind die unverdaulichen Bestandteile in Obst und Gemüse und allen Vollkornprodukten. Sie füllen den Darm, regen die Darmtätigkeit an und verhindern Verstopfung.

Vitamine sind für die Gesundheit unentbehrlich. Der Körper kann Vitamine nicht selbst herstellen, deshalb müssen sie täglich mit der Nahrung aufgenommen werden. Es reichen dabei kleine Mengen, aber sie dürfen nicht fehlen. Die meisten Vitamine sind in frischem Obst und Gemüse enthalten, andere Vitamine kommen in Fleisch und Fisch vor.

Auch verschiedene **Mineralstoffe** benötigen wir in geringen Mengen. Sie sind lebenswichtig für den Aufbau des Körpers. Calcium, enthalten in der Milch, wird zum Beispiel für den Aufbau von Knochen und Zähnen benötigt.

Fast alle Nahrungsmittel und natürlich die Getränke enthalten **Wasser**. Regelmäßiges

1 So unterschiedlich können Frühstücke aussehen.

Trinken ist lebensnotwendig, denn unser Körper besteht zu zwei Dritteln aus Wasser und der Wassergehalt in unserem Körper muss stets gleich hoch sein, damit er seine Leistungsfähigkeit behält.

▶ Vitamine, Mineralstoffe und Ballaststoffe sind unverzichtbar für die Gesunderhaltung des Körpers.

Aufgabe

1 Schneide aus Werbeprospekten Bilder von Lebensmitteln aus.
Stelle damit eine Collage über die Nährstoffgruppen zusammen.

2 Die Nährstoffe

1 Mittagessen

Freude am Essen

Die meisten Menschen essen gern, aber Geschmäcker sind bekanntlich verschieden: Anne findet Tomaten einfach unerträglich, schwört aber auf Schafskäse, den wiederum ihr Bruder Malte verweigert. Es kommt aber nicht nur auf die Speisen selbst an. Wir essen mit Appetit, wenn es gut riecht und schön aussieht. Wir essen mit Genuss, wenn wir uns rundum gut versorgt fühlen.

Gesunde Ernährung und Freude am Essen müssen sich nicht ausschließen. Eine Tüte Kartoffelchips ruiniert nicht gleich die Gesundheit. Du musst nicht auf alle Dinge verzichten, die dir besonders gut schmecken. Um gesund zu bleiben, brauchst du eine vielseitige und ausgewogene Ernährung.

2 Ernährungspyramide

Auf die Zusammensetzung kommt es an

Entscheidend ist die Auswahl von Nahrungsmitteln, die alle für den Körper wichtigen Nährstoffe in einem ausgewogenen Verhältnis enthalten. Die **Ernährungspyramide** (▷ B 2) gibt dir wichtige Hinweise über die Zusammensetzung der Mahlzeiten.
Kein Leben ohne Wasser, 1,5 l – 2 l täglich solltest du trinken, am besten zuckerarme Getränke.

Die Grundlage der Ernährung sollten Kartoffeln, Reis, Nudeln und Brot sein. Sie sind die Hauptlieferanten für Stärke. Vollkornprodukte enthalten mehr Vitamine und Mineralstoffe als Weißmehlprodukte.

Gemüse und Obst solltest du reichlich essen. Fünf Portionen, über den Tag verteilt, werden von allen Ernährungswissenschaftlern empfohlen.
Fleisch, Fisch und Eier sind eiweißreich. Der Körper braucht für Wachstum und Aufbau nur wenig davon, deshalb sollte man sie nur in kleinen Portionen essen. Außerdem sind diese Nahrungsmittel sehr fetthaltig. Eine Kombination aus tierischem und pflanzlichem Eiweiß ist ideal.

Verwende Fette und Öle sparsam, denn zu viel Fett macht nicht nur dick, es kann dich auch krank machen. Ganz verzichten dürfen wir allerdings auf Fett nicht, denn viele Vitamine sind erst durch die Anwesenheit von Fetten für den Körper verwertbar, außerdem sorgt Fett für den guten Geschmack der Speisen.
Kuchen, Kekse und Süßigkeiten solltest du nur gelegentlich genießen.

> Um gesund zu bleiben, braucht der Körper ausreichend Nährstoffe, Vitamine, Mineralstoffe und Flüssigkeit. Wichtig ist, dass alle diese Stoffe im richtigen Verhältnis täglich in der Nahrung enthalten sind.
> Obst und Gemüse sollte man regelmäßig essen. Sie versorgen uns mit Vitaminen, Mineral- und Ballaststoffen.

Die richtige Menge – richtig verteilt

Der tägliche Energiebedarf eines Menschen hängt vom Alter und von der

Täglicher Nährstoff- und Energiebedarf eines 10 – 12 Jährigen:

Fette	65 g
Eiweiß	85 g
Kohlenhydrate	320 g
Energiebedarf	10 000 kJ

3 Nährstoffgehalt von drei unterschiedlichen Mittagessen

Lebensweise ab, ebenso von seiner Tätigkeit. Je aktiver du bist, desto mehr Energie benötigen die Muskeln. Wer mehr Energie mit seiner Nahrung zu sich nimmt, als er verbraucht, wird zu dick. Dagegen hilft am besten Bewegung und weniger essen. Aber es gibt auch Kinder, die zu dünn sind. Sie sollten immer kleine Zwischenmahlzeiten essen, dafür eignen sich besonders gut Obst und Vollkornprodukte.

Fleisch in kleinen Mengen

Fleisch sollte als Beilage, also in kleinen Portionen, gegessen werden, denn es enthält hochwertiges Eiweiß, wichtige Vitamine und Mineralstoffe. Für Kinder im Wachstumsalter ist Eiweiß besonders wichtig. Manche Kinder mögen weder Fleisch noch Fisch. Sie sollten dann viel Nüsse, Trockenfrüchte, Müsli, Vollkornprodukte und Hülsenfrüchte essen. Auch Eier, Milch und Käse liefern alle wichtigen Eiweißstoffe.

Kalorien

Woher weiß man eigentlich, wie viel Energie in einem Lebensmittel steckt? Wissenschaftler verbrennen die Nahrungsmittel in einem speziellen Gerät, dem **Kalorimeter**, und messen, wie viel Wärme entsteht. Diese Energie geben sie in der Einheit kJ (lies: Kilojoule) an (▷B4).

	Eiweiß (in g)	**Fett** (in g)	**Kohlenhydrate** (in g)	**Mineralstoffe** (in mg)	**Energiemenge** (in kJ)
Schinken, gekocht	19	20	–	507	1145
Hühnereier	11	10	1	372	615
Vollmilch	3,5	3,5	5	368	275
Vollmilch-Jogurt	5	4	5	475	310
Hartkäse, vollfett	25	28	3	1436	1555
Butter	1	83	–	48	3240
Roggenvollkornbrot	7	1	46	558	1000
Mischbrot	7	1	52	577	1055
Weizenvollkornbrot	8	1	47	362	1010
Brötchen	7	1	58	251	1160
Kartoffeln	2	–	19	519	350
Pommes Frites	4	12	34	96	1130
Linsen	24	1	56	1302	1480
grüne Bohnen	2	–	5	321	130
Tomaten	1	–	3	324	75
Haselnüsse	14	62	13	1194	2890
Äpfel	0,3	–	12	147	210
Bananen	0,8	–	16	286	275
Marmelade	–	–	66	40	1090
Vollmilchschokolade	9	33	55	878	2355

4 Nährstoffgehalt verschiedener Lebensmittel bezogen auf 100 g

Aufgaben

1 Entwerft ein Plakat mit Ernährungstipps.

2 Schreibe auf, was du an einem Tag isst. Ordne die Nahrungsmittel der Ernährungspyramide zu. Entscheide selbst: Hast du dich an die Empfehlung mit dem Umgang der Ernährungspyramide gehalten?

3 Begründe, warum ein Möbelpacker mehr Nahrung zu sich nehmen muss als ein Büroangestellter.

4 Gemüse und Obst sind unverzichtbare Bestandteile unserer Nahrung. Entwerft ein Plakat, auf dem ihr für Obst und Gemüse werbt.

5 Organisiert in Tischgruppen ein gemeinsames Frühstück. Typische Spezialitäten aus eurer Heimat sind erwünscht. Denkt an passende Getränke. Ein schön gedeckter Tisch gehört dazu. Macht Fotos von jedem Tisch. Guten Appetit!

6 Gibt es auch beim Essen Modetrends? Diskutiert gemeinsam über diese Frage.

Den Nährstoffen auf der Spur

Wenn du isst und trinkst, nimmst du ein Gemisch aus Nährstoffen in deinen Körper auf. Willst du wissen, welche Nährstoffe in den Nahrungsmitteln enthalten sind, kannst du sie mit einfachen Methoden nachweisen.

1 Nachweis von Traubenzucker

Material

Reagenzglas, Reagenzglasständer, Stopfen, Wasser, Teelöffel, Traubenzucker, Glucose-Teststreifen

Durchführung

Fülle ein Reagenzglas mit Wasser. Gib einen halben Teelöffel Traubenzucker hinzu. Verschließe die Öffnung mit einem Stopfen und schüttle das Reagenzglas. Tauche einen Glucose-Teststreifen in die Lösung.
Der Teststreifen färbt sich. Vergleiche mit der Packung.

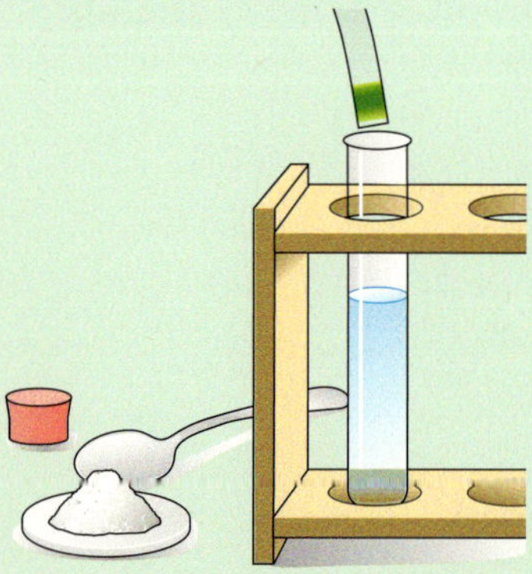

2 Nachweis von Eiweiß

Material

Eiklar, Reagenzglas, Reagenzglasständer, Wasser, Stopfen; Eiweiß-Teststreifen

Durchführung

Gib in ein Reagenzglas etwas Eiklar. Fülle etwas Wasser hinzu, setze den Stopfen auf und schüttle gut durch. Nimm den Stopfen ab und halte in die Mischung einen Eiweiß-Teststreifen. Vergleiche mit der Packung.

3 Nachweis von Stärke

Material

Speisestärke, Spatel, Reagenzglas, Reagenzglasständer, Stopfen, Wasser, Pipette, Iod-Kaliumiodidlösung

Durchführung

Gib eine Spatelspitze Speisestärke in ein Reagenzglas. Fülle das Reagenzglas zu einem Viertel mit warmem Wasser. Setze einen Stopfen auf das Reagenzglas und schüttle.

Nimm den Stopfen ab und gib 2–3 Tropfen Iod-Kaliumiodidlösung hinzu. Es tritt eine blauschwarze Färbung auf.

4 Nachweis von Fett

Material

Öl, Wasser, 2 Pipetten, weißes Filterpapier

Durchführung

Gib mit einer Pipette Öl auf das Filterpapier und setze einen Tropfen Wasser daneben. Lasse das Filterpapier trocknen und halte es dann gegen das Licht.
Fett hinterlässt einen durchscheinenden, hellen Fleck.

Aufgaben

1 Führe die Nachweisversuche an verschiedenen Nahrungsmitteln durch. Feste Nahrungsmittel musst du vorher zerkleinern und mit etwas Wasser vermengen.

2 Halte deine Ergebnisse für jedes untersuchte Nahrungsmittel in Form einer Tabelle fest.
Übertrage dazu die Tabelle unten in dein Heft.

	Zucker	Stärke	Eiweiß	Fett
Marmelade				
Milch				
Kartoffel				
Weintraube				

Warum Trinken so wichtig ist

Wasser ist lebenswichtig

Wasser ist der Hauptbestandteil deines Körpers. Es kann bis zu zwei Dritteln deines Körpergewichts ausmachen. Wasser befindet sich in den Zellen, in Zellzwischenräumen und im Blut. Wasser dient als Transport- und Lösungsmittel für Nährstoffe und andere Stoffe. Das Wasser in deinem Körper verdunstet über die Haut. Der Schweiß kühlt den Körper und schützt ihn vor Überhitzung. Das Wasser in deiner Atemluft befeuchtet die Atemwege und wird sichtbar, wenn du gegen einen Spiegel hauchst. Der größte Teil des Wassers wird über den Urin ausgeschieden.

Wie viel Flüssigkeit braucht der Mensch?

Bei warmem Wetter oder wenn du Sport treibst, kannst du über 2 l Wasser verlieren. Dein Körper hat nun weniger Wasser und dein Blut wird dickflüssiger. Dein Gehirn reagiert und meldet Durst. Der Durst bewahrt dich davor auszutrocknen.
Der Wasserverlust muss wieder ausgeglichen werden. Einen Teil der Flüssigkeit nimmst du mit der Nahrung auf. Darüber hinaus solltest du täglich 1,5 bis 2 l trinken, am besten Wasser.

Die besten Durstlöscher

Am liebsten wären dir vielleicht Limonaden. Aber diese Getränke sind viel zu süß und löschen den Durst nur für kurze Zeit. Auch Milch, die zwar sehr gesund ist, ist eher eine Zwischenmahlzeit als ein Durstlöscher.
Am besten geeignet sind zuckerarme Getränke wie

- Trink- und Mineralwasser
- ungesüßte Kräuter- und Früchtetees
- mit Wasser verdünnte Fruchtsäfte

Saft ist nicht gleich Saft

Willst du Saft kaufen, lohnt sich ein Blick auf die Zutatenliste, denn du siehst einem Getränk nicht an, was in ihm steckt. Alle Zutaten, die bei der Herstellung verwendet werden, müssen genannt werden.

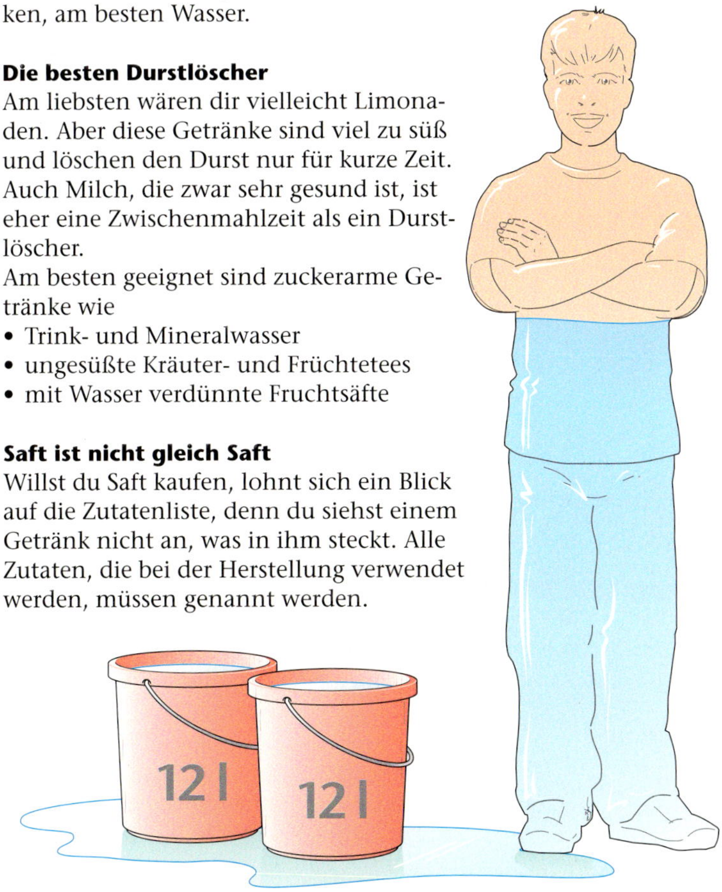

1 Wassergehalt des menschlichen Körpers

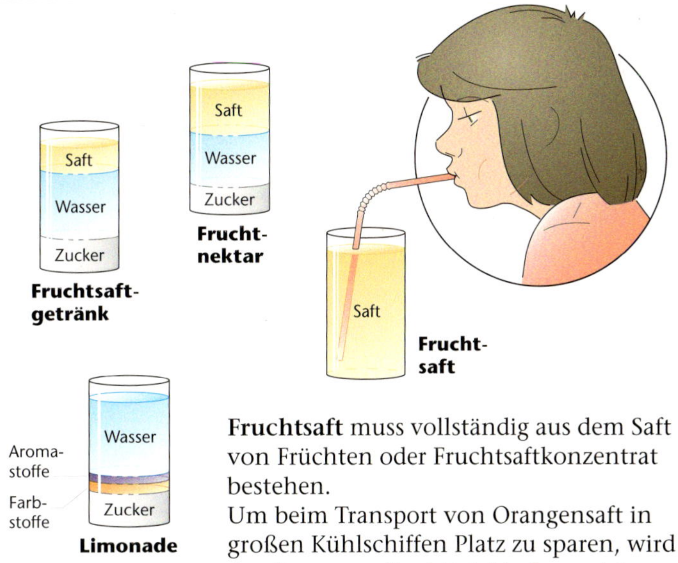

2 Zusammensetzung verschiedener Getränke

Fruchtsaft muss vollständig aus dem Saft von Früchten oder Fruchtsaftkonzentrat bestehen.
Um beim Transport von Orangensaft in großen Kühlschiffen Platz zu sparen, wird der Orangensaft erhitzt, bis das meiste Wasser entwichen ist. Es entsteht **Fruchtsaftkonzentrat**, das so zäh wie Honig ist. Bei der Herstellung des Orangensaftes wird ganz reines Wasser wieder zugeführt.

Fruchtnektar klingt verheißungsvoll, scheinbar gesund und wertvoll, besteht aber nur zu einem Viertel bis zur Hälfte aus Fruchtsaft oder Fruchtmark. Er kann viel Zucker enthalten.

Fruchtsaftgetränke brauchen nur noch aus einer geringen Menge Fruchtsaft zu bestehen. Zum größten Teil enthalten sie Zuckerwasser.

Limonade entsteht unter Verwendung von Fruchtsäften, hat aber mit Frucht nicht mehr viel zu tun. Sie besteht überwiegend aus kohlensäurehaltigem Wasser und Zucker und enthält eine ganze Reihe von Zusatzstoffen wie Geschmacks- und Farbstoffe.

▶ Trinken ist lebensnotwendig. Täglich solltest du 1,5 bis 2 l trinken. Am besten geeignet sind zuckerarme Getränke wie Wasser, ungesüßte Tees und verdünnte Fruchtsäfte.

Aufgaben

1 Schreibe über eine Woche lang auf, wie viel du täglich trinkst.
Kannst du damit den Flüssigkeitsbedarf deines Körpers decken?

2 Welche Getränke sind in eurer Klasse am beliebtesten? Führe eine Umfrage durch und berichte darüber.

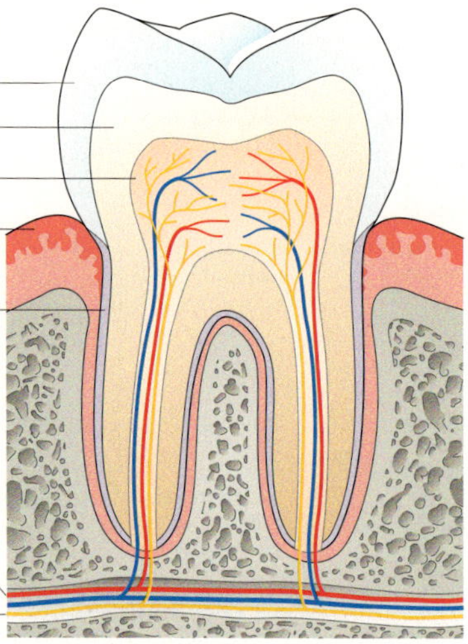

1 Aufbau eines Zahns

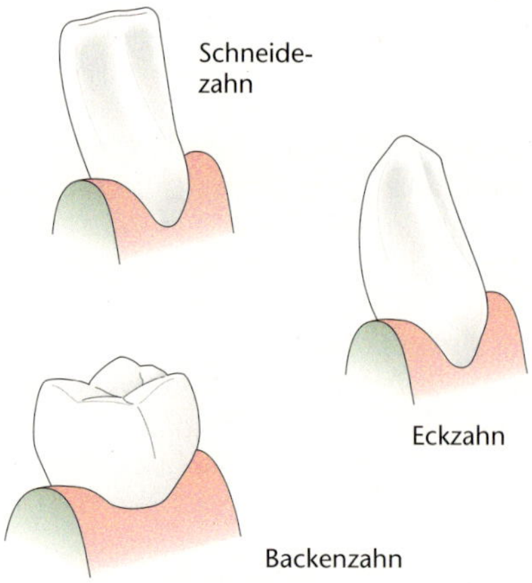

3 Verschiedene Zahntypen

Wie ist ein Zahn aufgebaut?
Wenn du dein Gebiss im Spiegel betrachtest, siehst du nur die **Kronen** deiner Zähne. Der darunter liegende **Zahnhals** ist vom Zahnfleisch verdeckt. Die Kronen sind vom **Zahnschmelz**, einer porzellanähnlichen Schicht, überzogen. Es ist das härteste Material, das dein Körper bildet. Der Zahnschmelz schützt das Zahninnere. Darunter liegt das weniger harte, knochenähnliche **Zahnbein**. Die **Zahnhöhle** enthält Blutgefäße und Nerven. Die Blutgefäße versorgen den Zahn mit Nährstoffen, die Nerven machen ihn empfindlich. Mit der **Wurzel** ist der Zahn fest im Kieferknochen verankert. Eine dünne, harte Schicht, der **Zahnzement**, schützt hier das Zahnbein. Die Wurzelhaut verbindet den Zahn mit dem Knochen (▷B 1).
Es gibt verschiedene Zahntypen (▷B 3): Beim Abbeißen eines Brötchens zerteilen die flachen, scharfkantigen **Schneidezähne** es in mundgerechte Bissen. Ein Stück Fleisch kann von den spitzen **Eckzähnen** zerrissen werden. Die **Backenzähne** mit ihren breiten Kauflächen zermahlen die Nahrung zu einem Brei, der mit Speichel vermischt, hinuntergeschluckt werden kann.

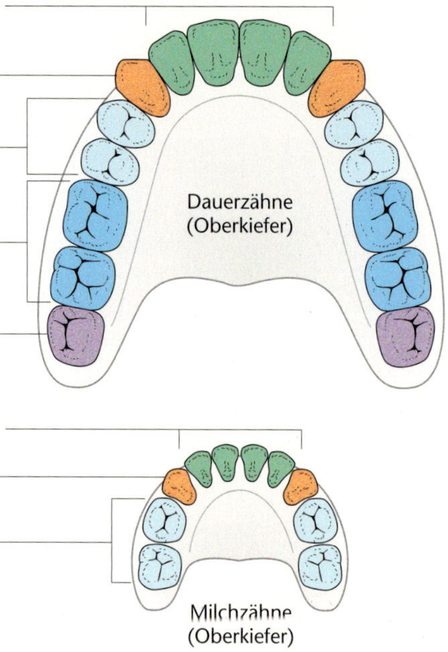

2 Gebiss eines Erwachsenen (oben) und Milchgebiss (unten)

Wie sauber sind deine Zähne?
Möglichst nach jeder Mahlzeit und auf alle Fälle vor dem Schlafengehen solltest du dir Zeit für die Zahnpflege nehmen. Wie geputzt wird, siehst du in Abbildung 4. Die Zahnzwischenräume müssen gründlich mit Zahnseide gereinigt werden (▷B 6).

Milchgebiss
Neugeborene haben noch keine Zähne, aber bei ihnen sind schon alle Zähne im Kieferknochen angelegt. Während der Körper wächst, wachsen auch die Zähne. Im Alter von 2–3 Jahren ist das **Milchgebiss** (▷B 2) vollständig. Es besteht aus 20 Zähnen. Vom 6. Lebensjahr an werden die Milchzähne von den **bleibenden Zähnen** (▷B 2) verdrängt. Das heißt aber nicht, dass Milchzähne nicht gepflegt werden müssten. Milchzähne haben eine wichtige Aufgabe als Platzhalter für die bleibenden Zähne. Vom Gesundheitszustand der Milchzähne hängt es ab, wie gesund die bleibenden Zähne werden.

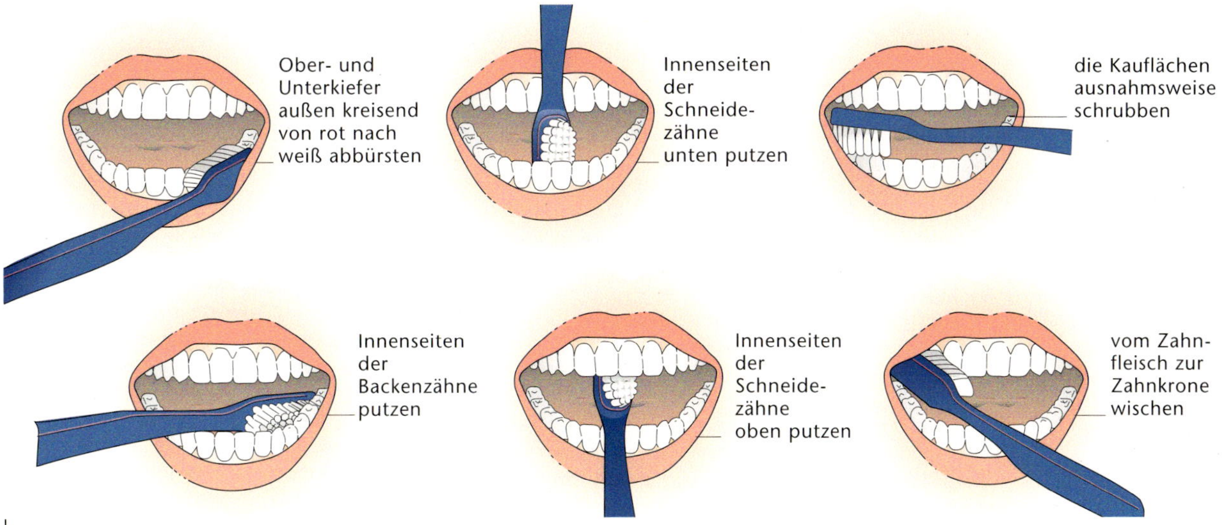
Ober- und Unterkiefer außen kreisend von rot nach weiß abbürsten
Innenseiten der Schneidezähne unten putzen
die Kauflächen ausnahmsweise schrubben
Innenseiten der Backenzähne putzen
Innenseiten der Schneidezähne oben putzen
vom Zahnfleisch zur Zahnkrone wischen

4 Richtiges Zähneputzen

Karies

Eine der häufigsten Zahnerkrankungen ist Karies. Auf schlecht geputzten Zähnen bildet sich Zahnbelag aus Speiseresten und Bakterien. In diesem Belag vermehren sich Bakterien, die sich von Zucker ernähren und dabei Säure ausscheiden. Diese Säure greift den Zahnschmelz an. Die entstehenden Kariesstellen merken wir erst einmal nicht, da der Zahnschmelz keine Nerven enthält. Je länger die Säure auf den Zahn einwirken kann, desto größer werden die Schäden. Schließlich wird das Loch so groß, dass Säure zum Zahnbein vordringt.

Zahnhöhle und Wurzelhaut können sich entzünden, Zahnschmerzen sind die Folge.
Für entstehende Schäden ist nicht die Menge an Süßigkeiten entscheidend, sondern wie lange die gefährliche Säure auf die Zähne einwirken kann. Halte also das Naschen von Süßigkeiten möglichst kurz und putze anschließend die Zähne!

Um Karies zu vermeiden, ist gründliches Zähneputzen unverzichtbar.

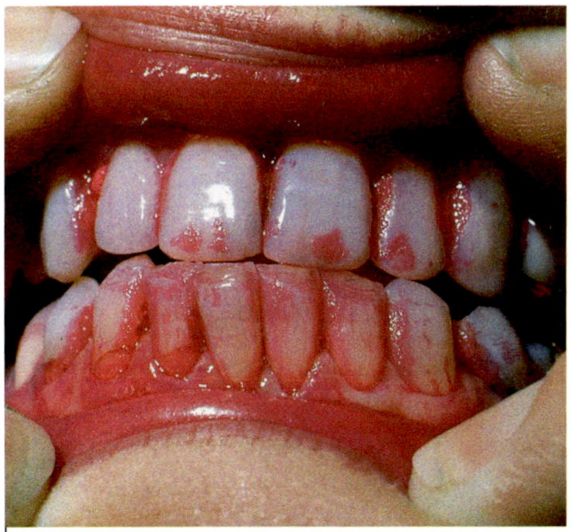

5 Färbetabletten machen Zahnbeläge sichtbar.

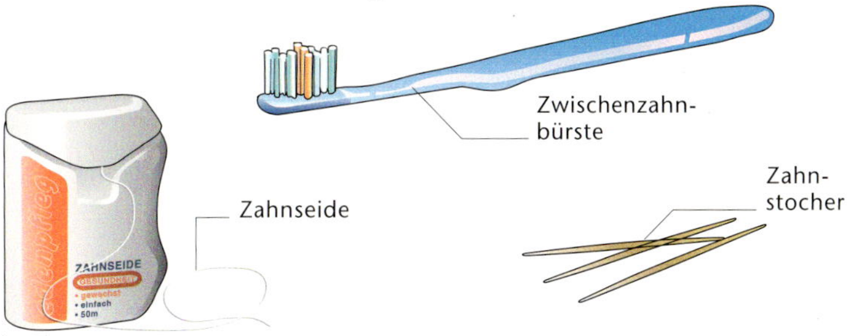
Zwischenzahnbürste
Zahnseide
Zahnstocher
ZAHNSEIDE

6 Die Zahnzwischenräume müssen auch gereinigt werden.

Aufgaben

1 Betrachte deine Zähne im Spiegel.
Wie viele Zähne hast du?
Wie viele verschiedene Zähne hast du?
Fertige eine Skizze deines Gebisses wie in Bild 2 an und beschrifte die Zeichnung.

2 Beschreibe mit eigenen Worten, wie Zähne gründlich geputzt werden. Nimm dazu die Abbildungen dieser Seite zu Hilfe.

3 Mit Färbetabletten aus der Apotheke kannst du überprüfen, ob du deine Zähne sauber geputzt hast. Sie färben noch vorhandene Zahnbeläge rot oder blau ein.

Brennpunkt

Ess-Störungen

1 Werbebotschaft

Zu dick? – zu dünn?
Ilona ist eine intelligente, fleißige Schülerin. Im Unterricht beteiligt sie sich allerdings kaum, weil ihr Selbstbewusstsein nicht sehr gut entwickelt ist. Sie fürchtet sich davor, zu versagen oder ausgelacht zu werden. Ilonas Eltern fällt auf, dass sich das Mädchen nach jeder Mahlzeit sehr schnell vom Tisch entfernt, weil es angeblich dringend auf die Toilette muss. In den letzten Wochen hat Ilona sehr stark abgenommen. Ihre Mutter spricht sie darauf an, und Ilona gesteht, dass sie die Nahrung nach jedem Essen wieder von sich geben muss, weil ihr übel ist. Die Eltern überreden Ilona zu einem Arztbesuch. Die Hausärztin kennt diese Krankheit, die bei Jugendlichen gar nicht selten vorkommt; sie ist eine Form der Magersucht.
Für den magersüchtigen Patienten ist jede Nahrungsaufnahme mit schlechtem Gewissen verbunden; der gelungene Verzicht auf eine Mahlzeit oder das Erbrechen bzw. die Beseitigung durch die Einnahme von Abführmitteln werden als Sieg über den eigenen Körper angesehen. Die Behandlung ist nicht einfach, aber wenn Ilona erkennt, dass sie Hilfe braucht und gut mitarbeitet, kann sie geheilt werden. Magersucht muss behandelt werden, weil die Krankheit tödlich sein kann.

2 Selbstbewusstsein ist wichtig!

Bei Rita ist es vollkommen anders: sie stopft sich von morgens bis abends mit Nahrung voll. In ihrem Nachttisch liegen Schokoriegel und Bonbons, sogar in die Schule nimmt sie große Mengen von Schokolade mit. Nachts wacht sie manchmal auf und „plündert" den Kühlschrank. Um zu verstecken, dass sie immer dicker wird, trägt sie weite Pullover und Hosen. Ihre Gedanken kreisen nur noch ums Essen. Auch Ritas Esslust ist den Ärzten als Krankheit bekannt.

Wenn Essen zum Problem wird
Es gibt zahlreiche krankhafte Ess-Störungen, die gerade bei Jugendlichen zum Ausbruch kommen. Die Ursachen sind oft schwer zu bestimmen und können sehr unterschiedlich sein. Häufig liegen sie aber im seelischen Bereich.
Wenn Jugendliche bei Freunden oder sogar bei sich selber solche Störungen feststellen, sollten sie sich unbedingt an ihre Eltern, einen Arzt oder eine Ärztin oder einen anderen Menschen wenden, der ihnen helfen kann. Gespräche, Verhaltenstraining und Ernährungsberatung können schon einiges ändern. Je früher diese Beratung einsetzt und je intensiver der Betroffene mitarbeitet, desto größer ist die Aussicht auf Heilung. Wichtig ist vor allem, das Selbstbewusstsein der Jugendlichen zu stärken und ihnen deutlich zu machen, dass nicht das in der Werbung vorgestellte Model mit seiner „Idealfigur" ihr Vorbild sein sollte.

Aufgaben

1 Diskutiert in der Klasse über das Thema „Ess-Störungen".
a) Bringt eigene Erfahrungen ein
b) Ist jemand krank, wenn er gerne und viel isst?
c) Wie würdest du dich verhalten, wenn Ilona oder Rita deine Freundinnen wären?

2 Ladet jemanden ein, der euch etwas über Ess-Störungen bei Kindern und Jugendlichen erzählen kann.

3 Betrachte den Comic und schreibe auf, was mit dem Bild gemeint ist.

1 Lust auf Süßes

Warum wir Süßes mögen

Die meisten Menschen lieben Süßes, die süße Geschmacksrichtung empfinden wir als angenehm, schließlich ist schon die Muttermilch süß.

Zucker gehört zu den Kohlenhydraten und liefert kurzfristig Energie. Das erklärt, warum uns manchmal ein Schokoriegel schnell wieder auf die Beine hilft und wir im Unterricht besser aufpassen können. Außerdem sorgt der Verzehr von Süßigkeiten dafür, dass im Gehirn ein Botenstoff ausgeschüttet wird, der ein Glücksgefühl auslöst. Das ist wahrscheinlich auch der Grund, weswegen wir am liebsten zu Süßigkeiten greifen, wenn wir unglücklich oder so richtig schlecht gelaunt sind.

Es gibt verschiedene Zucker

In vielen Lebensmitteln ist Zucker versteckt. Auf der Verpackung steht nicht das Wort Zucker, sondern stattdessen Fremdwörter wie Dextrose, Fructose, Glucose, Saccharose, Maltose, Lactose. Alle diese Stoffe sind Zucker.

Schade – zu viel Süßigkeiten sind ungesund

Obwohl Zucker durchaus gute Eigenschaften hat, ist er nicht gesund, vor allem, wenn man zu viel davon zu sich nimmt. Der häufige Genuss von Zucker kann zu Karies führen.

Den meisten Bonbons, Schokolade, Keksen und Kuchen fehlt es an Vitaminen, Mineral- und Ballaststoffen. Zwar macht Traubenzucker schnell wieder fit, doch die Wirkung ist nur von kurzer Dauer. Deshalb sättigen süße Lebensmittel nur kurz. Überschüssiger Zucker wird in Fett umgewandelt, die Folge: Übergewicht.

Zucker ja – aber in Maßen

Der Mensch ist ein Genussmensch, der nicht ohne weiteres auf etwas Angenehmes verzichtet. Die Lust auf Süßes bleibt und du darfst ab und zu naschen, ohne ein schlechtes Gewissen zu haben, wenn du dabei ein paar Spielregeln einhältst. Du solltest dich z. B. an Süßigkeiten nicht satt essen. Deinen Hunger stillst du am besten durch die Hauptmahlzeiten, anschließend kannst du etwas Süßes essen.

Honig

Honig ist ein Naturprodukt. Bis ins Mittelalter war es in Europa das einzige Süßungsmittel. Neben Zucker enthält Bienenhonig Wasser, Vitamine und Mineralstoffe, aber in geringen Mengen. Honig ist zwar gesünder als Zucker, aber auch ihn darf man nicht unbegrenzt naschen, da auch Honig Karies verursachen kann.

Aufgaben

1 Welche Regeln im Umgang mit Süßigkeiten würdest du aufstellen? Schreibe sie auf. Diskutiert anschließend die Regeln in der Gruppe. Einigt euch in der Gruppe auf die wichtigsten Regeln.

2 Überprüfe verschiedene Lebensmittel auf ihren versteckten Zuckergehalt, indem du die Angaben auf der Zutatenliste durchgehst. Schreibe auf, in welchen Lebensmitteln du Zucker gefunden hast.

2 Zucker ja, aber in Maßen!

Damit dein Körper von einem Käsebrötchen einen Nutzen hat, muss es erst einmal verdaut werden. Auf dem Weg durch die **Verdauungsorgane** wird es in immer kleinere Teile zerlegt, die schließlich so klein sind, dass sie die Darmwand passieren und ins Blut gelangen können. Sie werden dann mit dem Blut zu den Zellen transportiert.

Verdauung beginnt im Mund

Im Mund wird die Nahrung durch die **Zähne** zerkleinert, mit Speichel vermischt und dadurch gleitfähig gemacht.
Die Verdauung beginnt schon im Mund, denn im Speichel befindet sich ein Stoff, der **Stärke** in Zuckerbausteine zerlegt.
Die Zunge drückt den Nahrungsbissen gegen den hinteren Gaumen, dann wird er geschluckt und gelangt in die **Speiseröhre**.
Die Nahrung fällt nicht etwa durch die Speiseröhre nach unten, sondern die Muskeln der Speiseröhre ziehen sich in regelmäßigen Abständen zusammen und entspannen sich wieder. Durch diese Wellenbewegung wird der Bissen zum Magen transportiert.

Verdauungssäfte zerlegen die Nährstoffe

Im **Magen** (▷ B 2) wird der Nahrungsbrei gesammelt, ständig geknetet und mit

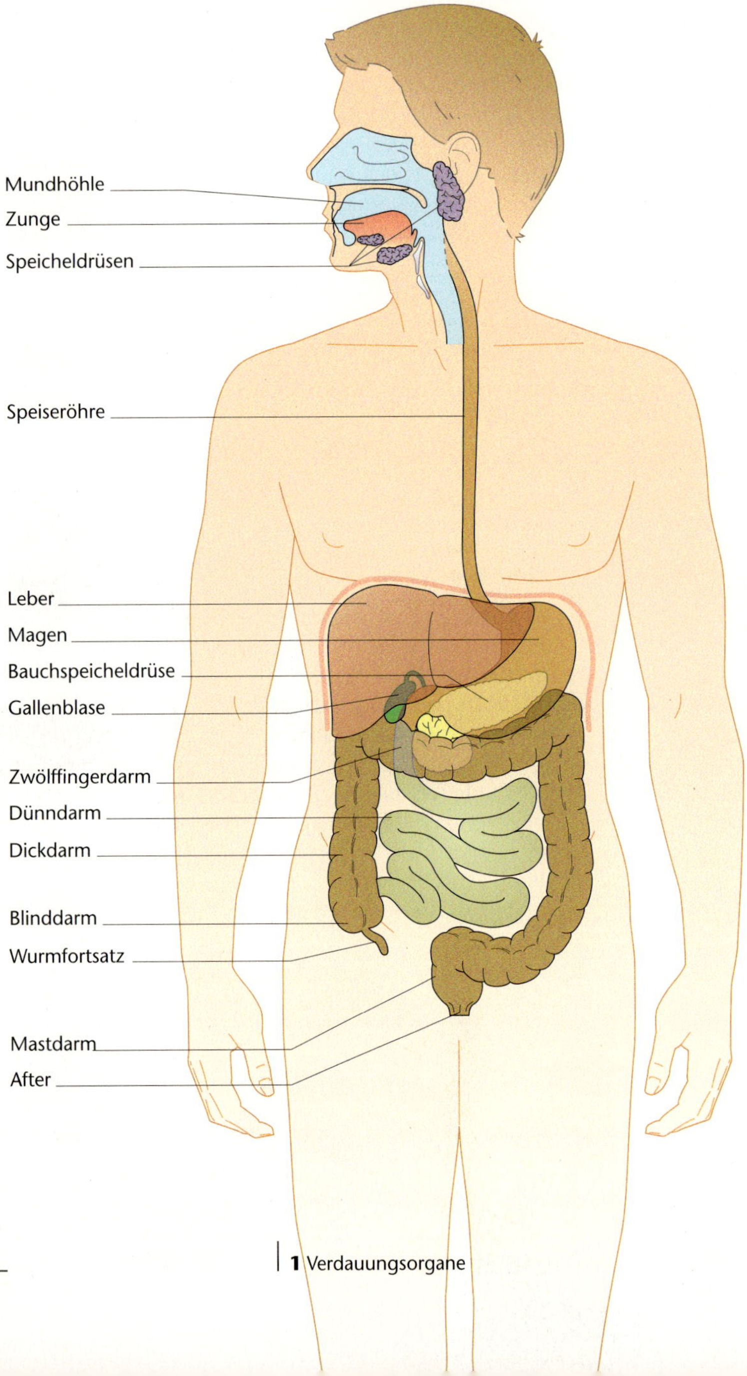

1 Verdauungsorgane

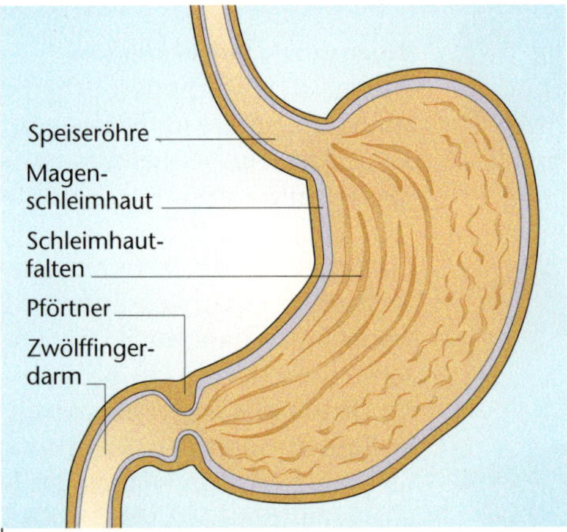

2 Magen

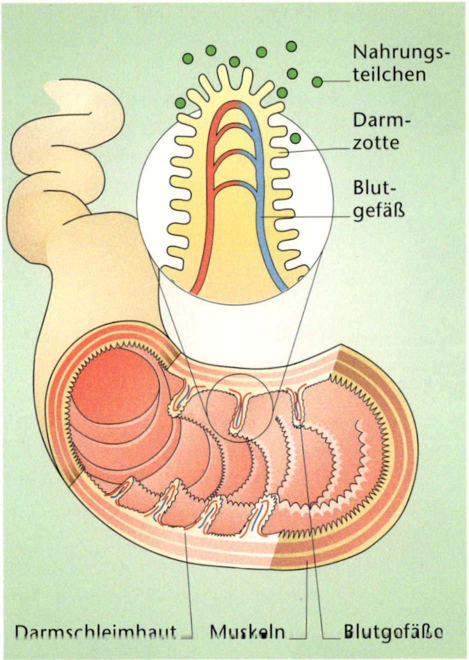

3 Dünndarm mit Darmzotten

Magensaft durchmischt. Der Magen besteht aus Muskelwänden, die sich kräftig zusammenziehen können. Innen ist die Magenwand mit der faltigen **Magenschleimhaut** ausgekleidet. Drüsen der Magenschleimhaut produzieren den Magensaft. Dieser enthält unter anderem verdünnte Salzsäure, die mit der Nahrung aufgenommene Bakterien abtötet. Der Magensaft bereitet die **Zerlegung der Eiweißstoffe** vor. Der Nahrungsbrei bleibt je nach Zusammensetzung der Speisen unterschiedlich lang im Magen.

Über den Magenausgang, den **Pförtner**, gelangt der Speisebrei in kleinen Portionen in den ersten Abschnitt des Dünndarms, den **Zwölffingerdarm**. Die **Bauchspeicheldrüse** und die **Gallenblase** geben hier ihre Verdauungssäfte ab. Die Gallenblase sondert Gallenflüssigkeit ab, die bei der **Fettverdauung** hilft. Drüsen in der Wand des Dünndarms geben Verdauungssäfte ab, die dafür sorgen, dass bisher noch nicht verdaute Nährstoffe in ihre Bausteine zerlegt werden.

Geschafft!

Der Nahrungsbrei wird mithilfe von wellenförmigen Bewegungen des Darmes durch den 3–4 m langen **Dünndarm** (▷ B 3) befördert. Winzig kleine, fingerartige Ausstülpungen, die **Darmzotten**, ragen in den Nahrungsbrei. Durch diese erfolgt die Aufnahme der verdauten Nährstoffe ins Blut. Unverdauliche Reste und Wasser gelangen in den **Dickdarm** (▷ B 1). Ein Teil des Wassers und Mineralstoffe werden aufgesogen, dadurch wird der Brei dickflüssiger. Dieser wird zum **Mastdarm** transportiert und als Kot durch den **After** ausgeschieden.

Aufgabe

1 a) Arbeitet zu zweit. Einer der Arbeitspartner legt sich auf einen Bogen Packpapier. Der Partner zeichnet den Körperumriss mit einem dicken Stift auf. Zeichnet in den Umriss die Verdauungsorgane ein. Schreibt Kärtchen mit dem Namen und der Aufgabe des entsprechenden Verdauungsorgans. Teilt euch die Arbeit auf. Klebt die Kärtchen in die Umrisszeichnung.
b) Welchen Weg legt ein Käsebrötchen im Körper zurück? Erklärt euch abwechselnd von einer Station der Verdauung zur nächsten, was mit dem Käsebrötchen geschieht. Benutzt dafür eure große Zeichnung.

4 Gute Verdauung – schlechte Verdauung

Bei der Verdauung wird die Nahrung in kleinste Teile zerlegt. Diese werden vor allem im Dünndarm ins Blut aufgenommen und dann zu den Zellen transportiert.

Magenknurren

Wenn du längere Zeit nichts gegessen hast, bilden sich in deinem Magen Luftblasen. Sie bewegen sich und verursachen dabei Geräusche.

Erbrechen

Hast du verdorbene oder giftige Speisen zu dir genommen, reagiert dein Magen „sauer". Dir ist übel und du musst dich erbrechen. Diese Reaktion schützt den Körper vor Vergiftungen.

Durchfall

Eine der häufigsten Verdauungsbeschwerden ist Durchfall. Mehrmals täglich entleert sich dabei der Darm. Der Darminhalt ist wässrig. Dadurch kommt es zu starkem Flüssigkeitsverlust. Neben Wasser verliert der Körper auch wichtige Mineralstoffe. Das kann vor allem für Säuglinge und alte Menschen gefährlich werden. Durchfall kann verschiedene Ursachen haben. Oft sind es krankheitserregende Bakterien, die in verunreinigtem Trinkwasser oder in verdorbenen Speisen enthalten sind.

Verstopfung

Der Darm bewegt sich nur langsam, dadurch wird dem Darminhalt zu viel Wasser entzogen. Ursachen sind oft zu wenig Ballaststoffe in der Nahrung, zu wenig Zufuhr an Getränken und Bewegungsmangel.

„Guten Appetit!“

Essen ist mehr als Nahrungsaufnahme

Essen soll gut schmecken und Freude bereiten. In Gemeinschaft schmeckt es besser.

Frühstück, die erste Mahlzeit des Tages

Für den Start in den Tag braucht der Körper ein Frühstück als Energielieferant. Menschen, die morgens nur wenig essen können, müssen ein größeres zweites Frühstück einnehmen.

Das steckt in der Nahrung

Nährstoffe liefern dem Körper Energie und dienen als Baustoffe. Zu den Nährstoffen gehören Kohlenhydrate, Fette und Eiweiße. Außerdem benötigt der Körper Vitamine, Mineralstoffe und Ballaststoffe.

Um Nährstoffe in Nahrungsmitteln nachzuweisen, führt man spezielle Nachweise durch.

Gesund ernährt

Eine ausgewogene Nahrung ist vielseitig. Sie enthält wenig Fett und Zucker, dafür aber viel Obst und Gemüse. Die Ernährungspyramide gibt Anhaltspunkte, wie die tägliche Nahrung zusammengesetzt sein sollte.

1 Körperlich weniger anstrengende Tätigkeit

2 Körperlich anstrengende Tätigkeit

Die richtige Menge – richtig verteilt

Die tägliche Menge an Nahrung ist abhängig vom Alter, der Lebensweise und der Tätigkeit. Energieaufnahme und Energieverbrauch müssen im Gleichgewicht bleiben. Zu dünne Menschen sollten zusätzliche Zwischenmahlzeiten einlegen.

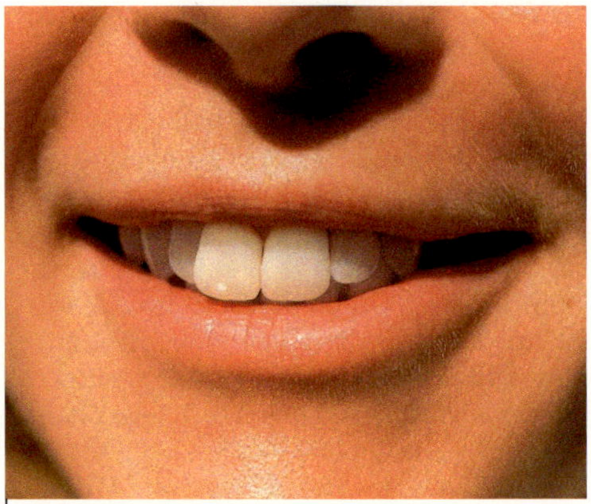

3 Zähne müssen gepflegt werden.

Zähne

Nur gepflegte Zähne (▷ B 3) sind gesund und schön. Tägliches Zähneputzen und halbjährliche Kontrolle beim Zahnarzt sind die Voraussetzungen.

Flüssigkeit ist lebensnotwendig

1,5 – 2 l soll man täglich trinken. Zu empfehlen sind Wasser und zuckerarme Getränke.

Verdauung

Damit unser Körper die Nahrung nutzen kann, muss sie verdaut werden. Die Verdauungsorgane sorgen dafür, dass die Nahrung in so kleine Teile zerlegt wird, dass sie die Darmwand passieren kann, um ins Blut aufgenommen zu werden.

Aufgaben

1 Nenne die Nährstoffe und wichtigsten Inhaltsstoffe von Nahrungsmitteln.

2 Erkläre, warum man Eiweiße als Baustoffe bezeichnet.

3 Was liefern Kohlenhydrate und Fette dem Körper hauptsächlich?

4 Sonnenblumenöl, Hartkäse, Pommes Frites, Weizenvollkornbrot, Fisch, Butter, Schinken.
Welche dieser Nahrungsmittel enthalten vor allem Eiweiß?

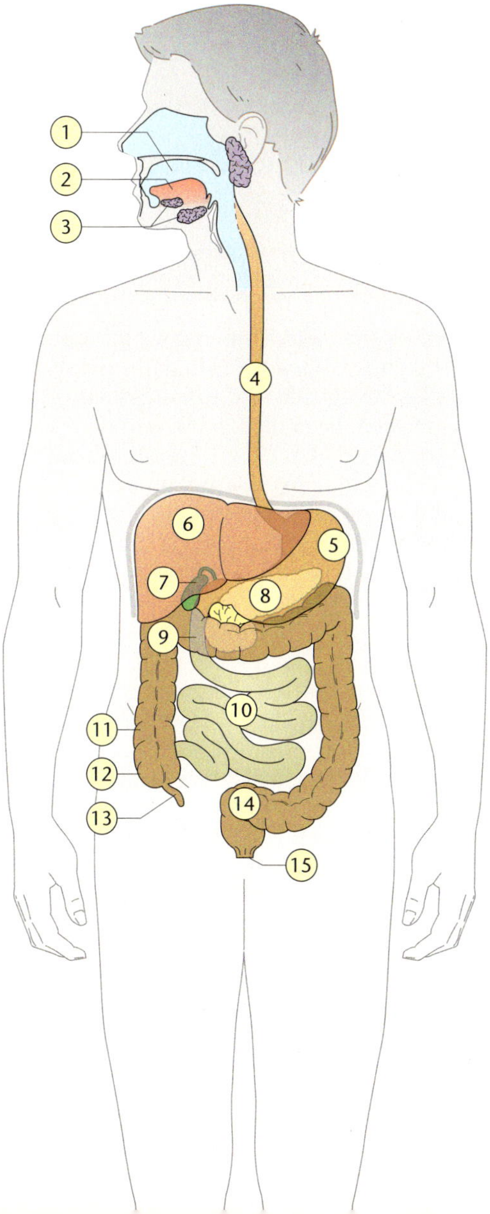

4 Frühstück 1

5 Frühstück 2

5 Weißmehlbrötchen, Äpfel, Kartoffeln, Sonnenblumenöl, Schokolade, Schinken, Haselnüsse. Welche dieser Nahrungsmittel enthalten besonders viele Mineralstoffe?

6 Ballaststoffe sind keine Nährstoffe, dennoch sind sie für unsere Ernährung unentbehrlich. Warum?

7 Stelle Tipps für eine ausgewogene Ernährung zusammen.
Das ist empfehlenswert –
Das ist nicht empfehlenswert.

8 Welche Arten von Zähnen kommen in unserem Gebiss vor?

9 Erkläre den Unterschied zwischen einem Milchgebiss und einem Dauergebiss.
Zeichne dazu eine einfache Skizze und beschrifte sie.

10 Wie lauten die wichtigsten Regeln für die Zahnpflege?

11 Schreibe einen kleinen Ratgeber für die Pflege der Zähne. Fertige dazu ein Faltblatt an.

12 Sieh dir die Grafik mit den Verdauungsorganen des Menschen an. Benenne die Verdauungsorgane der Reihe nach.

13 Welche Aufgaben haben unsere wichtigsten Verdauungsorgane? Stelle sie übersichtlich in Form einer Tabelle dar.

14 Erkläre den Weg eines Wurstbrötchens durch die Verdauungsorgane. Nimm eine Abbildung zu Hilfe. Beschreibe, was bei den einzelnen Stationen der Verdauung geschieht.

15 Warum ist das Frühstück als erste Mahlzeit des Tages besonders wichtig? Begründe.

16 Zwei verschiedene Frühstücke (▷B4 und B5).
Wie würdest du sie bewerten?
Schreibe für jedes Frühstück eine Beurteilung und begründe sie.

17 Warum werden Marathonläufern während ihres Laufes Getränke angeboten?

18 Warum können Babys ausschließlich von Muttermilch ernährt werden?

19 Sieh dir die Angaben über Inhaltsstoffe der Vollmilch an. Warum ist Milch als Durstlöscher ungeeignet?

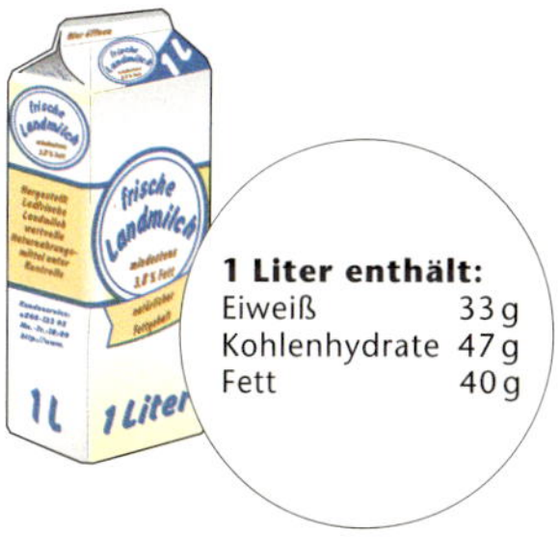

20 Begründe die „Tipps für erfolgreiches Lernen“ (S. 72) mit dem Wissen, das du inzwischen über die Abläufe im menschlichen Körper hast.

Eine **neue Zeit** beginnt

Hast du nicht auch manchmal den Eindruck, es ist nichts mehr so wie früher? Dein Körper verändert sich, aber auch Gefühle, Einstellungen und Interessen werden andere. Du wirst erwachsen.

Verflixt, die Badezimmertür ist immer noch abgeschlossen. Mark hämmert mit der Faust dagegen und ruft ärgerlich: „Christina, beeil dich, ich komme sonst zu spät!“ Hinter der Tür ertönt nur gereizt: „Ja, ja ich bin gleich fertig, du nervst!“ Der hat ja keine Ahnung denkt Christina, ich muss doch wenigstens so gut aussehen wie meine Freundinnen. Denen fällt doch immer alles gleich auf.

Mark ist wütend auf seine Zwillingsschwester. Wieso verbringt sie immer so viel Zeit vor dem Spiegel? Das war doch früher nicht so.
Immer öfter streitet Christina sich mit ihren Eltern und auch mit ihm. Ihr Zimmer hat sie auch ganz verändert und er darf nur noch hinein, wenn er angeklopft hat. Mark findet das alles ziemlich albern, aber Schwestern müssen wohl so sein.

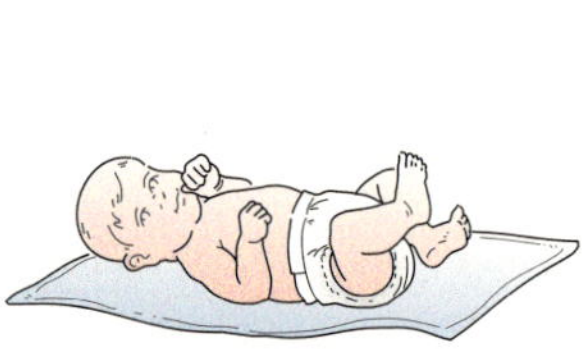

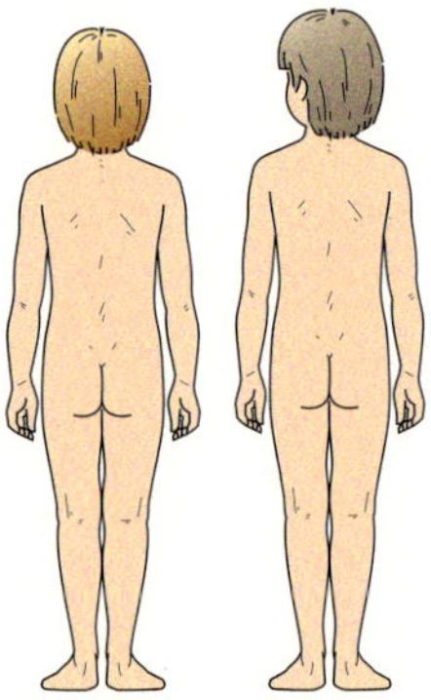

„Mark, wie sieht es denn hier aus und angezogen bist du auch noch nicht“, ertönt da die vorwurfsvolle Stimme der Mutter aus seinem Zimmer. „Wie willst du in dem Chaos deine Sachen finden?“

Gut, dass ich gleich hier raus bin, denkt Mark, als Christina endlich aus der Tür kommt. Schnell huscht er ins Bad und schließt die Tür hinter sich.
Draußen hört er noch seine Mutter entsetzt sagen: „Kind, wie siehst du denn aus, so willst du doch wohl nicht in die Schule?"

Mark freut sich auf seine Klassenkameraden, die wenigstens so sind wie er und ihn verstehen.

Erwachsen werden – die Zeit der Pubertät
Du erlebst nun einen neuen Lebensabschnitt, in dem du geschlechtsreif wirst: die Pubertät.
In dieser Zeit entwickelst du dich vom Mädchen zur jungen Frau oder vom Jungen zum jungen Mann.

Die Pubertät dauert einige Jahre und verläuft bei jedem anders. Bei Mädchen beginnt sie etwa zwischen dem 9. und 14. Lebensjahr, bei Jungen etwa zwischen dem 11. und 16. Lebensjahr.
Erwachsen werden ist eine schöne, aber manchmal auch schwierige Zeit.

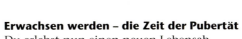

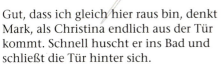

Gute Zeiten – schlechte Zeiten

Christina stürmt wutschnaubend auf ihre Freundinnen zu: „Meine Mutter nervt total! Ich hatte mich so auf den Einkaufsbummel gefreut, aber ich sollte mal wieder das schön finden, was sie ausgesucht hatte. Nie lässt sie mich selber entscheiden, ich bin doch kein Kleinkind mehr. Der ganze Nachmittag war kaputt und gekauft haben wir auch nichts. Das finde ich so gemein. Außerdem hat ihr heute morgen wieder nicht gefallen, wie ich aussehe.“

Christinas schlechte Laune ist trotzdem schnell wieder verflogen, denn das Neueste von der heiß geliebten Musikgruppe macht die Runde. Die Mädchen haben noch viel zu reden. Oft geht es um meckernde Erwachsene, von denen sie sich nicht verstanden fühlen, Freundschaften und Cliquen, Mode und Musik.
Voller Freude und Ausgelassenheit kichern sie manchmal drauflos und können nicht mehr aufhören zu lachen. Nur in ihrer Gruppe fühlen sie sich wohl und verstanden. Wem sonst als den besten Freundinnen könnten sie sich anvertrauen?

3 Verliebt

Auch Mark, Christinas Zwillingsbruder, versteht sich mit seinen Freunden meistens sehr gut. Die Jungen haben aber ganz andere Interessen als die Mädchen und bleiben auch unter sich. Bei ihnen geht es hauptsächlich darum, in der Gruppe eine bestimmte Rangfolge festzulegen. Sie denken sich „Mutproben“ aus, mit denen sie sich gegenseitig imponieren wollen.
Mark ist als guter Sportler sehr beliebt. Manche seiner Freunde beneiden ihn deswegen. Beim letzten Schwimmwettkampf hat er gesiegt und fühlt sich seitdem besonders gut. Zu Hause und in der Schule zeigt er sich stark und will sich ständig durchsetzen.
Das Verhalten seiner Schwester kann er oft nicht mehr verstehen. Dann verschwindet er in sein Zimmer und setzt sich an den Computer oder hört Musik.

1 Mädchen unter sich

2 Jungen unter sich

4 Typisch Jungen, typisch Mädchen!?

Warum bin ich plötzlich anders?
Früher haben Mark und Christina oft zusammen gespielt. Das hat sich geändert. Beide haben anscheinend keine Gemeinsamkeiten mehr und sind nur noch mit ihren Freunden oder Freundinnen zusammen. Zu Hause gehen sie sich möglichst aus dem Weg.
Die Veränderungen im Körper sind die Ursache für das Anders-Sein der beiden. Jungen und Mädchen entwickeln sich im gleichen Alter verschieden schnell. Deshalb verhalten sie sich auch so unterschiedlich.

Gefühle zeigen – oder nicht?
Angst, Eifersucht, Sehnsucht, Trauer, Glück und Liebe lassen sich nur schwer erklären. Diese Empfindungen sind einfach da, du fühlst sie.
Die Angenehmen möchtest du festhalten, die Negativen bedrücken und verwirren dich schon mal. Lasse sie trotzdem zu und versuche, einem vertrauten Menschen davon zu erzählen. Sprich aus, was dir gefällt oder nicht gefällt und was dir gut tut. Jetzt werden beste Freunde oder Freundinnen vielleicht noch wichtiger, als sie früher schon waren.
Manchmal ist es aber auch richtig, Gefühle für sich alleine zu haben.

Allmählich möchtest du selbstständig sein und deinen eigenen Weg gehen. Eltern und anderen Erwachsenen gegenüber wirst du immer kritischer und sträubst dich gegen alle möglichen Anordnungen und Regeln. Häufig kommt es deswegen zum Streit. Du fühlst dich unverstanden, allein gelassen und unglücklich. Das geliebte Plüschtier spendet dir Trost. In kurzen Zeitabständen erlebst du dich immer anders. Du brauchst also viel Geduld mit dir.

5 Keiner fragt danach, was ich eigentlich will.

Aufgaben

1 a) Schreibe auf, wie sich die Mädchen und die Jungen im Text, auf den Fotos und Cartoons verhalten.
b) Versetze dich in die Rolle einer Mutter oder eines Vaters. Spielt Szenen vor, in denen Sohn oder Tochter bestärkt werden sollen, sich nicht unbedingt rollentypisch zu verhalten.

2 Erstellt eine Liste von Streitsituationen mit Erwachsenen, die in der Klasse häufig genannt werden.

3 Fertigt in Jungen- und Mädchengruppen je ein „Mädchen-sind-so-…"- und ein „Jungen-sind so-…"-Plakat an. Sammelt Aussagen über positive und negative Eigenschaften des jeweils anderen Geschlechts. Was stellt ihr fest?

4 Nenne Gründe, warum du gerne ein Junge oder ein Mädchen bist.

6 Junge in der Küche

7 Mädchen repariert ihr Fahrrad.

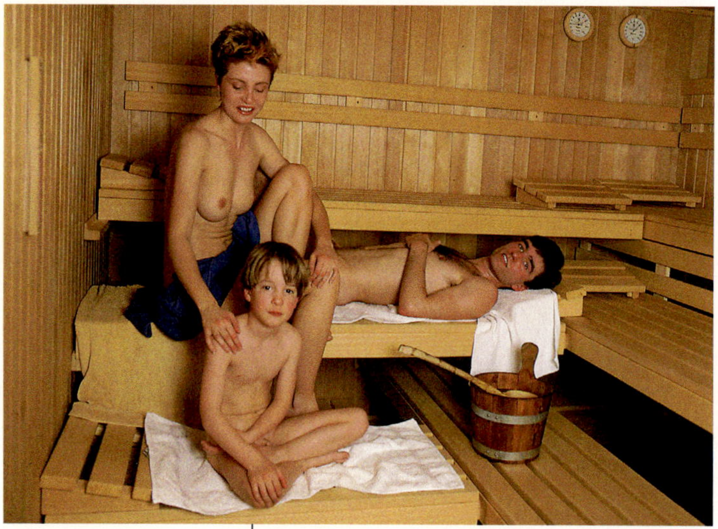

1 Familie in der Sauna

Dein Körper verändert sich
Bei kleinen Kindern, die du nackt von hinten siehst, kannst du Jungen und Mädchen nicht unterscheiden. Erst von vorne erkennst du sie an den Geschlechtsorganen, die schon von Geburt an vorhanden sind. Diese heißen **primäre Geschlechtsmerkmale**. Äußerlich sichtbar sind bei Jungen das Glied oder der Penis und der Hodensack, der die Hoden und Nebenhoden enthält. Die beiden Samenleiter, die Bläschendrüse und die Vorsteherdrüse liegen verborgen im Unterleib.
In der Pubertät entwickeln sich dann weitere Geschlechtsmerkmale, die den erwachsenen Mann vom Jungen unterscheiden. Sie heißen **sekundäre Geschlechtsmerkmale**.

Jungen bemerken den Beginn der Pubertät meistens daran, dass Körperhaare vor allem oberhalb des Gliedes im Schambereich und in den Achselhöhlen wachsen. Später erscheint ein leichter Bartflaum auf der Oberlippe. Bei manchen Jungen wachsen auch Haare auf Armen und Beinen, sowie Brust, Bauch, Po oder Rücken.
Am Anfang der Pubertät streckt sich der Körper in die Länge. Die Schultern werden breiter, die Hüften bleiben schmal. Die Muskulatur wird nach und nach überall kräftiger, sodass die ganze Körperform männlicher wird.

Deutlich tritt der Kehlkopf als „Adamsapfel" hervor und die Stimmbänder werden darin länger. Dadurch „bricht" schon mal die hohe Kinderstimme in eine tiefere Männerstimme um. Die Stimmbänder sind noch nicht richtig auf die veränderte Länge eingestellt. Das ist der **Stimmbruch**.

Warum verändert sich der Körper mit Beginn der Pubertät? Der Körper bildet in Drüsen Botenstoffe oder **Hormone**, die auf die verschiedenen Organe einwirken. Auch die Hoden bilden Geschlechtshormone.
Es ist völlig normal, dass diese Veränderungen nicht bei allen Jungen zum gleichen Zeitpunkt beginnen und enden.
Außerdem ist es normal, dass die Pubertät bei Jungen später beginnt als bei Mädchen.

Botenstoffe oder Hormone bewirken die Ausbildung der sekundären Geschlechtsmerkmale:
- die typisch männliche Körperform,
- die Körperbehaarung,
- den Bartwuchs,
- die tiefe Stimme.

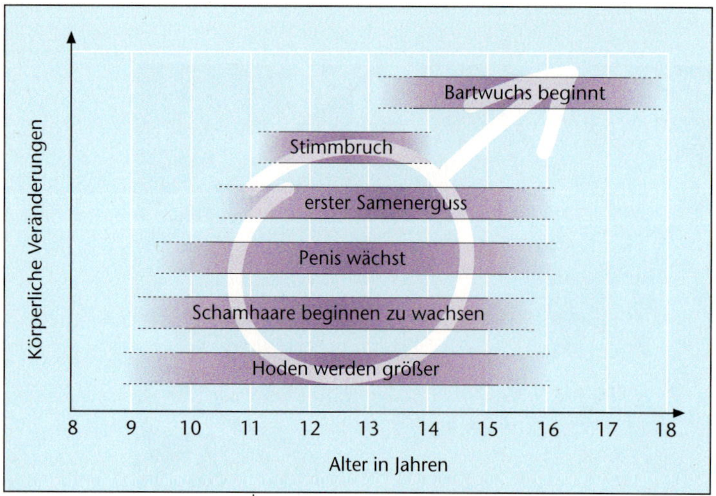

2 Entwicklung bei Jungen

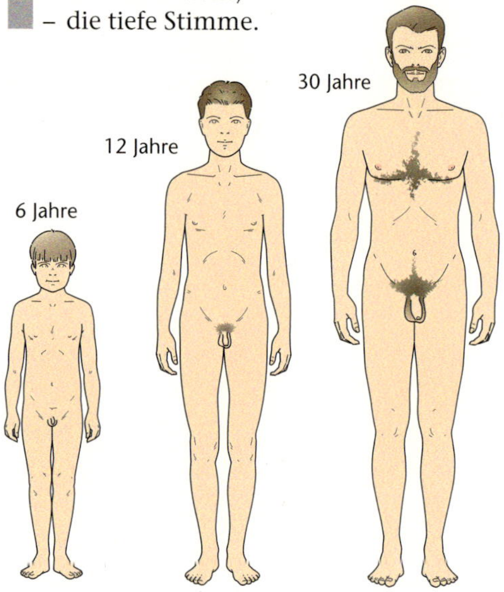

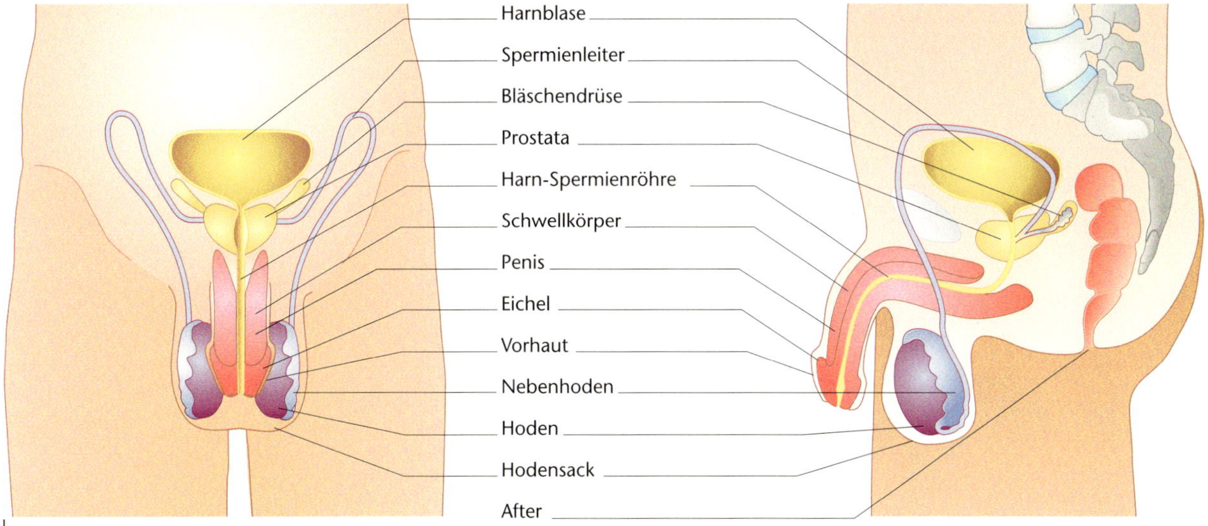

3 Männliche Geschlechtsorgane

Männliche Geschlechtsorgane

In der Pubertät wachsen auch Penis, Hoden und Hodensack.
In den Hoden entstehen die männlichen Keimzellen oder **Spermien**, die ab jetzt ein Leben lang nachgebildet werden. Es sind täglich mehrere Millionen, die sich in den Nebenhoden sammeln.

Vorne am Penis befindet sich die Eichel. Sie ist sehr empfindlich und wird durch die Vorhaut bedeckt. Der Penis kann sich aufrichten und steif werden, weil sich die Blutgefäße in den Schwellkörpern prall mit Blut füllen. Eine solche Gliedversteifung heißt **Erektion**.

Anschließend können die Spermien durch die beiden Samenleiter zusammen mit Flüssigkeiten aus Bläschendrüse und Vorsteherdrüse, der Prostata durch die Harnröhre nach außen gelangen. Das weißliche Gemisch aus Spermien und Drüsenflüssigkeit heißt **Sperma**.

Was bedeutet eigentlich „geschlechtsreif" sein?

Der erste Samenerguss erfolgt meist unbewusst im Schlaf. So eine Pollution ist ein ganz natürlicher Vorgang.
Der Junge ist mit dem ersten Samenerguss geschlechtsreif und könnte nun ein Kind zeugen.

Auch eigene Berührungen oder Gedanken, Träume und Bilder führen manchmal zu einer Erektion. Dabei empfinden Jungen und Männer ein erregendes Gefühl. Durch Reiben des Penis kommt es zum Höhepunkt der Lust, dem Orgasmus, der mit einem Samenerguss verbunden ist. Dieses Selbstbefriedigen oder Onanieren ist ganz normal und nicht schädlich.

Wenn sich die männlichen Geschlechtsorgane vergrößert haben, bilden die Hoden Spermien.
Ab dem ersten Samenerguss ist der Junge geschlechtsreif und kann Kinder zeugen.

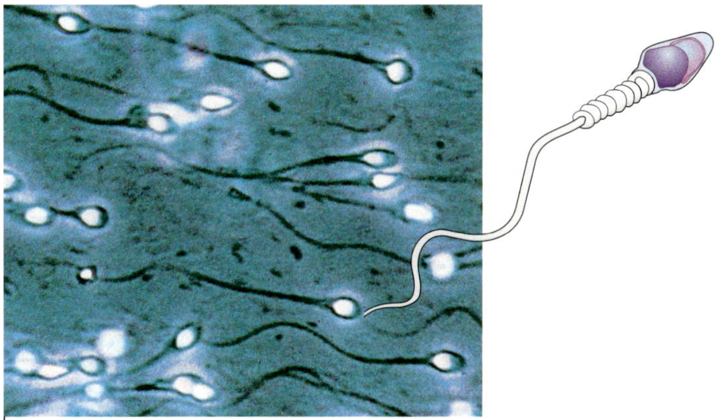

4 Menschliche Spermien (1 000 x vergrößert)

Aufgaben

1 Beschreibe mit eigenen Worten die Entwicklung vom Jungen zum Mann.

2 Erkläre, wie die Veränderungen während der Pubertät ausgelöst werden.

3 Beschreibe den Unterschied zwischen Spermien und Sperma.

1 Familie am Strand

Zu Beginn der Pubertät verändert sich die Figur des Mädchens. Die Hüften werden breiter und die Taille bildet sich aus. Fetteinlagerungen in der Unterhaut machen den Körperumriss runder und weicher.
Wenn die Brüste zu wachsen beginnen, wachsen auch die Haare im Schambereich und etwas später in den Achselhöhlen.

Manche Mädchen warten sehnsüchtig darauf, dass sie Brüste bekommen und die Körperform weiblicher wird. Andere sind über die sichtbaren Veränderungen ihres Körpers noch nicht so glücklich. Mal empfinden sie sich als zu dick, mal als zu dünn, mal als zu früh fraulich oder noch zu kindlich.

Manchmal versuchen Mädchen sogar, mit ihren Essgewohnheiten die Körperveränderungen gewaltsam zu beeinflussen.

Dein Körper verändert sich
Während der Kindheit wachsen die Geschlechtsorgane, die du von Geburt an hast, einfach mit deinem Körper mit und verändern sich nur wenig.
Diese **primären Geschlechtsorgane** liegen beim Mädchen verborgen im Unterleib: Gebärmutter, Eierstöcke mit unreifen Eizellen und Eileiter. Äußerlich sind nur die großen Schamlippen sichtbar.

Mit Einsetzen der Pubertät bilden die Eierstöcke Botenstoffe oder **Hormone**, die über das Blut auf die verschiedenen Organe einwirken. Deshalb entwickeln sich nun auch die **sekundären Geschlechtsmerkmale**, die den Körper einer erwachsenen Frau vom kindlichen Mädchenkörper unterscheiden.

Botenstoffe oder Hormone bewirken die Ausbildung der sekundären Geschlechtsmerkmale:
- die typisch weibliche Körperform
- Scham- und Achselhaare
- Brüste.

Weibliche Geschlechtsorgane
Die äußerlich sichtbaren primären Geschlechtsorgane, die großen Schamlippen, sind weiche Hautfalten. Sie überdecken und schützen die kleinen Schamlippen, den Kitzler und den Eingang zur Scheide. Der Kitzler ist eine sehr empfindsame Stelle und etwa so groß wie eine Erbse.

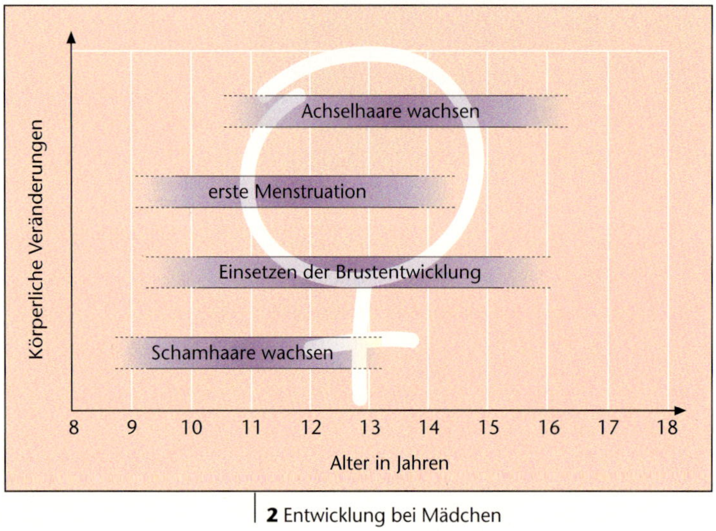

2 Entwicklung bei Mädchen

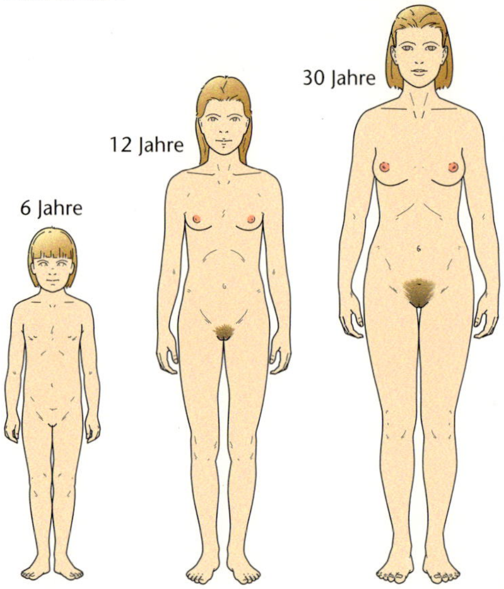

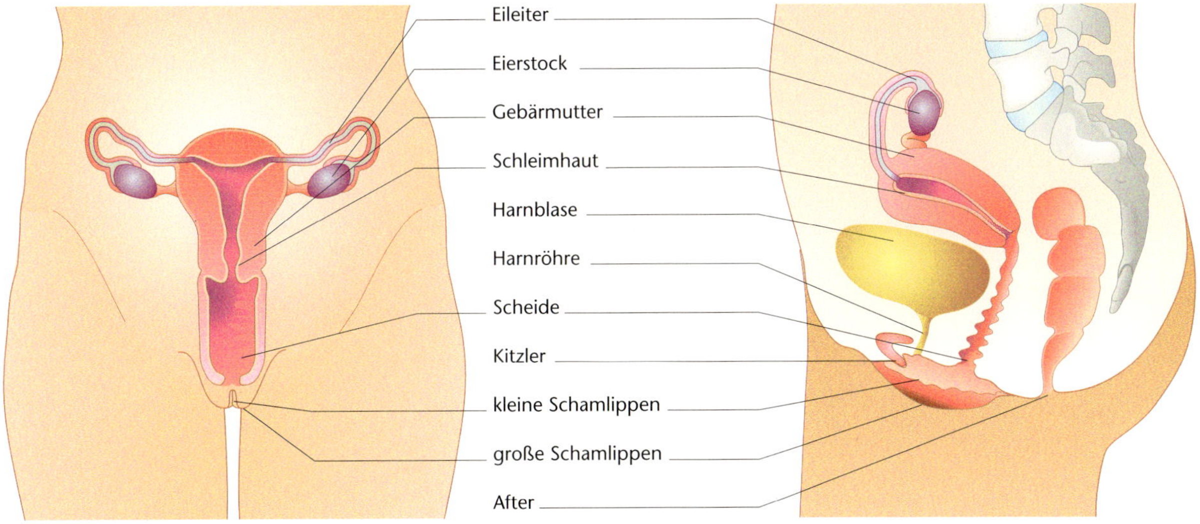

3 Weibliche Geschlechtsorgane

Die Verbindung von außen zur Gebärmutter ist die Scheide. Bei jungen Mädchen ist der Scheideneingang durch ein feines Häutchen, das Jungfernhäutchen, teilweise umrandet.

Das unverletzte Jungfernhäutchen wird oft als Beweis dafür verstanden, dass ein Mädchen noch Jungfrau ist. Eine Jungfrau ist eine Frau, die noch nie mit einem Mann geschlafen hat, egal ob das Häutchen gerissen ist oder nicht. Das kann auch schon vorher ohne Geschlechtsverkehr passieren, z. B. beim Sport.

Was heißt eigentlich „geschlechtsreif" sein?

Die Gebärmutter ist ein sehr dehnbares Organ. Sie hat die Form und Größe einer kleinen Birne. Während der Schwangerschaft kann sie sich so ausdehnen, dass in ihr ein Baby bis zur Geburt Platz findet. Rechts und links von der Gebärmutter führt je ein **Eileiter** zu einem **Eierstock**. Die beiden Eileiter verbreitern sich vor den Eierstöcken zu einem Eitrichter.

Ab der Pubertät reifen in den Eierstöcken die weiblichen Keimzellen, die **Eizellen**. Dann ist ein Mädchen geschlechtsreif und könnte ein Kind bekommen.

Mädchen können durch Streicheln der äußeren Geschlechtsorgane intensive Lustgefühle haben und sich selbst befriedigen. Dabei erleben sie den Höhepunkt der Erregung als Orgasmus. Selbstbefriedigung ist ein ganz natürlicher Vorgang und schadet nicht.

Von den primären weiblichen Geschlechtsorganen sind äußerlich nur die großen Schamlippen zu erkennen. Gebärmutter, Eierstöcke und Eileiter liegen geschützt im Becken.
Mädchen sind geschlechtsreif, wenn reife Eizellen gebildet werden.

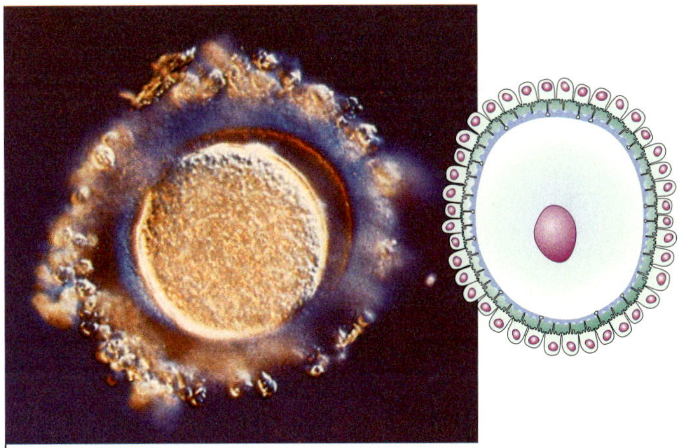

4 Menschliche Eizelle 270 x vergrößert

Aufgaben

1 Beschreibe die unterschiedlichen Geschlechtsmerkmale auf dem Foto / der Grafik in Abbildung 1 und 2.

2 Beschreibe mit eigenen Worten die Entwicklung vom Mädchen zur Frau.

3 Erkundige dich bei Mitschülerinnen anderer Kulturen über Verhaltensregeln, die sie ab dem Beginn der Pubertät einhalten müssen.
Berichte darüber.

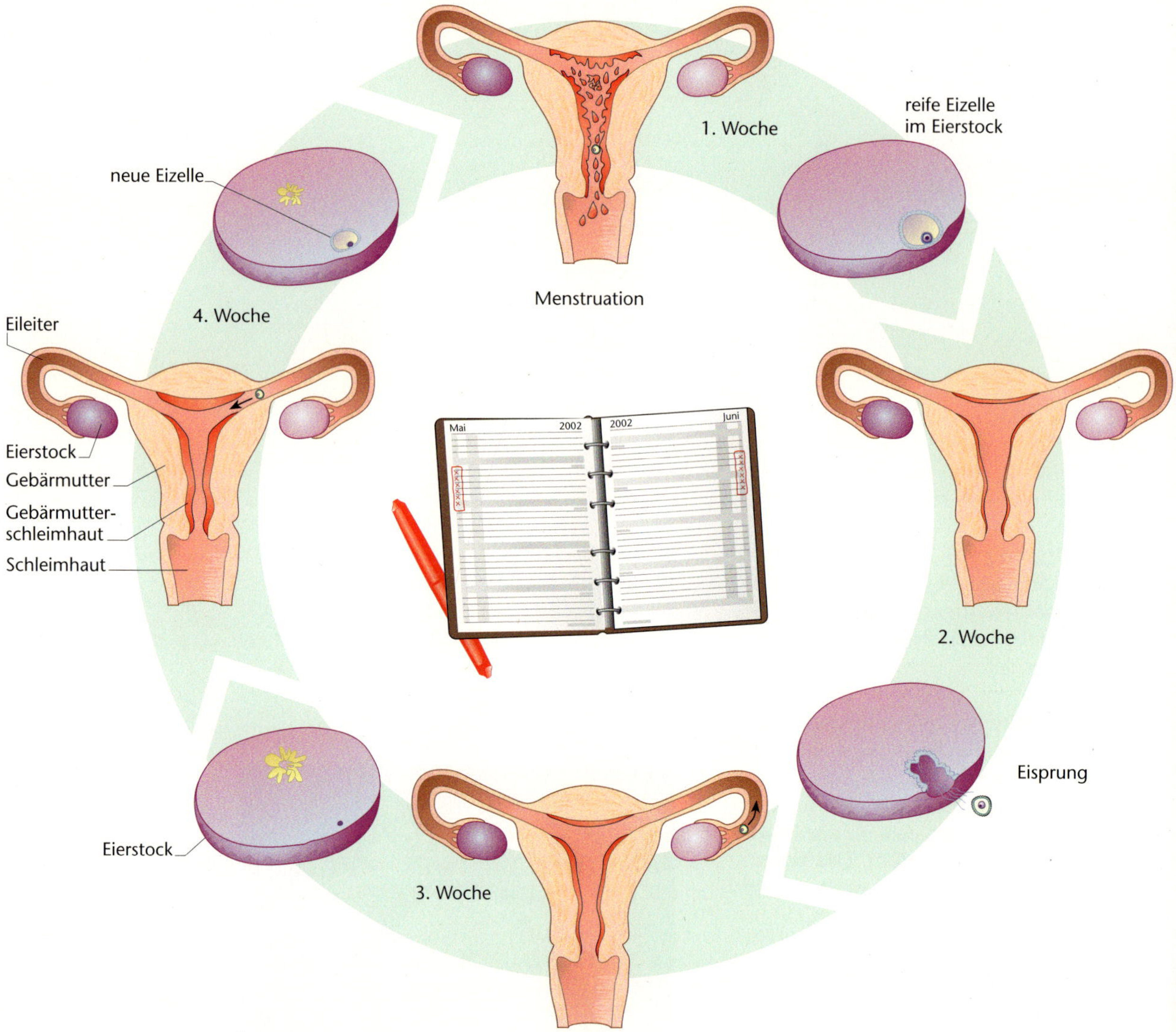

1 Menstruationszyklus und Menstruationskalender

Eine Eizelle reift heran
In den Eierstöcken liegen die weiblichen Keimzellen, die Eizellen. Schon von Geburt an hat jedes Mädchen etwa 400 000 Eizellenanlagen in den Eierstöcken, aber nur 400–500 davon werden im Laufe eines Lebens heranreifen.

Zu Beginn der Pubertät bewirken bestimmte Hormone, dass sich alle 26–30 Tage abwechselnd im linken und rechten Eierstock eine Eizelle entwickelt. Sie wächst in einem flüssigkeitsgefüllten Bläschen heran, das nach etwa 14 Tagen aufplatzt und die reife Eizelle freisetzt. Das ist der **Eisprung**.

Der Trichter des Eileiters fängt die Eizelle auf. Da sich die Eizelle nicht selbst fortbewegen kann, tragen die Bewegungen feinster Härchen an den Innenwänden der Eileiter die Eizelle zur Gebärmutter.
Die Eizelle könnte jetzt von einem Spermium befruchtet werden.

Eine befruchtete Eizelle beginnt sich zu teilen und nistet sich nach einigen Tagen in der Gebärmutterschleimhaut ein. Die Frau ist dann schwanger.

Menstruation – die Regelblutung
Wird die Eizelle nach dem Eisprung nicht befruchtet, stirbt sie ab. Nach ungefähr 14 Tagen löst sich dann die Gebärmutterschleimhaut ab. Schleimhautfetzen und Blut werden durch die Scheide ausgeschieden. Die Blutung dauert einige Tage und tritt ab jetzt fast regelmäßig einmal im

Monat auf. Deshalb wird diese Blutung auch **Regelblutung**, Monatsblutung, Periode oder einfach „Tage“ genannt. Ärzte sprechen von **Menstruation**.
Die erste Blutung in der Pubertät zeigt an, dass das Mädchen **geschlechtsreif** ist.

Schon während der Regelblutung reift in dem anderen Eierstock eine neue Eizelle heran und der ganze Vorgang beginnt von Neuem. Da es sich um einen immer wiederkehrenden Kreislauf handelt, wird er mit dem Fremdwort **Zyklus** bezeichnet.

Was ist ein Menstruationskalender?
Am Anfang der Pubertät ist der Zyklus noch alles andere als regelmäßig. Auch die Dauer kann schwanken und damit verschiebt sich der Zeitpunkt der nächsten Regelblutung. Es ist deshalb wichtig, einen **Menstruationskalender** (▷ B 1) zu führen. Darin werden alle Tage der Blutung eingetragen. Etwa 26–30 Tage später ist dann mit der nächsten Blutung zu rechnen. Regelmäßige Eintragungen helfen, die persönlichen Abweichungen zu erkennen.

An manchen Tagen ...
Viele Mädchen fühlen sich kurz vor und zu Beginn der Regelblutung nicht wohl. Bauch- und Rückenschmerzen oder auch Kopfschmerzen können auftreten, verschwinden aber allmählich wieder. Bei sehr starken, krampfartigen Schmerzen sollte ein Arzt oder eine Ärztin befragt werden.
Die Regelblutung ist ein ganz natürlicher Vorgang und keine Krankheit. Leichter Sport ist gut und kann Krampfschmerzen entgegenwirken.
Mit etwa 50 Jahren hört die Regel wieder auf. Frauen können dann keine Kinder mehr bekommen.

▶ Kommt es nicht zur Befruchtung, löst sich die Gebärmutterschleimhaut ab und wird mit Blut ausgeschieden. Dieser einmal pro Monat wiederkehrende Vorgang heißt Regelblutung oder Menstruation.

Hygiene während der „Tage“
Aus der Gebärmutter fließen während der Periode etwa 120 ml Blut – das entspricht ungefähr einer halben Tasse.
Hygiene ist in dieser Zeit besonders wichtig, denn Blut und Schleimhautreste lassen Krankheitserreger besonders gut wachsen. Diese könnten jetzt leicht bis in die Gebärmutter vordringen.

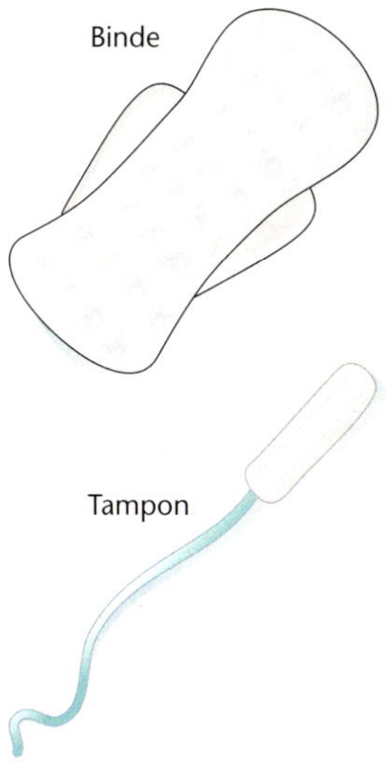

Saugfähige **Binden** fangen das ausfließende Blut außerhalb des Körpers auf. Sie werden in die Unterwäsche eingelegt und kleben dort rutschfest.

Tampons sind kleine Watteröllchen, die in die Scheide eingeführt werden und das Blut bereits im Körper aufnehmen. Mit einem speziellen Rückholfaden können sie wieder herausgezogen werden (▷ B 2). Dünne Tampons passen durch die Öffnung des Jungfernhäutchens und beschädigen es normalerweise nicht.

Blut selbst riecht nicht. An der Luft wird es aber durch Bakterien zersetzt. Dadurch entstehen unangenehme Gerüche. Binden und Tampons müssen deshalb alle paar Stunden gewechselt werden. Sie gehören niemals in die Toilette, sondern in den Mülleimer.

Die äußeren Geschlechtsorgane sollen während der Regelblutung sorgfältig gewaschen werden. Duschen ist erlaubt und schadet nicht.

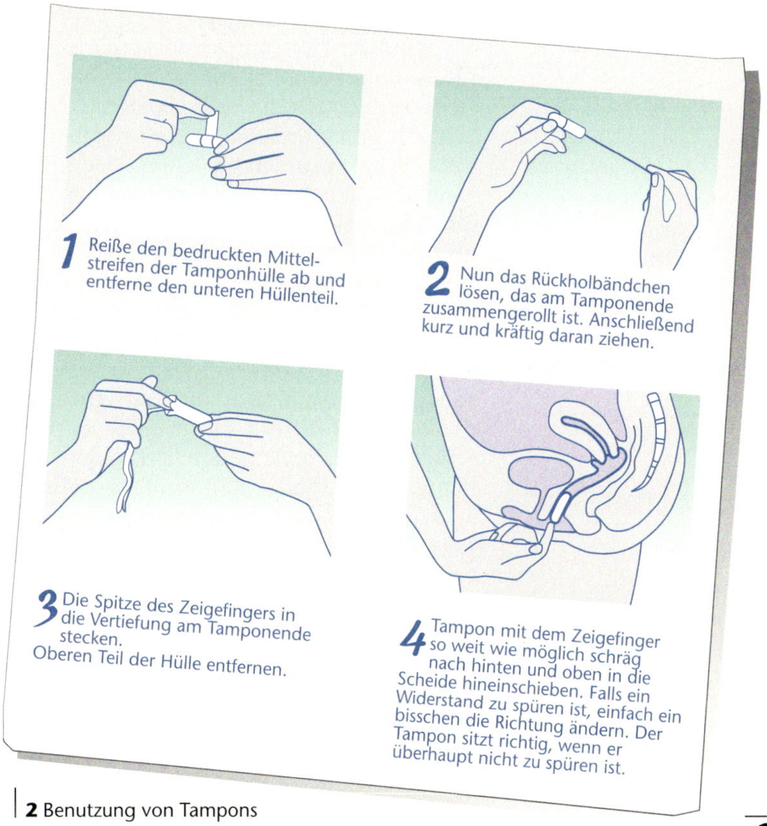

2 Benutzung von Tampons

1 Waschorgie

2 Sport

3 Gruppenarbeit

Waschen – wann und wie?
Während der Pubertät verändert sich auch die Haut und verlangt besondere Pflege. Der Körpergeruch nimmt zu, weil die Schweißdrüsen mehr Flüssigkeit abgeben. Schweiß ist eigentlich geruchlos. Der unangenehme Geruch entsteht erst, wenn Bakterien Schweiß, abgestorbene Hautzellen und Hautfett zersetzen. Diese Bakterien sind keine Krankheitserreger, sondern kommen immer auf einer gesunden Haut vor.

Wenn du stark geschwitzt hast, ist es besonders wichtig, dass du dich wäschst und die Wäsche wechselst. Dabei darfst du Strümpfe oder Socken nicht vergessen, denn auch die Fußsohlen sondern mehr Schweiß ab.
Deos verhindern zwar den Schweißgeruch, sollten aber keinesfalls zum Überdecken des Geruchs verwendet werden.
Dennoch ist auch zu häufiges Duschen ungesund und trocknet die Haut nur unnötig aus.

Bei der täglichen Körperpflege darfst du die Geschlechtsorgane, also den Intimbereich, nicht auslassen.
Die Jungen müssen beim Waschen die Vorhaut des Penis vorsichtig zurückschieben und die talgähnlichen Absonderungen entfernen. Neben unangenehmem Geruch können sonst auch Entzündungen entstehen. Mädchen müssen bei der Intimpflege und auf der Toilette besonders darauf achten, sich von vorne nach hinten zu reinigen. Sonst können Bakterien vom Darm in die Scheide gelangen.

Weil in der Pubertät die Schweißdrüsen verstärkt Schweiß absondern, ist regelmäßige Körperpflege besonders wichtig.

Keine Frage – eine Plage: Pickel, Akne, Mitesser
Hast du im Gesicht, vor allem um die Nase herum, auch schon mal schwarze Pünktchen entdeckt?
Das sind **Mitesser.** So werden die dunklen Stellen genannt, die meist auf fettiger Haut zu sehen sind. Talgdrüsen produzieren unter dem Einfluss von Geschlechtshormonen besonders viel Talg, der die Drüsenausgänge verstopft. An der Hautoberfläche verfärbt er sich schwarz. Aus den Mitessern können leicht **Pickel** entstehen. Hautbakterien gelangen in die Talgdrüsen, es bildet sich Eiter. Wenn der Pickel „reif" ist, sind die äußeren Hautschichten ganz dünn geworden und können aufreißen. Aufkratzen oder ausdrücken darfst du sie auf keinen Fall, denn so werden die Bakterien unnötig verteilt. Außerdem entstehen vielleicht hässliche Narben.

Treten im Gesicht oder auf dem Rücken viele solcher Pickel auf, dann hast du **Akne.** Sie ist eine typische Erscheinung in der Pubertät und kein Zeichen von nachlässiger Hautpflege.
Oft hilft es schon, wenn du dich anders

4 In der Disko

ernährst. Zu viel Fett, Süßigkeiten oder stark gewürzte Speisen fördern die Aknebildung. Starke Akne solltest du immer vom Hautarzt behandeln lassen.

Mitesser, Pickel und Akne sind Hautunreinheiten, die besonders häufig in der Pubertät vorkommen.

Aufgaben

1 Erstelle einen Ratgeber für richtige Körperpflege von Kopf bis Fuß.

2 Erarbeitet in Gruppen Vorschläge, wie ihr eine Mitschülerin oder einen Mitschüler freundlich darauf aufmerksam machen könnt, dass sie/er die Körperpflege vernachlässigt.

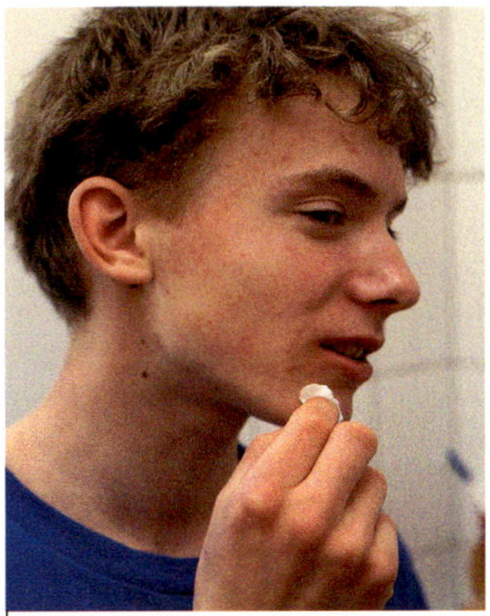

5 Hautpflege ist wichtig.

6 Hilfe, ein Pickel!

Brennpunkt

Beschneidung

Was bedeutet „Beschneidung"?
Bei einer Beschneidung wird die Vorhaut des Jungen oder Mannes gekürzt oder völlig entfernt. Die Eichel liegt dann frei und das Glied kann leichter sauber gehalten werden.

Gründe für die Beschneidung
Die Beschneidung hat eine lange Tradition: Die Ägypter ließen schon vor Jahrtausenden ihre Söhne beschneiden und im Alten Testament wurde sie für die Juden als sichtbares Zeichen des Bundes zwischen Gott und seinem Volk gefordert. Auch bei den Muslimen und vielen afrikanischen Völkern ist die Entfernung der Vorhaut aus religiösen Gründen üblich. In vielen Teilen der Welt wird die Beschneidung aus hygienischen Gründen durchgeführt. Eine Operation kann auch aus medizinischen Gründen notwendig sein, wenn z. B. eine Phimose besteht, die Vorhaut sich also nicht oder nur unter Schmerzen über die Eichel des Penis zurückschieben lässt.

Ein Festtag!?
In früheren Zeiten wurde die Beschneidung ohne Betäubung vollzogen und war oft zugleich eine Mutprobe für den Heranwachsenden. In den meisten Gegenden der Welt führen heute Mediziner diese Operation mit einer Narkose durch. Nach einer Beschneidung heilt die Wunde in der Regel innerhalb von zehn bis 14 Tagen ab und nach zwei bis drei Monaten bestehen keine Beschwerden mehr.

Die Beschneidung spielt im Leben eines muslimischen Jungen eine wichtige Rolle. Sie wird wie ein großes Familienfest gefeiert. Der Junge ist dann der Mittelpunkt der Feierlichkeiten, wird mit besonderer Kleidung versehen und erhält zahlreiche Geschenke.

1 Beschneidungsfeier

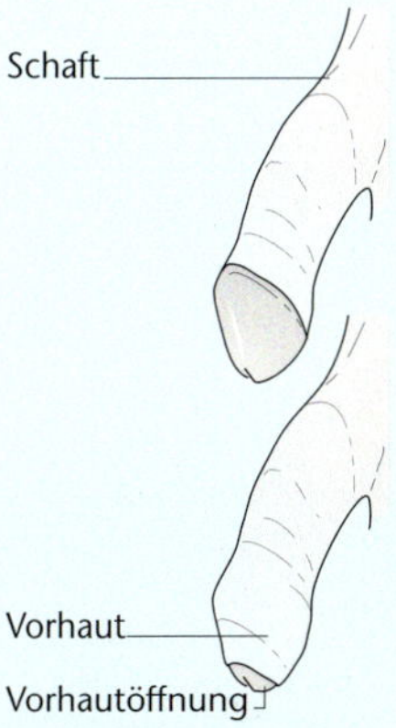

2 Penis, beschnitten (oben) unbeschnitten (unten)

Geschlechtliche Vereinigung

Im Verlauf der Pubertät entwickelt sich zum ersten Mal der Wunsch, mit einem vertrauten und geliebten Partner auch körperlich ganz nah zu sein. Küssen und Streicheln des ganzen Körpers verstärken das Verlangen. Eine sexuelle Erregung entsteht und die Partner wollen „miteinander schlafen". Das ist nur eine Umschreibung für Geschlechtsverkehr, Liebe machen oder Sex haben.

Bei der geschlechtlichen Vereinigung gleitet der steife Penis in die Scheide. Drüsen in der Scheide sondern Gleitflüssigkeit ab und machen die Scheide feucht. Beide Partner bewegen sich stürmisch oder sanft hin und her und können dabei einen **Orgasmus** erleben. Kommt es beim Mann zum Samenerguss, schwimmen Millionen Spermien in Richtung Eizelle.

Jede geschlechtliche Vereinigung kann zu einer Befruchtung und damit zu einer Schwangerschaft führen.

Eine Eizelle wird befruchtet

Nur das erste Spermium, das die Eizelle erreicht, kann mit seinem Kopf eindringen und dann mit der Eizelle verschmelzen. Das ist die **Befruchtung**. Danach bildet die Eizelle eine Schutzhülle, die verhindert, dass weitere Spermien eindringen. Die Eizelle kann nur in den ersten 12 Stunden nach dem Eisprung befruchtet werden.

Der Keim nistet sich ein

Die befruchtete Eizelle teilt sich auf dem Weg durch den Eileiter mehrmals. Nach fünf Tagen nistet sie sich als vielzellige Kugel in der verdickten Gebärmutterschleimhaut ein. Die Frau ist **schwanger**. Die Gebärmutterschleimhaut wird nicht abgestoßen und die Regelblutung bleibt aus. Ab der dritten Schwangerschaftswoche wird der Keim **Embryo** genannt.

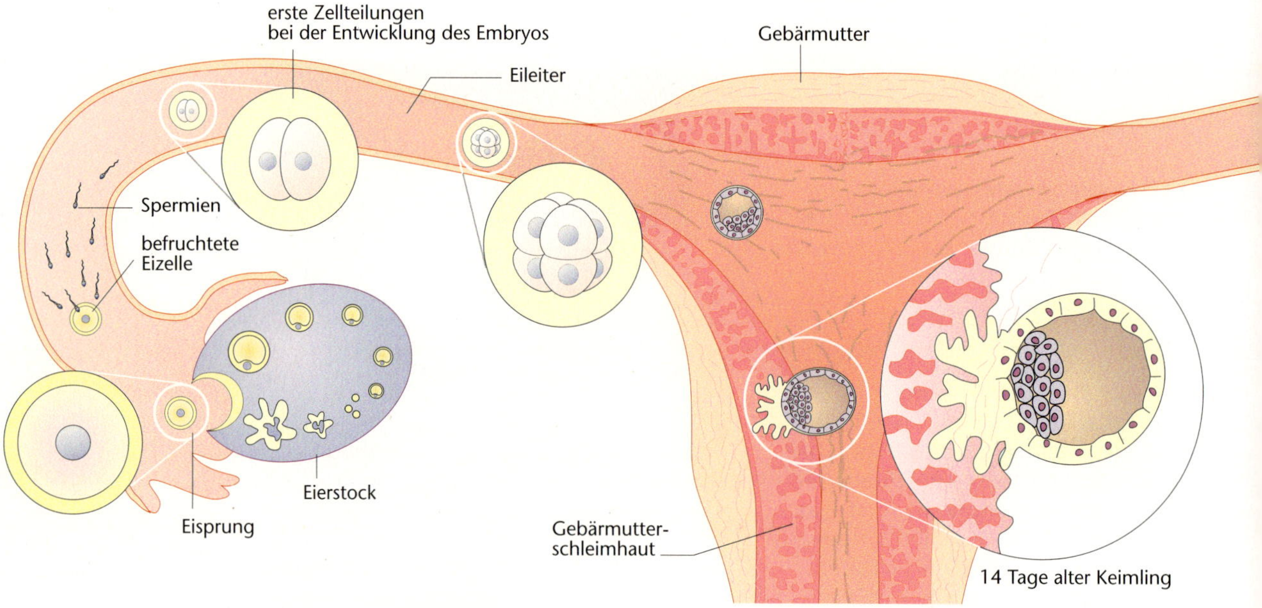

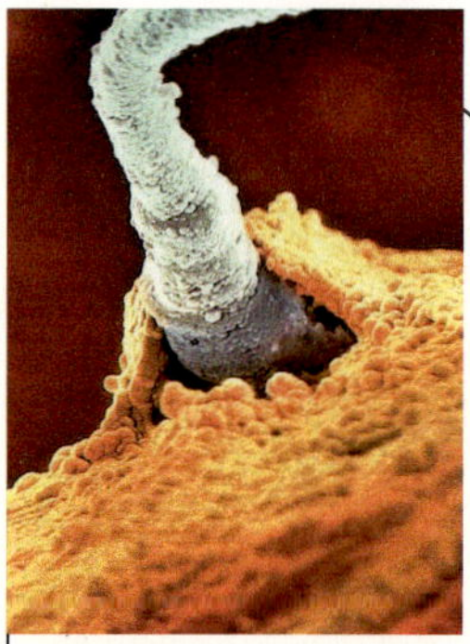

1 Befruchtung

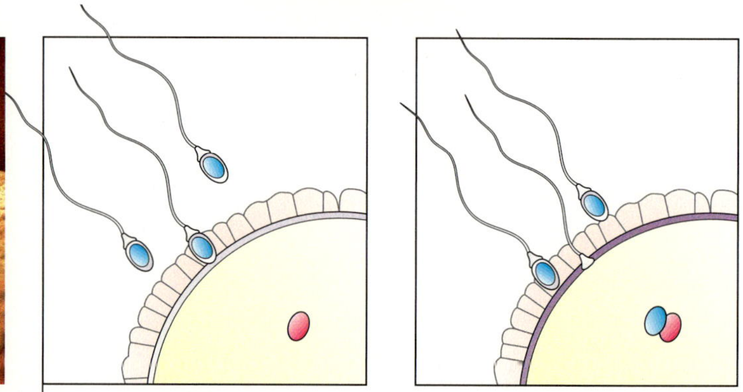

2 Vorgang der Befruchtung

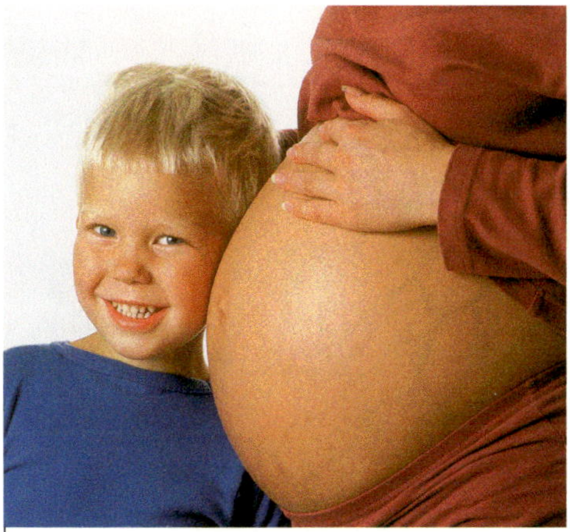

3 Schwangere mit Kleinkind

Der Embryo bekommt menschliche Gestalt

Ein Teil des bläschenförmigen Keims bildet zusammen mit der Gebärmutterschleimhaut die **Plazenta**. Von dort erhält der Embryo durch eine Nabelschnur alle Nährstoffe aus dem mütterlichen Blut. Der wachsende Embryo sieht zunächst einem Baby noch gar nicht ähnlich. Er liegt geschützt in der Fruchtblase, die mit Fruchtwasser gefüllt ist.

In den ersten acht Wochen werden schon alle Organe angelegt, obwohl der Embryo am Ende des 2. Monats erst etwa 4 cm groß ist und 1 g wiegt. Inzwischen ähnelt er einem winzigen Baby. Im 3. Monat werden Augen, Ohren, Nase und Mund weiter ausgebildet. Außerdem können Ärzte auf dem Ultraschallbild erkennen, ob es ein Mädchen oder ein Junge ist.
Der Embryo heißt ab jetzt **Fetus**, er misst 12 cm und wiegt 30 g.
Ab dem 5. Monat bewegt sich der Fetus so heftig, dass die Mutter die Bewegungen spüren kann. Er nimmt Geräusche und Musik von außen wahr und hört die Stimme seiner Mutter.
Nach sieben Monaten könnte ein Fetus schon gut überleben, wenn er als Frühgeburt oder „Frühchen" auf die Welt kommt. Bis zur Geburt vergehen normalerweise 40 Wochen oder etwas mehr als neun Monate.

In den ersten drei Monaten der Entwicklung im Mutterleib werden alle Organe beim Embryo angelegt. Danach nimmt der Fetus hauptsächlich an Größe und Gewicht zu.
Ein werdendes Kind braucht ganz besonderen Schutz für seine gesunde Entwicklung.

Die Verantwortung für ein Kind fängt schon früh an

Schon bevor ein Baby auf die Welt kommt, kann es bei den Eltern für manche Aufregung sorgen. Der Körper der werdenden Mutter verändert sich und sie muss ihr Leben darauf einstellen. Neben der Freude stellt sich jede Mutter auch immer wieder die ängstliche Frage: Wird sich mein Baby normal entwickeln und gesund zur Welt kommen?

Sie selbst kann viel dazu beitragen, wenn sie sich richtig ernährt, nicht raucht, keinen Alkohol trinkt oder andere Drogen nimmt. Durch regelmäßige Vorsorgeuntersuchungen überwacht die Ärztin oder der Arzt die Gesundheit von Mutter und Kind.

Erkrankt die Mutter während der Schwangerschaft an **Röteln**, kann das schlimme Folgen für das Baby haben. Es wird durch Giftstoffe des Krankheitserregers körperlich und geistig schwer geschädigt. Deshalb sollten alle Mädchen schon vor der Pubertät gegen Röteln geimpft werden. Auch in deiner Schule werden sicher jedes Jahr Impfaktionen durchgeführt.

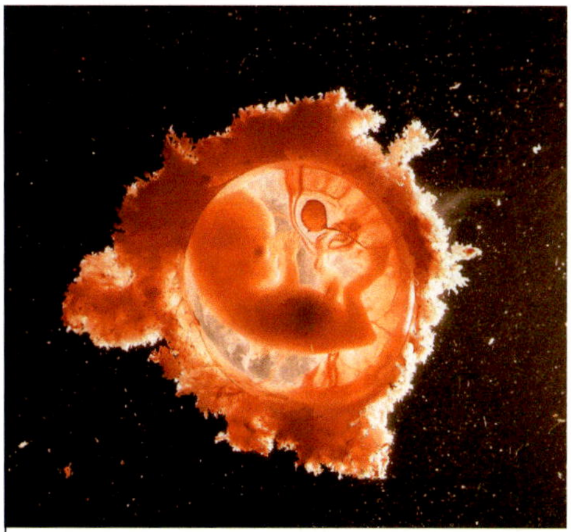

4 Fetus

Aufgaben

1 Erkläre, was Befruchtung bedeutet.

2 Beschreibe die Vorgänge von der Befruchtung der Eizelle bis zur Einnistung.

3 Beschreibe den Fetus auf dem Foto und gib an, welche Körperteile du erkennen kannst.

4 Wie ansteckend sind Röteln? Informiert euch im Internet und berichtet.

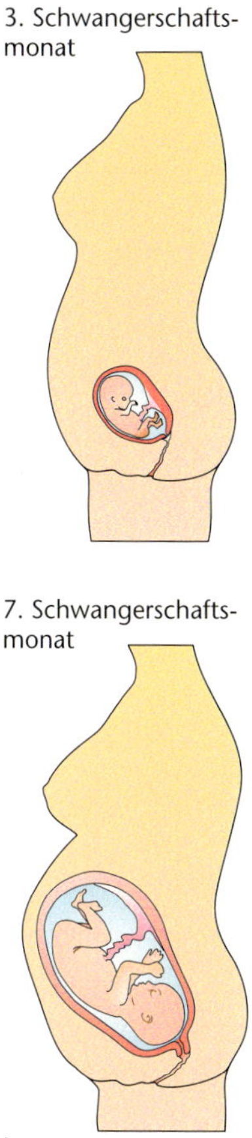

5 Entwicklung vom Embryo zum Fetus

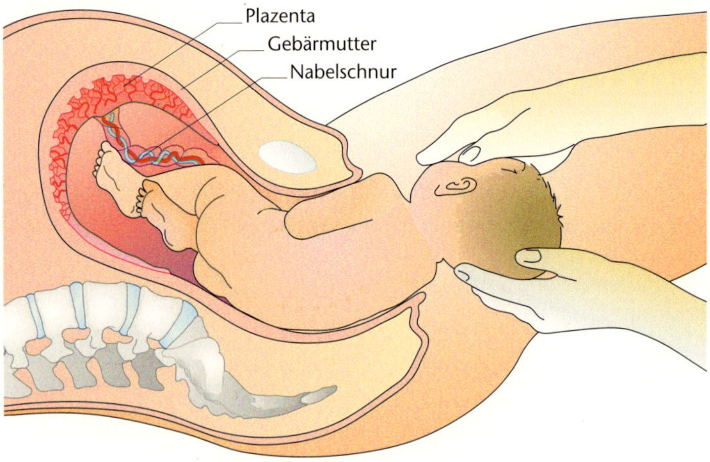

1 Austreibungsphase

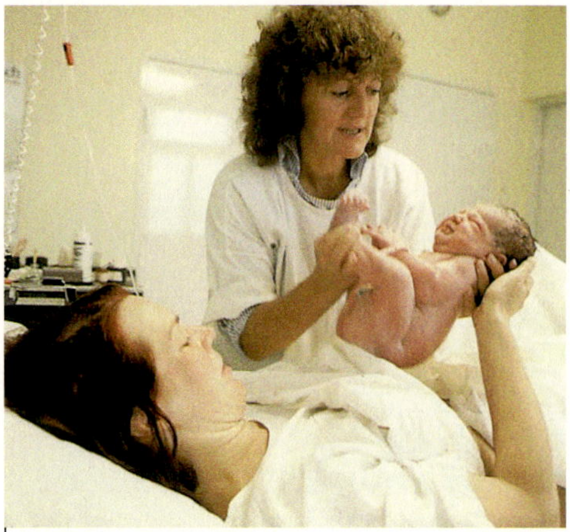

3 Die Hebamme hilft auch nach der Geburt.

Geburtstag

Gegen Ende der Schwangerschaft ist der Bauch der werdenden Mutter so dick, dass ihr auch leichte Tätigkeiten schwer fallen. Das wachsende Kind braucht immer mehr Platz und drückt die Organe seiner Mutter nach oben. Immerhin ist das Kind kurz vor der Geburt 50–55 cm groß und wiegt manchmal bis zu 4000 g. Die Mutter spürt schon einige Tage vor der **Geburt**, dass die Schwangerschaft zu Ende geht.

Ziehende Schmerzen im Rücken und im Bauch, die **Wehen**, kündigen die Geburt an. Die Muskulatur der Gebärmutter zieht sich zusammen und drückt das Baby im Normalfall mit dem Kopf in Richtung Scheidenausgang.
Die Fruchtblase platzt und das Fruchtwasser läuft aus. Danach wird das Kind mit Presswehen durch die Gebärmutteröffnung, den Muttermund, aus der Scheide herausgepresst. Die Mutter hilft mit, indem sie ihre Bauchmuskulatur fest anspannt. Hebamme, Arzt oder Ärztin unterstützen sie dabei. Sie führen und halten das Köpfchen des Kindes bis es geboren ist. Häufig erlebt auch der Vater die Geburt seines Kindes mit. Viele Mütter finden es beruhigend und schön, ihren Partner während diesem besonderen Ereignis bei sich zu haben.
Direkt nach der Geburt wird die Nabelschnur ohne Schmerzen abgebunden und durchtrennt. Daher hat die **Entbindung** ihren Namen.

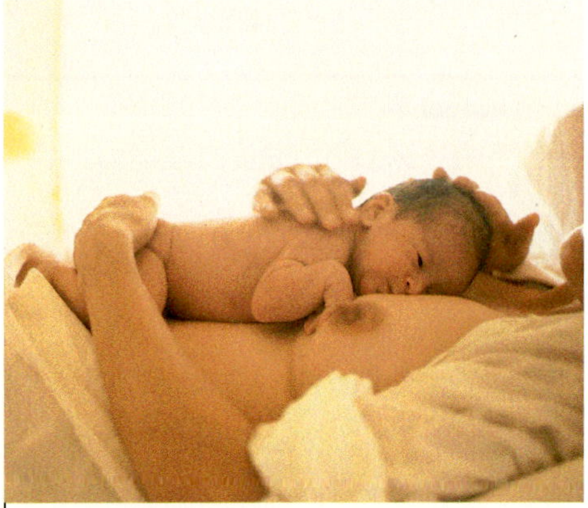

2 Neugeborenes auf dem Bauch der Mutter

Der erste Schrei

Mit dem ersten Schrei atmet das Neugeborene selbstständig. Die Plazenta wird mit einer Wehe als Nachgeburt ausgestoßen. Hebamme, Arzt oder Ärztin legen der Mutter ihren Säugling gleich nach der Geburt auf den Bauch. Die vertrauten Herztöne der Mutter und der Hautkontakt sind Erholung nach der anstrengenden Geburt.

Die Geburt beginnt mit Wehen. Mit der Entbindung wird das Neugeborene von der versorgenden Plazenta der Mutter getrennt.

Aufgaben

1 Woran erkennt eine werdende Mutter, dass die Geburt unmittelbar bevorsteht?

2 Erkläre, was mit Entbindung gemeint ist.

3 Informiere dich über die Aufgaben einer Hebamme und berichte.

4 Lasse dir von deiner Mutter über Einzelheiten deiner Geburt berichten.

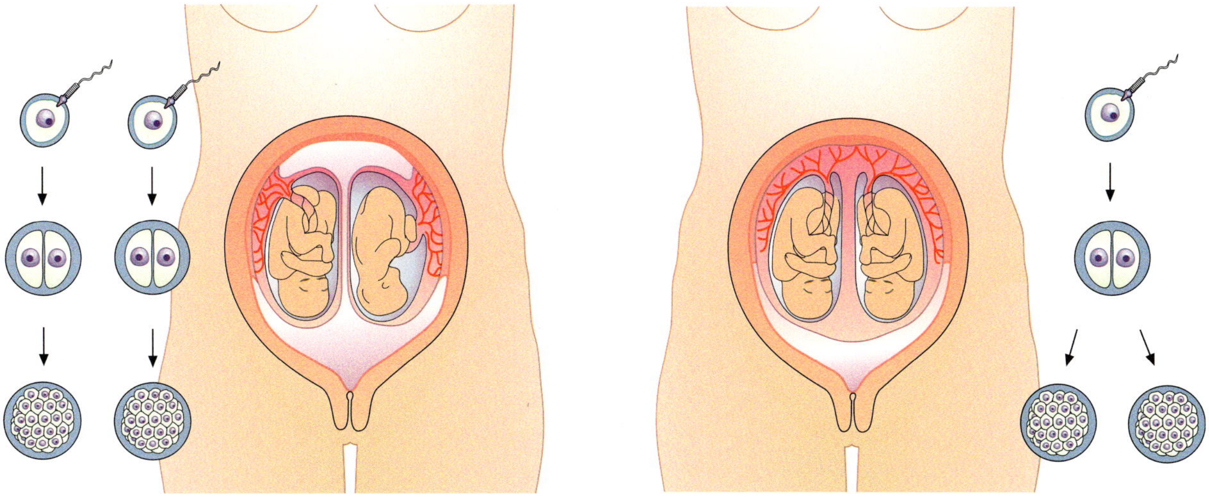

1 Zweieiige Zwillinge

2 Eineiige Zwillinge

Zehn Minuten älter
Als Christina und Mark in die neue Klasse kamen, schauten ihre Mitschülerinnen und Mitschüler ganz ungläubig, als beide der Lehrerin gegenüber behaupteten: „Wir haben das gleiche Geburtsdatum, aber Mark ist älter.“ Christina und Mark sind also nicht nur Geschwister, sondern Zwillinge. Mark kam zehn Minuten eher auf die Welt und ist deshalb ein bisschen älter als seine Schwester.

Werden beim Eisprung ausnahmsweise zwei reife Eizellen abgegeben, können diese dann jeweils von einem Spermium befruchtet werden. Die beiden Embryonen entwickeln sich zu zwei Babys. Es können zwei Jungen, zwei Mädchen oder ein Junge und ein Mädchen geboren werden.

Christina und Mark sind also **zweieiige Zwillinge** und gleichen sich deshalb nicht mehr als Geschwister mit verschiedenen Geburtstagen.

Zum Verwechseln ähnlich
„Die gleichen sich ja wie ein Ei dem anderen“, hast du sicherlich auch schon einmal Leute erstaunt sagen hören. Gemeint sind Zwillinge, die man nach ihrem Aussehen kaum unterscheiden kann. Wie ist so etwas möglich? Sie sind aus einer befruchteten Eizelle entstanden. Nach der ersten Teilung der befruchteten Eizelle haben sich die beiden Zellen vollständig voneinander getrennt und unabhängig voneinander weiter entwickelt. So sind **eineiige Zwillinge** entstanden. Diese Geschwister sind immer zwei Mädchen oder zwei Jungen.

Zweieiige Zwillinge entstehen, wenn zwei Eizellen befruchtet werden. Eineiige Zwillinge entstehen aus einer befruchteten Eizelle.

Aufgabe

1 Erkläre, warum Christina und Mark nur zweieiige Zwillinge sein können.

Gute Geheimnisse – schlechte Geheimnisse
Tom schwärmt Peter von einem Mädchen aus der Parallelklasse vor. Er findet sie ganz süß und würde gern mal mit ihr ins Kino gehen. Peter soll sein Ehrenwort geben, dass er es keinem weitererzählt. Natürlich hält Peter sich daran und freut sich, als er erfährt, dass die beiden schon miteinander telefoniert haben.

Mandy scheint still und zurückgezogen. Ihre Freundinnen finden sie verändert und fragen schon ein paar Mal nach, was denn los sei. Schließlich vertraut Mandy ihrer engsten Freundin Lydia ein Geheimnis an: Der Freund von Mandys Vater will Mandy immer wieder streicheln und küssen, wenn sie alleine sind. Er hat ihr gesagt, dass sie niemandem davon erzählen dürfe, weil es ihr gemeinsames Geheimnis wäre.
Wie soll es nun weitergehen?

Hier findest du Hilfe:
Frauen- und Mädchenberatungs-
stellen,
pro-familia,
Notruf für Frauen und Mädchen,
Kinderschutzbund,
Vertrauenslehrerin,
Jugendämter

Nein
ist
NE!N
Jedes Mädchen hat
ihre eigene Art
NE!N zu sagen

1 „Nein" heißt „nein"

Aufgaben

1 Wann würdest du ein Ehrenwort oder Verbot übertreten, etwas weiterzuerzählen? Spielt das jeweilige Gespräch vor.

2 Gib Lydia Tipps, an wen sie sich wenden soll mit ihrem Geheimnis über Mandy.

3 Stelle dir vor, du wärst in Mandys Situation. Wie würdest du als Mandy diesen Mann zurückweisen?

4 Ordne in einer Tabelle die Aussagen aus Bild 2 den Überschriften „Wann ich NEIN sage" und „Was ich zulasse" zu.

5 „Jungen, die missbraucht wurden, reden noch seltener darüber als Mädchen." Stimmt diese Aussage? Findet gemeinsam eine Antwort und begründet sie.

Lexikon

Verhütung – erst recht beim ersten Mal

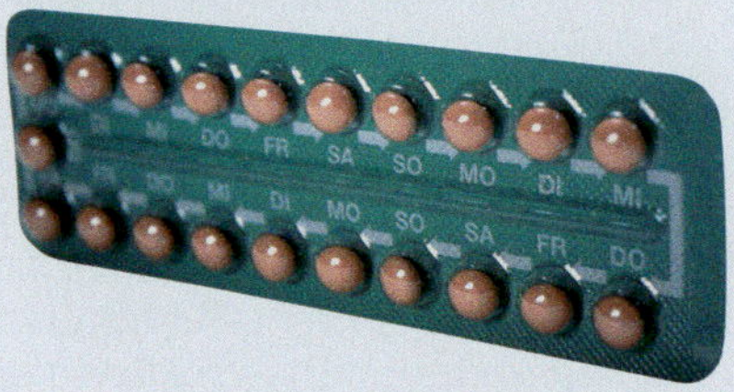

Viele Paare wollen Sex haben, ohne ein Kind zu zeugen. Kinder und Jugendliche können die große Verantwortung für ein Kind noch nicht übernehmen. Schon vor dem ersten Mal müssen Mädchen und Jungen unbedingt an Verhütung denken.
Es gibt viele Möglichkeiten eine Schwangerschaft zu verhindern. Die bekanntesten sind die Antibabypille und das Kondom.

Das **Kondom** ist eine dünne Gummihülle. Vor dem Geschlechtsverkehr wird es über den steifen Penis gerollt. An der Spitze fängt ein kleiner Hohlraum das Sperma auf. Kondome verhindern eine Schwangerschaft, wenn sie richtig und nur einmal benutzt werden.
Sie schützen außerdem vor der Übertragung von ansteckenden Krankheiten.

Die **„Pille"** verhindert, dass eine Eizelle im Eierstock heranreift. Sie muss als rezeptpflichtiges Medikament von einem Arzt oder einer Ärztin verschrieben werden, da sie Hormone enthält. Nach Vorschrift eingenommen, ist sie ein sicheres und weit verbreitetes Verhütungsmittel.

Wie ich mich kleide, so wirke ich

In diesem Sommer findet Birgit ihr neues bauchfreies Top und die eng anliegende kurze Hose total schick. Sie hat sich vorm Spiegel hin und her bewegt und von allen Seiten begutachtet. Die Mädchen-Models in ihrer Lieblings-Zeitschrift sehen nicht besser aus. Ihre Figur zeigt schon deutlich mehr Frauliches als noch vor Monaten.

Mit ihren langen, schlanken Beinen in der ganz knapp sitzenden Hose, die hinten etwas von den Pobacken frei lässt, fühlt sie sich beneidenswert gut aussehend.
Zum ersten Mal hat sie sich Gesicht, Mund und Augen geschminkt. So bewundert sie sicher jeder, weil sie so hübsch ist.

So wird sie die Blicke einiger Leute auf sich ziehen. Ob Birgit bewusst ist, dass die Reaktionen auf ihre Reize auch lästig werden können?

Selbstbewusstsein ist wichtig

Trotzdem darf niemand ein Mädchen oder einen Jungen belästigen! Wir haben alle das Recht, uns schön anzuziehen.
Auch wenn dir jemand nachpfeift oder dich anmacht, sag bestimmt und selbstbewusst, dass du das nicht magst.

„Mein Körper gehört mir!"

Dein Körper bist du. Du hast das Recht, allein über ihn zu bestimmen. Nur deinen Gefühlen solltest du trauen.

Für jeden Menschen ist es schön, Zärtlichkeit, Liebe und Sexualität zu erleben. Aber leider gibt es Erwachsene, die ihre Macht benutzen, um ihre eigene Lust durch Kinder befriedigen zu lassen.

Die Täter sind häufig gar nicht fremde Menschen. Oft missbrauchen Personen aus der Nachbarschaft oder Bekanntschaft oder sogar aus der eigenen Familie das ehrlich aufgebaute Vertrauen von Kindern.

Immer wenn du ungute Gefühle hast und dir jemand aufdringlich vorkommt, solltest du mit einem Menschen, dem du traust, darüber reden.

Jedes Kind hat das Recht zu bestimmen, wer es wann, wo und wie anfassen darf.
Jedes Mädchen oder jeder Junge sollte über sexuelle Belästigungen oder den Missbrauch an sich oder anderen reden.

3 Wie ich mich kleide, so wirke ich.

2 Mein Körper gehört mir!

Eine neue Zeit beginnt

Junge oder Mädchen?
Von Geburt an unterscheiden sich Jungen und Mädchen durch die äußerlich sichtbaren und die im Körper liegenden primären Geschlechtsmerkmale.

Pubertät – Zeit der Veränderungen
Der Entwicklungszeitraum vom Kind zum geschlechtsreifen Erwachsenen wird Pubertät genannt. Sie beginnt bei Jungen und Mädchen unterschiedlich zwischen dem 9. und 16. Lebensjahr.
Botenstoffe oder Hormone bewirken die Ausbildung der körperlichen und seelischen Veränderungen in der Pubertät.

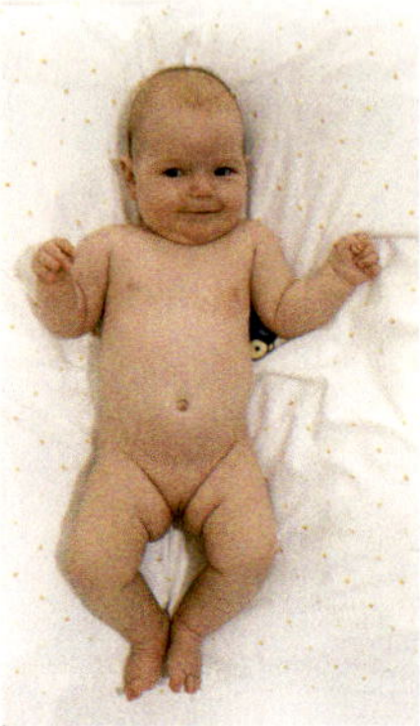
1 Säugling ♀

Gefühle, Einstellungen und Interessen wechseln häufig
Oft lehnen Jugendliche die Regeln der Erwachsenen ab und wollen selbstständig sein. Nur durch gegenseitiges Verständnis können Konflikte gelöst und Streit geschlichtet werden.

Sekundäre Geschlechtsmerkmale
Durch sekundäre Geschlechtsmerkmale wird ein Junge zum Mann und ein Mädchen zur Frau.

Wann sind Jungen geschlechtsreif?
Jungen werden geschlechtsreif, wenn ihre Hoden Spermien bilden. Zusammen mit Drüsenflüssigkeiten entsteht Sperma. Als Zeichen der Geschlechtsreife gilt die Pollution.

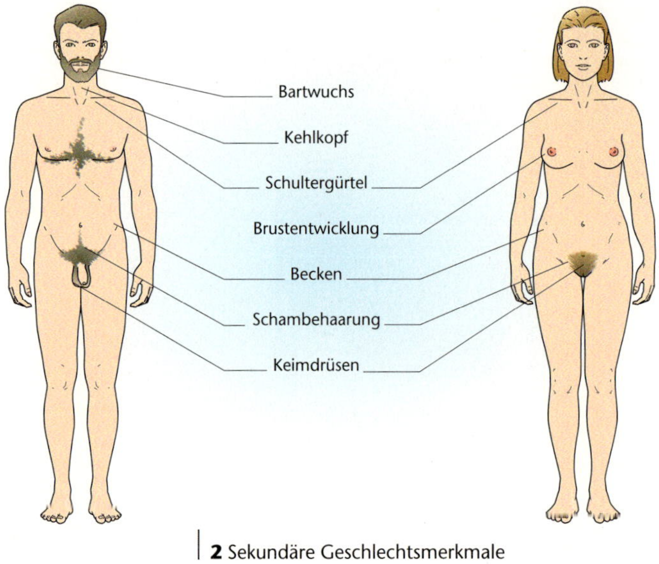

2 Sekundäre Geschlechtsmerkmale

Wann sind Mädchen geschlechtsreif?
Sobald in den Eierstöcken Eizellen heranreifen, werden Mädchen geschlechtsreif. Bei der monatlichen Menstruation wird die Eizelle mit Blut und Schleimhautresten aus der Gebärmutter ausgeschieden.

Körperhygiene ist wichtig
In der Pubertät beginnen Schweißdrüsen vermehrt Schweiß zu produzieren. Deshalb ist es wichtig, dass Jungen und Mädchen sich ab jetzt regelmäßig waschen. Wichtig: Die äußeren Geschlechtsorgane nicht vergessen. Auch die Kleidung sollte häufiger gewechselt werden.

Befruchtung
Beim Geschlechtsverkehr wird der steife Penis in die Scheide eingeführt. Nach dem Samenerguss schwimmen die Samenzellen, die Spermien, von der Scheide durch die Gebärmutter in den Eileiter. Treffen sie auf eine Eizelle, kommt es zur Befruchtung, wenn ein Spermium in die Eizelle eindringt.

Ein neuer Mensch entsteht
Eine Schwangerschaft beginnt mit dem Einnisten der mehrfach geteilten Eizelle in die Gebärmutterschleimhaut. Der Embryo besitzt nach drei Monaten alle Organanlagen. Danach wächst er als Fetus weiter heran und wird größer und schwerer.

Geburtstag
Nach neun Monaten zieht sich die Gebärmuttermuskulatur zusammen und presst mit Wehen das Kind heraus. Mit der Durchtrennung der Nabelschnur ist ein neuer Mensch als Säugling auf die Welt gekommen.
Zwillinge können aus einer oder zwei Eizellen entstehen.

Kondome und Pille
Wer die Verantwortung für ein Kind nicht tragen kann oder will, sollte z. B. mit Kondomen oder der Pille verhüten.

Dein Körper gehört dir!
Über Missbrauch solltest du unbedingt mit einer Vertrauensperson sprechen. Jedes Mädchen und jeder Junge hat das Recht „NEIN" zu sagen, wenn jemand ihn oder sie sexuell belästigt.

Aufgaben

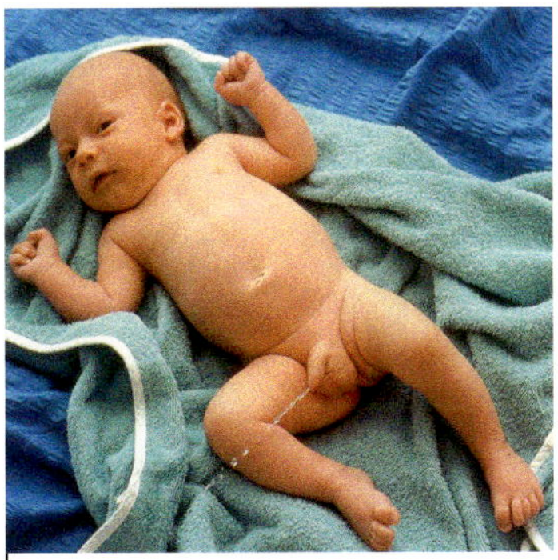

3 Säugling ♂

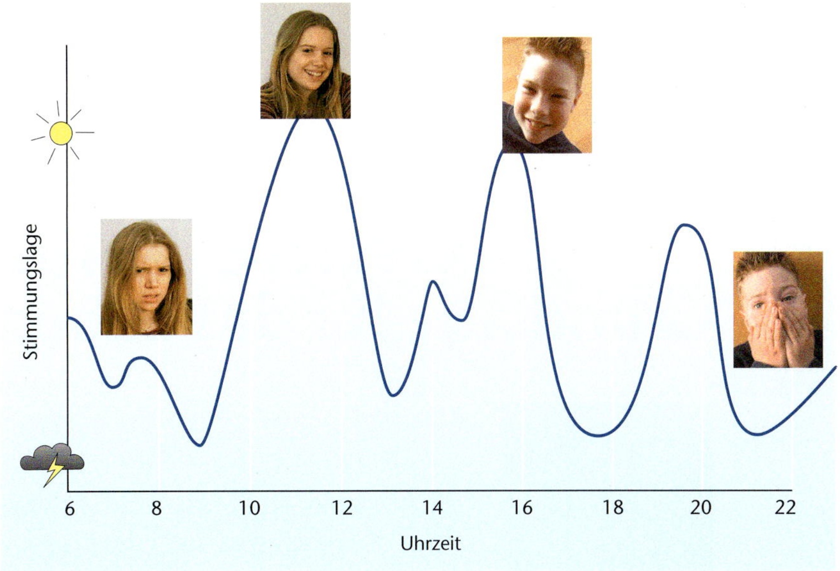

4 Zu Aufgabe 4

1 a) Welche primären Geschlechtsorgane hat ein Junge schon bei der Geburt? Liste auf.
b) Erstelle eine entsprechende Liste für ein Mädchen.

2 Zähle auf, welche sekundären Geschlechtsmerkmale sich entwickeln.
a) bei einem Jungen
b) bei einem Mädchen

3 „Himmelhoch jauchzend – zu Tode betrübt“, lautet eine Redewendung.
Finde eine Erklärung für dieses „Achterbahnfahren“ deiner Stimmungen.

4 Ordne den Fotos der Mädchen und Jungen in Abbildung 4 ihre jeweiligen Gefühle zu. Versetze dich in eine der Personen.
Schreibe eine kleine Geschichte in der Ich-Form, die zu der jeweiligen Stimmungslage geführt haben könnte.

5 Stelle dir vor, du bist mit einem der Mädchen oder Jungen auf den Fotos eng befreundet: Wie reagierst du? Schreibe dein Gespräch mit ihr oder ihm auf.

6 Erkläre, wie ein Pickel entsteht.

7 Begründe, warum es wichtig ist, sich gründlich überall zu waschen, frische Kleidung zu tragen und gut zu riechen.

8 Beschreibe den Weg der Spermien von der Entstehung bis zum Samenerguss.

9 Erkläre, wo die weiblichen Keimzellen entstehen und wann sie befruchtungsfähig sind.

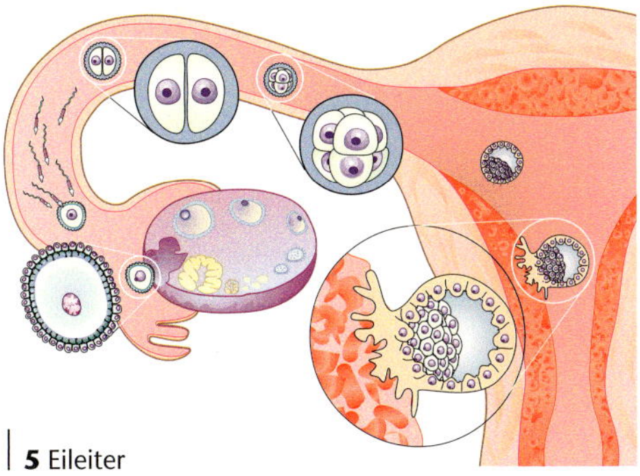

5 Eileiter

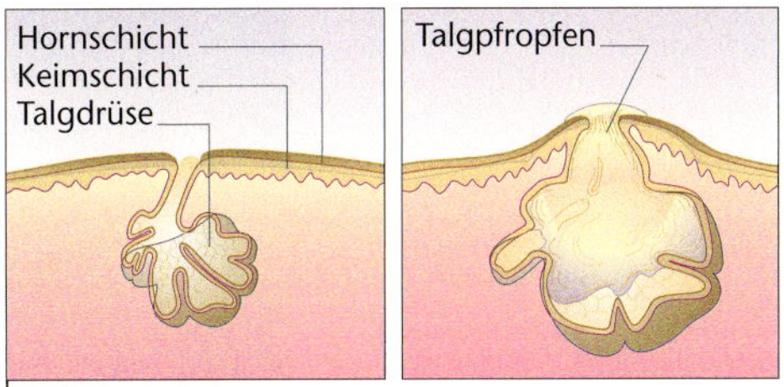

6 Entstehung eines Pickels

10 Beschreibe genau den Vorgang der Befruchtung.

11 Ist es möglich, dass eine Eizelle von mehreren Spermien befruchtet wird?
Begründe deine Aussage.

12 Wie entstehen Zwillinge? Zeichne beide Möglichkeiten in dein Heft und beschrifte.

13 Beschreibe den Menstruationszyklus.

14 Warum ist Hygiene an den „Tagen“ besonders wichtig? Schreibe die Gründe auf.

15 Plant einen Besuch eurer Klasse bei einer Frauenärztin oder einem Frauenarzt.

16 Notiere dir drei weitere Fragen zum Thema Pubertät in dein Heft.
Suche im Internet auf der Homepage der Bundeszentrale für gesundheitliche Aufklärung, BzgA, nach Antworten. Trage die Antworten in dein Heft ein.

Grüne Pflanzen
– Grundlage für das Leben

Kakao, Kirschen und Kartoffelchips – alle stammen aus der Pflanzenwelt. Die hat aber noch viel mehr zu bieten: Pflanzen bestimmen das Bild unserer Landschaft.

Ob du einen Wald, einen Acker, eine Wiese oder einen Garten anschaust – überall siehst du Pflanzen. Es können Bäume, Sträucher oder Kräuter sein. Pflanzen können prächtig blühen, stark duften und leckere Früchte haben.
Sie liefern Tieren und Menschen Nahrung und produzieren den lebenswichtigen Sauerstoff zum Atmen.

Pflanzen findet man fast überall auf der Erde. Sie wachsen im Hochgebirge und am Rand von Wüsten. Selbst wenn du mit Schnorchel und Taucherbrille unter Wasser bist, wirst du verschiedene Arten von Pflanzen sehen.

In diesem Kapitel erfährst du einiges über das interessante Leben der Pflanzen und ihre Bedeutung für Menschen und Tiere.

Aufbau einer Blütenpflanze

1 Saatmohn

Schau dir einmal Pflanzen, die auf dem Schulgelände wachsen, genauer an. Du wirst auf den ersten Blick die Unterschiede sehen, denn ein Saatmohn sieht sehr viel anders aus als ein Gänseblümchen oder das Hirtentäschelkraut, das hier abgebildet ist.

Vergleichst du die Pflanzen genauer, so kannst du sehen, dass bei allen die gleichen Teile vorkommen: **Blätter, Blüten, Stängel** und **Wurzeln**. Die Pflanzenteile sehen aber sehr verschieden aus. Fachleuten verrät der unterschiedliche Bau oft schon auf den ersten Blick, unter welchen Lebensbedingungen die Pflanzen wachsen.

Alle Blütenpflanzen haben die gleichen Grundorgane: Blüte, Sprossachse, Blatt und Wurzel. Diese Grundorgane benötigt die Pflanze, um zu wachsen, sich zu ernähren und sich fortzupflanzen.

Aufgaben

1 Sammle einige Pflanzen aus der Umgebung der Schule. Überprüfe, ob du bei allen die auf dieser Seite dargestellten Grundorgane erkennen kannst.

2 Bereite eine Ausstellung vor, für die du unterschiedliche Blätter, Blüten und Wurzeln sammelst.

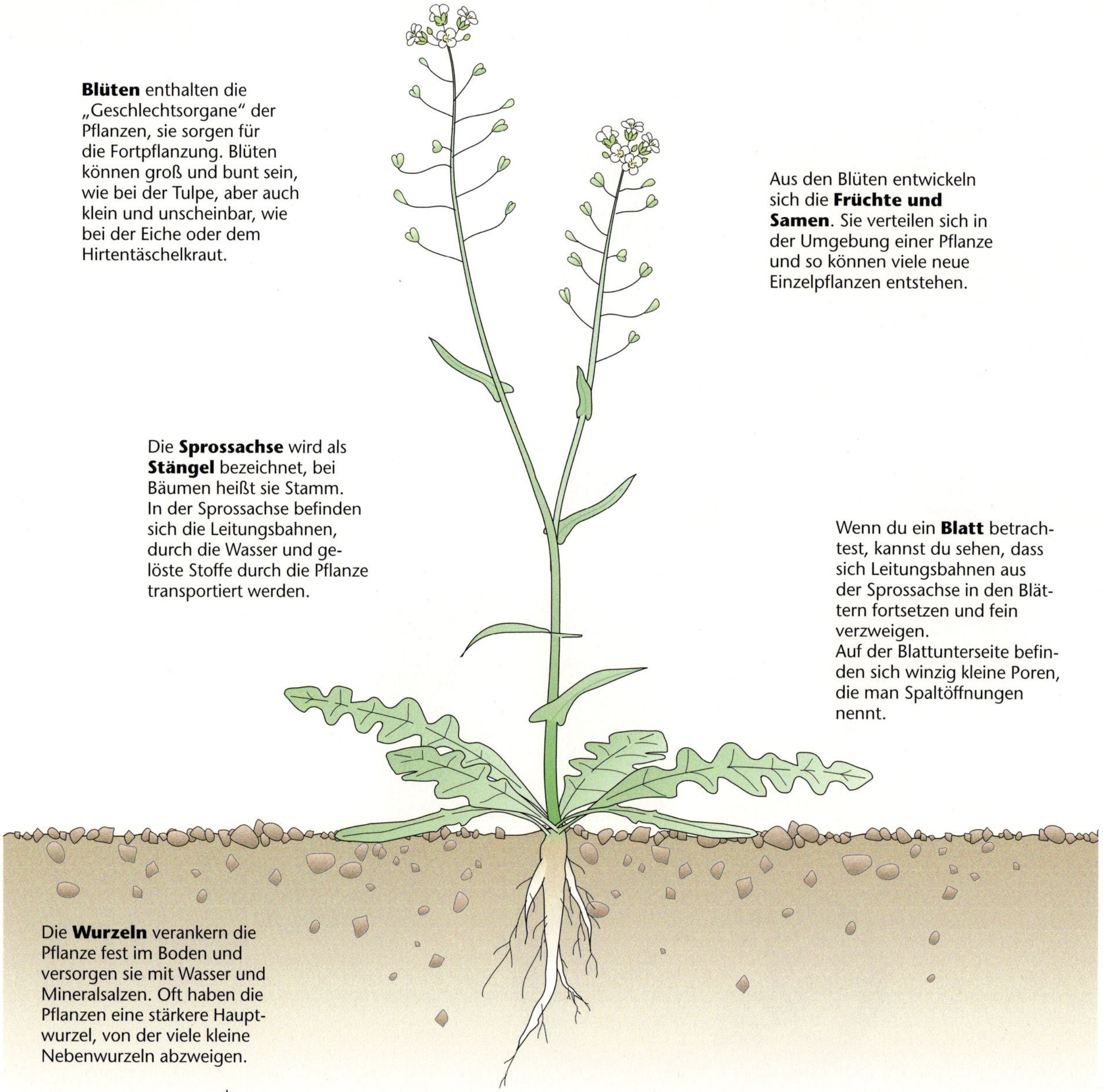

Blüten enthalten die „Geschlechtsorgane" der Pflanzen, sie sorgen für die Fortpflanzung. Blüten können groß und bunt sein, wie bei der Tulpe, aber auch klein und unscheinbar, wie bei der Eiche oder dem Hirtentäschelkraut.
Aus den Blüten entwickeln sich die **Früchte und Samen**. Sie verteilen sich in der Umgebung einer Pflanze und so können viele neue Einzelpflanzen entstehen.
Die **Sprossachse** wird als **Stängel** bezeichnet, bei Bäumen heißt sie Stamm. In der Sprossachse befinden sich die Leitungsbahnen, durch die Wasser und gelöste Stoffe durch die Pflanze transportiert werden.
Wenn du ein **Blatt** betrachtest, kannst du sehen, dass sich Leitungsbahnen aus der Sprossachse in den Blättern fortsetzen und fein verzweigen.
Auf der Blattunterseite befinden sich winzig kleine Poren, die man Spaltöffnungen nennt.
Die **Wurzeln** verankern die Pflanze fest im Boden und versorgen sie mit Wasser und Mineralsalzen. Oft haben die Pflanzen eine stärkere Hauptwurzel, von der viele kleine Nebenwurzeln abzweigen.

2 Aufbau einer Blütenpflanze, hier Hirtentäschelkraut

Mein Bio-Heft wird super!

In deinem **Biologieheft** oder **Ordner** kannst du jederzeit nachschauen, was ihr im Unterricht besprochen habt. Das erleichtert dir das Lernen. Dazu ist es allerdings wichtig, dass dein Heft oder dein Ordner übersichtlich und ansprechend gestaltet ist. Die Leser, also auch du selbst, müssen sich schnell zurechtfinden können und „Blickfänge“ vorfinden. Dann macht das Lesen und Betrachten Spaß.

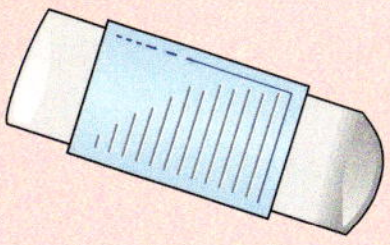

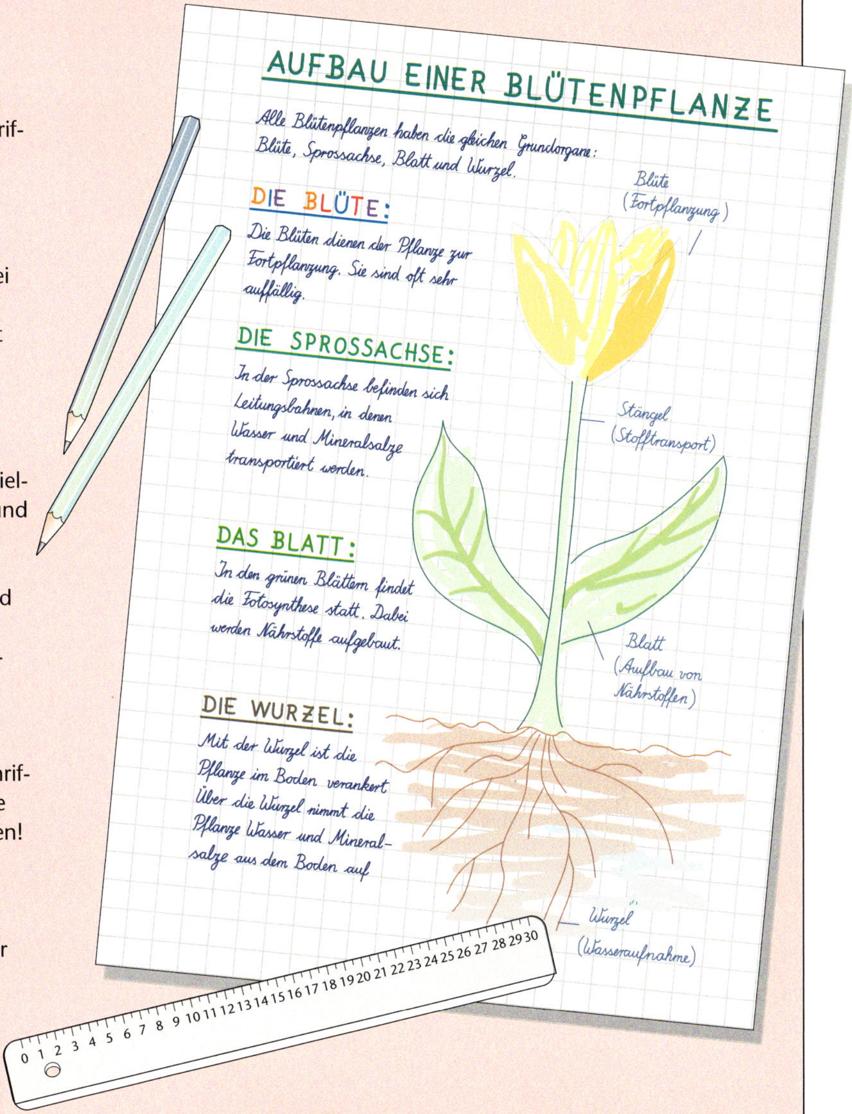

Du musst den Ordner oder das Heft deutlich mit Fach, Name, Klasse und Schuljahr beschriften. Auch braucht dein Heft einen sauberen Einband.

Arbeitsblätter werden komplett und fehlerfrei ausgefüllt, eventuell zuerst mit Bleistift, und dann in der richtigen Reihenfolge eingeklebt oder eingeheftet.

Achte auf eine ordentliche, lesbare Schrift. Vielleicht schreibst du im Unterricht zuerst vor und trägst deine Notizen später in Ruhe ein.

Teile die Heftseite sinnvoll ein. Halte links und rechts einen Rand von etwa 2–3 cm. Hier kannst du mit Bleistift Lernhilfen oder „Eselsbrücken“ eintragen.

Gliedere den Text in Absätze, wähle Überschriften und schreibe sie groß oder farbig. Merke dir: für jedes Thema eine neue Seite anfangen!

Wer Lust hat, kann selbst Fotos machen oder Bilder einkleben.

Eigene Skizzen und Zeichnungen werden groß und mit Bleistift angefertigt. Vergiss die Beschriftung nicht!

Falls du etwas korrigieren musst, radiere ordentlich.

Themenhefte
Ein besonderer Fall ist das **Themenheft** oder der **Sachordner.** Hier widmest du einem Thema ein ganzes Heft. Themen für ein Themenheft könnten sein: Unser Garten, Tiere und Pflanzen auf unserem Balkon, meine Zimmerpflanze, ein Besuch im Zoo.

Die Kartoffel ist eine Nutzpflanze

1 Kartoffelacker, Kartoffelblüte und Frucht

Die Heimat der Kartoffel (▷ B 1) ist das Hochland von Peru und Bolivien in Südamerika (▷ B 3). Dort wächst sie wild an trockenen und kühlen Plätzen. Indianer bauen diese Pflanze schon seit Jahrhunderten für die Ernährung an. Nach Europa gelangte die Kartoffel zwar schon mit Seefahrern um 1560, aber erst im 17. Jahrhundert wurde ihr Wert als Nahrungsmittel und Nutzpflanze erkannt. Seitdem wurde die Kartoffel neben dem Getreide die wichtigste Pflanze für die Ernährung der Menschen. Kartoffeln sind einjährige Pflanzen. Im Frühling legt man die dicken **Sprossknollen** (▷ B 2) so in den Boden, dass die Triebe möglichst nach oben zeigen. Schon bald entwickeln sich die grünen Pflanzen aus der Knolle. An der Sprossachse bilden sich unter der Erde zahlreiche **Tochterknollen**. Wenn die Pflanze verblüht ist, werden die Tochterknollen aus dem Boden geholt. Sie haben im Laufe des Sommers Stärke als Vorratsstoff gespeichert. Die Mutterknollen sind kaum noch zu erkennen, ihre Vorratsstoffe wurden für das Wachstum der Pflanze aufgebraucht. Aus jeder Tochterknolle kann im nächsten Jahr eine neue Kartoffelpflanze entstehen.

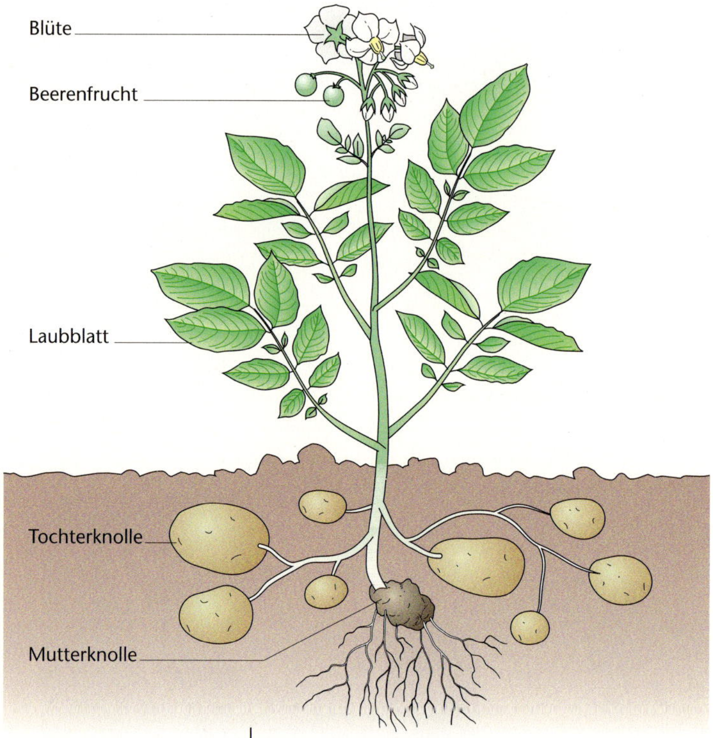

2 Aufbau der Kartoffelpflanze

▶ Kartoffelknollen sind verdickte Teile der Sprossachse. Sie enthalten sehr viel Stärke und sind daher wichtige Nahrungsmittel.

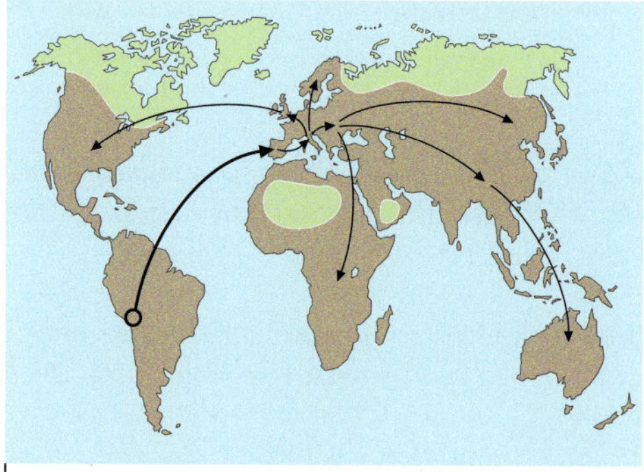

3 Herkunft der Kartoffelpflanze

Versuche

1 Schneide in einen Karton ein etwa 3 cm großes Loch. Lege eine Kartoffel hinein und stelle den Karton mit dem Loch zum Fenster. Prüfe nach einigen Wochen, welche Veränderungen sich an der Kartoffel ergeben haben.

2 Reibe geschälte Kartoffeln, gib etwas Wasser dazu, presse den Brei durch ein Tuch und lasse die ausgepresste Flüssigkeit stehen. Tauche ein kleines Leinentuch in die am Boden abgesetzte Flüssigkeit und lasse dieses trocknen. Erkläre.

3 Gib einige Tropfen Iod-Kaliumiodidlösung auf eine angeschnittene Kartoffel. Beschreibe die Reaktion und erkläre.

Aufgabe

1 a) Beschreibe die Frucht der Kartoffel.
b) Im Haushalt verwendet man viele Produkte, die aus Kartoffeln hergestellt werden. Nenne einige.

Gräser ernähren die Menschheit

Gräser sind nicht nur für die Ernährung der Tiere wichtig, sie bilden auch die Nahrungsgrundlage der Menschen. Sämtliche Getreidearten wurden aus Wildgräsern gezüchtet.

Weizen ist das wichtigste Brotgetreide (▷ B 1). Er wächst schnell und kann bereits Ende Juli geerntet werden. Mit Mähdreschern werden die Halme geschnitten und gedroschen. Weizen wird hauptsächlich fein gemahlen und so zu hochwertigem Mehl verarbeitet. Auch Nudeln werden aus Weizen hergestellt.

Roggen ist ebenfalls ein wichtiges Brotgetreide. Roggenbrötchen und -brote sind dunkler als Produkte aus Weizenmehl.

Gerste wird als Futtergetreide für das Vieh genutzt. Angekeimte und anschließend geröstete Gerstenkörner bezeichnet man als Malz. Malz bildet die wichtigste Grundlage bei der Bierherstellung.

Hafer war früher vor allem als Pferdefutter sehr gefragt. Heute gelangen die geschälten und gequetschten Körner als Haferflocken in unsere Küchen.

Reis ist eine Sumpfpflanze und benötigt sehr viel Wasser. Ursprünglich in Ostasien angebaut, wird Reis heute in fast allen Teilen der Welt angepflanzt, in denen genügend Wasser und Wärme vorhanden sind (▷ B 2). Reis ist die Nahrungsgrundlage für fast die Hälfte aller Erdbewohner. In manchen asiatischen Sprachen ist das Wort „Reis essen“ das gleiche Wort wie „essen“.

Hirse (▷ B 3) war vor der Einführung der Kartoffel ein wichtiges Nahrungsmittel in Europa. Hirsebrei gehört heute in den tropischen Gebieten Afrikas zur täglichen Mahlzeit.

Mais wurde in Süd- und Mittelamerika wegen seiner Körner angebaut. Heute dient er auch in Europa als Futterpflanze für Rinder. Wir essen Mais als Gemüse oder Popcorn.

▶ Getreidepflanzen sind für die Ernährung der Menschen auf der ganzen Welt von besonderer Bedeutung.

1 Weizenfeld

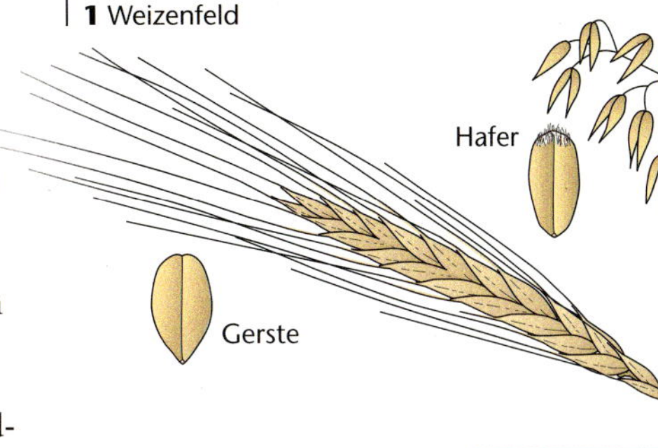

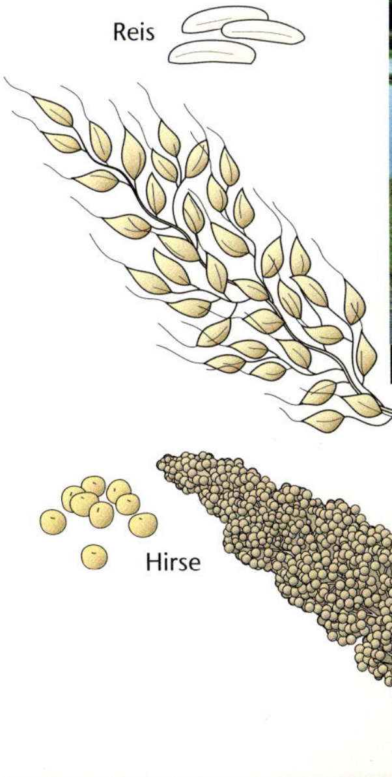

2 Reisanbau

3 Hirseanbau

1 Wildeinkorn

2 Weizen

Wissenschaftler haben herausgefunden, dass Getreide schon seit mindestens 9000 Jahren angebaut wird. Die Körner waren aber noch viel kleiner als bei den heutigen Getreidesorten. Wie ist das zu erklären? Alle Nutzpflanzen des Menschen stammen von wild lebenden Pflanzen ab, auch unser heutiger Weizen. Sein Vorfahre war wahrscheinlich das **Wildeinkorn** (▷B1) aus Asien. Es hat nur sehr kleine Körner. Seine Halme sind dünn und knicken bei Wind schnell um.

Der Mensch hat diese Wildpflanze durch **Züchtung** über Jahrtausende hinweg verändert: Er säte immer nur die Samen aus, die von besonders kräftigen und ertragreichen Pflanzen stammten. So entstand unsere kräftige und ertragreiche Weizenpflanze (▷B2). Wissenschaftler versuchen aber immer noch, neue Formen des Weizens zu züchten, die Frost ertragen und gegen Schädlinge unempfindlich sind.

▶ Unsere heutigen Getreidearten entstanden durch Züchtung aus Wildgräsern.

Lexikon

Nachwachsende Rohstoffe

Die Rohstoffe für viele Waren werden immer knapper. Eine mögliche Lösung wäre: Wir züchten Pflanzen, die Rohstoffe liefern. Dann können wir dafür sorgen, dass diese Rohstoffe immer wieder nachwachsen.

Die Samen des gelb blühenden **Raps** enthalten sehr viel Öl. Dieses kann technisch so bearbeitet werden, dass man es als Kraftstoff für Dieselmotoren nutzen kann. Das Rapsöl wird an Tankstellen als „Biodiesel" verkauft.

Hanf ist eine uralte Kulturpflanze. Aus den Fasern im Stängel dieser Pflanze stellte man Garne, Seile, Papier und Schiffssegel her. Weil der Hanf auch als Droge genutzt wurde, war der Anbau lange Zeit verboten. Nachdem es Wissenschaftlern gelang, Hanfsorten zu züchten, aus denen man keine Rauschmittel gewinnen kann, wird der Anbau wieder gefördert. Hanf liefert Fasern, die vor allem für Autopolster, Kleidung, Schnüre usw. genutzt werden. Man kann damit einen Teil der Kunststoffe ersetzen, die aus Erdöl hergestellt werden.

Schon lange werden die Fasern von **Flachs** oder **Lein** für verschiedene Textilien verwendet. Auch die Autoindustrie verarbeitet Flachs, damit die Bauteile biologisch abbaubar sind oder später wieder genutzt werden können. Dieses Verfahren nennt man Recycling. Flachs liefert zudem ein wertvolles Öl, das vor allem für die Herstellung von Farben genutzt wird.

Zucker macht das Leben süß!?

1 Sklaven beim Zuckeranbau

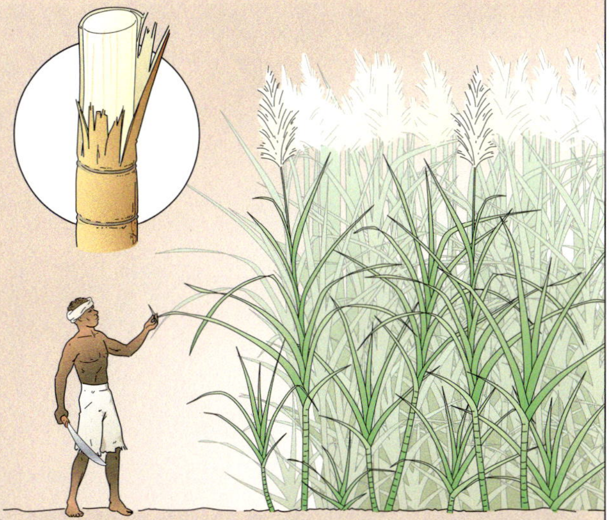

2 Zuckerrohr

Zuckerrohr – ein süßes Gras

Das Zuckerrohr (▷ B 2) wurde vor 1200 Jahren von den Arabern ins Mittelmeergebiet gebracht. Als KOLUMBUS (1451 – 1506) Amerika 1492 entdeckte, erkannte man schnell, dass sich dieser Kontinent sehr gut für den Anbau von Zuckerrohr eignete und dass damit viel Geld verdient werden könnte. So entstanden auf den Inseln der Karibik und in Südamerika riesige Zuckerrohrplantagen. Unter schlimmsten Bedingungen mussten schwarze Sklaven aus Afrika dort arbeiten, damit die Verbraucher in Europa genügend Zucker erhielten.

Zucker aus Rüben

Der Chemiker ANDREAS SIGISMUND MARGGRAF (1709 – 1782) entdeckte im Jahr 1747, dass in Runkelrüben der gleiche Zucker enthalten ist wie im Zuckerrohr. Nach 15 Jahren Züchtung und Forschungstätigkeit gelang es ihm, besonders zuckerhaltige Rüben zu züchten. Im Jahr 1801 wurde die erste Zuckerfabrik der Welt in Betrieb genommen.

Die Bedeutung des Zuckerrohranbaues in der Karibik und Südamerika ging in den nächsten Jahrzehnten schnell zurück und damit auch die unmenschliche Quälerei vieler Sklaven in den Zuckerrohrplantagen und Zuckerfabriken.

Zuckerrüben (▷ B 3) wachsen nur auf allerbesten Böden. Nach der Aussaat bildet die Pflanze zunächst eine schmale Pfahlwurzel. Wenn genügend Blätter ausgebildet sind, verdickt sich ein Teil des Stängels und der obere Teil der Hauptwurzel wird zur Rübe. Diese wird höchstens 35 cm lang, die Pfahlwurzel kann bis zu 2 m tief in den Erdboden vordringen. Zuckerrüben benötigen viel Sonne, Regen und intensive Pflege.

In der Zuckerfabrik

Nach der Ernte im Herbst liefern die Landwirte die Zuckerrüben in die Zuckerfabriken (▷ B 4). Dort wäscht man die Rüben und zerteilt sie in kleine Stücke. Der Saft wird ausgepresst, gefiltert, gereinigt und verdampft. Das Ergebnis ist ein brauner, klebriger Zucker. Durch einen weiteren Reinigungsvorgang, den man Raffinieren nennt, entsteht schließlich unser weißer Streuzucker. Eine große Rübe kann bis zu 240 g Zucker liefern.

Der Zuckerverbrauch ist in den letzten Jahrzehnten stark gestiegen. Das hat auch ungünstige Folgen für die Gesundheit: Zu viel Zuckergenuss kann zu Übergewicht und Karies führen.

3 Runkelrübe

4 Zuckerfabrik

1 Kirschblüten

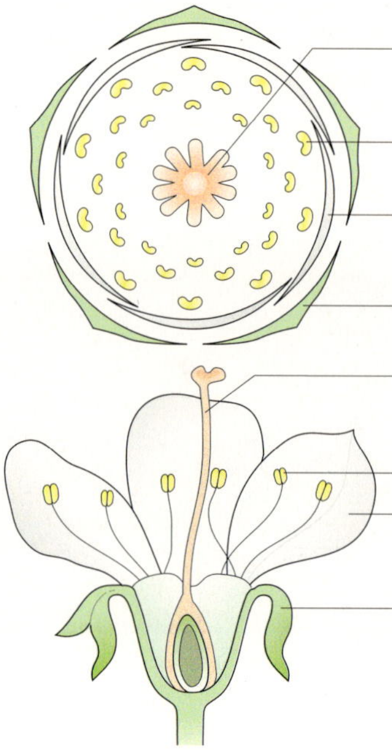

Aufbau einer Blüte

Blüten können groß und farbig sein, so wie bei einer Rose oder klein und unscheinbar wie bei der Eiche.

Schau dir mal eine Kirschblüte genauer an.
Als äußere Hülle findest du fünf grüne **Kelchblätter**. Sie umgeben bei der ungeöffneten Blüte schützend die anderen Blütenteile.

Besonders auffällig sind die fünf weißen **Kronblätter**, die man auch Blütenblätter nennt. Die Kronblätter locken durch ihre Farben Insekten an, sie wirken also wie ein Reklameschild.

Die Kronblätter umgeben die etwa 30 fadenförmigen **Staubblätter**. Jeder Faden trägt eine gelbe Verdickung an der Spitze, den **Staubbeutel**. Die Staubbeutel enthalten den Blütenstaub oder **Pollen**, das sind die männlichen Geschlechtszellen. Staubblätter sind männliche Blütenteile.

In der Mitte der Blüte befindet sich in einer kleinen Aushöhlung des Blütenbodens der **Fruchtknoten**. In ihm liegen die Eizellen, aus denen später die Samen entstehen. Nach oben verlängert sich der Fruchtknoten zum **Griffel**, an dessen Ende findet man die **Narbe**. Griffel, Narbe und Fruchtknoten werden zusammen auch als Stempel oder Fruchtblatt bezeichnet. Das **Fruchtblatt** ist der weibliche Blütenteil.

Auf dem Blütenboden befindet sich bei vielen Pflanzen der Nektar, eine süße Flüssigkeit, die Insekten sehr gerne aufsaugen.
Obwohl es die verschiedensten Blütenformen gibt, findest du die gleichen Bestandteile bei fast allen Blüten.

Blüten bestehen meistens aus Kelchblättern, Kronblättern, Staubblättern und Fruchtblättern.

2 Aufbau von Rosen-, Salbei- und Nelkenblüte

Aufgaben

1 a) Betrachtet Pollen unter dem Mikroskop. Arbeitet dabei in Gruppen und untersucht möglichst viele verschiedene Pflanzen.
b) Zeichnet Pollen und vergleicht sie.
c) Betrachtet Pollen von Tanne, Fichte oder Kiefer.
Was fällt auf?
Welche Vorteile bietet diese Form der Pollen?

2 „Der Weihnachtsstern hat kleine, gelbe Blüten". So steht es in einem Buch für Blumenfreunde.
Prüfe diese Aussage.

3 Linden werden zur Zeit ihrer Blüte von zahlreichen Insekten, vor allem Hummeln besucht. Die Blüten sind aber ziemlich unauffällig.
Untersuche die Blüten der Linde und erkläre, warum der Baum trotz der fehlenden Blütenfarben so stark von Insekten besucht wird.

3 Weihnachtsstern

4 Lindenblüten

Werkstatt

Das Legebild einer Blüte entsteht

Material:
Pinzette, 6 cm x 6 cm große Stücke Klebefolie, Kirsch- oder Apfelblüten, evtl. weitere Blüten (Ackersenf, Wicke, Bohne), Zirkel, Papier, Folienstifte

Durchführung:
a) Betrachte zunächst die Blüte genau und bemühe dich, die einzelnen Teile richtig zu benennen.
b) Zeichne auf einem weißen Blatt mit dem Zirkel mehrere Kreise ein (Abstand ca. 1 cm).
c) Lege darüber die Klebefolie mit der klebenden Seite nach oben.
d) Zupfe nun mit der Pinzette die einzelnen Teile aus der Blüte und lege sie auf die Folie. Nimm zunächst die großen Kronblätter und ordne sie auf dem äußeren Kreis an (▷ B 1). Lege nun die Kelchblätter zwischen die Kronblätter. In die Mitte lege den Stempel und ordne die Staubblätter um diesen herum an.
e) Anschließend brauchst du die Folie nur noch vorsichtig in dein Biologieheft oder auf ein Blatt zu kleben – und fertig ist das Legebild.
f) Vergiss nicht, die Teile zu beschriften (Folienstifte).
g) Fertige ein weiteres Legebild an. Probiere es einmal mit Blüten von Garten-Wicken, Bohnen oder Ackersenf.

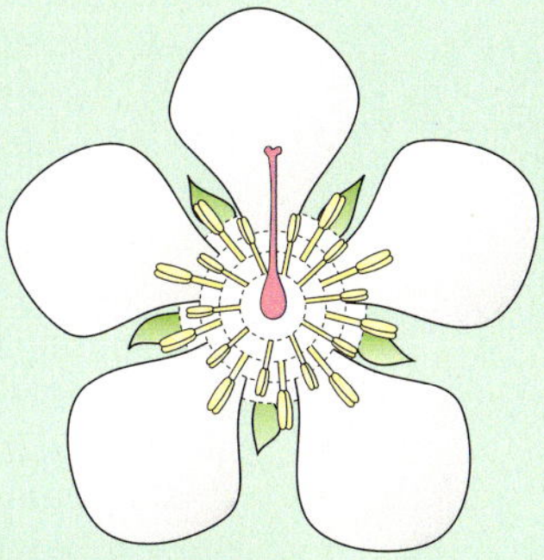

1 Legebild der Kirschblüte

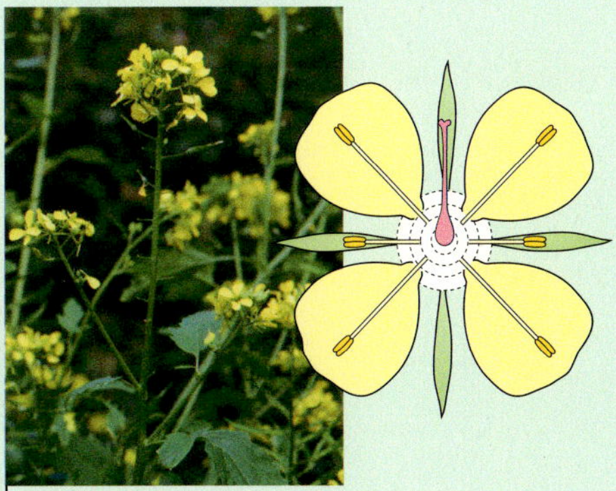

2 Ackersenf: Blüte und Legebild

1 Kirschblüte

2 Bestäubung

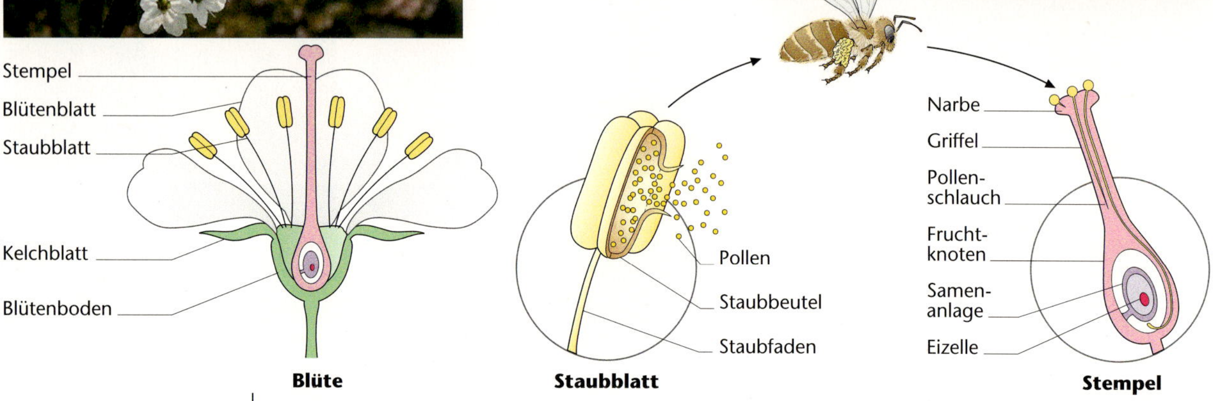

5 Eine Kirsche entsteht: Bestäubung, Befruchtung, Entwicklung der Frucht

6 Pollenschläuche wachsen

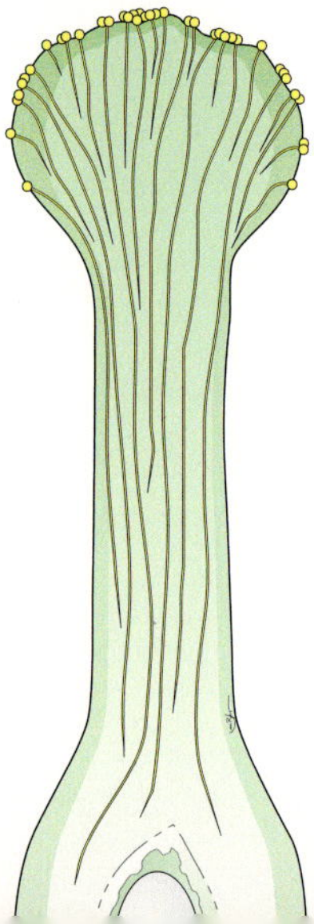

Blüten werden bestäubt

An einem warmen Frühlingstag kannst du hunderte von Bienen sehen, die um einen blühenden Kirschbaum herumfliegen. Schaust du einmal genauer hin, siehst du, dass jede Biene versucht, an den Grund der Blüte zu gelangen. Dort sucht sie eine süße Flüssigkeit, den Nektar.

Die Biene muss sich an den Staubblättern vorbeidrängen und pudert dabei ihren pelzigen Körper mit den Pollen aus den Staubbeuteln ein. Nun fliegt sie zur nächsten Blüte, um auch dort nach dem süßen Nektar zu suchen. Dabei berührt sie die klebrige Narbe und es bleiben einige Pollenkörner hängen. Die Biene hat für die **Bestäubung** (▷ B 2) der Blüte gesorgt.

Bestäubung nennt man den Vorgang, durch den Pollen auf die Narbe einer Blüte gelangt.

In der Blüte erfolgt die Befruchtung

Was sich nun im Inneren des Stempels abspielt, wird nur unter dem Mikroskop sichtbar. Der Pollen, in dem die männlichen Keimzellen der Pflanze enthalten sind, bildet Pollenschläuche (▷ B 6). Diese wachsen durch die Narbe und den Griffel hindurch bis ins Innere des Fruchtknotens. Dort befindet sich die Samenanlage mit einer oder mehreren Eizellen. Der erste Pollenschlauch, der die Samenanlage erreicht, öffnet sich. Aus ihm wird ein Zellkern frei, der mit dem Zellkern der Eizelle verschmilzt. Dieser Vorgang heißt **Befruchtung**. Nur wenn in der Blüte eine Befruchtung erfolgt ist, kann sich daraus eine Kirsche entwickeln. Aus dem Kirschkern kann später eine neue Pflanze entstehen.

Bei der Befruchtung verschmilzt die männliche Geschlechtszelle aus dem Pollenschlauch mit der Eizelle.

Eine Kirsche entsteht

In den nächsten Wochen entwickelt sich aus der befruchteten Blüte die Kirsche. Zunächst werden die Kronblätter welk und fallen herab. Dann wird auch der Blütenboden mit den trockenen Staubblättern und Kelchblättern abgestoßen. Der Fruchtknoten dagegen wird immer größer, man erkennt allmählich die Kirsche. Aus der Wand des Fruchtknotens entstehen das rote Fruchtfleisch der Kirsche und der harte Kirschkern. Aus der Samenanlage der befruchteten Eizelle hat sich im Innern des Kirschkerns der Samen entwickelt. Wenn dieser in den Boden gelangt, kann

3 Unreife Früchte

4 Reife Früchte

er auskeimen und zu einem neuen Kirschbaum heranwachsen.

Auch der Wind bestäubt Pflanzen
Vielleicht ist dir schon einmal aufgefallen, dass nach Regentagen im Frühling die Pfützen und Teiche mit einem gelben Staub überpudert sind (▷B 7). Betrachtest du diesen Staub unter dem Mikroskop, so kannst du sehen, dass die gelbe Schicht Pollen von sehr vielen verschiedenen Pflanzen enthält. Bäume und Sträucher wie Kiefer, Fichte, Birke, Eiche und Haselnuss, aber auch Gräser brauchen nämlich für die Bestäubung keine Insekten. Sie produzieren große Mengen von Pollen, die dann durch den Wind in dichten Wolken verstreut werden. Dabei ist es ziemlich sicher, dass auf fast jede Narbe der weiblichen Blüten auch wirklich Pollen gelangt.

Aufgaben

1 Was würde geschehen, wenn man eine Blütenknospe, bevor sie aufblüht, mit einer kleinen Plastiktüte umhüllen würde? Begründe deine Antwort.

2 In manchen Geschäften werden Flaschen angeboten, in denen die vollständige Frucht einer Birne in Alkohol liegt. Erkläre, wie die Birne in eine Flasche kam.

3 Viele Waldbäume, aber nur wenige Waldblumen werden durch den Wind bestäubt. Erkläre.

4 Zwischen Blüten und deren Bestäuber besteht eine enge Wechselbeziehung. Finde hierfür mindestens drei Beispiele.

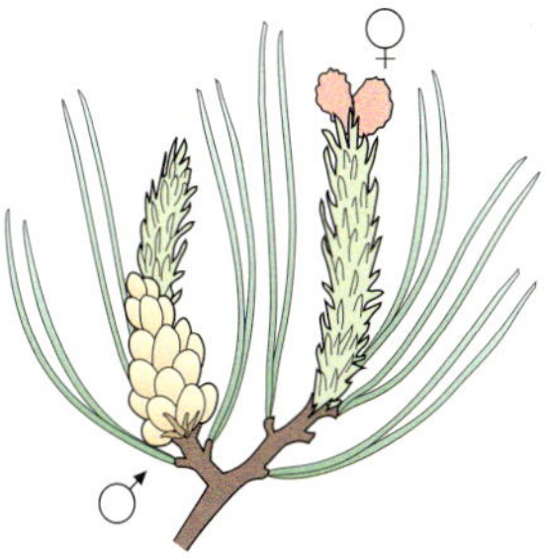

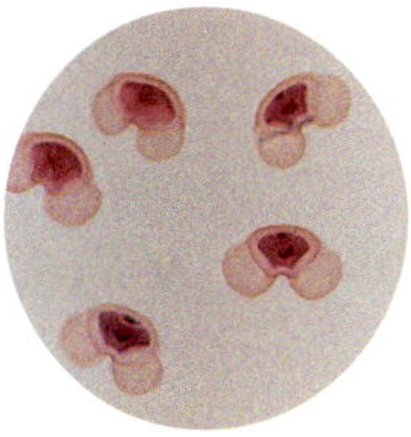

7 Pollen auf einem Gewässer, rechts Kiefernpollen

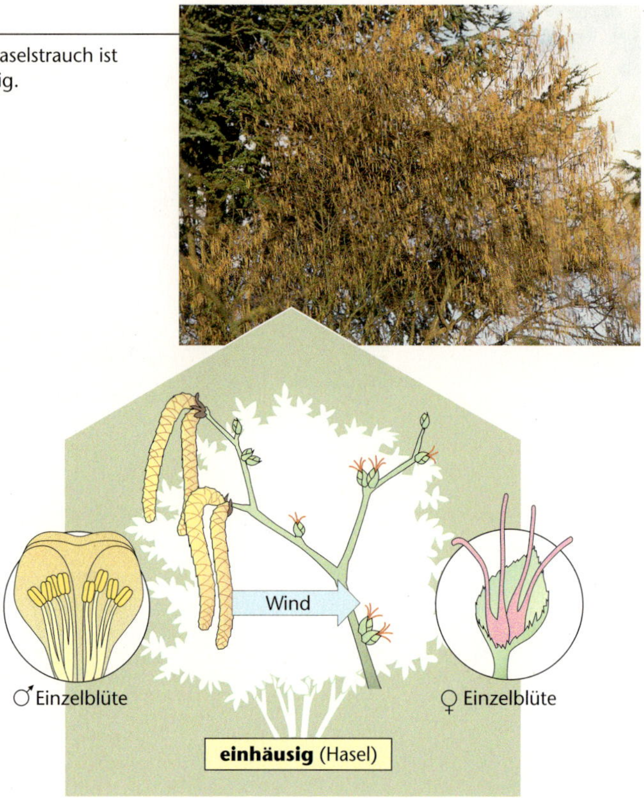

1 Der Haselstrauch ist einhäusig.

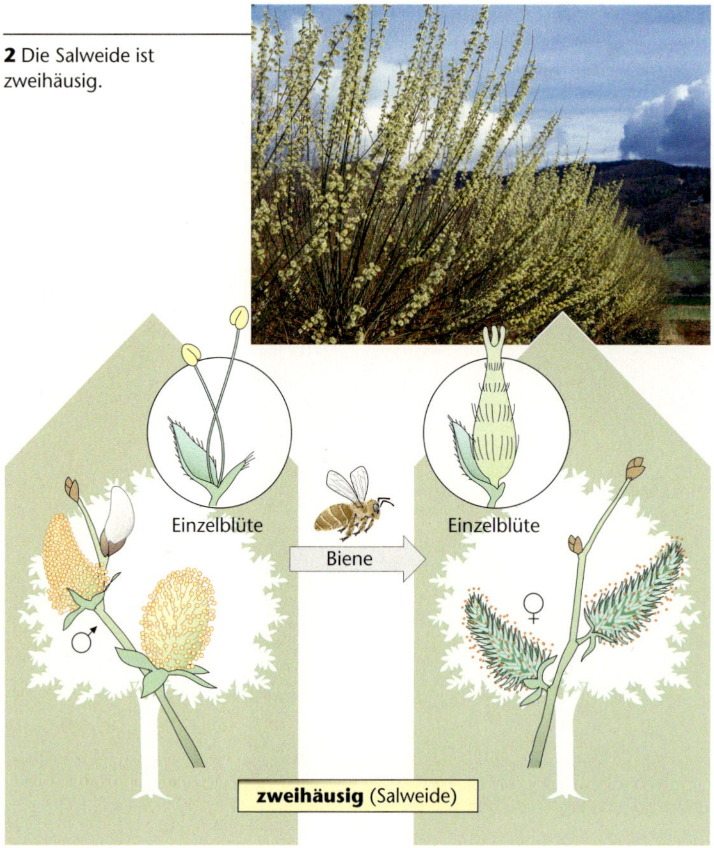

2 Die Salweide ist zweihäusig.

Der Haselstrauch ist einhäusig

Viele Pflanzen haben **Zwitterblüten**, in denen sich männliche Organe, also Staubblätter und weibliche Organe, die Fruchtblätter befinden.

Versuche

1 a) Schau dir den Zweig eines Haselstrauches an, den du im Vorfrühling ins warme Zimmer geholt hast.
b) Untersuche die Kätzchen genau mit der Lupe und betrachte den Blütenstaub unter dem Mikroskop.

2 Suche am Haselzweig nach Pflanzenteilen, die kleine rötliche und klebrige Narben aufweisen.

Die langen und dünnen Kätzchen des Haselstrauches, die nach einigen Tagen gelben Staub abgeben, sind männliche Blüten. Sie produzieren den Pollen. Die weiblichen Blüten sind kleine eiförmige Gebilde, aus denen die klebrigen Narben als kurze, rote Fäden herausschauen (▷B 1).

Der Haselstrauch ist getrenntgeschlechtlich. Da beide Blüten auf dem gleichen Strauch zu finden sind, also sozusagen in einem gemeinsamen Haus leben, nennt man solche Pflanzen **einhäusige Pflanzen** (▷B 1).

Die Salweide ist zweihäusig

Auch Salweiden tragen im Frühjahr Kätzchen (▷B 2). Sie sind rund, weich und zunächst weiß. Wenn sie den Pollen abgeben, sind sie gelb vom Blütenstaub. Außerdem duften sie stark nach Nektar und locken so die Insekten an. An dem Strauch mit den Kätzchen wirst du vergeblich nach weiblichen Blüten suchen. Sie befinden sich auf einer anderen Salweide, die meistens in nächster Nähe steht. Dort findest du die grünen, lang gestreckten und fast stachelig wirkenden Kätzchen (▷B 2). Sie enthalten die Fruchtknoten und die Stempel mit den Narben. Weiden sind also auch getrenntgeschlechtlich. Sie werden aber als **zweihäusige Pflanzen** bezeichnet, da ihre männlichen und weiblichen Blüten auf zwei verschiedenen Pflanzen der gleichen Art zu finden sind.

Neben Zwitterblüten gibt es auch getrenntgeschlechtliche Blüten, die einhäusig oder zweihäusig vorkommen.

Tricks bei der Bestäubung

Damit eine Pflanzenart nicht ausstirbt, muss sie Nachkommen haben. Bestäubung und Befruchtung sind also wichtig für das Überleben. Kein Wunder, dass man in der Natur die erstaunlichsten Bestäubungstricks findet:

Ein Beuteltier bestäubt Pflanzen
Der in Australien lebende **Honigbeutler** hat eine lange schmale Schnauze und eine bürstenartige Zunge, mit der er den Nektar in den Blüten erreichen kann. Pollen bleibt an seinem Fell haften und so sorgt er für die Bestäubung.

Vögel als Bestäuber
In Südamerika leben über 300 verschiedene Arten von **Kolibris**. Die kleinen bunten Vögel suchen im Schwirrflug nach Insekten und Nektar in den Blüten. Dabei tragen sie Pollen von einer Blüte zur anderen.

Nächtliche Besucher
Einige Pflanzen duften nach Sonnenuntergang besonders intensiv. Dieser Geruch lockt **Nachtschmetterlinge** an, die mit ihrem langen Rüssel den Nektar saugen. Dabei übertragen sie mit ihrem pelzigen Körper Pollen.

Eine Orchidee täuscht die Fliegenmännchen
Die Blüten der **Fliegenragwurz**, einer Orchidee, ähneln weiblichen Fliegen. Fliegenmännchen versuchen die Blüte zu begatten. Dabei gelangt Pollen an den Körper, die dann zur nächsten Blüte weitergetragen werden.

In der Falle des Aronstabs
Durch Aasgeruch lockt der **Aronstab** Insekten an. Wegen der glatten Blütenoberfläche rutschen die Tiere nach unten. Ein Haarkranz verhindert dort, dass die Insekten ihre Falle verlassen. Sie kriechen umher und bestäuben dabei die klebrigen Narben. Später vertrocknen die Narben und die Staubbeutel geben Blütenstaub ab. Nach wenigen Tagen verdorren die Härchen am Eingang der Falle, und die Insekten fliegen mit den Pollen zur nächsten Pflanze.

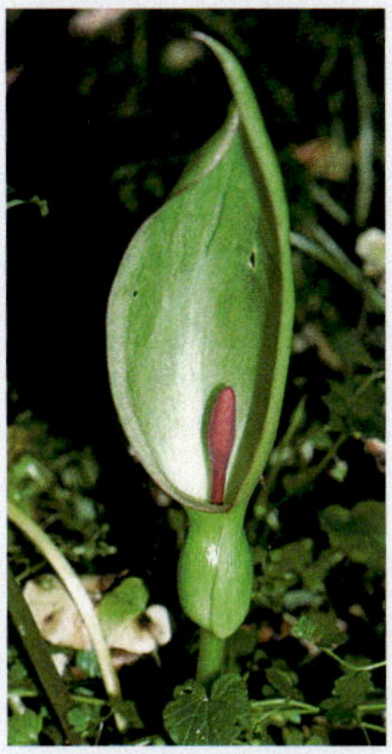

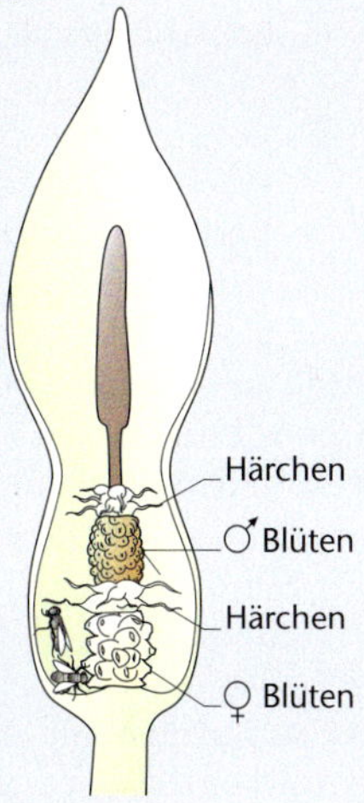

Die Technik des Wiesensalbeis
Beim **Wiesensalbei** ragt nur das Ende des Griffels mit der Narbe aus dem oberen Teil der Blüte, der so genannten Oberlippe, hervor. Auf der Unterlippe landen Bienen oder Hummeln. Um an den Nektar zu gelangen, schieben sie ihren Körper ins Innere der Blütenröhre. Das Insekt drückt dabei gegen den unteren Teil der in der Oberlippe verborgene Staubfäden.
Wie bei einem Hebel werden diese Staubblätter so auf den Rücken des Insekts gedrückt und pudern es mit Pollen ein.

Versuche

1 Lege einen Bohnensamen einen Tag ins Wasser und entferne dann die Samenschale. Klappe die beiden weißlichen Hälften auseinander, betrachte sie mit der Lupe und zeichne sie.

2 Untersuche ein eingeweichtes Weizenkorn mit einer Lupe.

3 Gib auf die geschälte Bohne und das Weizenkorn Iod-Kaliumiodidlösung. Was kannst du beobachten? Erkläre.

Aufbau eines Bohnensamens

Der Bohnensamen (▷ B 1) ist von einer harten Samenschale umgeben. Deutlich kannst du den Nabel, die Stelle, an der die Bohne an der Hülse angewachsen war, erkennen. Der geschälte Samen besteht aus zwei dicken, weißlichen Hälften, den **Keimblättern**. Sie sind voller Nährstoffe und enthalten vor allem Stärke. Ihre Aufgabe ist die Ernährung des jungen Keimlings, der aus dem Samen entsteht. Du kannst diesen Keimling, den **Pflanzenembryo** (▷ B 2), zwischen den beiden Keimblättern finden. Mit der Lupe erkennst du seine Einzelteile: den Keimstängel mit den ersten Laubblättern, die Keimknospe und die Keimwurzel. Der Keimling ist also bereits ein vollständiges Pflänzchen, das nur noch heranwachsen muss.

Aufbau eines Weizenkorns

Das Weizenkorn (▷ B 3) hat nur ein Keimblatt. Ein Querschnitt zeigt dir den Bau des Korns: Der größte Teil wird von dem stärkehaltigen **Mehlkörper** ausgefüllt. Er ist von einer Frucht- und Samenschale umgeben. Der Keimling befindet sich unterhalb des Mehlkörpers. Der Pflanzenembryo besitzt nur ein kleines Keimblatt, das Schildchen. Dieses versorgt das junge Pflänzchen mit den Nährstoffen aus dem Mehlkörper.

Der Samen enthält den Keimling der neuen Pflanze. Keimblätter versorgen den Keimling mit Nährstoffen.

1 Bohnensamen

2 Bohnenembryo

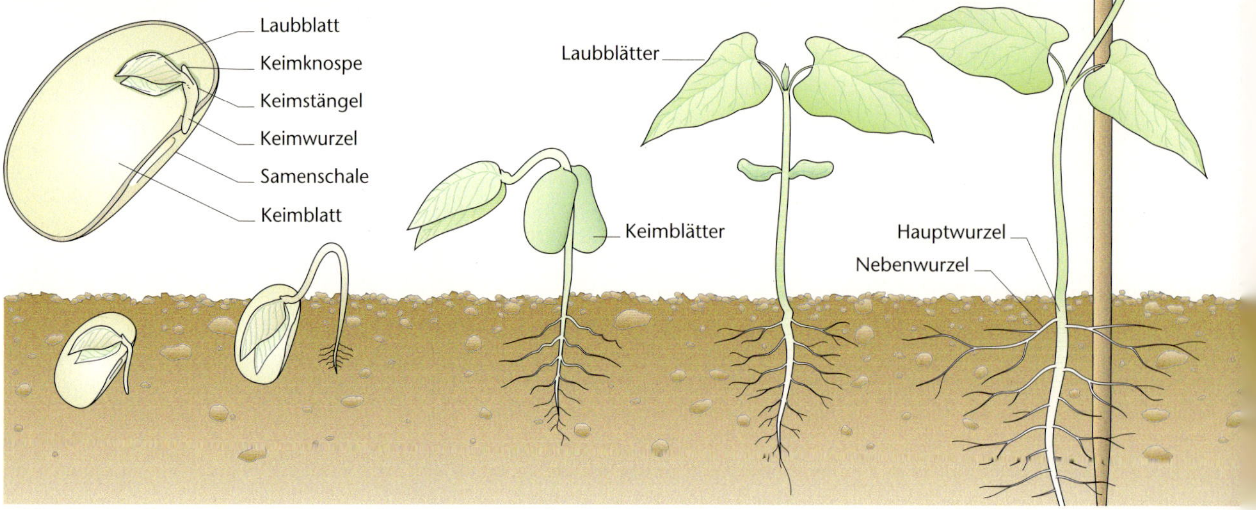

Samenruhe und Quellung
Solange die Samen der Bohne oder die Weizenkörner nicht mit Wasser in Berührung kommen, geschieht nichts. Sie scheinen völlig leblos. Man sagt, sie befinden sich in der **Samenruhe**. Gelangt aber Feuchtigkeit an die Samen, so verändern sie ihr Aussehen: Sie quellen, werden größer, die Samenschale platzt und die Keimung beginnt.

Der Bohnensamen keimt
Die Keimung kann nur beginnen, wenn ausreichend Feuchtigkeit, Wärme und Sauerstoff vorhanden sind. Dann läuft der Keimungsvorgang innerhalb weniger Tage ab.
Bei der Bohne bricht die Keimwurzel durch die Samenschale, dringt in den Boden ein und entwickelt Seitenwurzeln. Jetzt wird der wie ein Haken gekrümmte Stängel sichtbar. Er wächst nach oben und zieht dabei die beiden Keimblätter aus der Samenschale heraus. Wenn sich die ersten grünen Blätter entfalten, verkümmern die Keimblätter und fallen schließlich ab.

Die junge Pflanze kann nun wachsen. Dazu braucht sie viel Licht und genügend Wasser mit Mineralsalzen aus dem Boden, da die Vorratsstoffe des Samens aufgebraucht sind.

Das Weizenkorn keimt
Die Keimung des Weizens verläuft ähnlich wie bei der Bohne. Das einzige Keimblatt keimt spitz aus, also nicht im Bogen wie bei der Bohne.

Nach der Zahl der Keimblätter teilen die Biologen die Blütenpflanzen in **zweikeimblättrige** und **einkeimblättrige Pflanzen** ein. Alle Gräser, also auch die Getreidearten, sind einkeimblättrig.

▶ Samen benötigen zur Keimung Wasser, Wärme und Sauerstoff.

3 Weizenkörner

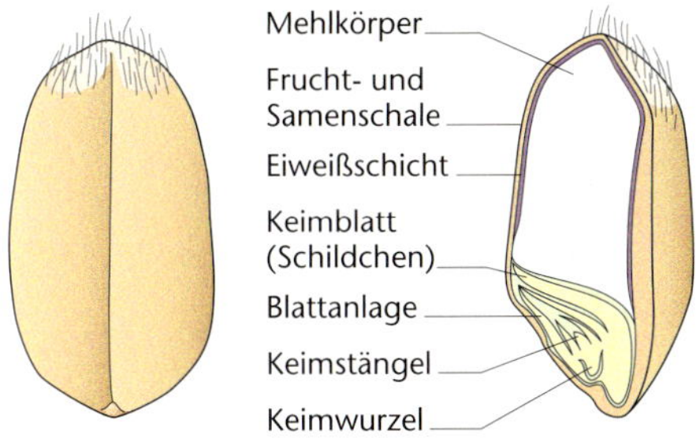

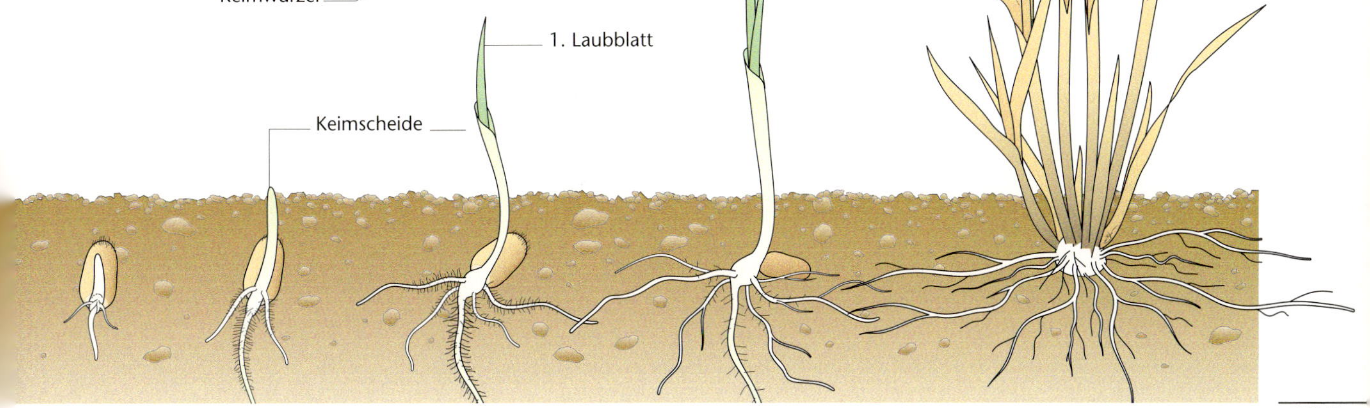

Quellung und Keimung

Trocken kannst du Pflanzensamen lange aufbewahren. Erst wenn sie mit Wasser zusammenkommen, beginnen sie zu keimen.

1 Was geschieht bei der Quellung von Samen?

Material

Trockene Erbsen und Bohnen, 2 Bechergläser, Messzylinder, Waage, Zentimetermaß

Durchführung

1. a) Wiege zweimal je 50 g trockene Erbsen ab und schütte sie in zwei Bechergläser. Gib in jedes Becherglas 100 cm^3 Wasser.
b) Gieße das Wasser des einen Becherglases sofort wieder ab. Miss mithilfe des Messzylinders die Menge des zurückgegossenen Wassers und wiege die Erbsen.
c) Nach 24 Stunden machst du es mit dem Wasser und den Erbsen des zweiten Becherglases genauso.
Vergleiche die Ergebnisse und erkläre sie.

2. Miss die Länge eines trockenen Bohnensamens. Lege ihn über Nacht in Wasser und miss erneut. Was stellst du fest?
Erkläre.

2 Was die Quellung alles schafft!

Material

Reagenzglas, Stopfen, Erbsen- und Bohnensamen, Gips, 2 leere Jogurtbecher

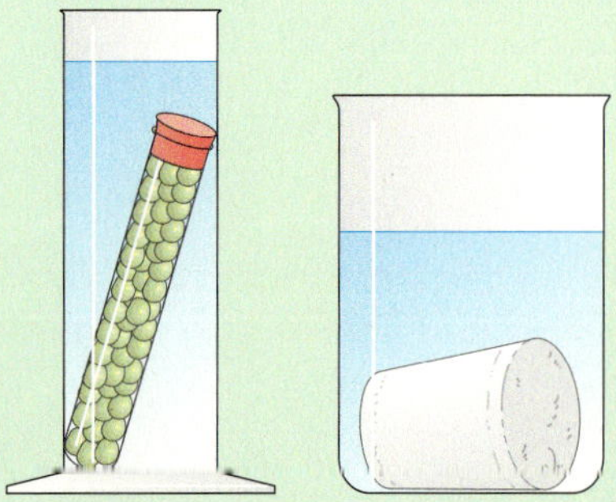

1 Zu Versuch 2

Durchführung

1. Fülle ein Reagenzglas oder Arzneifläschchen mit trockenen Erbsen, gib so viel Wasser hinzu, bis das Glas randvoll ist und verschließe es fest mit einem Stopfen. Stelle es dann einen Tag in ein größeres Gefäß mit Wasser (Vorsicht!).
Beobachte, protokolliere und erkläre.

2. a) Rühre in zwei Jogurtbechern etwas Gips an, stecke sechs Bohnensamen in den Gips des einen Bechers und gieße den Inhalt des zweiten Bechers darüber.
b) Lege den Gipsblock, nachdem er ausgehärtet ist, für zwei Tage in eine wassergefüllte Schale.
Beobachte und protokolliere.
Was bedeutet das Ergebnis für die Samen im Boden?

3 Was benötigt der Samen für die Keimung?

Material

60 Kressesamen, 6 Glasschalen (Petrischalen), rundes Filterpapier Eiswürfel, Frischhaltefolie

Durchführung

a) Lege in die sechs Petrischalen jeweils drei Rundfilter und lege darauf jeweils 10 Kressesamen.
Denk daran: Schalen beschriften!
b) Die Schalen 1 und 2 erhalten einen hellen Standort, ausreichend Wärme, Wasser und Luft. Sie sind unsere Kontrollversuche.
Auch die übrigen Schalen versorgen wir ähnlich, aber
- Schale 3 wird in einen Schrank ohne Licht gestellt.
- Schale 4 wird nicht gegossen.
- In die Schale 5 werden wiederholt Eiswürfel gelegt, um die Samen kalt zu halten.
- Schale 6 wird dicht mit einer Frischhaltefolie eingewickelt, damit möglichst wenig Luft an die Samen gelangen kann.

c) Beobachte die Schalen über mehrere Tage, protokolliere und versuche die Ergebnisse zu erklären.
Achtung: Eine Keimung ist gelungen, wenn sich die ersten grünen Blättchen sehen lassen.

4 Keimen Pflanzen unterschiedlich?

Material

Watte, Mais- und Weizenkörner, Bohnen- und Erbsensamen, Petrischale

Durchführung

1. Die Getreidekörner und die Samen der Erbse und der Bohne werden etwa sechs Stunden in Wasser gelegt und dann in einer Glasschale in Watte gesteckt.
Die Watte muss stets feucht bleiben.
2. Beobachte und zeichne, was bei der Keimung geschieht.
3. Wie unterscheiden sich die Keime der Getreidearten von denen der Bohnen und Erbsen? Beschreibe deine Beobachtung.

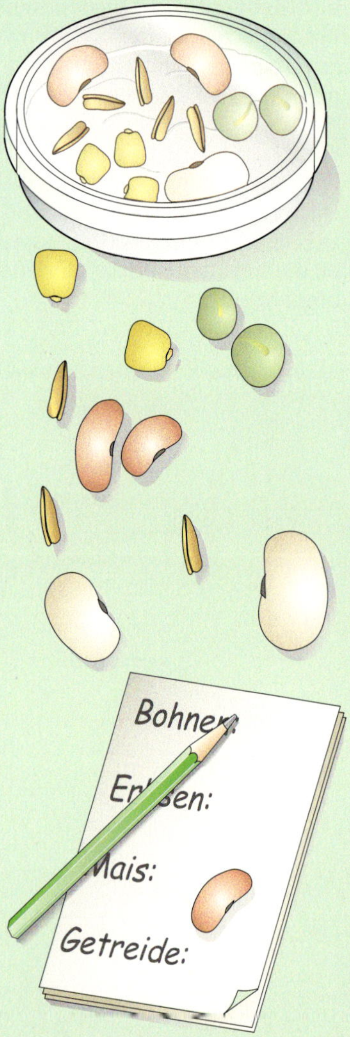

2 Zu Versuch 4

Wachstum

1 Kann man Pflanzen wachsen sehen?

Material

Zwiebel der Hyazinthe, Bohnensamen, Watte, Lineal, Filzstift

Durchführung

a) Wenn du das Wachstum der Sprossachse untersuchen willst, musst du regelmäßig die Länge der Sprossachse messen und protokollieren. Nach den gemessenen Werten kannst du eine Wachstumskurve zeichnen.
Miss drei Wochen lang den Blütentrieb, der aus der Zwiebel einer Hyazinthe herauswächst. Erstelle eine Tabelle und zeichne die Wachstumskurve in dein Heft.
b) Feuerbohnen werden in feuchter Watte zum Keimen gebracht. Wenn Sprossachse bzw. Wurzel etwa 2 cm lang sind, werden mit einem dünnen, wasserfesten Filzstift Markierungsstriche im Abstand von 2 mm angebracht. Nach vier Tagen wird kontrolliert. Vergleiche die Ergebnisse mit nebenstehender Abbildung.

2 Pflanzen wachsen zum Licht

Material

Blumentöpfe, Bohnensamen, Blumenerde, Hülse, Pappkiste

Durchführung

Ziehe in drei Blumentöpfen einige Bohnenkeimlinge heran. Führe damit folgende Versuche durch:
a) Stelle den ersten Topf in einen schwarz ausgekleideten Kasten. Durch eine Hülse kann das Licht so einfallen, dass es die Spitze der Keimlinge trifft.
b) Lege den zweiten Topf an einem hellen Platz waagerecht hin.
c) Stelle den dritten Topf senkrecht daneben. Er dient dir später zum Vergleich (Kontrollversuch).
Beschreibe nach 14 Tagen das Aussehen der Keimlinge in den drei Töpfen.
Vergleiche mit den Kontrollpflanzen und gib Gründe für das unterschiedliche Wachstum an.

Aufgabe

1 Bambus kann am Tag 84 cm wachsen. Wie viele Zentimeter wächst diese tropische Pflanze in der Stunde?

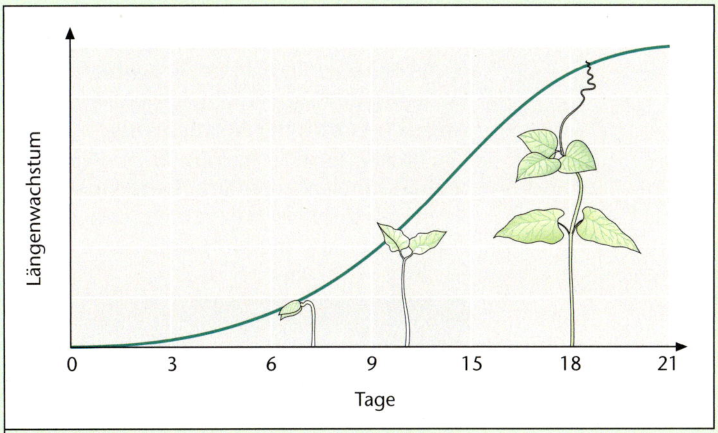

1 Wachstumskurve

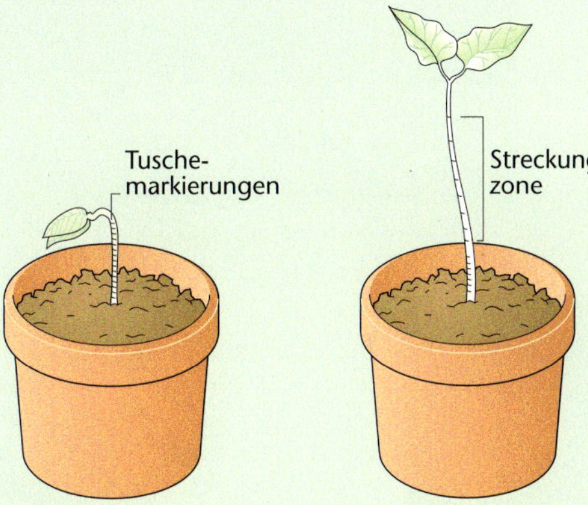

2 Stängelwachstum

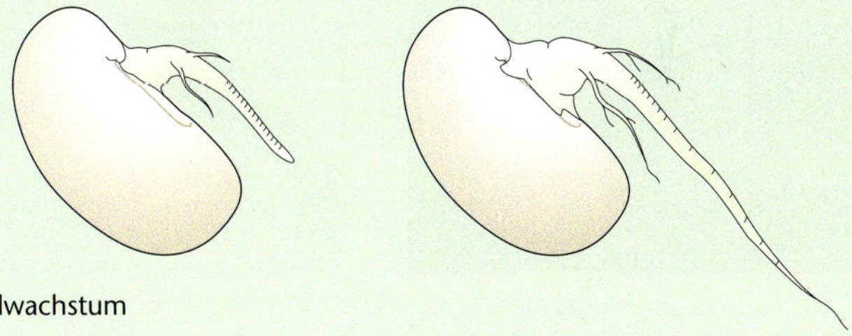

3 Wurzelwachstum

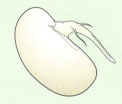

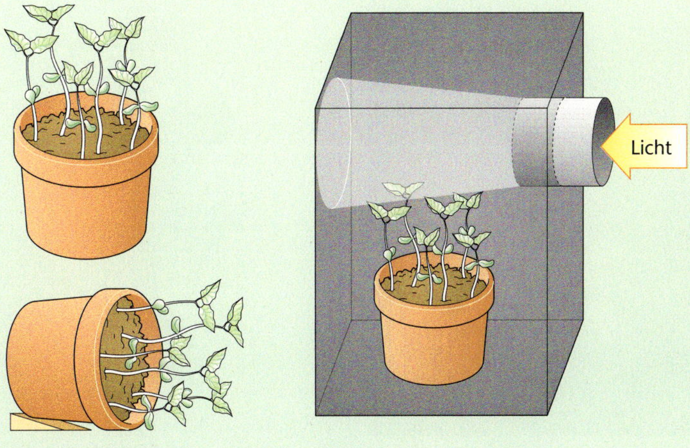

4 Lichtwendigkeit

Pflanzen vermehren sich nicht nur geschlechtlich über Samen, sondern oft viel einfacher über Pflanzenteile. Da hierbei keine Befruchtung erfolgt, spricht man von **ungeschlechtlicher Vermehrung**.
Die ungeschlechtliche Vermehrung ist vorteilhaft für Gartenbau und Landwirtschaft. Alle Nachkommen haben die gleichen Eigenschaften wie die Mutterpflanzen.

1 Erdbeerpflanze mit Ausläufern

2 Brutblatt mit Tochterpflanzen

3 Steckling einer Geranie

4 Knolle einer Dahlie

5 Zwiebel einer Tulpe

So kann man Pflanzen mit besonderen Eigenschaften, z. B. bei der Blütenfarbe oder dem Geschmack, beliebig oft vermehren. Es gibt mehrere Formen der ungeschlechtlichen Vermehrung:

Ausläufer
Die Erdbeere bildet im Sommer lange kriechende **Ausläufer** (▷ B 1). An ihnen entstehen junge Erdbeerpflanzen, die Wurzeln bilden und – wenn man sie trennt – völlig eigenständige Pflanzen sind.

Ableger
Das Brutblatt, eine Zimmerpflanze, vermehrt sich durch **Ableger**. Am Blattrand der Mutterpflanze wachsen winzige **Tochterpflanzen** (▷ B 2) heran. Sie besitzen schon Blättchen und kleine Wurzeln. Wenn sie abfallen oder abgelöst werden, entstehen aus ihnen neue Pflanzen.

Stecklinge
Manche Pflanzen bilden Wurzeln, wenn man nur einen Zweig ins Wasser stellt. Man spricht von **Stecklingen**. Das gelingt besonders gut bei Geranien (▷ B 3) oder Weiden. Es kann sogar vorkommen, dass ein Pfahl aus Weidenholz Wurzeln und neue Blätter bildet.

Knollen
Kartoffeln und Dahlien besitzen unterirdische **Knollen**. Das sind Verdickungen von Sprossachse oder Wurzel (▷ B 4). Beide Arten werden ausschließlich ungeschlechtlich vermehrt.

Zwiebeln
Eine **Zwiebel** (▷ B 5) ist eine unterirdische, verdickte Sprossachse. Viele Zwiebelgewächse, wie z. B. die Tulpe, bilden in jedem Jahr Tochterzwiebeln, aus denen man neue Pflanzen ziehen kann.

▶ Bei der ungeschlechtlichen Vermehrung entwickelt sich aus Teilen der Mutterpflanze eine vollständige neue Pflanze.

Aufgaben

1 Welche Vorteile bringt die ungeschlechtliche Vermehrung von Pflanzen für Gärtner?

2 Erkläre, warum Pflügen und Hacken den Ackerwildkräutern mit Ausläufern nur Vorteile bringt und ihnen nicht schadet.

Zeitpunkt

Eine Wasserpflanze wird zum Problem

Sie wächst nur in stehenden oder langsam fließenden Gewässern und vermehrt sich daselbst mit unglaublicher Stärke und Schnelligkeit durch Brutknospen und dadurch, daß selbst das kleinste Bruchstück wieder Wurzeln schlägt.

Sie ist nur in weiblichen Pflanzen 1836 über England aus Nordamerika bei uns bekannt geworden und hat sich überall, wohin sie gelangt ist, so vermehrt, daß sie Kanäle verstopft und Schiffahrt und Öffnen und Schließen der Schleusen erschwert und den Abfluß des Wassers durch ihre Menge gehindert hat und nur mit vielen Kosten entfernt werden konnte. Ihre dichten Polster begünstigen den Aufenthalt der Fischbrut. Ihre großen Massen dienen als Dünger.

(aus Leunigs, Synopsis der Pflanzenkunde, Hannover 1877)

Die Pflanze, von der hier die Rede ist, bekam in Deutschland den bezeichnenden Namen „**Wasserpest**“ – und so heißt sie auch noch heute. Sie wird jedoch nicht mehr als Gefahr angesehen und breitet sich nicht mehr so stark aus wie vor 150 Jahren. Wir finden die Pflanze in den meisten Gewässern. Für viele Versuche im Biologieunterricht lässt sie sich gut verwenden.

Versuch

1 Besorge dir einige Zweige der Wasserpest, zerteile sie in etwa 5 cm lange Teile, lege sie in ein Glas mit Wasser und beobachte die Entwicklung mehrere Tage lang. Protokolliere deine Beobachtungen.

Aufgaben

1 Erkläre, warum sich die Wasserpest so rasch vermehren konnte.

2 Suche im Internet nach Berichten über die Wasserpest und fasse zusammen.

Werkstatt

Ungeschlechtliche Vermehrung von Pflanzen

1 Ein Gras erobert den Sandkasten

Material

Schaufel, Maßband, Schere, Blumentöpfe, Blumenerde

Durchführung

a) Grabe auf einer Sandfläche (z. B. auf einem Spielplatz) eine Pflanze (z. B. die Gewöhnliche Quecke) möglichst mit allen Ausläufern und Wurzeln aus. Miss die Länge der Ausläufer und zähle die oberirdischen Triebe.

b) Zerschneide einen unterirdischen Ausläufer in etwa 5 cm lange Abschnitte und lege diese in Blumentöpfe, die mit Erde gefüllt sind.
Gieße regelmäßig, beobachte und protokolliere alle Veränderungen.

1 Quecke

2 Vermehrung von Zimmerpflanzen

Material

Zimmerpflanzen: Brutblatt, Usambaraveilchen, Geranie, Blumentopf, Blumenerde

Durchführung

a) Am Blattrand des Brutblatts (Bryophyllum) bilden sich winzige Tochterpflanzen.
Löse einige möglichst große Tochterpflanzen vom Blattrand ab und setze die Pflänzchen in einen vorbereiteten Blumentopf. Vergiss nicht, die Pflanze ausreichend zu gießen. Beobachte die Pflanze etwa zwei Wochen und protokolliere alle Veränderungen.

b) Lege abgeschnittene Blätter vom Usambaraveilchen einige Stunden ins Wasser und dann auf die Erde eines Blumentopfs. Beobachte und protokolliere alle Veränderungen.

c) Brich einen beblätterten Seitentrieb einer Geranie ab. Stelle ihn einige Tage in ein Glas mit Wasser auf die Fensterbank. Beobachte und notiere alle Veränderungen.

2 Brutblatt

3 Usambaraveilchen

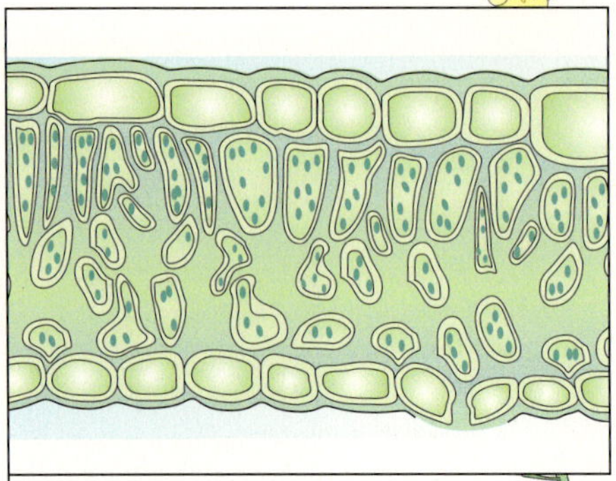

1 Blattquerschnitt

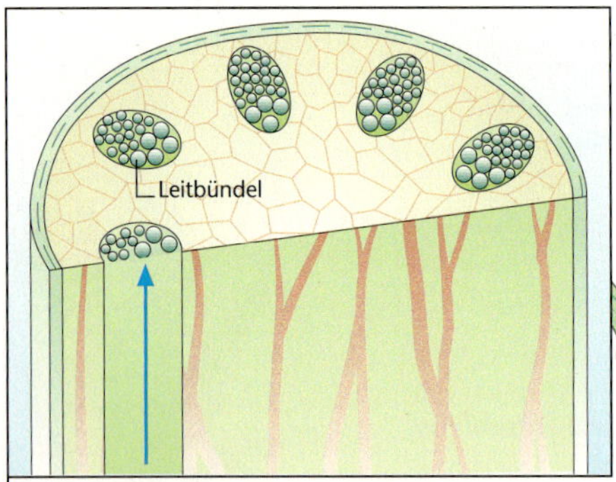

2 Stängelquerschnitt

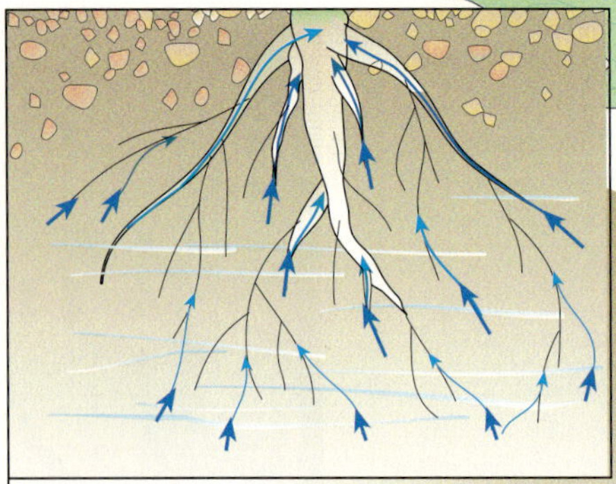

3 Wasseraufnahme über die Wurzelhaare

4 Ackersenf

Wasserverdunstung

Marie hat mit ihrer Mutter auf dem Markt mehrere Kisten mit Pflanzen für die Balkonkästen gekauft. Sie stehen im Auto auf der hinteren Ladefläche. Als sie zu Hause ankommen, sieht Marie, dass hinten im Auto alle Scheiben beschlagen sind. „Das ist alles Wasser, das die Pflanzen abgegeben haben! Wie viel das wohl sein mag?", fragt Mutter.

Die Menge an Wasser, die Pflanzen durch ihre Blätter abgeben, ist tatsächlich sehr groß. Eine Sonnenblume bringt es an einem heißen Tag auf fast 5 l, eine Birke sogar auf über 300 l – das entspricht dem Inhalt von etwa 36 Kisten Mineralwasser!

Wasserleitung

Wie gelangt nun ständig neues Wasser in die Blätter? Die Pflanze nimmt das Wasser aus der Erde auf. Kurz hinter der Wurzelspitze befindet sich ein weißlicher Überzug; es sind die **Wurzelhaare**. Durch ihre Oberfläche gelangt das Wasser in die Pflanze. Den Transport in Sprossachse und Blatt übernehmen bestimmte Wasserleitungsbahnen, die **Leitbündel**. Über sie werden alle Pflanzenteile von der Wurzel aus mit Wasser versorgt.

Die **Wasserverdunstung** bewirkt, dass die Blätter gekühlt werden und dass weiteres Wasser aus dem Boden nachgezogen wird. Mithilfe dieses Wasserstroms kann die Pflanze auch wichtige Mineralsalze aufnehmen. Diese werden durch das Wasser aus dem Boden herausgelöst und dann durch die Wurzeln in die Pflanze aufgenommen.

Wie wird die Wasserabgabe kontrolliert?

Untersuchungen mit dem Mikroskop zeigen, dass die Blätter winzige Öffnungen besitzen. Diese **Spaltöffnungen** befinden sich meist auf der Blattunterseite. Durch das Mikroskop erkennt man, dass der Spalt von zwei bohnenförmigen Zellen gebildet wird. Aus der Öffnung, die zwischen den beiden Zellen liegt, verdunstet das Wasser. Die Spaltöffnungen können geöffnet und geschlossen werden, die Pflanze kann so die Wasserabgabe beeinflussen.

Die Wurzelhaare nehmen Wasser mit gelösten Mineralsalzen auf. Es wird durch die Leitbündel in alle Teile der Pflanze transportiert.

1 Scharfer Mauerpfeffer

2 Hauswurz

3 Kugelkaktus

4 Agave

5 Lebende Steine

Auf einer alten Mauer blühen leuchtend gelbe kleine Pflanzen. Es ist der Scharfe Mauerpfeffer (▷ B 1). Die Sonne brennt im Sommer den ganzen Tag auf die Steine, und da auf der Mauer keine Bodenschicht liegt, kann sich das Regenwasser dort nicht halten.

Wie kann der Mauerpfeffer an seinem wasserarmen Standort überleben?
Die kleinen, niedrigen Pflänzchen stehen dicht beieinander. Die Blätter legen sich eng an den Stängel und decken einander wie Dachziegel ab. Dadurch sind die Pflanzen vor zu großer Verdunstung durch den Wind geschützt.

Die Blättchen des Mauerpfeffers sind dick und rund. Ihre Oberfläche ist klein und die Verdunstung dadurch geringer. Die fleischigen Blätter können viel Wasser speichern. Der Saft der Blätter enthält außerdem einen Stoff, der scharf wie Pfeffer schmeckt. Das schützt den Mauerpfeffer davor, von Tieren gefressen zu werden.

Bei allen Gewächsen trockener Standorte – vor allem natürlich bei Wüstenpflanzen – gibt es ähnliche Einrichtungen, um die Pflanze vor dem „Verdursten“ zu schützen: Die Blätter sind klein oder fehlen ganz. Bei einigen ist sogar die Sprossachse sehr klein, damit die Oberfläche möglichst wenig Wasser verdunstet. Dornen machen die Pflanzen für die meisten Tiere ungenießbar. Einige Pflanzen haben sehr lange Wurzeln, um an das Grundwasser zu gelangen.

▶ Pflanzen an trockenen Standorten besitzen unterschiedliche Einrichtungen, um Wassermangel überstehen zu können, z. B. kleine Blätter, Speicherorgane, lange Wurzeln.

Aufgaben

1 Beschreibe, wie die abgebildeten Pflanzen gegen Wassermangel geschützt sind.

2 Welche der abgebildeten Pflanzen lebt in den extremsten Trockengebieten der Erde?
Begründe deine Antwort.

3 Wie schützen sich die abgebildeten Pflanzen vor pflanzenfressenden Tieren?

Versuch

1 Tauche zwei Löschblätter in Wasser. Rolle das eine eng zusammen und lege beide auf eine Heizung oder trockne die Blätter gleichzeitig mit einem Fön. Ist das nicht gerollte Blatt trocken, falte das andere auseinander. Vergleiche. Was bedeutet das Ergebnis für Pflanzenblätter?

1 Erlenbruchwald und vergrößert: Bitterschaumkraut, Sumpfdotterblume, Pestwurz

2 Fensterblatt (Monstera)

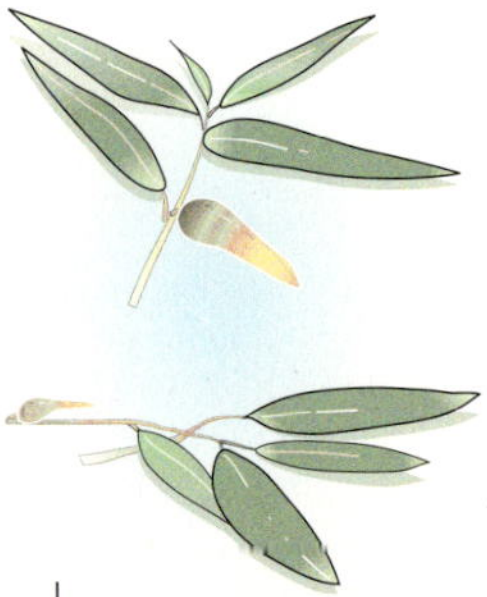

3 Wasserknöterich

Paddeltour
Sylvia und Tobias sind einen Bach entlanggepaddelt, der sich nun durch einen Erlenwald schlängelt. Die Luft ist hier feucht und warm, Mücken werden lästig und die großen Blätter am Ufer geben dem ganzen Gebiet etwas Geheimnisvolles. „So stell' ich mir den Amazonas vor," sagt Tobias.

Im Erlenbruchwald
Die beiden haben einen der wenigen **Erlenbruchwälder** (▷B1) gefunden. Vor vielen Jahrhunderten waren diese Wälder häufig, aber heute sind sie trockengelegt und zu Wiesen umgewandelt. Solche Wälder stehen daher oft unter Naturschutz. Der Vergleich mit dem Amazonas ist gar nicht so falsch. Dort wie hier haben die Pflanzen Wasser im Überfluss, manchmal müssen sie sogar Überschwemmungen überstehen.

Die Arten haben wegen der hohen Luftfeuchtigkeit Probleme mit der Wasserverdunstung. Damit die Pflanzen mit Mineralsalzen versorgt werden, ist aber ein dauernder Wasserstrom notwendig.
Die Pflanzen sind so gebaut, dass sie möglichst viel Wasser verdunsten. Ihre Blätter sind deshalb oft besonders groß. Um bei Wind nicht zerfetzt zu werden, sind sie entweder sehr stabil wie die der Pestwurz (▷B1 rechts), zerschlitzt wie beim Riesen-Bärenklau oder mit Lücken versehen wie das Fensterblatt (▷B2) aus dem Regenwald Südamerikas. Die Stängel sind hohl, dadurch erhält die Pflanze mehr Stabilität.

„Amphibien" bei den Pflanzen
Andere Pflanzen können im Wasser und auf dem Land leben, man sagt, sie haben eine amphibische Lebensweise. Zur Zeit der Überflutung treiben sie anders gestaltete Blätter aus als zu trockenen Zeiten (▷B3).

Pflanzen an feuchten Standorten haben unterschiedliche Einrichtungen, um ausreichend Wasser zu verdunsten, oft besitzen sie großflächige Blätter.

Versuch

1 Stelle zwei Blätter der Pestwurz in zwei Gläser, die die gleiche Menge Wasser enthalten. Schneide mit einer Schere die Hälfte des einen Blattes weg. Lasse die beiden Blätter 1–2 Tage in der Sonne stehen.
Beobachte den Wasserstand.
Welche Schlüsse kannst du ziehen?

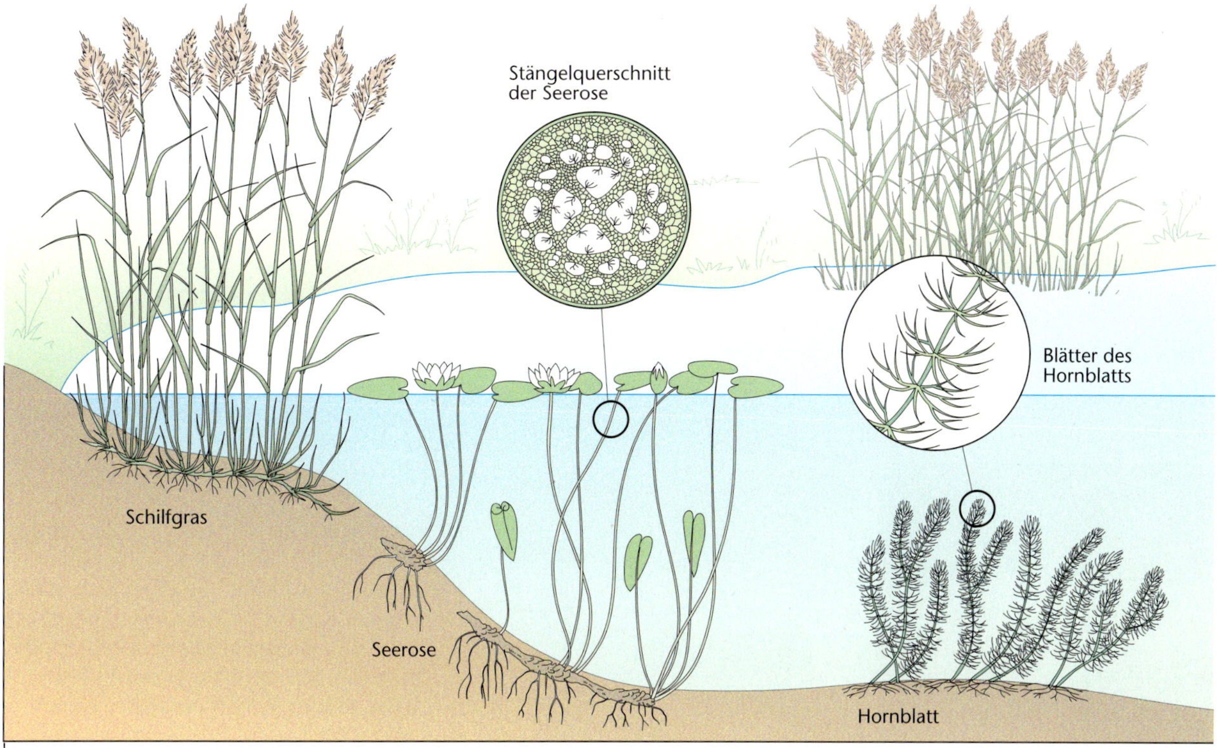

1 Pflanzen im See

Der Strömung standhalten
Pflanzen, die ständig im Wasser leben, müssen mit mehreren Problemen fertig werden: Strömungen und Wellenschlag zerren an ihnen, die Höhe des Wasserstandes wechselt oft.
Das Gewässer gliedert sich in unterschiedliche Bereiche: Am Rand wächst meist ein **Röhricht**. Pflanzen dieses Bereichs haben lange Stängel bzw. die Blätter sind so lang, dass die Pflanze auch bei hohem Wasserstand noch aus dem Wasser ragt. So kann Schilf noch in 2 m tiefem Wasser wurzeln, ohne dass die Blätter unter Wasser sind.
Die **Schwimmblattpflanzen** wie die Seerose (▷B 2) müssen vor allem mit den Bewegungen des Wassers fertig werden. Sie haben deshalb lange, biegsame Stängel mit Luftkanälen im Innern. Ihre großflächigen Schwimmblätter besitzen Luftkammern, sie sind derb und zerreißen nicht leicht. Die Oberseite der Schwimmblattpflanzen ist mit Wachs überzogen, Wassertropfen rollen daher sofort von ihr ab. Aufgrund ihrer Anpassungen können die Schwimmblattpflanzen noch in einer Wassertiefe bis zu 4 m wachsen.
In größerer Tiefe wachsen **Tauchpflanzen** (▷B 3). Ihr Bau ist darauf ausgerichtet, dass die Pflanzen von Strömungen nicht aus dem Boden gerissen werden können. Die Stängel sind elastisch und mit großen Lufträumen ausgestattet. Die Blätter sollen dem Wasser keine Angriffsfläche bieten: Sie wachsen entweder rund um den Stängel wie bei der Wasserpest, sind gefiedert oder fein zerschlitzt wie beim Hornblatt (▷B 1).

Einige Pflanzen – z. B. der Wasserhahnenfuß (▷B 3) – bilden unter Wasser fein zerschlitzte Tauchblätter und oberhalb des Wassers ganzrandige, runde Schwimmblätter aus. Dazwischen gibt es Übergangsformen.

Wasserpflanzen sind so gebaut, dass sie Strömung, Wellenschlag und wechselnde Wasserstände ertragen können. Die Stängel sind widerstandsfähig und die Blätter bieten wenig Angriffsfläche.

Versuche

1 Blase durch den Stiel eines See- oder Teichrosenblatts Luft in das untergetauchte Blatt. Wo kommt die Luft wieder heraus? Erkläre.

2 Tauche Blätter einer Schwimmblattpflanze unter Wasser. Beobachte und beschreibe, wie das Wasser vom Blatt abläuft. Erkläre.

2 Schwimmblatt der Seerose

3 Wasserhahnenfuß

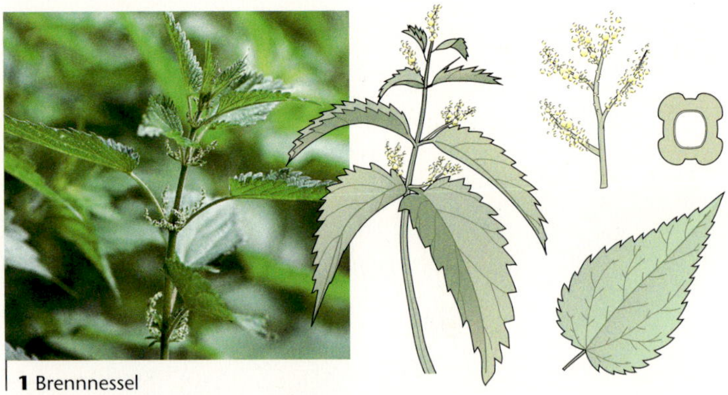

1 Brennnessel

2 Weiße Taubnessel

3 Rote Taubnessel

4 Gundermann

Nessel gleich Nessel?

An Wegrändern stehen dichte Bestände der Großen Brennnessel (▷ B 1). Wenn du die Blätter berührst, spürst du ein unangenehmes Brennen auf der Haut.

Ebenfalls am Wegrand wächst die Weiße Taubnessel (▷ B 2). Ihre Blätter sehen der Brennnessel ähnlich. Aber keine Angst, die Taubnessel brennt nicht! Diese Pflanze hat große weiße Blüten.
Vielleicht findest du auf Acker- und Gartenland noch eine Pflanze, die der Weißen Taubnessel sehr ähnlich sieht, aber rote Blüten hat: Das ist die Rote Taubnessel (▷ B 3).

Drei verschiedene „Nesseln“! Aber schon der Blick auf die Blüten zeigt, dass die Brennnessel aus dieser Gruppe herausfällt. Die beiden Taubnesseln sind einander sehr ähnlich: Ihre Blüten sind wie zwei Lippen geformt, der Stängel ist vierkantig und hohl, die Blätter stehen einander genau gegenüber und wenn du die Frucht mit der Lupe untersuchst, siehst du, dass sie aus vier gleichen Teilen aufgebaut ist.

Was ist eine Art?

Bei Menschen sehen sich Verwandte oft ähnlich. So ist es auch in der Pflanzenwelt. Pflanzen, die sich in vielen Merkmalen gleichen, sind meist miteinander verwandt. Biologen, die Ordnung in die Vielfalt der Pflanzen gebracht haben, sagen: Weiße und Rote Taubnessel sind zwei sehr ähnliche und deshalb eng verwandte **Arten**.

Familienmitglieder

Auch der Gundermann (▷ B 4) ähnelt den Taubnesseln. Wenn du die Blüten genau anschaust, siehst du, dass beim Gundermann die Oberlippe klein und flach ist; die Blätter sind rundlich. Bei den Taubnesseln ist die Oberlippe gewölbt und nur die Blätter erinnern an die Brennnessel.

Gundermann und Taubnesseln gemeinsam rechnet man wegen ihrer Ähnlichkeit und den lippenförmigen Blüten zu einer **Familie**, den **„Lippenblütengewächsen“**.

Am Bau der Blüten kannst du erkennen, dass die Brennnessel überhaupt nicht mit den Lippenblütengewächsen verwandt ist.

Pflanzenarten lassen sich nach gemeinsamen Merkmalen in Familien zusammenfassen.

Kreuzblütengewächse und Schmetterlingsblütengewächse sind zwei große Familien. Die typischen Merkmale findest du in Abbildung 1 und 2. In jedem Garten kannst du Vertreter dieser Gruppe finden.

Aufgaben

1 Suche mithilfe von Abbildung 1 und 2 von jeder der beiden Familien einen Vertreter.

2 Fertige von einer Gartenwicke und einer Raps- oder Senfpflanze jeweils ein Legebild an.

3 Besorge dir von Wicken, Erbsen oder Bohnen die Früchte. Vergleiche sie mit den Früchten von Raps oder Senf. Schneide sie durch und zeichne die Querschnitte.

1 Kreuzblütengewächs mit Legebild

2 Schmetterlingsblütengewächs mit Legebild

Brennpunkt

Der Riesen-Bärenklau

Der Riesen-Bärenklau (▷ B 1), auch Herkulesstaude genannt, wurde vor etwa 100 Jahren als Zierpflanze aus dem Kaukasus eingeführt. Er bevorzugt mineralsalzreiche Böden und bildet vor allem an Bächen und in Flusstälern dichte Bestände. Die Herkulesstaude kann über 3 m hoch werden und bildet im zweiten oder dritten Jahr eine riesige weiße Doldenblüte (▷ B 3) aus.

Heute ist die Pflanze weit verbreitet und wird oft zum Problem: Das Berühren der Pflanze ist gefährlich, denn Blätter und Sprossachse enthalten einen Stoff, der die Haut gegen die UV-Strahlen der Sonne sehr empfindlich macht. Es entstehen starke Verbrennungen mit Rötungen, Schwellungen oder Blasen.

Der Riesen-Bärenklau sollte daher niemals mit der bloßen Haut berührt werden.
Auf jeden Fall ist ein Arzt oder eine Ärztin aufzusuchen, wenn es zu Verbrennungen gekommen ist.
Die weitere Ausbreitung dieser Pflanze wird am besten dadurch gestoppt, dass man sie im Herbst mit einem Spaten im oberen Teil der Wurzel absticht und im Sommer die Blüten vor der Samenreife entfernt.

Ein harmloser einheimischer Verwandter ist der Wiesen-Bärenklau (▷ B 2).

1 Riesen-Bärenklau

2 Wiesen-Bärenklau

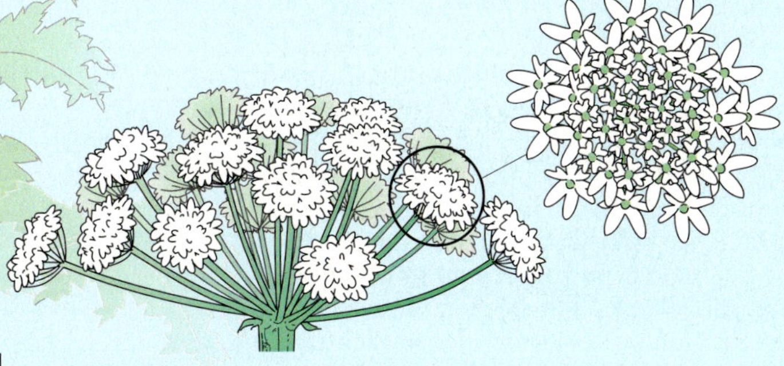

3 Dolde und Döldchen

a

b

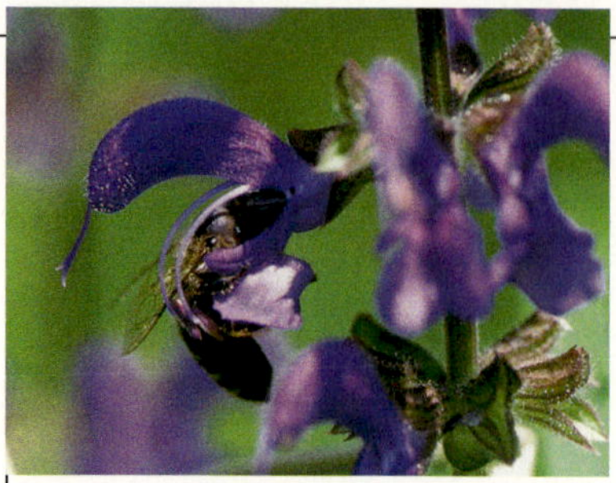
c

Lippenblütengewächse
Zu den Lippenblütengewächsen (▷ B 1) gehören weltweit mehr als 3000 Arten. Allein in Deutschland wachsen etwa 100 verschiedene Arten. Darunter sind viele Heil- oder Gewürzpflanzen: Salbei, Lavendel, Zitronenmelisse, Bohnenkraut, Majoran, Thymian, Rosmarin, Pfefferminze, Basilikum.

Kreuzblütengewächse
Kreuzblütengewächse (▷ B 2) sind leicht zu erkennen: Die vier Kelch- und Kronblätter sind wie ein Kreuz angeordnet. Fast immer kannst du mit der Lupe die vier langen und zwei kurzen Staubblätter entdecken. Kennzeichnend sind auch ihre Früchte: kurze, oft sogar runde **Schötchen** oder lange **Schoten** (▷ B 2). Ist die Frucht reif, dann springen die beiden Deckel auf und du erkennst die dünne Mittelwand, an der die Samen angeheftet sind. Kaum eine Pflanzenfamilie hat so viele Nutzpflanzen aufzuweisen wie die Familie der Kreuzblütengewächse: Raps, Rettich, Radieschen, Senf und alle Kohlsorten.
Das häufigste Kreuzblütengewächs im Umkreis deiner Schule ist sicherlich das Hirtentäschelkraut.

Korbblütengewächse
Wenn du eine Sonnenblume anschaust, wirst du feststellen, dass rund um die große Blütenscheibe große, gelbe Blütenblätter stehen. Da sie wie Zungen aussehen, heißen sie **Zungenblüten** (▷ B 3). Im Inneren stehen sehr viele **röhrenförmige Blüten** (▷ B 3) dicht beieinander. Die Sonnenblume hat also nicht etwa eine große Blüte, sondern ist ein Blütenstand aus über 100 kleinen Einzelblüten. Da die Blüten wie in einem Korb angeordnet sind, zählt man alle Pflanzen mit solchen Blütenständen zur Familie der Korbblütengewächse. Diese Familie ist besonders artenreich.

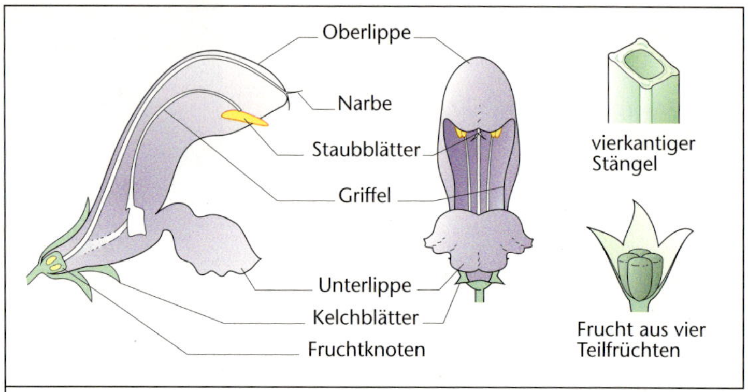

1 Lippenblütengewächse

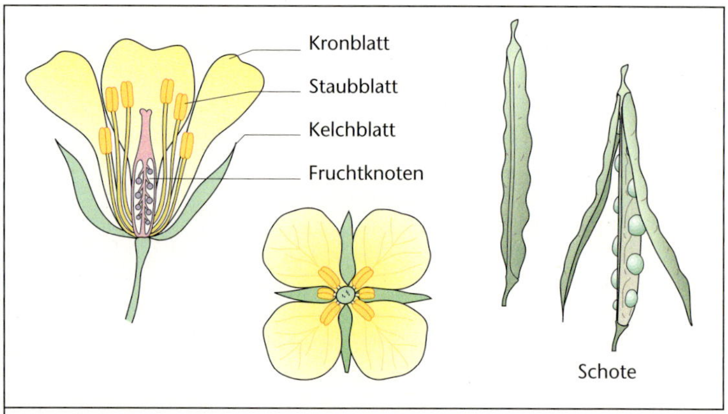

2 Kreuzblütengewächse

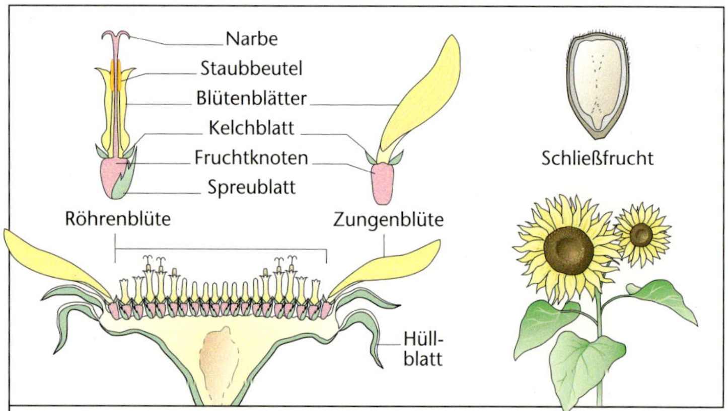

3 Korbblütengewächse

d

e

f

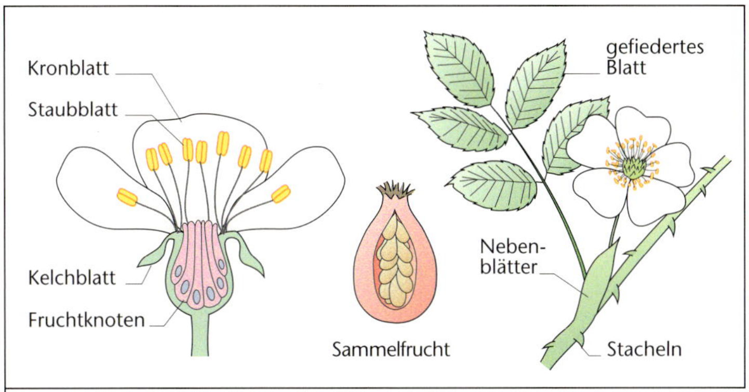

4 Rosengewächse

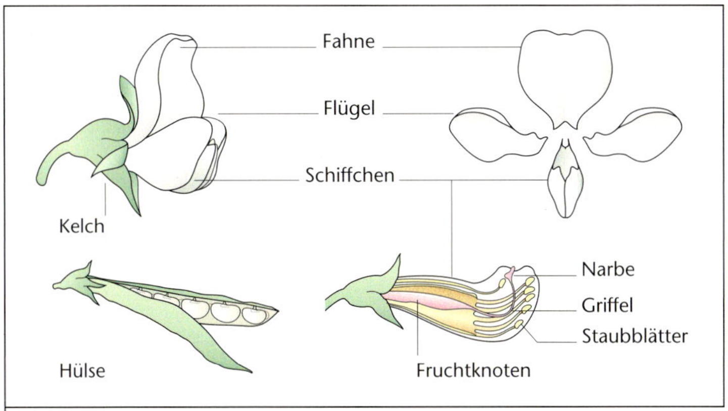

5 Schmetterlingsblütengewächse

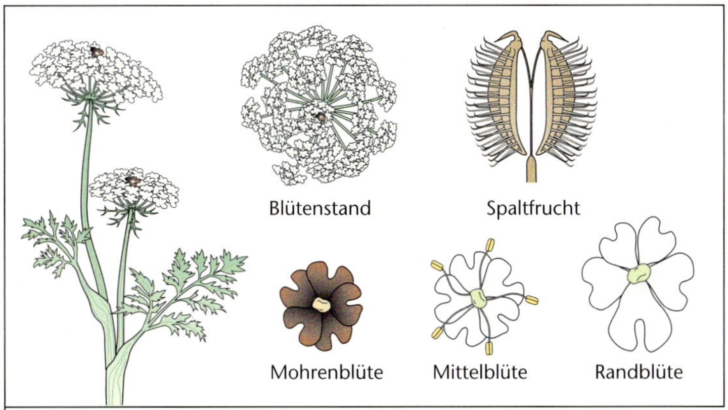

6 Doldenblütengewächse

Über 300 Arten findet man alleine in Europa – auf der ganzen Welt sind es 5 000 Arten.

Rosengewächse

Die Heckenrose, aber auch Apfel, Kirsche und Birne gehören zu den Rosengewächsen (▷ B 4). Die Pflanzen haben meistens fünf Kelchblätter, fünf Kronblätter und eine sehr große Zahl von Staubgefäßen. Die Blätter besitzen oft noch kleinere Nebenblätter, die direkt neben ihnen wachsen.

Schmetterlingsblütengewächse

Die Saat-Wicke ist ein Schmetterlingsblütengewächs (▷ B 5). Die Bestandteile der Blüte werden Fahne, Flügel und Schiffchen genannt. Früchte der Schmetterlingsblütengewächse sind Hülsen, sie besitzen keine Scheidewand wie die Schoten der Kreuzblütengewächse. Viele Futterpflanzen wie Klee, Lupine und Luzerne gehören zu dieser Familie.

Doldenblütengewächse

Die Wilde Möhre ist ein Doldenblütengewächs (▷ B 6). Ihr Blütenstand ist eine große Doppeldolde, die auf den ersten Blick wie eine Einzelblüte aussieht, in Wirklichkeit jedoch aus vielen kleinen Einzelblüten besteht. Jede von ihnen besitzt jeweils fünf Kelch-, Blüten- und Staubblätter sowie einen Fruchtknoten. Viele Doldenblütengewächse werden sehr hoch. Zu der Familie gehören bekannte Gewürzpflanzen wie Dill, Kerbel, Petersilie, Anis, Kümmel und aber auch der Riesen-Bärenklau.

Aufgaben

1 Ordne die Fotos dieser Doppelseite der richtigen Pflanzenfamilie zu.

2 Warum bezeichnet man die Sonnenblume als „Korbblütengewächs“?

Grüne Pflanzen – Grundlage für das Leben

Bau der Blütenpflanzen
Blütenpflanzen haben die gleichen Grundorgane: Sprossachse, Blatt, Wurzel und Blüte.

Die Sprossachse
In der Sprossachse befinden sich Leitungsbahnen, die Wasser und gelöste Stoffe durch die Pflanze leiten. Die Sprossachse wird Stängel genannt. Bei Bäumen und Sträuchern heißt sie Stamm.

Wurzeln
Wurzeln verankern die Pflanze im Boden. Mit den feinen Wurzelhärchen werden Wasser und darin gelöste Mineralsalze aufgenommen.

Blüten
Blüten sind die Fortpflanzungsorgane von Pflanzen. Zwitterblüten enthalten weibliche und männliche Organe. Männliche Organe sind die Staubblätter, die Pollen bilden. Weibliche Organe sind Fruchtblatt mit Griffel, Narbe, Fruchtknoten und Eizelle.
Es gibt Pflanzen mit Zwitterblüten und solche, die ein- oder zweihäusig sind.
Viele Blüten sind mit bunten Kronblättern ausgestattet, um Insekten für die Bestäubung anzulocken. Windbestäuber haben unscheinbare Blüten. Die meisten Pflanzen schützen die empfindliche Blüte durch eine äußere Hülle, die Kelchblätter.

Keimung
Samen enthalten den Keimling der neuen Pflanze. Bekommt ein reifer Samen Wasser, so beginnt der Keimling zu wachsen. Für die Keimung werden Wasser, Sauerstoff und Wärme benötigt. Die Keimung ist beendet, wenn sich die ersten Laubblätter gebildet haben.

Früchte und Samen
Früchte und Samen entstehen nach der Bestäubung der Narbe und Befruchtung einer weiblichen Eizelle im Fruchtknoten durch den Pollen. Pflanzen produzieren oft riesige Mengen von Samen und verbreiten sie auf die unterschiedlichste Weise. Damit soll garantiert werden, dass die Art sich wirklich fortpflanzt und erhalten bleibt.

1 Aufbau von Blütenpflanzen, hier Löwenzahn

Nutzpflanzen
Der Mensch nutzt die in den Pflanzen gebildeten Stoffe, vor allem Zucker und Stärke, für seine Ernährung. Aus zahlreichen Wildpflanzen hat der Mensch ertragreiche Nutzpflanzen gezüchtet, z. B. Getreide.

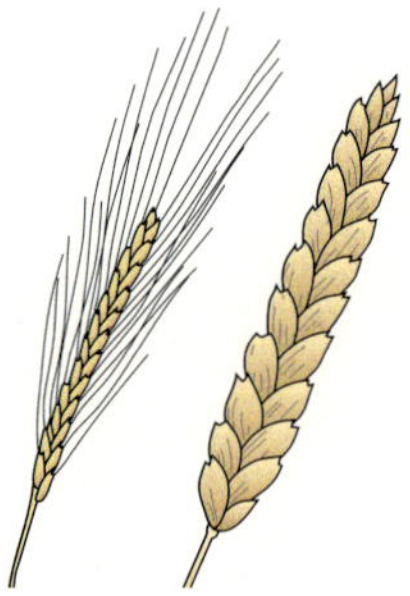
2 Wildeinkorn und Getreide

Anpassung
Nicht an jedem Standort finden Pflanzen ideale Lebensbedingungen. Um z. B. an besonders feuchten oder trockenen Lebensräumen überstehen zu können, müssen sie besonders angepasst sein. Die Anpassung lässt sich oft im Aufbau der Pflanze erkennen.

3 Wasserpflanze

Verwandtschaft
Manche Pflanzenarten werden wegen ihrer gemeinsamen Merkmale zu einer Familie zusammengefasst.

Aufgaben

1 Welche Teile der Wurzel nehmen das Wasser und die Mineralsalze auf?

2 Überlege dir einen Versuch, mit dem man zeigen könnte, dass Kartoffeln Sprossknollen sind.

4 Seerose

3 Welche Folgen hätte es für eine Pflanze, wenn du die Blattunterseite mit einem Lackfilm bestreichen würdest?

4 Von welchem Gemüse isst du die Blätter, die Früchte, die Sprossachse oder die Wurzel? Erstelle eine Tabelle für die Antworten.

5 Für den Schulgarten wurde eine Kiwi-Pflanze gekauft. Alle freuen sich auf die leckeren Früchte. Der Strauch blüht zwar, aber niemals entwickelt sich eine Frucht. Erkläre.

5 Kiwistrauch

6 Alle zwei Jahre legt ein großer Erdbeer-Betrieb neue Felder an. Woher nimmt der Gärtner die jungen Pflanzen?

7 Manche Zuchtformen von Apfelsinen und Mandarinen haben keine Kerne. Wie kann man sie vermehren?

6 Kernlose Apfelsinen

8 Warum wird in Deutschland kein Reis angebaut?

9 Wie muss eine Pflanze beschaffen sein, die an sehr trockenen Plätzen wachsen kann und außerdem gegen Tierfraß geschützt ist?

10 Erkläre, warum Pflanzen kalter Gebiete die gleichen Schutzeinrichtungen haben wie Pflanzen der trockenen Gebiete.

11 Bei der Abbildung 7 gehören jeweils zwei Pflanzenteile zusammen.
Welche sind es?
Schreibe die Lösung auf.

12 Wenn du die Lösungswörter auf ein Blatt Papier in der richtigen Reihenfolge untereinander schreibst, ergeben die Anfangsbuchstaben aller Begriffe den Namen der kleinsten deutschen Blütenpflanze (1–3 mm groß).

- Verankert die Pflanze im Boden.
- Durch diese vermehrt sich die Erdbeere ungeschlechtlich.
- Das dicke Ende der Staubblätter.
- So nennt man Griffel, Narbe und Fruchtknoten gemeinsam.
- Schmetterlingsblütengewächs mit weißer Blüte – liefert ein gutes Gemüse.
- Gras in Asien – ein wichtiges Nahrungsmittel.
- Damit können wir die Blütenteile genauer anschauen.
- Sie helfen vielen Pflanzen bei der Bestäubung – die Biene ist nur eine von ihnen.
- Die Blätter von Fichte, Tanne und Kiefer.
- Sie ist die Schutzhülle des Bohnensamens.
- Das enthält der Fruchtknoten.

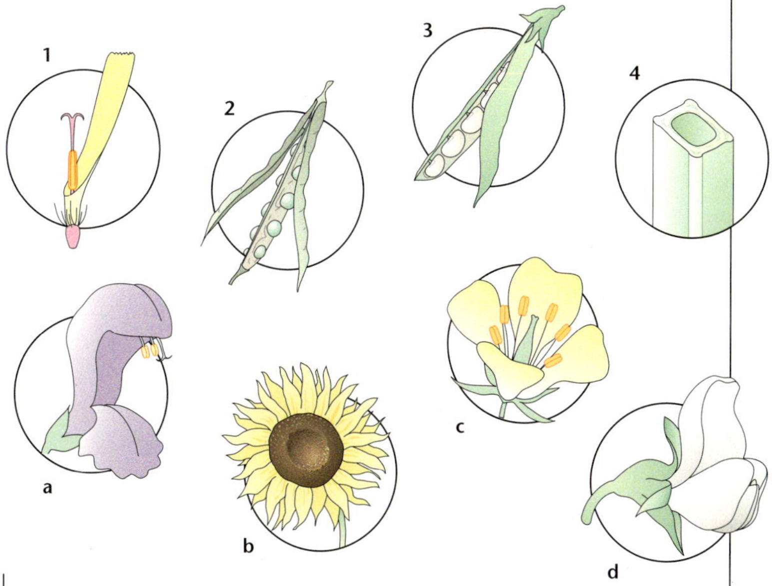

7 Zu Aufgabe 11

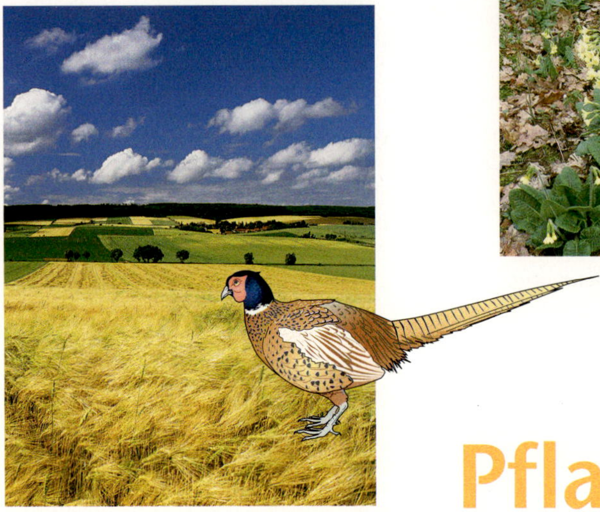

Pflanzen und Tiere im Wechsel der Jahreszeiten

Wald und Wiese, Park und Garten bieten zu jeder Jahreszeit ein völlig anderes Bild: Pflanzen verändern im Laufe des Jahres ihr Aussehen und Tiere ihr Verhalten.

Es ist Frühling: Erste Blüten schauen bereits aus dem Schnee und wenige Wochen später fliegt der erste Schmetterling und einige Zugvögel kommen zurück.
Im Sommer haben die Bäume ihr volles grünes Laub entwickelt und das Gras der Wiesen und Rasen wird gemäht.
Im Herbst bereiten sich Tiere und Pflanzen auf den Winter vor, denn alle Lebewesen müssen diese kalte und nahrungsarme Jahreszeit überstehen.

Um den Wechsel der Jahreszeiten zu erfahren, musst du gut beobachten. Dabei sind Bestimmungsbuch, Lupe, Fernglas und ein Notizbuch wichtige Hilfsmittel.

1 Schneeglöckchen

Blüten im Schnee

Schneeglöckchen (▷B1) sind Vorboten des Frühlings. Sie können bereits Anfang Februar aus dem Schnee herausschauen. Wer das in seinem Garten erleben möchte, muss im Herbst die Zwiebeln etwa 5 cm tief in den Boden legen.

In der Mitte der Zwiebel sitzt die Blütenknospe mit einem sehr kurzen Stängel, der unten breiter wird. Die Blütenknospe wird von mehreren kleinen Blättern umhüllt, die mit Nährstoffen gefüllt sind. Brutzwiebeln und Ersatzzwiebeln liegen wie kleine Knospen zwischen den Blättern (▷B2).

Im späten Herbst schiebt sich eine kleine weiße Spitze aus der Zwiebel hervor. Darin ist schon die junge Blüte enthalten. Sie wird von Hüllblättern geschützt.

Wenn die Sonne im Februar den Boden erwärmt, schieben sich aus der weißen Spitze, die immer dicker geworden ist, zwei grüne Laubblätter hervor. Zwischen ihnen findet man den Stängel mit der Blütenknospe. Sie ist noch geschlossen und durch Blätter gegen Frost geschützt. In den nächsten sonnigen Tagen wächst der Stängel und das Schneeglöckchen öffnet seine Blüten.

Vorrat für nächstes Jahr

Wenn die Pflanzen verblüht sind, bleiben die grünen Blätter noch mehrere Wochen erhalten. Dann werden auch sie gelb und vertrocknen.

Im Sommer ist von den Schneeglöckchen nichts mehr zu sehen. Unter der Erde ist aber inzwischen einiges mit der Zwiebel geschehen: Die Ersatzzwiebeln haben Nährstoffe angereichert und ersetzen die alte Zwiebel. So ist die Pflanze gut für das nächste Frühjahr versorgt und kann vor allen anderen Pflanzen austreiben. Gleichzeitig haben sich Brutzwiebeln entwickelt, aus denen im nächsten Jahr neue Pflanzen wachsen können.

Die Samen von Schneeglöckchen werden durch Ameisen verbreitet (▷B2).

▶ Schneeglöckchen haben Zwiebeln, in denen sie Nährstoffe speichern. So wird ein frühes Austreiben und Blühen möglich.

Aufgabe

1 Erkläre, warum Schneeglöckchen oft in kleinen Gruppen dicht nebeneinander stehen und nach vielen Jahren sogar dichte Teppiche bilden.

Versuch

1 Die Küchenzwiebel speichert ebenfalls Nährstoffe in einer Zwiebel. Fertige einen Längsschnitt durch eine Zwiebel und zeichne, was du siehst. Beschrifte die Zeichnung.

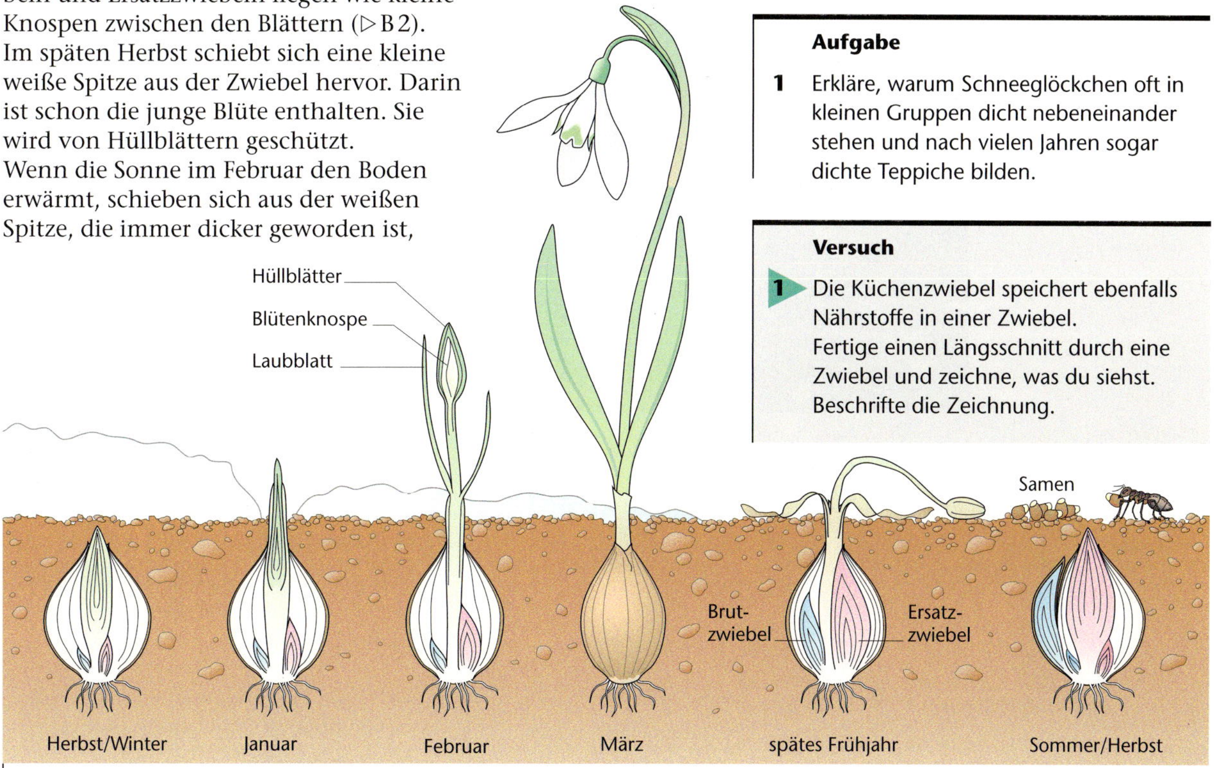

2 Das Schneeglöckchen im Jahresverlauf

1 Laubwald im Frühjahr, links; Laubwald im Sommer, rechts

2 Das Scharbockskraut hat Wurzelknollen.

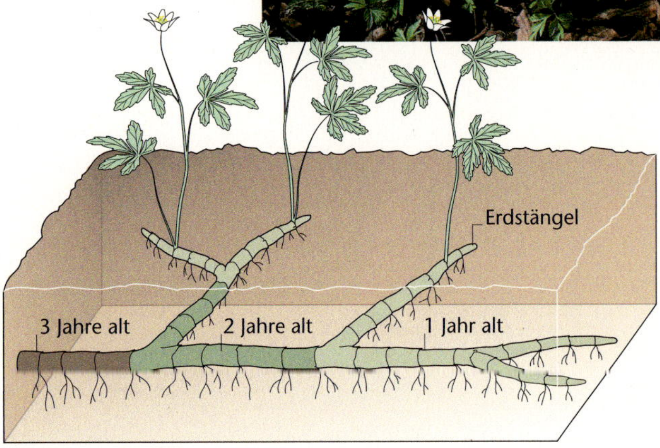

3 Buschwindröschen haben Erdstängel.

Frühblüher leben vom Vorrat

In den Osterferien darf Anne ihre Oma in der Großstadt besuchen. An einem warmen Frühlingstag fahren die beiden mit der Straßenbahn zum Stadtwald. Die Bäume haben noch keine Blätter, aber der gesamte Waldboden ist mit weißen, gelben und blauen Blüten übersät. Anne kann sich nicht erinnern, diese Blütenpracht im Sommer hier gesehen zu haben. Sie hat Recht, denn einige Pflanzen blühen nur im Frühjahr.

Nicht nur das Schneeglöckchen hat Zwiebeln, auch zahlreiche andere Pflanzen haben unterirdische Speicher für Nährstoffe. All diese Pflanzen können deshalb sehr früh im Jahr ihre Blätter und Blüten entwickeln. Biologen nennen sie **Frühblüher**.

Erdstängel und Wurzelknollen

Die weißen Blüten, die den Waldboden wie mit einem Teppich bedecken, gehören dem Buschwindröschen (▷ B 1). Wenn man vorsichtig eine Pflanze ausgräbt, so kann man entdecken, dass sich der Stängel waagerecht im Boden fortsetzt. Dieser braune **Erdstängel** (▷ B 3) ist voller Nährstoffe, und so kann die Pflanze sehr schnell austreiben. Sobald sich die Blätter an den Bäumen entwickeln, fällt weniger Licht auf den Waldboden. Die Blüten und Blätter des Buschwindröschens verschwinden. Der mit frischen Nährstoffen angereicherte Erdstängel ruht bis zum nächsten Frühjahr.

An Grabenrändern und auf dem Waldboden wächst – oft gemeinsam mit dem Buschwindröschen – das gelb blühende Scharbockskraut. Es erscheint auch vor den Blättern der Waldbäume. Das Scharbockskraut hat seine Speicherstoffe in dicken **Wurzelknollen** (▷ B 2) eingelagert.

Zwiebel, Knolle und Erdstängel sind unterirdische Speicherorgane von Frühblühern. Die Speicherstoffe ermöglichen es der Pflanze, sehr früh im Jahr Blätter und Blüten auszutreiben.

Aufgaben

1 Welchen Vorteil hat es für die Frühblüher, dass sie blühen, bevor die Bäume ihre Blätter bekommen?

2 a) Nenne die wichtigsten Speicherorgane der Frühblüher und Pflanzen, die diese Organe besitzen.
b) Zeichne und beschrifte sie.

Frühblüher

Die Heimat des wilden **Märzenbechers** ist Mittel- und Südeuropa. Die Pflanze ähnelt dem Schneeglöckchen, hat aber eine glockige Blüte mit grünen Flecken. Die Pflanzen entwickeln ihre Blüten im März aus der unterirdischen Zwiebel heraus.

Aus den Knollen der **Gartenkrokusse** sprießen schon im März die ersten Blüten. Die Vorfahren dieser Pflanze stammen aus dem Mittelmeergebiet.
Eine verwandte kleine, meist weiß blühende Art bedeckt im Frühjahr zu Tausenden unsere Bergwiesen im Hochgebirge. Die getrockneten Narben einer wilden Krokusart liefern das teure Gewürz Safran. Man benötigt fast 200 000 Blüten für die Herstellung von 1 kg dieses Gewürzes, das Speisen gelb färbt.

Die Blüte der **Schachblume** ist purpurn gefärbt mit einem Karomuster, das an ein Schachbrett erinnert. Sie stammt aus dem Mittelmeergebiet.
Die Pflanze entwickelt sich ab April aus einer sehr kleinen Zwiebel.

Die Heimat der **Traubenhyazinthe** ist Kleinasien. Verwandte Arten kommen selten auch in Deutschland vor und wachsen in alten Weinbergen. Die Blüten entwickeln sich im April aus den kleinen Zwiebeln. Die oberen, duftenden Blüten sind unfruchtbar und haben die Aufgabe, Insekten anzulocken.

Wildtulpen gibt es in Vorderasien. Sie wurden im 12. Jahrhundert von Kreuzrittern nach Mitteleuropa gebracht und bereits sehr früh in verschiedenen Sorten gezüchtet. Sie waren so begehrt, dass man die Zwiebeln mit Gold bezahlte.
Heute gibt es eine unübersehbare Zahl verschiedener Formen und Farben von **Gartentulpen**.

Wilde **Narzissen** kann man heute noch überall in den Mittelmeerländern und in den Alpen finden. Gärtner haben viele verschiedene Sorten aus der Stammform gezüchtet.
Da viele Narzissenarten im März oder April, also zur Osterzeit blühen, nennt man die Pflanze auch **Osterglocke**.

1 Zitronenfalter

2 Raupe des Zitronenfalters

3 Zitronenfalter sind Frühlingsboten.

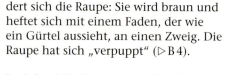

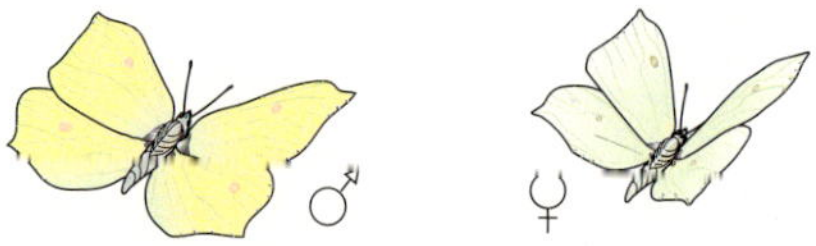

4 Entwicklung eines Schmetterlings

Winter ade!

Wenn der erste Zitronenfalter (▷ B 3) fliegt, ist der Winter vorbei. Überall wird deshalb der gelbe Schmetterling als Frühlingsbote begrüßt.
Du kannst den Falter beim Besuch einer Blüte genauer beobachten. Er sucht am Grunde der Blüten nach süßem Nektar. Diese „Lieblingsspeise" aller Schmetterlinge kann er mit seinem langen Saugrüssel einsaugen. Wenn der Rüssel nicht benutzt wird, befindet er sich zu einer kleinen Spirale zusammengerollt unter dem Kopf (▷ B 1).

Ein Schmetterling entsteht

Im April legt das Weibchen seine **Eier** an den Blättern von Heckensträuchern ab. Aus den Eiern schlüpfen grasgrüne **Raupen** (▷ B 2), die schnell wachsen. Weil ihnen dabei die Haut zu eng wird, streifen sie die alte Hülle ab und bekommen eine neue. Man sagt, dass sich die Raupen „häuten". Nach einigen Wochen verändert sich die Raupe: Sie wird braun und heftet sich mit einem Faden, der wie ein Gürtel aussieht, an einen Zweig. Die Raupe hat sich „verpuppt" (▷ B 4).

Im Juli schlüpft aus dieser **Gürtelpuppe** der gelbe Schmetterling. Aber der Falter fliegt nur wenige Tage. Dann setzt er sich an einen geschützten Platz und fällt in eine Starre. In dieser **Sommerstarre** übersteht er die heißen Hochsommertage. Im September wird er wieder lebhaft und besucht bis in den Oktober hinein die Blüten in unserem Garten oder in der freien Landschaft. Dann setzt er sich in das Laub am Boden und bleibt dort unbeweglich sitzen: Er fällt in die **Winterstarre**. Die ersten warmen Strahlen der Frühlingssonne beleben ihn wieder. Deshalb kannst du Zitronenfalter schon sehr früh im Jahr fliegen sehen.

Nicht alle Schmetterlingsarten überstehen den Winter als Falter, die meisten überwintern als Eier, Raupen oder Puppen.

▶ Schmetterlinge entwickeln sich vom Ei über die Larve und Puppe zum Falter. Der Zitronenfalter übersteht den Winter als Falter in der Winterstarre.

Werkstatt

Wir helfen Insekten

Schmetterlinge, Käfer, Hummeln, Wespen und Grillen kannst du im Garten gut beobachten.
Viele dieser Insekten sind außerdem noch hilfreich: Sie bestäuben Blüten und fressen „schädliche" Insekten.
Hier sind Tipps, wie wir die für uns nützlichen Insektenarten in Gärten und im Schulgelände ansiedeln und schützen können.

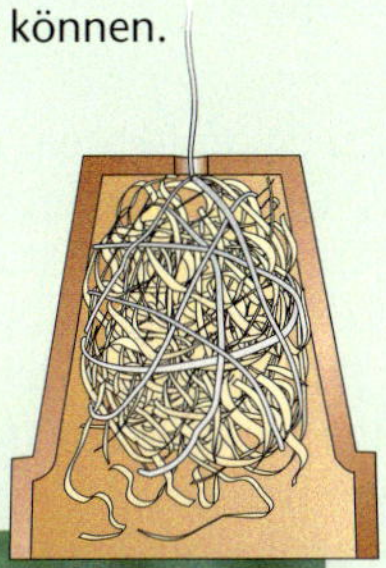

1 Ohrwurm

1 Hilfe für den Ohrwurm

Ohrwürmer sehen zwar gefährlich aus, sind aber für uns Menschen völlig harmlos. Schon gar nicht kneifen oder klettern sie in die Ohren. Innerhalb von wenigen Tagen fressen sie alle Blattläuse, die auf einer Pflanze leben.

Material
Blumentopf (Ton), Holzwolle, Draht, Zange

Durchführung
Forme aus der Holzwolle ein Knäuel und umwickle dieses locker mit Draht. Fädle das Ende des Drahtes durch das Abflussloch im Blumentopf. Jetzt kannst du die „Ohrwurmwohnung" an einen Obstbaum hängen.

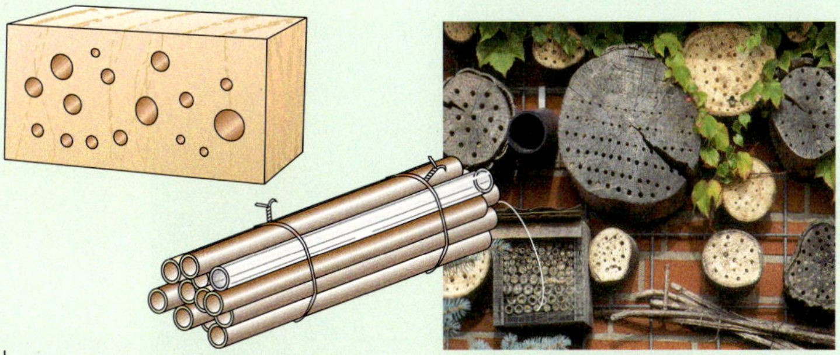

2 Nisthilfen für Insekten

2 Löcher und Röhren für Bienen und Wespen

Es gibt zahlreiche Bienen- und Wespenarten die einzeln, also nicht in großen Gemeinschaftsnestern, leben. Sie helfen uns im Garten, weil sie zum Beispiel Raupen jagen.
Die Insekten bauen Brutröhren in morschem Holz. Dort legen sie die Eier ab und bringen als Nahrungsvorrat für die Larven Blütenstaub oder Insekten in die Kammer, die sie dann verschließen.

Material
Holzklötze, Bohrer verschiedener Stärken, Bambus- oder Schilfrohre, Draht

Durchführung
Es gibt zwei Möglichkeiten:
a) Bohre in einen Holzklotz waagerechte Löcher mit einem Durchmesser von 1–10 mm und einer Tiefe von 5–10 cm.
b) Bündle etwa 20 cm lange Röhrchen aus Bambus oder Schilf mit Draht. Jedes Rohr muss auf einer Seite verschlossen sein. Hänge diese Bündel waagerecht an trockene und sonnige Stellen im Garten. Füge ein Glasröhrchen in das Bündel ein, damit du die Insekten gut beobachten kannst.

3 Wildbiene

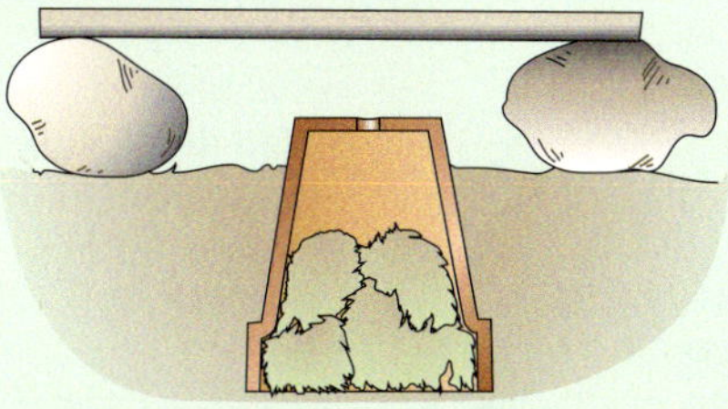

4 Nisthilfe für Erdhummeln

3 Eine Höhle für Hummeln

Hummeln sind neben Bienen die wichtigsten Bestäuber. Viele Arten werden seltener, sodass diese Insekten unsere Hilfe benötigen.

Material
Blumentopf (Ton), Moos, Spaten

Durchführung
Fülle einen größeren Ton-Blumentopf zur Hälfte mit weichem, trockenen Material (z. B. Moos). Grabe den Topf an einem sonnigen, trockenen Platz umgekehrt in die Erde ein.
Der Rand muss einige Zentimeter herausragen. Das Loch im Topfboden – es sollte etwa 15 mm breit sein – dient als Einflugloch.

Wiesen-Kerbel

Scharfer Hahnenfuß

1 Sommerwiese

Endlich Sommer!
Es ist ein heißer Sommer; jetzt muss man jeden Abend den Garten gießen, damit die Blütenpracht erhalten bleibt und die Pflanzen nicht verwelken.

Nicht nur im Garten blüht es, auch der Teil des Schulrasens, der nicht regelmäßig gemäht wird, hat sich zu einer blühenden Wiese entwickelt. Wiesen-Kerbel, Scharfer Hahnenfuß und Löwenzahn stehen zwischen den Süßgräsern. Ende Juni bis Anfang Juli verblühen die meisten Blumen, dann wird gemäht.

2 Anpassungen an das Mähen

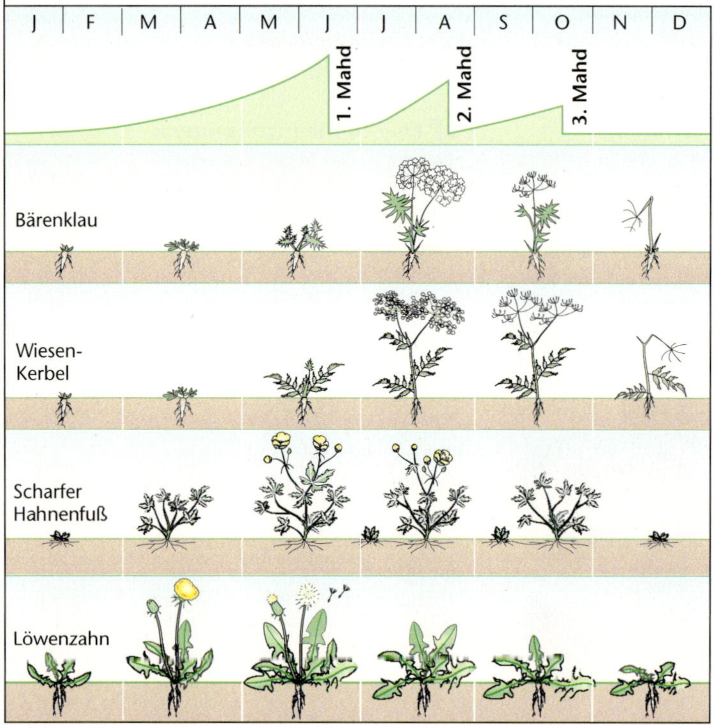

Samenverbreitung
Im nächsten Jahr sind diese Pflanzen wieder da, denn die Wiesenpflanzen sind hervorragend an das Mähen angepasst: Wiesen-Schaumkraut, Löwenzahn und Schlüsselblume blühen bereits sehr früh im Jahr. Wenn die Wiese im Juni das erste Mal gemäht wird, sind diese Pflanzen schon lange verblüht und haben ihre Samen bereits ausgestreut.

Rosetten
Der Löwenzahn hat außerdem eine **Rosette**, die beim Mähen erhalten bleibt.
Der Wiesen-Bärenklau wächst erst ab Mitte Juni zur vollen Größe heran. Bis zu diesem Monat ist die Pflanze noch ziemlich klein. Die Grundblätter und die meisten Blütenknospen überstehen den ersten Schnitt daher ohne Beschädigung. Dann entwickeln sich die Stängel und die Blütendolden innerhalb kurzer Zeit und noch vor dem zweiten Mähen im August sind die Früchte reif und werden verstreut.

Seitentriebe
Wie geht es nun den Gräsern, die ja den Hauptanteil an einer Wiese bilden? Gräser entwickeln nach dem Mähen an den unteren Knoten des Stängels **Seitentriebe**. So können sie nach dem Schnitt sogar noch besser und dichter wachsen. Deshalb wird ein Rasen durch häufiges Mähen immer dichter.

Die anderen Blütenpflanzen haben dann immer weniger Möglichkeiten zu wachsen, weil das Gras ihnen den Platz wegnimmt.

Wiesenpflanzen überstehen das Mähen durch frühzeitige Samenverbreitung, Bildung von Rosetten oder Bildung von Seitentrieben.

Aufgaben

1 Welchen Ratschlag würdest du jemandem geben, der in seinem Garten eine blumenreiche Wiese und keinen grünen Zierrasen haben möchte?

2 Können Krokusse und Schneeglöckchen auch in einem Rasen wachsen, der regelmäßig gemäht wird?
Begründe deine Meinung.

1 Herbstwald

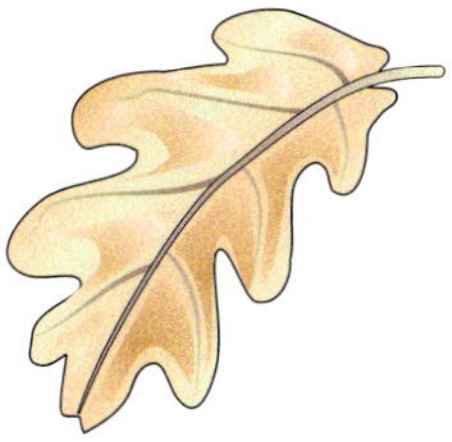

Bunte Wälder

Die herbstliche Farbenpracht zeigt, dass sich die Pflanzen auf den Winter einstellen. Die meisten Bäume werfen ihre Blätter am Ende des Herbstes ab. Die Farbe der Blätter ergibt sich aus einem Gemisch von grünen, gelben und roten Farbstoffen. In den Blättern werden im Herbst zunächst die grünen Farbstoffe abgebaut, der Baum speichert die Bestandteile in den Zweigen. Verbleibende gelbe Farbstoffe, die vorher von den grünen überdeckt waren, geben dem Blatt nun die gelbe **Herbstfärbung.** Rote Farben gehen auf andere Farbstoffe zurück, die zum größten Teil neu hergestellt werden. Später, wenn die Blätter absterben, werden sie braun und fallen ab.

Blattfall als Schutz

Bäume verdunsten über ihre Blätter viel Wasser, das sie über die Wurzeln aufnehmen. Im Winter ist der Boden gefroren und die Bäume können kein Wasser mehr aus dem Boden aufnehmen. Um nicht zu vertrocknen, ist es für den Baum lebensnotwendig, im Herbst die Blätter abzuwerfen. An den Stellen der Äste, wo vorher Blätter saßen, erkennt man jetzt die Blattnarben. Diese sind durch eine Korkschicht gut abgedichtet. So gelangt weder Wasser hinaus, noch können Fäulnisbakterien und Krankheitserreger in die Pflanze eindringen.
In den Knospen sind die Blätter und Blüten für das nächste Jahr angelegt. Knospenschuppen schützen sie vor Kälte und Nässe. Bäume, die ihre Blätter nicht abwerfen wie z. B. die Tannen, Fichten und die Stechpalme, schützen sich u. a. durch eine Wachsschicht vor dem Trockentod, da so nur wenig Wasser verdunstet.

► Der Blattfall ist eine Anpassung an den Winter, denn dadurch wird verhindert, dass der Baum vertrocknet und stirbt.

Versuch

1 Zerreibe zarte grüne Blätter in einem Mörser, gieße ein wenig Brennspiritus dazu (Vorsicht, brennbar!). Lasse das Gemisch von Blättern und Spiritus einige Minuten stehen. Stelle nun einen Streifen weißes Fließpapier in die Flüssigkeit und lasse diese etwa 15 Minuten im Papier steigen. Trockne anschließend das Fließpapier. Welche Farben kannst du auf dem Papier erkennen? Versuche, das Ergebnis zu erklären.

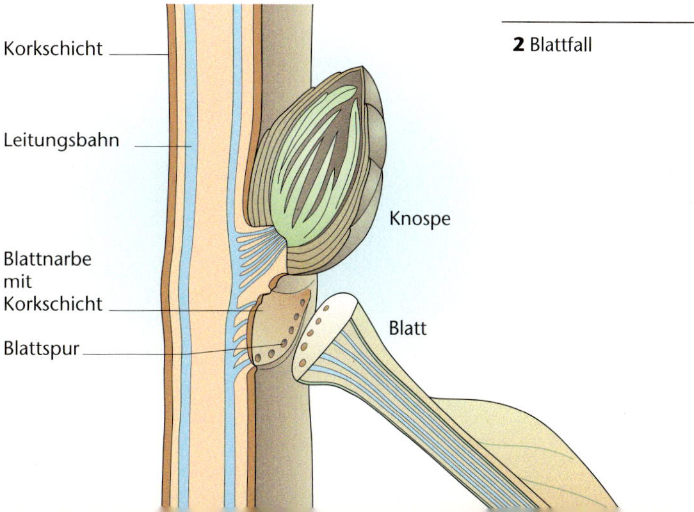

2 Blattfall

1 Löwenzahn auf einer Mauer

Hoch hinauf

Auf der alten Steinmauer wachsen zahlreiche Pflanzen: Farne, eine kleine Eberesche, vor allem aber Löwenzahnpflanzen (▷ B 1), die im Mai ihre gelben Blüten zeigen. Wie kommen sie dahin? Wahrscheinlich hat niemand sie dort gepflanzt. Carla und Leon unterhalten sich. Während das Mädchen meint, der Wind habe den Samen auf die Mauer geweht, ist sich Leon sicher, dass die Vögel Früchte und Samen dorthin verschleppt haben.

Tatsächlich haben Pflanzen viele „Tricks", um ihre Früchte und Samen zu verbreiten und so neue Lebensräume zu erschließen.

Vom Winde verweht

Der Wind spielt bei der Samenverbreitung die wichtigste Rolle. Viele Früchte und Samen haben spezielle Einrichtungen, damit sie möglichst weit von ihrer Mutterpflanze fortgetragen werden können. Die Biologen unterscheiden dabei mehrere Techniken.

Die **Schraubenflieger** haben „Flügel", die die Frucht in eine kreiselnde Bewegung versetzen. Auf diese Weise können sie länger und damit weiter fliegen. Kiefer, Tanne, Ahorn, Esche und Linde gehören zu dieser Gruppe.
Die Früchte von Ulme und Birke erreichen das gleiche durch kleine Scheiben, wir nennen sie daher **Scheibenflieger**.
Bekannt sind die „Fallschirme" des Löwenzahns, die aus feinen Pflanzenhaaren gebildet werden. Auch die meisten Disteln und viele Wiesen- und Wegrandpflanzen gehören zu den **Schirmfliegern**.
Manche Früchte sind so klein, dass sie keine Flugeinrichtungen brauchen, um vom Wind verbreitet zu werden. Die winzig kleinen Samen der Mohnkapsel werden schon durch leichte Windstöße einige Meter im Umkreis der Pflanze verbreitet. Sie fliegen nicht sehr weit, deshalb bilden Pflanzen dieser **Streufrüchte** oft dichte Bestände.

Eigenverbreitung

An feuchten Stellen breitet sich in den letzten Jahren das Indische Springkraut aus. Ein naher Verwandter dieser Pflanze ist das Kleinblütige Springkraut, das in unseren Wäldern blüht. Beide haben ihren Namen nach der besonders raffinierten Form ihrer Samenverbreitung: berührt man nämlich die reifen Fruchtkapseln, so „explodieren" diese, der Samen „springt" bis zu 5 m weit. Viele unserer Pflanzen haben solche **Spring- oder Schleuderfrüchte**, z. B. Ginster und Storchschnabel.

2 Samenverbreitung bei Pflanzen

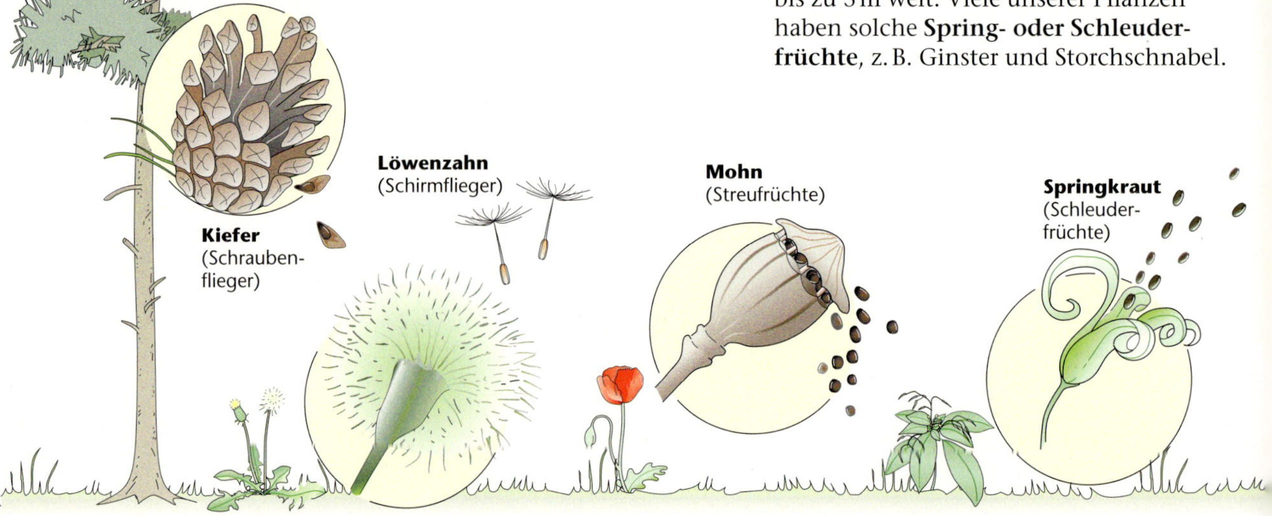

Auf dem Wasserweg

Die Samen und Früchte von Wasser- und Uferpflanzen wie Seerose und Schwertlilie sind oft mit Hohlräumen ausgestattet, sodass sie gut schwimmen und vom Wasser weite Strecken transportiert werden können. Die bekannteste **Schwimmfrucht** ist die tropische Kokosnuss (▷ B 3). Sie kann tausende Kilometer transportiert werden und bildet an den Stränden selbst einsamer, kleiner Südseeinseln dichte Bestände.

3 Kokosnuss keimt

Transport durch Tiere

Vor allem Sträucher besitzen auffällig gefärbte Früchte. Diese werden von Vögeln gefressen. Die unverdaulichen Samen werden später mit dem Kot wieder ausgeschieden und können – bereits gut gedüngt – keimen.

Manche Früchte haben kein weiches Fruchtfleisch, sie tragen **Trockenfrüchte**. Eichhörnchen, Mäuse und Eichelhäher fressen diese Früchte. Sie verstecken sie auch als Wintervorrat im Boden. Auf diese Weise „pflanzen" die Waldtiere so manche Eiche, Buche oder viele Haselnusssträucher.

Die Früchte von Schneeglöckchen, Veilchen und Taubnessel besitzen fetthaltige Anhängsel. Sie sind Leckerbissen für Ameisen. Die Tiere verlieren diese **Ameisenfrüchte** jedoch oft auf dem Weg zu ihrem Bau. So werden diese Pflanzen verbreitet.

Einige Pflanzen haben Früchte mit kleinen Haken, so genannte **Klettfrüchte**. Sie bleiben am Fell von Tieren hängen und werden so ein Stück weit transportiert.

Verbreitung durch den Menschen

Auch der Mensch wirkt immer stärker unfreiwillig an der Ausbreitung vor allem ausländischer Pflanzen mit: In Häfen und auf Bahnhöfen, aber auch auf den Mittelstreifen der Autobahn findet man heute dichte Bestände des gelb blühenden Afrikanischen Kreuzkrauts (▷ B 4). Diese Pflanze kommt erst seit einigen Jahrzehnten in Mitteleuropa vor. Mit Waren aus Übersee sind die Samen und Früchte nach Deutschland gelangt. Mit Eisenbahnwagen, in Reifenprofilen und auf den Planen der Lkws wurden sie verbreitet.

Fast alle Pflanzen produzieren sehr große Mengen an Samen und Früchten. Dadurch ist sichergestellt, dass die Pflanze genügend Nachkommen hat.

4 Afrikanisches Kreuzkraut

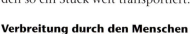

▶ Früchte und Samen können durch Wind, Wasser, Tiere oder Menschen verbreitet werden.
Bei manchen Pflanzen wird der reife Samen herausgestreut oder -geschleudert.

Aufgaben

1 Beschreibe, wie der Löwenzahn auf die Mauer kommt.

2 Sammle die Früchte von Scheiben- und Schirmfliegern, zeichne sie und beschrifte die Zeichnung.

3 Sammle Früchte und Samen, ordne sie nach der Art ihrer Verbreitung und stelle deine Sammlung in der Schule aus.

Versuch

1 Lasse verschiedene Früchte aus dem Fenster der oberen Stockwerke deiner Schule fallen. Miss mit einer Stoppuhr die Fallzeit und mit einem Bandmaß die Entfernung, die die Früchte zurückgelegt haben.

Samenverbreitung

In Wildwestfilmen sieht man manchmal Büsche, die der Wind durch die Steppe rollt. **Steppenläufer** sind Pflanzen, deren Stängel zur Zeit der Samenreife dicht am Boden abbrechen. Beim Rollen geben sie nach und nach die Samen ab, so verbreiten sich diese Pflanzen.

Das an Felsen und Mauern wachsende **Zimbelkraut** ist lichtscheu: Es wendet die Stängel mit den Früchten vom Licht weg und schiebt sie in die Spalten der Mauer. So sichert die Pflanze dem Samen einen günstigen Platz zum Keimen.

Die **Spritzgurke** findet man im Mittelmeergebiet häufig an Wegrändern. Sie kann einen so hohen

Druck erzeugen, dass die Samen bis zu 10 m weit geschleudert werden.

Den größten Samen der Welt hat die **Meeres-Kokosnuss**. Sie ist die Frucht von Palmen, die auf einigen Seychellen-Inseln im Indischen Ozean wachsen. Die Frucht kann bis zu 22,4 kg schwer und über 60 cm lang werden.

Was Samen wiegen

Ein „Standardbrief" der Post darf höchstens 20 g wiegen. In der folgenden Tabelle kannst du erkennen, wie viele Samen einer Art mit einem solchen Brief verschickt werden könnten, ohne das Höchstgewicht zu überschreiten:

Eiche	6
Ahorn	200
Linde	500
Springkraut	2 500
Erle	10 000
Löwenzahn	20 000
Orchideen	2 500 000

Wurfweite einiger Schleuderpflanzen

Behaartes Schaumkraut	0,9 m
Stiefmütterchen	1,0 m
Kleines Springkraut	3,0 m
Waldveilchen	3,75 m
Lupine	7,0 m
Spritzgurke	10,0 m

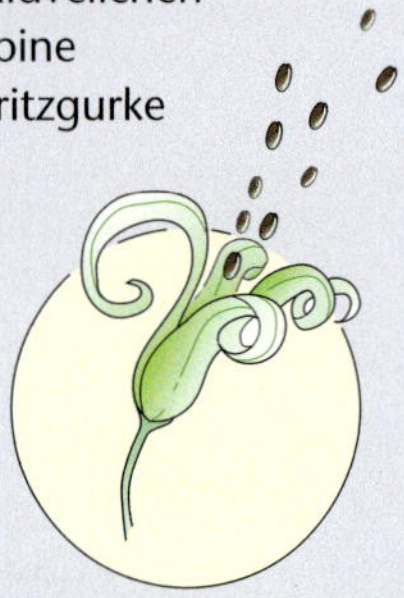

Schafe transportieren Früchte und Samen

Wissenschaftler fanden im Fell eines Schafes:
8 511 Samen und Früchte von 85 verschiedenen Pflanzen.
In den Hufen von 30 Schafen fand man 382 Samen und Früchte von 48 verschiedenen Pflanzen.

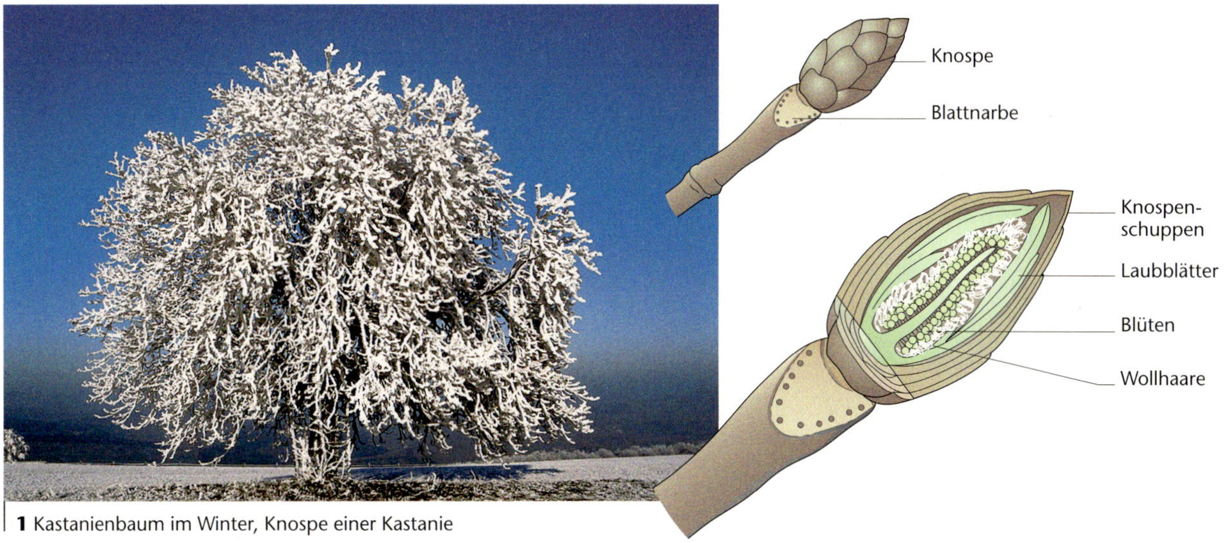

1 Kastanienbaum im Winter, Knospe einer Kastanie

Winterprobleme
Der Winter mit seiner Kälte macht allen Pflanzen zu schaffen. Das Hauptproblem ist die Wasserversorgung. Wenn der Boden gefroren ist, kann die Pflanze kein Wasser mehr aufnehmen. Bei Frost dehnt sich Wasser aus, die Wasserleitungsbahnen in der Pflanze würden zerspringen.

Blattfall als Rettung
Bäume und Sträucher, die die Blätter abwerfen, haben die Verdunstung ganz eingestellt. Es kann kein Wasser mehr abgegeben werden und die Pflanzen schützen sich vor dem Vertrocknen.

Grün durch den Winter
Die Stechpalme ist das ganze Jahr über grün. Der Baum schützt sich durch lederartige, dicke Blätter, die von einer Schutzschicht aus Wachs überzogen sind, vor Kälte und Verdunstung. Die Nadeln der Fichten, Kiefern und Tannen haben außerdem eine geringe Oberfläche, sodass sie kaum Wasser abgeben können.

Manche Pflanzen ziehen sich zurück
Bei einigen Wildkräutern bleiben nur die unterirdischen Teile erhalten. Oft übersteht auch eine Knospe oder eine Rosette dicht an den Boden geschmiegt die kalte Jahreszeit.

Samen überwintern
Das Hirtentäschelkraut ist wie die meisten Wildkräuter **einjährig**. Es stirbt im Herbst ab, die vielen Samen aber sichern seinen Bestand auch im nächsten Jahr.

Knospen für nächstes Jahr
Nach dem Blattfall sieht man die **Knospen**, in denen sich die Blätter und Blüten des kommenden Jahres befinden. Sie sind gut geschützt. Klebrige und hornige Knospenschuppen liegen wie Dachziegel übereinander (▷ B 1). Sie schützen das Innere vor Kälte und Nässe. Die Blütenknospen werden außerdem manchmal durch ein wolliges Haarkleid und grüne Blättchen vor der Kälte bewahrt.

Viele Pflanzen überstehen den Winter durch Laubfall oder ihre Blätter besitzen besondere Schutzeinrichtungen. Bei manchen Arten überwintern nur einzelne Teile der Pflanze.

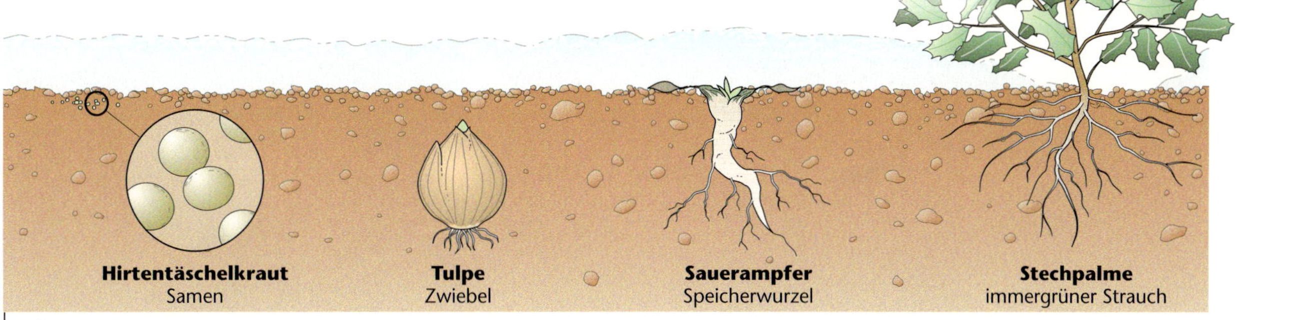

2 Überwinterung bei Pflanzen

1 Rotfuchs im Winterfell

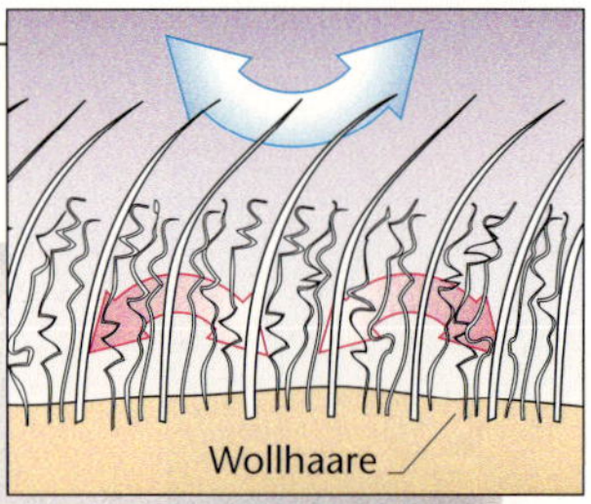

2 Funktion des Winterfells

Winterprobleme

Es ist Ende Januar. Die Temperaturen steigen am Tag nur wenig über 0 °C, nachts gefriert es sogar. Eiskalt fegt der Wind über verschneite Äcker und Wiesen. Es ist schwierig, jetzt Nahrung zu finden. Wie überstehen die Tiere diese harte Jahreszeit?

Ein warmer „Mantel" schützt vor Kälte

Das Fell des Fuchses ist im Winter besonders dicht, denn es sind zusätzlich Wollhaare gewachsen, die bewirken, dass der kalte Wind kaum noch durch das Fell wehen kann (▷ B 1 und B 2). Die stehende Luft zwischen den Wollhaaren erwärmt sich durch die Körperwärme des Tieres und isoliert dadurch gut gegen Kälte. Bei uns bekommen fast alle Säugetiere in der kalten Jahreszeit ein solches **Winterfell**. Solange es noch reichlich Nahrung gab, haben sich die Tiere außerdem noch **Fettpolster** angefressen, die sie ebenfalls vor Kälte schützen.

5 Feldhamster

Gut getarnt durch den Winter

Das Hermelin (▷ B 3) ist im Sommer braun und hat eine dunkle Schwanzspitze. Im Winter verändert sich das Fell: Das Hermelin bekommt ein dichtes, weißes Fell, nur die Schwanzspitze bleibt schwarz. Mit diesem „Tarnfell" ist das kleine Raubtier im Schnee vor seinen Fressfeinden bestens geschützt. Auch die Beutetiere des Hermelins entdecken es so kaum.

Energie sparen durch Winterschlaf

Igel, Siebenschläfer und Fledermaus halten **Winterschlaf**. Das bedeutet, dass ihre Körpertemperatur stark abgesenkt wird, ihr Herz schlägt nur sehr langsam und der Körper verbraucht dabei kaum Energie. Die Tiere leben mehrere Wochen oder Monate nur von den angefressenen Fettvorräten. Der Feldhamster (▷ B 5) macht eine Ausnahme: Er sammelt in seiner unterirdischen Höhle Getreide als Wintervorrat. Mehrmals unterbricht er seinen Winterschlaf, um von diesen Vorräten zu fressen. Sollte es den Winterschläfern einmal zu kalt werden, hat die Natur vorgesorgt: Bestimmte Stoffe im Körper, Hormone genannt, sorgen dann dafür, dass die Tiere aufwachen. Sie können ein neues Versteck suchen, in dem sie besser vor der Kälte geschützt sind.

Winterruher

Hoch oben in den Baumkronen hat das Eichhörnchen sein kugelförmiges Nest, den Kobel. Es ist mit Moos und anderen Pflanzenteilen so ausgepolstert, dass die Winterkälte das Tier nicht erreichen kann. Zu einer Kugel zusammengerollt, verschläft das Eichhörnchen hier viele Wintertage.

3 Hermelin im Winter

4 Siebenschläfer

6 Eichhörnchen frisst von seinen Vorräten.

7 Igel im Winterschlaf

Hungern muss es dabei nicht, denn im Herbst hat es Nüsse und Eicheln versteckt. Ab und zu kommt es aus seinem warmen Versteck und frisst von den Vorräten. Im Herbst hat sich das Tier außerdem kleine Fettpolster angelegt; davon zehrt es im Winter. Die Körpertemperatur des Eichhörnchens ist nur wenig herabgesetzt und auch das Herz schlägt normal.
Das Eichhörnchen spart auch auf diese Weise Energie. Säugetiere, die so den Winter überstehen, halten eine **Winterruhe**.

Bei Säugetieren gibt es verschiedene Überwinterungsstrategien. Die meisten Säugetiere bekommen ein Winterfell, andere legen Vorräte an und halten eine Winterruhe oder einen Winterschlaf.

Aufgaben

1 Stelle in einer Tabelle Gründe für und gegen die Winterfütterung von Rehen gegenüber.

2 Erkläre, welche Vorteile die weiße Fellfarbe des Hermelins im Winter hat.

3 Begründe, warum Igel und Fledermaus einen Winterschlaf halten müssen, nicht aber das Kaninchen und der Maulwurf.

4 Fertige ein Plakat zu dem Thema „Wie die Tiere den Winter überstehen" an. Sammle und ordne auch Bilder für das Plakat.

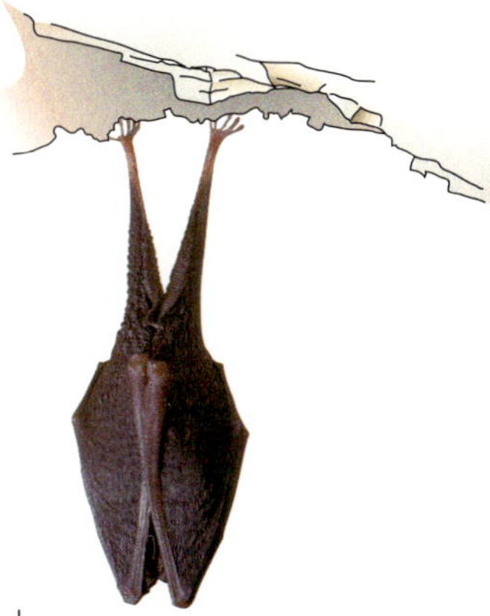

8 Fledermaus im Winterschlaf

Brennpunkt

Müssen wir die Tiere im Winter füttern?

Kranke, alte und schwächliche Tiere überleben den Winter oft nicht. Manche Tiere würden sich ohne Fütterung quälen, bis sie schließlich ein Opfer des Winters wären. Für die vielen Rehe und Hirsche in unseren Wäldern gibt es in harten Wintern kaum genügend Nahrung. Die Jäger wollen jedoch den hohen Wildbestand erhalten und füttern die Tiere. Es soll damit verhindert werden, dass die Tiere ihren Hunger an Baumrinde und Zweigen stillen und so den Wald schädigen. Zum Erhalt einer Tierart ist die Winterfütterung nicht notwendig.

1 Winterfütterung

2 Futterplatz für Rehe

3 Beschädigte Rinde

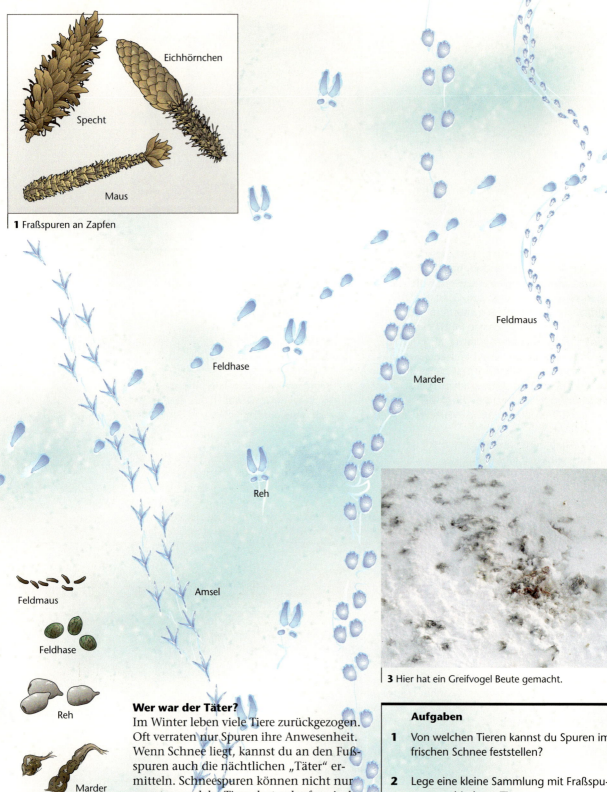

1 Fraßspuren an Zapfen

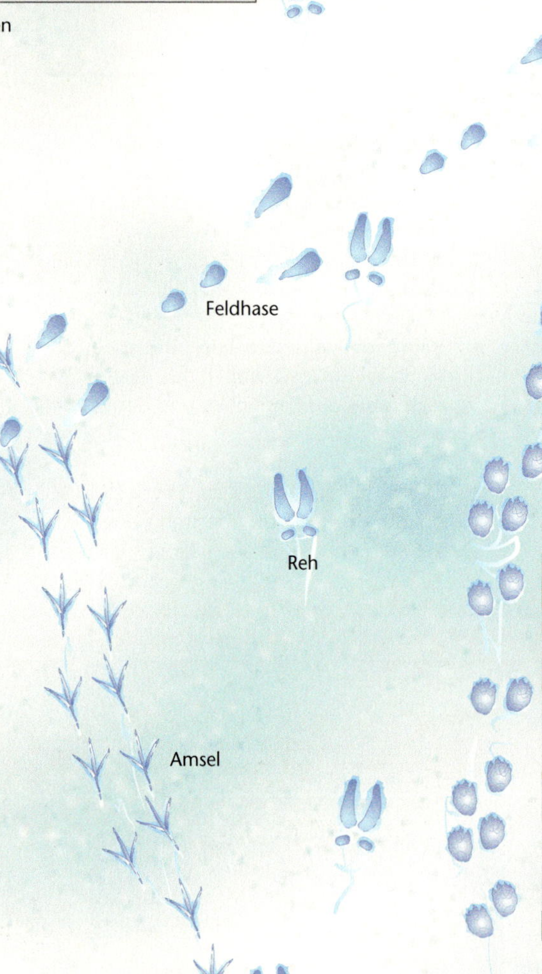

2 Kot von Tieren

3 Hier hat ein Greifvogel Beute gemacht.

Wer war der Täter?
Im Winter leben viele Tiere zurückgezogen. Oft verraten nur Spuren ihre Anwesenheit. Wenn Schnee liegt, kannst du an den Fußspuren auch die nächtlichen „Täter" ermitteln. Schneespuren können nicht nur verraten, welche Tiere dort gelaufen sind, sondern auch wie sie sich verhalten haben. Sind sie gerannt oder haben sie nur ruhig nach Futter gesucht?
Auch Fraßspuren und Kot können dir bei deinen „Ermittlungen" helfen.

Aufgaben

1 Von welchen Tieren kannst du Spuren im frischen Schnee feststellen?

2 Lege eine kleine Sammlung mit Fraßspuren verschiedener Tiere an.

3 Mäuse im Garten und auf dem Schulhof gehen auch im Winter jede Nacht auf Futtersuche. Warum sind die Spuren aber nur selten im Schnee zu finden?

Ein geschützter Platz für den Winter
Es ist November und Vater nutzt einen trockenen Tag, um die Platten der Terrasse neu zu verlegen. Plötzlich kommt er ins Haus und ruft seine Familie: „Schaut mal, was ich unter der großen Betonplatte gefunden habe". Im Sand, unter den Platten, ist eine kleine Höhlung. In ihr liegen völlig unbeweglich vier kleine Tiere eng beieinander. Markus hält sie für Eidechsen. Nachdem er aber im Bestimmungsbuch nachgeschaut hat, wissen alle, dass es sich um Teichmolche handelt, die hier gemeinsam ein geschütztes Plätzchen gesucht haben.

Markus hat ein Tier in die Hand genommen, um es beim Bestimmen genau anschauen zu können. Plötzlich bemerkt er eine leichte Bewegung: Der Teichmolch beginnt zu laufen, aber seine Bewegungen sind noch sehr schwach. „Der Molch befindet sich in der Winterstarre, und die Wärme deiner Hand hat ihn wieder beweglich gemacht", sagt seine Mutter, nachdem sie den Text im Bestimmungsbuch gelesen hat. Vater hat inzwischen einen neuen Platz für die Molche gefunden.

Winterstarre
So wie die Molche überstehen alle wechselwarmen Tiere die kalte Jahreszeit in **Winterstarre**. Die Körpertemperatur dieser Tiere hängt von der Temperatur ihrer Umgebung ab. Wenn es im Herbst kälter wird, suchen Kröten, Schlangen, Eidechsen und Molche einen geschützten Ort. Meist befinden sich dabei mehrere Tiere einer Art am selben Platz. Frösche vergraben sich im Schlamm. Auch viele Insekten fallen in Winterstarre. Manche, wie das Tagpfauenauge oder die Florfliege, suchen Schutz in Gebäuden. Sie flattern am Fenster, wenn es warm ist, denn bei Temperaturen von 12–15 °C werden die Tiere aktiv. Andere sterben beim ersten Frost. Bei diesen Arten entstehen aus den Eiern oder den überwinternden Puppen im nächsten Jahr neue Insekten.

Wechselwarme Tiere fallen im Winter in Winterstarre.

Aufgaben

1 Erkläre, warum sich der Molch in Markus Hand nach einiger Zeit bewegt hat!

2 Überlege, wie du einem Schmetterling helfen kannst, der im Dezember durch die Wohnung fliegt.

1 Teichmolch

2 Frosch

3 Tagpfauenauge

4 Florfliege

1 Mehlschwalbe

2 Bergfink

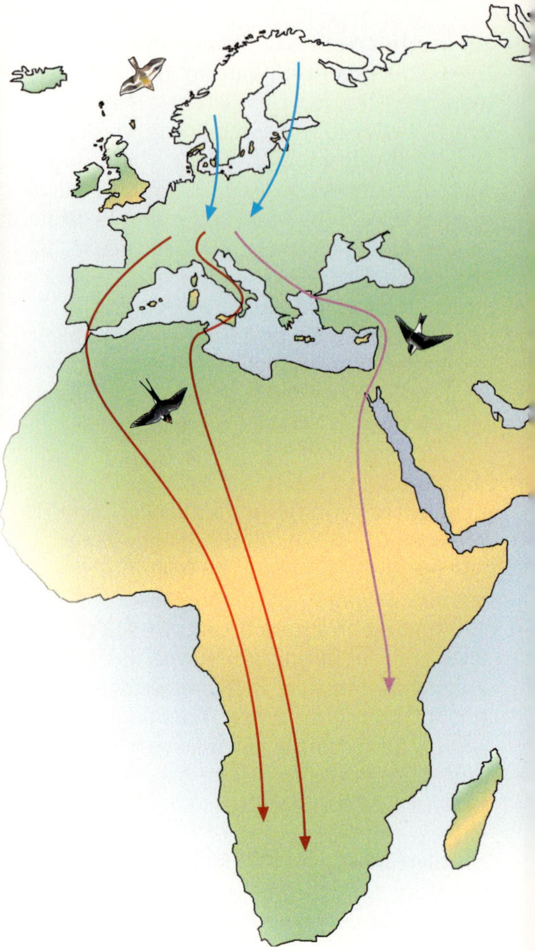

5 Flugrouten von Bergfink (blau), Mehlschwalbe (violett) und Rauchschwalbe (rot)

Gründe für den Vogelzug
Viele Vogelarten könnten im Winter nicht überleben, wenn sie nicht in mildere Klimagebiete umziehen würden.
Diese **Zugvögel** ernähren sich von Insekten und anderen wechselwarmen Tieren, die sie im Winter bei uns nicht mehr finden. Schwalben z. B. sammeln sich im Herbst und fliegen schließlich gemeinsam bis ins südliche Afrika.

Andere Arten sind **Jahresvögel**, die auch im Winter bei uns genügend Nahrung finden. So bleiben Amsel, Haussperling und Gimpel das ganze Jahr über hier.

3 Erlenzeisig

Manche Vögel kommen erst mit Beginn des Winters zu uns. Sie stammen aus den eisigen Regionen Nordeuropas. Zu ihnen gehören Bergfinken (▷ B 2) und Erlenzeisige (▷ B 3). Sie finden auch im Winter noch genügend Nahrung in Mitteleuropa.

Einige unserer einheimischen Vogelarten ziehen bei ungünstigen Bedingungen in Gebiete ab, die noch Nahrung liefern. Der Eisvogel (▷ B 4) ist trotz seines Namens auf eisfreies Wasser angewiesen, um nach Fischen tauchen zu können. Er wandert deshalb an die Unterläufe der Flüsse.

4 Eisvogel

Gefährliche Reise
Auf ihrer langen Reise sind die Zugvögel vielen Gefahren ausgesetzt: Ein früher Wintereinbruch in den Alpen kann den Schwalben den Weg ans Mittelmeer versperren. Hohe Starkstromleitungen sind besonders nachts tückische Hindernisse. Hunderttausende von Vögeln fallen jährlich Fallenstellern zum Opfer, da die Tiere in einigen europäischen Ländern als Leckerbissen gelten.

▶ Zugvögel fliegen vor Wintereinbruch in warme Regionen. Nur dort finden sie noch ausreichend Nahrung.

Flugroute der Mönchsgrasmücke
Die Mönchsgrasmücke kannst du im Frühjahr in Gärten, Parkanlagen und Wäldern beobachten. Sie baut ihr Nest niedrig ins Gebüsch und ist im Sommer im dichten Laub nur schwer zu entdecken.
Mönchsgrasmücken sind Zugvögel, die im Herbst zunächst Richtung Spanien fliegen. Anschließend geht es weiter nach Afrika bis ins Winterquartier südlich der Sahara. Und das schaffen sie gleich beim ersten Flug, ohne jemals vorher dort gewesen zu sein!

Magnetische Feldlinien weisen den Weg
Wissenschaftler haben entdeckt, dass sich die Vögel dabei nach dem Magnetfeld der Erde richten. Um sich das vorzustellen, kann man die Erde mit einem Stabmagneten aus dem Physikunterricht vergleichen. Legt man über einen Magneten ein Blatt

6 Mönchsgrasmücke

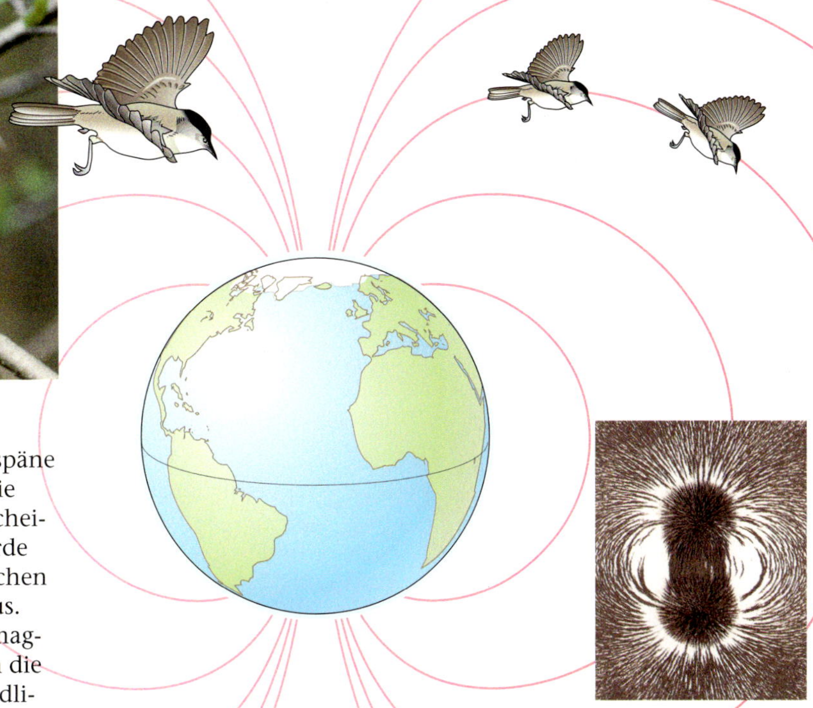

7 Die Mönchsgrasmücke orientiert sich am Magnetfeld der Erde.

Papier und streut vorsichtig Eisenfeilspäne darüber, so werden Linien sichtbar, die aus dem Magnetkörper auszutreten scheinen. Sie heißen **Feldlinien**. Bei der Erde kommen die Feldlinien am magnetischen Nordpol senkrecht aus der Erde heraus. Sie neigen sich dann und treten am magnetischen Südpol wieder senkrecht in die Erde ein. Menschen können diese Feldlinien nicht wahrnehmen. Vögel erkennen die Neigung dieser Linien offensichtlich wie mit einem eingebauten Kompass. Im afrikanischen Winterquartier sind die Feldlinien anders gekrümmt als in Mitteleuropa. Außerdem hat das magnetische Feld dort eine andere Stärke.

Den Zugvögeln ist die Wahrnehmung dieser Feldlinien angeboren. Sie scheinen hierfür ein Sinnesorgan zu haben. Während des Fluges spüren sie genau, dass die Feldlinien noch nicht die richtige Stärke des Zielortes erreicht haben. Dann fliegen sie so lange, bis die richtige Feldstärke erreicht ist.
Unterwegs sind die Gestirne sowie Flüsse, Meeresküsten und Gebirge wichtige Orientierungspunkte.

Zugvögel orientieren sich am Magnetfeld der Erde, an Gestirnen und auffallenden Geländeformen.

Aufgabe

1 Im Internet können die Flugrouten einiger Zugvögel verfolgt werden. Ermittle über Suchmaschinen die Internetadressen und trage in eine Tabelle ein:
- Vogelarten
- Stationen auf dem Zugweg
- Flugdauer zwischen den einzelnen Stationen

Brennpunkt

Die Tricks der Vogelzugforscher

Jungvögel oder im Netz gefangene Vögel werden in Deutschland von Mitarbeitern der **Vogelwarten** Helgoland, Hiddensee oder Radolfzell am Bodensee beringt. Dabei befestigen die Wissenschaftler am Fuß der Tiere kleine Aluminiumringe (▷ B 1), auf denen die Anschrift der Vogelwarte und eine Nummer eingestanzt sind. Findet nun jemand einen solchen Ring und meldet den Fund mit genauer Ortsangabe der Vogelwarte, so wird diese Meldung auf eine Landkarte übertragen.
Greifvögeln und anderen großen Vogelarten haben die Wissenschaftler kleine Minisender wie Rucksäcke auf den Rücken geschnallt. Während des Fluges werden die Sendeimpulse von Satelliten empfangen und an Empfangsstationen auf der Erde weitergeleitet. Auf diese Weise kann man bis auf 150 m genau den jeweiligen Aufenthaltsort des Vogels bestimmen.

1 Beringter Vogel

1 Vögel am Futterhaus

„Sag mal, was hängt denn da vor deinem Fenster? Ist das etwa ein Futterhaus?", fragt Christian erstaunt seinen Freund Dennis. „Mein Vater sagt, man soll keine Vögel füttern, die werden nur krank davon." „Keine Sorge", antwortet Dennis. „Du solltest nur aufpassen, dass keine Feuchtigkeit ans Futter kommt. Sonst bildet sich Schimmel. Außerdem kommt bei meinem Futterhaus kein Vogelkot ans Futter. Dadurch könnten Krankheiten übertragen werden. Das Futter fällt gleichmäßig nach. Ich muss eben kontrollieren, ob der Vorrat reicht und ob alles sauber ist. Und gefüttert wird schließlich nur, wenn längere Zeit viel Schnee liegt."

Am Futterhaus

Es gibt kaum eine so gute Gelegenheit, frei lebende Tiere aus der Nähe zu beobachten, wie am **Futterhaus**. Da siehst du Vögel, die sich im Sommer überwiegend von Insekten, Spinnen oder Würmern ernähren, wie Blau- und Kohlmeise, Amsel oder Rotkehlchen. Amseln fressen aber auch getrocknete Beeren oder angefaulte Äpfel. Die kannst du ihnen in einer geschützten Gartenecke auch auf schneefreien Boden legen. Die Meisen bevorzugen Sonnenblumenkerne und meißeln gern eine Erdnuss auf. Um die müssen sie sich aber mit den ausgesprochenen Körnerfressern, wie Grünfinken, Buchfinken und Sperlingen streiten. In manchen Wintern kannst du sogar einige Bergfinken beobachten, die aus Nordeuropa als Wintergäste zu uns gekommen sind.

Muss man Vögel im Winter füttern?

Bei aller Tierliebe solltest du aber bedenken, dass unsere Jahresvögel in normalen Wintern draußen ausreichend Futter finden. Möchtest du auf einen Winter mit viel Schnee und Frost vorbereitet sein, so kannst du bereits im Sommer und Herbst einen Vorrat an Winterfutter sammeln. Die Doldenfrüchte von Holunder und Vogelbeere kannst du leicht an ihren Stielen zum Trocknen aufhängen. Die Samen von Löwenzahn, Disteln, Sonnenblumen und anderen Wildkräutern werden in große Papiertüten verpackt und lufttrocken aufbewahrt. Reicht der Vorrat nicht, kann immer noch zugekauft werden.

Ob man im Winter Vögel füttern sollte, ist umstritten.
Auf jeden Fall sollte für Sauberkeit am Futterplatz gesorgt werden.

Unser Vogelschutzkalender

Mit einfachen Mitteln kannst du sehr viel für den Schutz der Vögel im Schulgelände, im Garten oder im Park erreichen. Du musst nur um Erlaubnis bitten, wenn du im Schulgebäude oder auf fremden Grundstücken tätig werden möchtest. Mit der Winterfütterung solltest du erst beginnen, wenn sich viel Schnee oder lang anhaltende Kälte ankündigt.

Januar

Nistquirle schneiden, um Brutvögeln (z. B. Amseln) gute Nestunterlagen zu bieten.

Februar

Für Meisen, Gartenrotschwanz und andere Vogelarten Nistkästen bauen und aufhängen (Anleitungen haben Werklehrer).

März

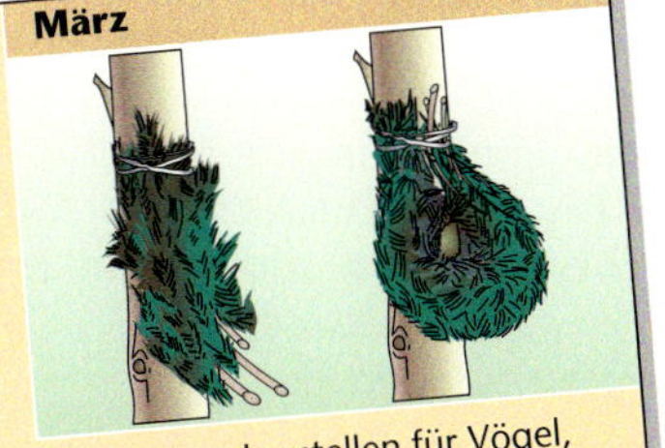

Nisttaschen herstellen für Vögel, die für ihre Brut dichtes Unterholz benötigen.

April

Katzensicherungen unter Nistkästen anbringen, um Gelege und Jungvögel vor Katzen und Mardern zu sichern.

Mai

Die Belegung der Nistkästen beobachten und Beobachtungsprotokolle führen.

Juni

Mit Folie eine Vogeltränke anlegen und ständig mit frischem Wasser versorgen.

Juli

Im Schulgelände Wildecken dulden. Samentragende Pflanzen für Distelfink und andere Vögel stehen lassen.

August

Greifvogelsilhouetten an großen Schulfenstern anbringen, um zu verhindern, dass kleinere Vögel gegen die Scheiben fliegen.

September

Anpflanzung einheimischer Sträucher in einer Doppelreihe planen (z. B. Schlehe, Weißdorn, Hasel).

Oktober

Herbstfrüchte sammeln, trocknen und sauber aufbewahren. Du brauchst sie später für die Winterfütterung.

November

Nistkästen reinigen – dabei auf Ungeziefer Acht geben (z. B. Milben und Wanzen).
Hecken wie geplant pflanzen.

Dezember

Futterglocken für die Winterfütterung herstellen. Dafür auch die getrockneten Herbstfrüchte verarbeiten.

Pflanzen und Tiere im Wechsel der Jahreszeiten

Frühblüher leben vom Vorrat

Frühblüher speichern Nährstoffe in unterirdischen Speicherorganen wie Zwiebeln, Knollen, Erdstängeln. Die Pflanzen nutzen diese Vorräte, um bereits im zeitigen Frühjahr Blüten und Blätter zu entwickeln. Die Frühblüher erzeugen dann einen Vorrat an Nährstoffen und lagern diesen für das nächste Jahr in den unterirdischen Speicherorganen ein.

Schmetterlinge und Vögel – erste Frühlingsboten

Der Zitronenfalter ist oft der erste Schmetterling, der im Frühling in den Gärten und Parks erscheint. Die Raupen des Schmetterlings sind schon im Vorjahr aus den Eiern geschlüpft. Die Raupen verpuppten sich und der Falter war schon im Herbst entwickelt. Den Winter überstand der Zitronenfalter an einem geschützten Platz.

Der Frühling ist aber auch die Jahreszeit, in der die Vögel aus ihren warmen Winterquartieren zurückkommen.

Blühende Wiesen im Sommer

Obwohl die blühenden Wiesen und Rasenflächen regelmäßig gemäht werden, erscheint die Blütenpracht im nächsten Jahr wieder. Die Wiesenpflanzen überstehen die Eingriffe während des Frühjahres dadurch, dass sie Rosetten entwickelt haben, Seitentriebe bilden oder rechtzeitig die Samen verbreiten.

Insekten im Sommergarten

Viele Insekten sind nicht nur schön anzuschauen, sie bestäuben auch Pflanzen und helfen bei der Bekämpfung aus unserer Sicht schädlicher Tiere im Garten. Mit einfachen Mitteln kann man Hummeln, Bienen, Wespen und Ohrwürmer im Garten ansiedeln, indem man ihnen Nistplätze schafft.

Im Herbst werden Früchte und Samen verbreitet

Vor allem im Herbst entwickeln sich aus den befruchteten Blüten Früchte und Samen. In der Pflanzenwelt haben sich viele Techniken entwickelt, um durch Wind, Tiere, Wasser oder Schleudermechanismen die Früchte und Samen zu verbreiten. So bleibt der Bestand der Art gesichert und neue Standorte können besiedelt werden.

Im Herbst bereiten sich die Tiere auf den Winter vor

Viele Tiere nutzen im Herbst die zahlreichen Samen und Früchte. Sie fressen sich Fettpolster für den Winter an oder sammeln Vorräte. Dabei wirken sie unfreiwillig bei der Samenverbreitung mit.

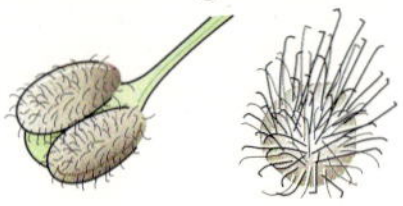

Der Winter – eine schwere Zeit für Pflanzen

Bei zahlreichen Pflanzen überwintern nur einzelne Teile, z. B. Wurzeln oder Samen. Wenn im Winter der Boden gefriert, können die Pflanzen kein Wasser mehr aufnehmen. Viele Bäume und Sträucher verhindern deshalb durch den Blattfall die Wasserabgabe und dadurch den Tod durch Vertrocknen. In den Knospen sind bereits die Blätter und Blüten für das nächste Jahr angelegt. Immergrüne Gewächse haben besondere Schutzeinrichtungen entwickelt, um die kalte Jahreszeit zu überstehen.

Tiere im Winter

Der Winter ist für die Tiere eine Zeit der Not. Die Kälte macht ihnen zu schaffen und das Nahrungsangebot ist gering. Manche Vogelarten weichen als Zugvögel in warme Länder aus. Säugetiere bekommen ein Winterfell; sie sammeln Vorräte und halten eine Winterruhe oder einen Winterschlaf.
Wechselwarme Tiere suchen geschützte Plätze auf und fallen in Winterstarre.

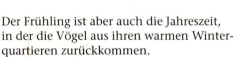

Aufgaben

1 Begründe, warum die meisten Frühblüher im Laubwald, aber nur selten im Nadelwald vorkommen.

2 Welche Frühblüher wachsen in deinem Wohnort auf Wiesen, in Wäldern und Parks? Bestimme die Pflanzen mithilfe eines Bestimmungs- oder Gartenbuchs.

3 Welche Vorteile bietet es, wenn die Nährstoffe in unterirdischen Pflanzenteilen gespeichert werden?

4 Ein Tipp für die Erhaltung einer blumenreichen Wiese im Naturgarten heißt: „Die Wiese sollte das erste Mal erst Mitte Juli gemäht werden!" Begründe diese Anweisung.

5 Erkläre, warum häufiges Mähen das Gras der Rasenfläche dichter wachsen lässt.

6 Im Sommer kann ein Sturm die Blätter von den Bäumen nicht lösen. Im Herbst schafft es dagegen schon ein leichter Wind. Erkläre!

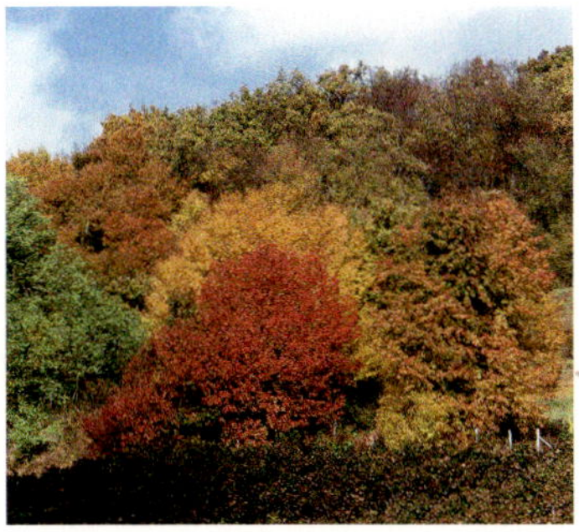

7 Menschen haben den Pflanzen einige „Tricks" bei der Samenverbreitung abgeschaut und sie für technische Erfindungen genutzt.
Nenne einige Beispiele.

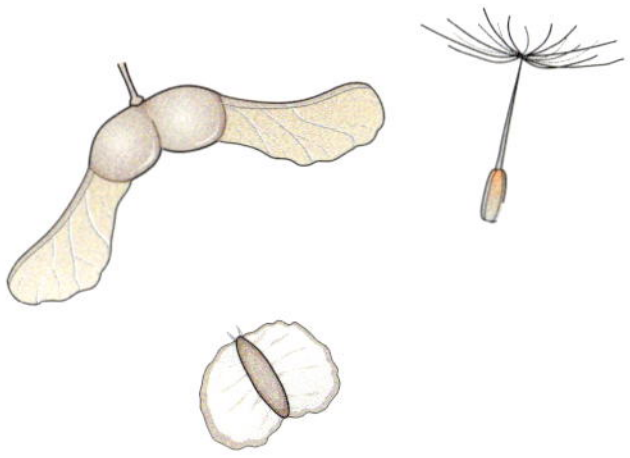

8 Wenn Wasser gefriert, dehnt es sich aus.
Was bedeutet das für Pflanzen und die Leitungsbahnen in Baumstämmen?

9 Der Samen des Schneeglöckchens besitzt nährstoffreiche Anhängsel.
Welche Bedeutung hat das für die Pflanze?

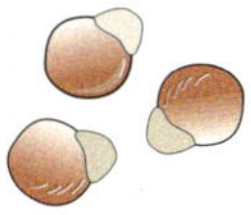

10 a) Erkläre, warum der Zitronenfalter einer der ersten Schmetterlinge im Jahr ist.
b) Welche Vorteile bringt das frühe Erscheinen für den Schmetterling?

11 Über den Eichelhäher heißt es in einem alten Schulbuch: „Er ist ein Helfer des Försters". Was ist damit gemeint?

12 Warum raten Vogelschützer, im Garten die abgeblühten Stauden erst im Frühjahr zurückzuschneiden?

13 a) Für die Herstellung von warmen Winterpelzen wurden früher vor allem Felle von Tieren der nördlichen Länder verwendet und keine Felle aus den warmen Ländern.
Erkläre.
b) Warum werden diese Pelze heute nicht mehr benötigt?

14 Vergleiche, wie Hamster und Eichhörnchen den Winter überstehen. Stelle die einzelnen Punkte in einer Tabelle gegenüber.

15 Bei Wüstentieren, z. B. bei der Wüstenspringmaus, gibt es einen „Sommerschlaf", der mehrere Wochen dauern kann.
a) Stelle Vermutungen an, wie sich der Sommerschlaf auf die Tiere auswirkt.
b) Welche Vorteile hat der Sommerschlaf für das Wüstentier?

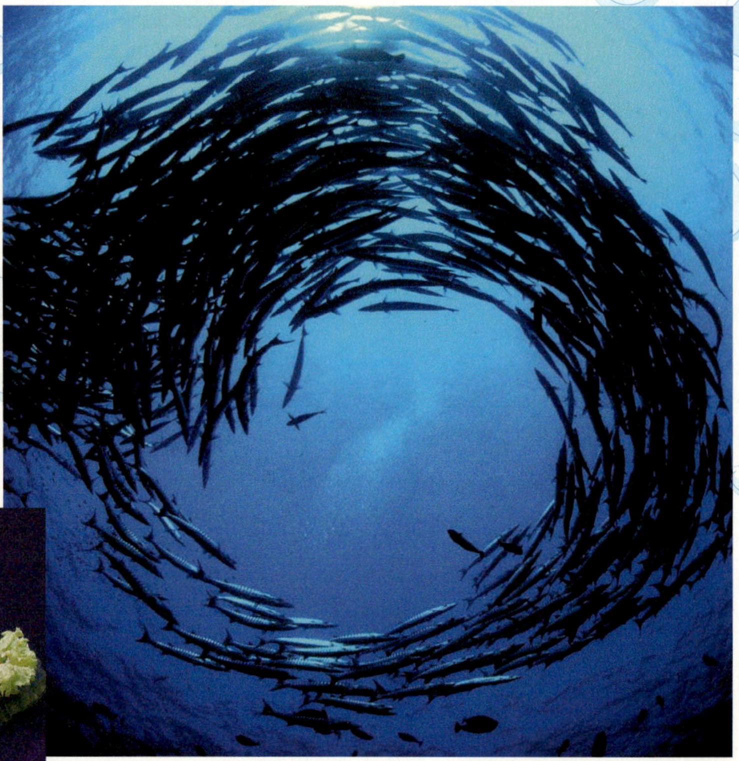

Rund um den Fisch

„Ich fühl mich wie ein Fisch im Wasser!" Das heißt, ich fühle mich wohl. Der Vergleich passt gut, denn Fische sind hervorragend an den Lebensraum Wasser angepasst.

Mit über 25 000 Arten sind die Fische die größte Gruppe aller Wirbeltiere. In den unterschiedlichsten Formen und Farben besiedeln sie die Gewässer der Erde. Riesige Fischschwärme leben in den warmen Ozeanen der Tropen und in den kalten Polarmeeren. Und auch in Seen und Flüssen kannst du häufig Fische beobachten.

In einem Aquarium kannst du das Leben der Fische gut beobachten. Bevor du jedoch ein eigenes Aquarium einrichtest, solltest du dich gut informieren.
Tipps zum Thema „Aquaristik" findest du in Büchern und im Zoofachhandel.
Es muss dir auf jeden Fall klar sein: Fische sind Lebewesen, für die du Verantwortung übernimmst – ohne Arbeit geht das nicht!
Auf dieser Seite findest du einige Hinweise zum Einrichten und zur Pflege eines Warmwasseraquariums.

Material
Für den Anfang ist ein Aquarium mit 80–100 l Wasserinhalt gut geeignet. Neben einer Abdeckhaube mit Beleuchtung, einem Filter und einer Heizung benötigst du noch ein Thermometer. Die Temperatur sollte bei einem Warmwasseraquarium zwischen 23 und 26 °C betragen. Zusätzliches Zubehör sind Eimer, Absaugschlauch, Scheibenreiniger und Fangnetz.

Einrichten und Dekorieren
Den Boden des Beckens bedeckt eine 4–5 cm hohe Schicht Aquarienkies. Hierauf kannst du zur Dekoration Steine und Wurzeln legen. Am besten gräbst du sie leicht im Boden ein. Anschließend bringst du im hinteren Bereich die Heizung und den Filter an (▷ B 1).
Danach füllst du vorsichtig etwa 25 °C warmes Wasser ein. Damit der Kies nicht aufgewirbelt wird, legst du am besten einen Teller auf den Boden (▷ B 3).

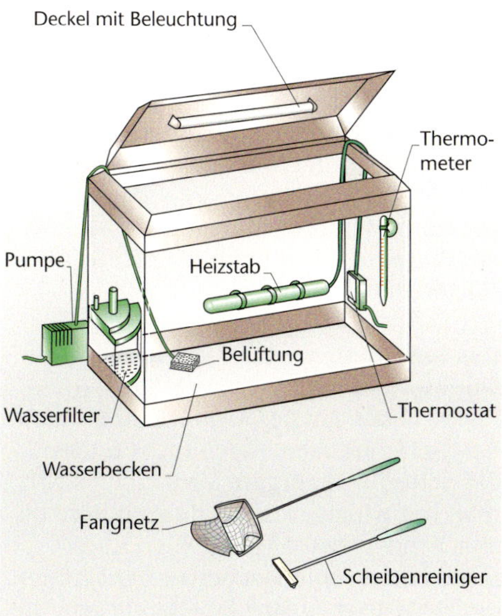

1 Einrichten eines Aquariums

2 Aquarium

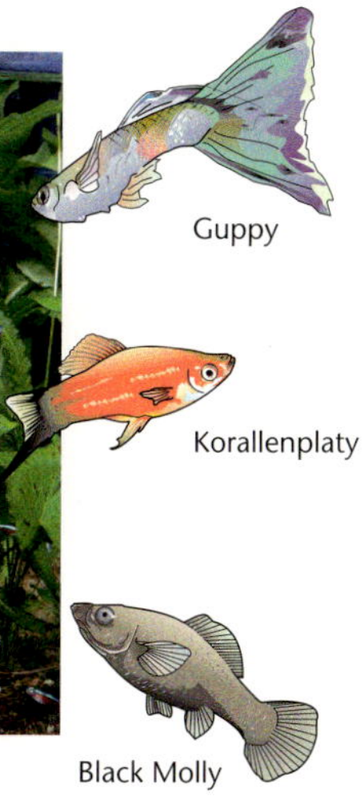

Fische
Mit dem Einsetzen der Fische solltest du mindestens eine Woche warten. Die Anzahl der Fische richtet sich nach der Größe des Beckens. Bedenke dabei, dass die Fische noch wachsen und sich vermehren können.

Pflegehinweise
Zur richtigen Pflege eines Aquariums gehören regelmäßige Pflichten:

Gib den Fischen täglich nur so viel Futter, wie sie in 2–3 Minuten restlos auffressen. Kontrolliere außerdem jeden Tag die Wassertemperatur, die Funktion des Filters und der Heizung.
Beobachte täglich die Fische, ob dir an ihrem Verhalten oder Aussehen Veränderungen auffallen. Dies kann auf Krankheiten hindeuten.

Einmal pro Woche solltest du einen Teil des Wassers durch neues ersetzen; Futterreste und Schmutz musst du absaugen.

Falls nötig, solltest du die Innenseiten der Scheiben und den Filter reinigen sowie die Wasserpflanzen zurückschneiden.

3 So wird Wasser eingefüllt

Aufgaben

1 Beobachte die Fische in einem Aquarium und beschreibe ihre Fortbewegung.

2 Informiere dich in einem Zoofachgeschäft, woher Aquarienfische stammen, was sie kosten und wie hoch die laufenden Kosten für ein Aquarium sind.

1 Karpfen

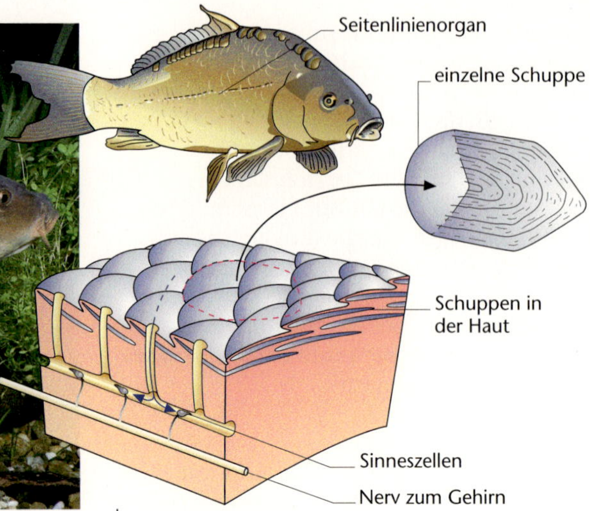

2 Seitenlinienorgan, Haut und Schuppe

Karpfen – ein Leben im Teich
Karpfen (▷ B 1) verbringen ihr ganzes Leben im Wasser: Hier werden sie geboren und hier wachsen sie heran. Im Wasser finden die Fische ihre Nahrung, hauptsächlich Pflanzenteile und kleine Tiere. Sie atmen unter Wasser und pflanzen sich auch hier fort. Sie sind also hervorragend an das Leben im Wasser angepasst.
Aber was genau sind die Kennzeichen eines Karpfens?

Die Wirbelsäule stützt den Körper
Der Körper eines Karpfens ist in Kopf, Rumpf und Schwanz untergliedert und besitzt eine **stromlinienförmige Gestalt**. Dadurch gleitet er ohne großen Widerstand durchs Wasser. Im Innern dient die **Wirbelsäule** (▷ B 3) als Stütze für den Fischkörper.

Neben den Skelettknochen besitzen Fische noch die dünnen fadenartigen **Gräten**, die aus verknöchertem Bindegewebe bestehen. Im Unterschied zu den Rippen sind die Gräten nicht mit der Wirbelsäule verbunden.

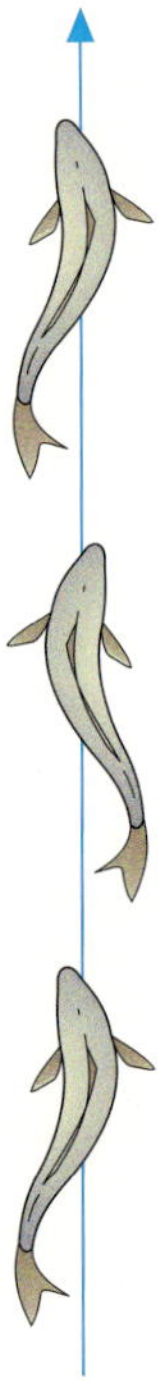

Flossen zur Fortbewegung
Karpfen schwimmen mit schlängelnden Bewegungen. Diese kommen durch das abwechselnde Zusammenziehen der seitlichen Rumpfmuskeln zustande. Als zusätzlicher Antrieb dient die **Schwanzflosse**. Zur Steuerung setzen die Fische die **Brust-** und **Bauchflossen** ein, die paarweise vorhanden sind. Mit der **Rücken-** und der **Afterflosse** halten die Karpfen während des Schwimmens das Gleichgewicht.

Schuppen bedecken den Körper
Die Körperhülle der Karpfen besteht aus einer Hautschicht mit Schleimzellen.
Der von ihnen abgegebene Schleim vermindert den Reibungswiderstand beim Schwimmen und schützt vor Hautkrankheiten. Bei den meisten Fischarten liegen in der Haut kleine Knochenplättchen, die **Schuppen** (▷ B 2). Diese sind wie Dachziegel angeordnet und schützen so den Körper.
Die Körpertemperatur der Fische ist von der Wassertemperatur abhängig: Fische sind **wechselwarme** Tiere.

Das Seitenlinienorgan – ein besonderes Sinnesorgan
Fische haben ein besonderes Sinnesorgan, das du bei anderen Tieren nicht findest: das **Seitenlinienorgan**. Von außen sieht man nur winzige Poren, die vom Kopf bis zum Schwanz eine Linie bilden (▷ B 2). Diese Poren führen zu einem Kanal unter der Haut, in dem **Sinneszellen** liegen, die durch Wasserbewegungen gereizt werden.

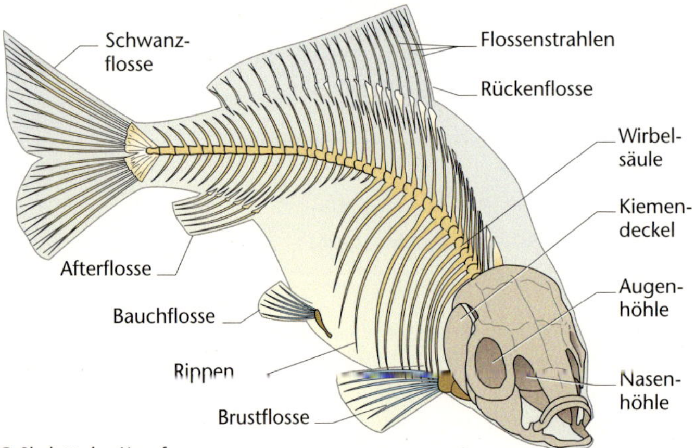

3 Skelett des Karpfens

So nehmen Fische kleinste Veränderungen der Wasserströmung wahr.

Blick ins Innere
Betrachtet man die inneren Organe eines Karpfens, fällt die **Schwimmblase** (▷ B 4) auf. Es handelt sich um eine gasgefüllte Blase, die die meisten Fische besitzen. Dieses Organ ermöglicht es den Fischen, im Wasser zu schweben, aufzusteigen oder abzusinken. Hierzu wird die Gasmenge in der Schwimmblase vergrößert oder verringert.

Atmen unter Wasser
Das wichtigste Merkmal der Fische ist ihre Fähigkeit, unter Wasser atmen zu können. Wasserlebende Säugetiere wie Wale können zwar bis zu zwei Stunden tauchen, müssen dann jedoch an die Wasseroberfläche schwimmen, um Luft zu holen.

Fische dagegen besitzen spezielle Atmungsorgane – die **Kiemen** (▷ B 5). Mit ihnen nehmen sie den nötigen Sauerstoff direkt aus dem Wasser auf.
Dazu pumpen sie durch Bewegungen ihrer Mund- und Kiemenhöhlen Wasser an den Kiemen vorbei. Hinter den Kiemendeckeln liegen hintereinander vier Kiemenbögen mit vielen sehr dünnen, stark durchbluteten **Kiemenblättchen** (▷ B 5). An diesen strömt ständig Wasser vorbei. Der im Wasser gelöste Sauerstoff wird hier ins Blut aufgenommen, Kohlenstoffdioxid wird an das Wasser abgegeben.

Typische Merkmale eines Fisches sind:
- der stromlinienförmige Körper,
- die Flossen,
- die Schuppen,
- das Seitenlinienorgan,
- die Schwimmblase sowie
- die Kiemen.

Aufgaben

1 a) Skizziere den Körperumriss eines Fisches, zeichne die Flossen ein und beschrifte sie.
b) Welche Flossen eines Karpfens sind paarweise vorhanden, welche einzeln? Nenne jeweils ihre Funktion.

2 Wo liegt bei Fischen die Schwimmblase? Erkläre die Funktion dieses Organs.

3 Beschreibe den Weg des Wassers, das ein Fisch beim Atmen einsaugt.

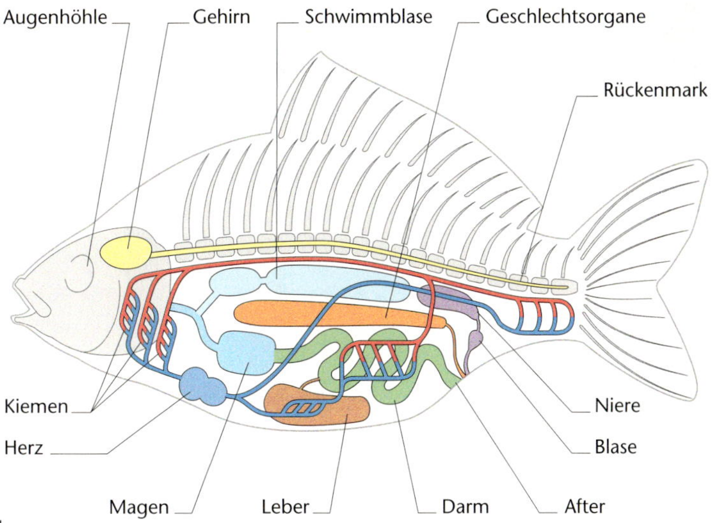

4 Innere Organe eines Fisches

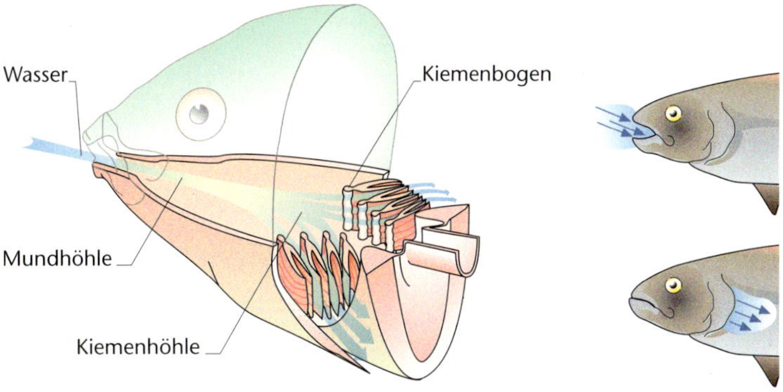

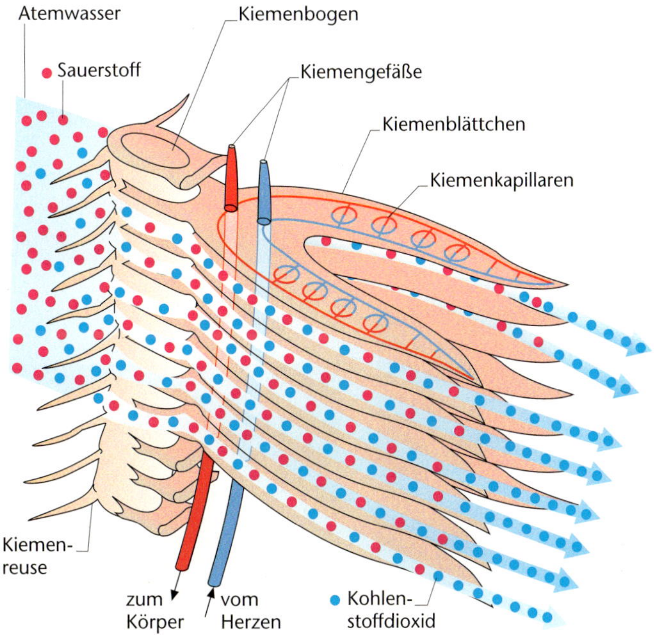

5 Aufbau und Funktionsweise der Kiemen

1 Bachforelle

2 Forellenzuchtanlage

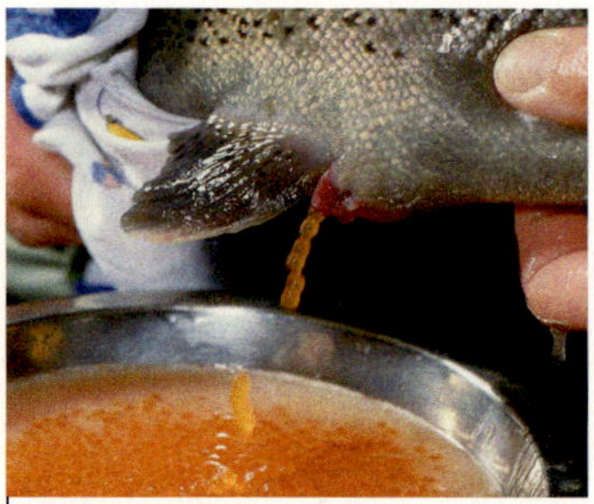

3 Abstreifen einer Forelle

4 Schlüpfende Larve

5 Larve mit Dottersack

6 Jungfisch

Bachforellen haben im Winter Geburtstag

Bachforellen (▷ B 1) gehören zur Familie der Lachse. Sie leben vorwiegend in kalten, schnell fließenden Gebirgsflüssen mit sauerstoffreichem Wasser. Hier jagen sie kleinere Fische und Wasserinsekten. Zwischen Oktober und Januar pflanzen sich die Bachforellen fort. Das Weibchen schlägt mit dem Schwanz eine Grube in den sandigen Boden des Baches und legt die Eier hinein: Es **laicht** ab. Anschließend schwimmt das Männchen über die Eier und gibt seine Spermien ab. Da die Eier dabei außerhalb des weiblichen Körpers befruchtet werden, spricht man von **äußerer Befruchtung**.

Aus den befruchteten Eiern schlüpfen nach einigen Wochen kleine **Larven**. So nennen Biologen alle Jungtiere, die außerhalb der Eihülle selbstständig leben. Sie unterscheiden sich im Aussehen noch stark von den erwachsenen Tieren. Die Forellenlarven entwickeln sich innerhalb von vier Jahren zu geschlechtsreifen Forellen.

Der ideale Beobachtungsort – eine Forellenzuchtanlage

In einer Forellenzuchtanlage (▷ B 2) kannst du die Vorgänge der Fortpflanzung und Entwicklung bei Forellen beobachten. Hier werden die Tiere, je nach Entwicklungsstadium, in verschiedenen Becken gehalten.

Eier müssen befruchtet werden

Auch in der Forellenzuchtanlage werden die Eier außerhalb des Körpers befruchtet; allerdings nicht in einem Teich. Züchter pressen zuerst die Eier der Weibchen, den **Rogen**, dann die Spermienflüssigkeit der Männchen, die **Milch**, aus den Tieren in Schüsseln. Nach dem „Abstreifen" (▷ B 3) geben sie Rogen, Milch und Wasser zusammen – die Eier werden befruchtet.

Eier – Larven – Jungfische

In speziellen Brutbecken, durch die ständig frisches, ca. 8 °C kaltes, Wasser fließt, schlüpfen aus den befruchteten Eiern nach etwa sieben Wochen die Larven. Sie sind an ihrem dünnen Flossensaum und dem großen, gelben Dottersack zu erkennen (▷ B 5). Im Dottersack befinden sich Nährstoffvorräte, von denen sich die Larven nach dem Schlüpfen ernähren. Im Verlauf von drei Wochen wird der Nahrungsvorrat des Dottersacks aufgebraucht, die Jungfische (▷ B 6) sind dann etwa 2 cm lang. Ab dieser Größe setzen die Züchter sie in einen Teich. Hier wachsen sie heran. Die Züchter sortieren in dieser Zeit die Forellen mehrmals nach Größe und Gewicht. Im Alter von etwa vier Jahren sind die Fische, die jetzt ca. 350 g wiegen, geschlechtsreif.

Bei Forellen findet eine äußere Befruchtung der Eier statt. Aus ihnen schlüpfen kleine Forellenlarven, die innerhalb von vier Jahren zu erwachsenen Tieren heranwachsen.

Aufgaben

1 Wieso werden die befruchteten Eier nicht sofort in einen Teich gesetzt, sondern zuerst in ein Brutbecken, durch das ständig frisches Wasser fließt?

2 Vergleiche die Fortpflanzung bei Forellen mit der bei Walen.
Nenne jeweils Unterschiede und Gemeinsamkeiten.

3 Was meint der Züchter, wenn er von „Rogner" und „Milchner" spricht?

Lexikon

Erstaunliches über Fische

1 Schützenfisch

Schützenfische fressen Insekten, die sie mit einem Wasserstrahl von Blättern schießen.

Es gibt auch **„fliegende" Fische.** Sie leben in Schwärmen in tropischen Meeren und springen mit hoher Geschwindigkeit aus dem Wasser. Sie „fliegen" dann gleitend bis zu 50 m weit.

2 Fliegender Fisch

Der bis zu 18 m lange **Walhai** ist der größte Fisch der Welt. Er ernährt sich von winzigen Meereslebewesen, die er aus dem Wasser filtert. Wenn er etwas Falsches gefressen hat, kann er einfach seinen Magen nach außen stülpen.

3 Walhai

Die **Zwerggrundel**, die bei den philippinischen Inseln lebt, ist mit nur 1,1 cm das kleinste Wirbeltier der Welt.

4 Zwerggrundel

Während der Entwicklung der **Scholle**, einem Plattfisch, wandert das linke Auge auf die rechte Körperseite. Der erwachsene Fisch lebt, flach auf der Seite liegend, auf dem Meeresboden.

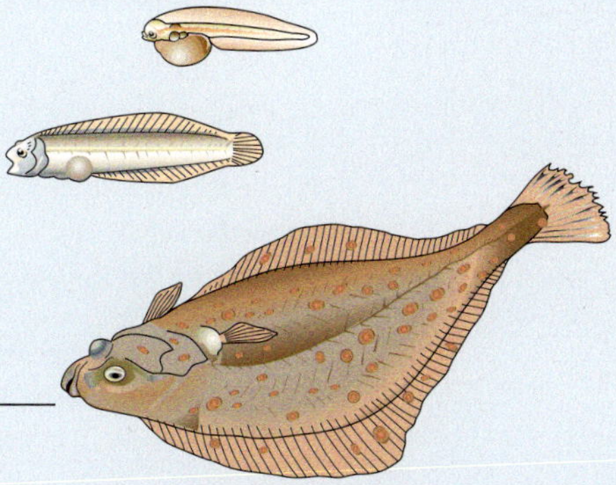

5 Scholle

Vom Schwimmen und Tauchen

1 Wer ist der schnellste Schwimmer?

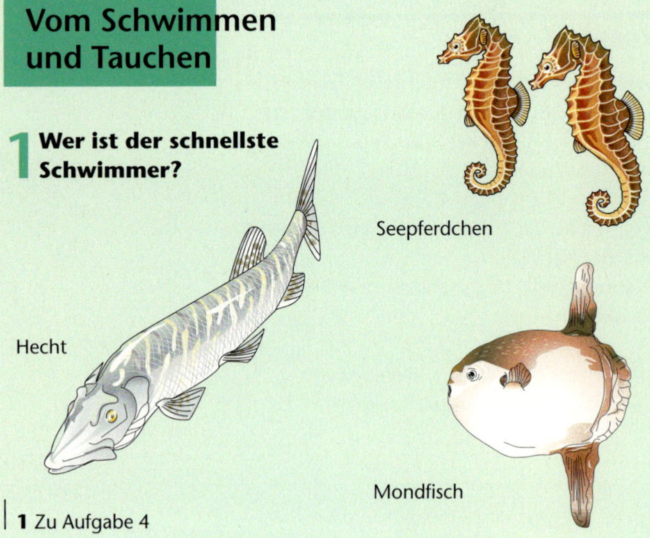

1 Zu Aufgabe 4

Material
Modelliermasse (z. B. Fimo), Standzylinder (Höhe 30 cm), Notizpapier, Messer, Waage, langer Holzstab (z. B. Schaschlikspieß)

Durchführung
a) Teile die Knetmasse mit dem Messer in vier gleich schwere Teile (ca. 5 g). Kontrolliere das Gewicht mit der Waage.
b) Stelle anschließend aus der Knetmasse, wie in Abbildung 2 dargestellt, verschieden geformte Körper her.
c) Fülle den Standzylinder fast bis zum oberen Rand mit Wasser.
d) Lasse die Körper nacheinander ins Wasser fallen. Vergleiche die Absinkzeiten der verschiedenen Körper.
e) Den abgesunkenen Körper kannst du leicht wieder aus dem Wasser holen, wenn du mit dem Holzstab hineinstichst und ihn dann vorsichtig aus dem Wasser nimmst.

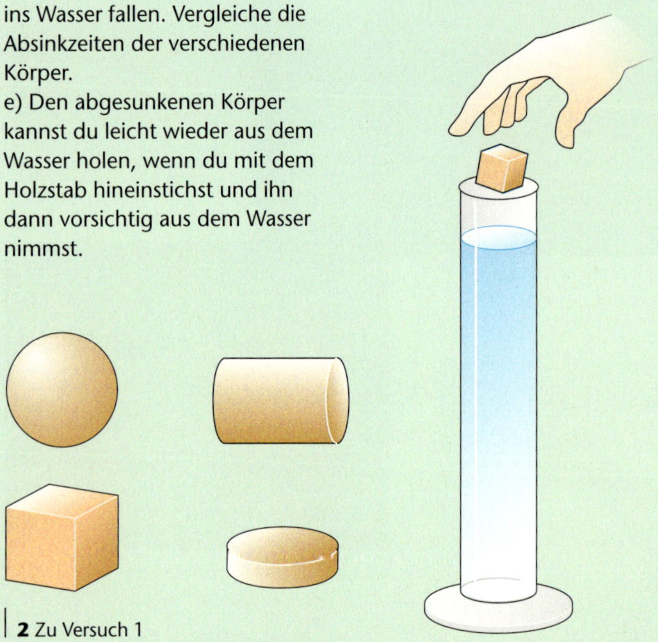

2 Zu Versuch 1

Aufgaben
1. Ordne den Körpern die folgenden Begriffe zu:
kugelförmig, zylindrisch, würfelförmig, scheibenförmig.
2. Ordne die Körper nach ihrer jeweiligen Absinkzeit.
Vergleiche deine Ergebnisse mit denen deiner Mitschüler und Mitschülerinnen.
3. Forme aus der Knetmasse nach eigenen Ideen weitere gleich schwere Körper.
Schätze vor der Versuchsdurchführung die Absinkzeit und führe dann den Versuch durch.
Überlege dir, wie die Absinkzeit von der Körperform abhängt.
4. Vergleiche die Körperform von Hecht, Mondfisch und Seepferdchen. Welcher Fisch ist der schnellste, welcher der langsamste Schwimmer?
Begründe deine Antwort.

2 Wie funktioniert die Schwimmblase?

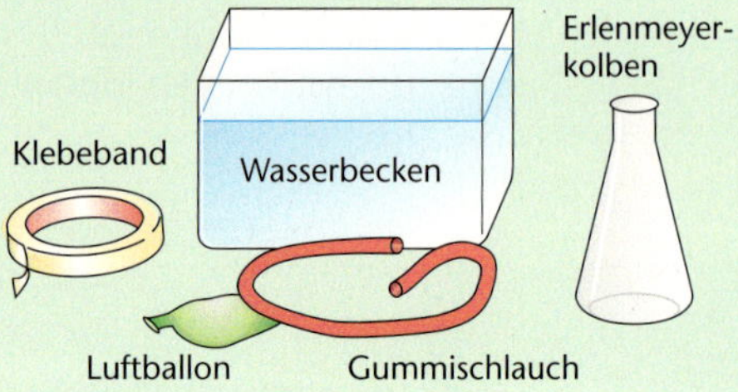

Material
Wasserbecken (mind. 30 x 20 x 20 cm), Erlenmeyerkolben (500 ml), Gummischlauch, Luftballon, Klebeband

Durchführung
a) Fülle das Becken fast bis zum Rand mit Wasser.
b) Klebe den Luftballon an das Schlauchende und stecke ihn dann in den Erlenmeyerkolben.
c) Tauche den Erlenmeyerkolben unter Wasser, sodass er ganz mit Wasser gefüllt ist.
d) Blase anschließend Luft durch den Gummischlauch.
e) Lasse die Luft langsam wieder ab.
f) Versuche, ob es dir gelingt, den Erlenmeyerkolben in der Schwebe zu halten.

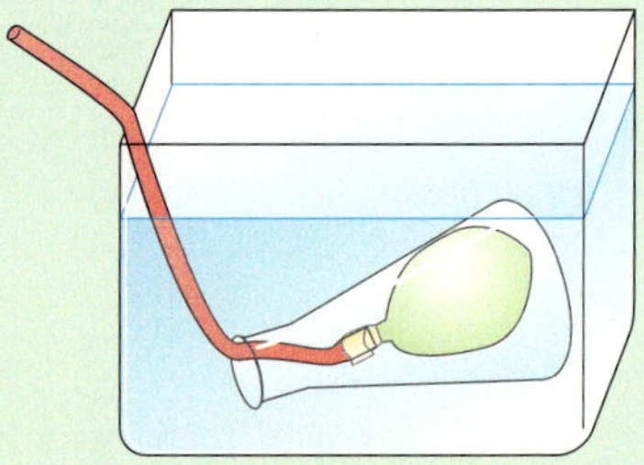

Aufgaben
1. Schreibe deine Beobachtungen auf.
2. Erkläre anhand der Versuche wie die Schwimmblase funktioniert.

Werkstatt

Gewässer-untersuchung

1 Wir bestimmen die Sichttiefe

Material

Weiße Plastikscheibe (z. B. Frisbeescheibe Durchmesser ca. 30 cm), dünner Bindfaden, schwere Schrauben oder ähnliches als Gewichte, durchbohrte kleine Plastikkugeln

Durchführung

Schneide in die Mitte einer weißen Plastikscheibe ein Loch von etwa 5 cm Durchmesser.
Bohre am Rand – wie auf der Abbildung zu sehen – drei Löcher. Ziehe Bindfäden hindurch und verknote dort an der Scheibe jeweils ein Gewicht, etwa eine schwere Schraube. Befestige an der nach oben zeigenden Leine im Abstand von 25 cm ab der Scheibe eine Plastikkugel und nach jeweils weiteren 25 cm wieder eine Kugel und so fort. Lasse nun von einer Brücke oder einem Steg deine Sichtscheibe langsam ins Wasser hinab. Der Bindfaden muss immer gespannt sein. Zähle die Anzahl der Kugeln, die ins Wasser gleiten. Daran kannst du feststellen, wie tief deine Scheibe etwa gesunken ist. Sobald du die Scheibe nicht mehr erkennen kannst, hast du die Sichttiefe des Wassers bestimmt.

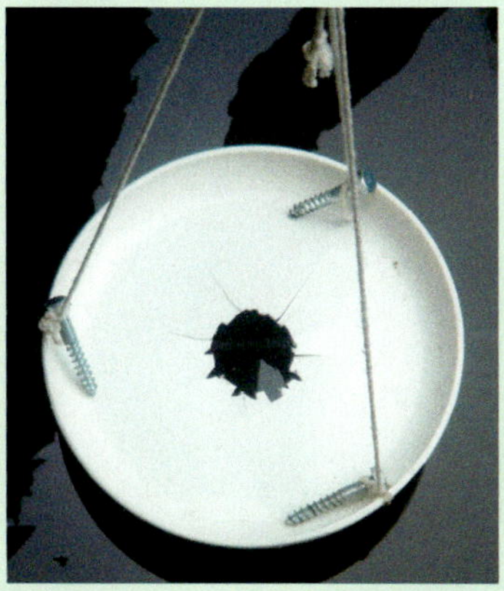

Aufgabe

Bewerte das von dir untersuchte Gewässer mithilfe der nachfolgenden Tabelle.

Sichttiefe	Verschmutzungsgrad
5 m und mehr	Sauber und nährstoffarm
Höchstens 2 m	Mäßig belastet
Deutlich weniger als 2 m	Belastet

2 Wir messen die Wassertemperatur

Material

Laborthermometer oder elektrisches Thermometer, Glasflasche (1 l) mit Korken, Bindfaden, durchbohrte Plastikkugeln, Gewichtstück

Durchführung

Verknote den Bindfaden am Flaschenhals. Befestige nun den Korken mit einer kurzen Leine so an dem Bindfaden, dass du ihn mit einem Ruck am Bindfaden aus der Flasche ziehen kannst. Die Flasche muss mit einem Gewicht beschwert werden, das du mit einem Bindfaden am Flaschenhals verknotest. Am Bindfaden musst du jeweils im Abstand von 25 cm ab Flaschenöffnung Markierungen, z. B. Plastikkugeln anbringen.
Du kannst jetzt die Temperatur in verschiedenen Wassertiefen messen. Lass dazu die Flasche in die vorgesehene Tiefe hinab.
Ziehe ruckartig an der Leine und ziehe damit den locker aufgesetzten Korken aus der Flasche. Die Flasche läuft voll Wasser, dessen Temperatur du nun messen kannst.
Die Wassertemperatur gibt Hinweise darauf, ob viel oder wenig Sauerstoff im Wasser gelöst ist.

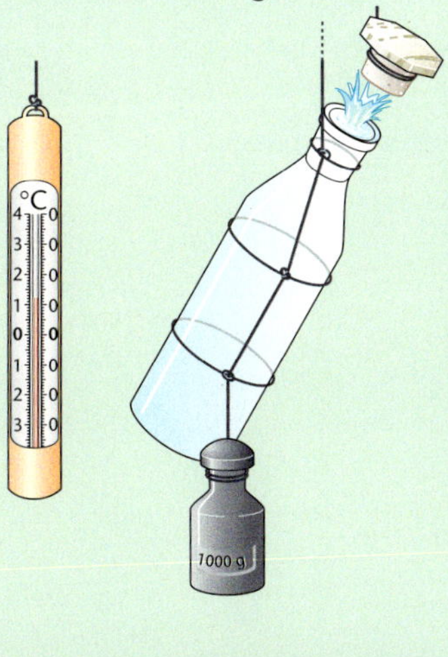

3 Wir fangen und bestimmen Wassertiere

Material

Weiße Schüssel, engmaschiger Kescher oder Haushaltssieb mit Griff, Protokollbogen, Stift

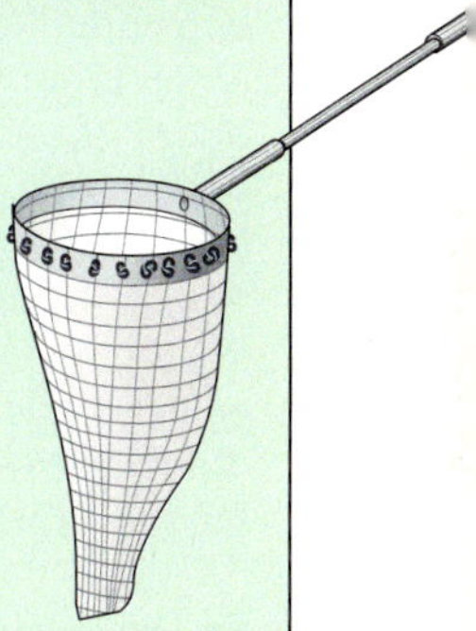

Durchführung

Mit dem Kescher streifst du den Bodengrund oder Wasserpflanzen ab. Den Inhalt gibst du in die weiße Schüssel, in der sich etwas Wasser befinden muss. Mit einem Bestimmungsbuch kannst du nun die gefangenen Tiere bestimmen. Schreibe auf einem Protokollbogen die Anzahl der Tiere auf.
Gib die Tiere nach der Untersuchung in das Gewässer zurück.

Aufgabe

Versuche jetzt, mithilfe deiner Ergebnisse, das Gewässer zu beurteilen. Da manche Tierarten gegen Wasserverschmutzungen weniger empfindlich sind als andere, verraten sie viel über den Zustand der Gewässer. Dein Bestimmungsbuch und die Seiten 180/181 geben dir weitere Hinweise.

Auf dem langen Weg von der Quelle bis zur Mündung ins Meer verändert sich das Bild eines Flusses mehrmals: In den Bergen bahnt er sich noch als kleiner Bach seinen Weg über Felsen und Geröll. Talabwärts wird der Fluss dann breiter und das Wasser fließt langsamer. Dadurch steigt die Wassertemperatur an. Der Boden ist in diesem Bereich mehr mit Sand und Kies bedeckt, sodass hier auch der Pflanzenbewuchs zunimmt.
Im Mündungsbereich, der so genannten **Brackwasserzone**, vermischt sich das Flusswasser mit salzigem Meerwasser. Durch die unterschiedlichen Eigenschaften des Gewässers ändern sich auch die Lebensbedingungen für die Fische. In den einzelnen Regionen kommen bestimmte Arten besonders häufig vor. So triffst du im Oberlauf häufig auf Forellen und Äschen, die zum Überleben möglichst sauberes, kaltes Wasser benötigen.
Angler unterteilen einen Fluss in fünf Regionen: Der **Forellenregion** im Quellgebiet folgen flussabwärts die **Äschen-**, die **Barben-**, die **Brachsen-** und die **Kaulbarsch-Flunder-Region**.

Die Lebensbedingungen für Fische sind in verschiedenen Regionen eines Flusses unterschiedlich. In jeder Region leben deshalb besonders angepasste Fischarten.

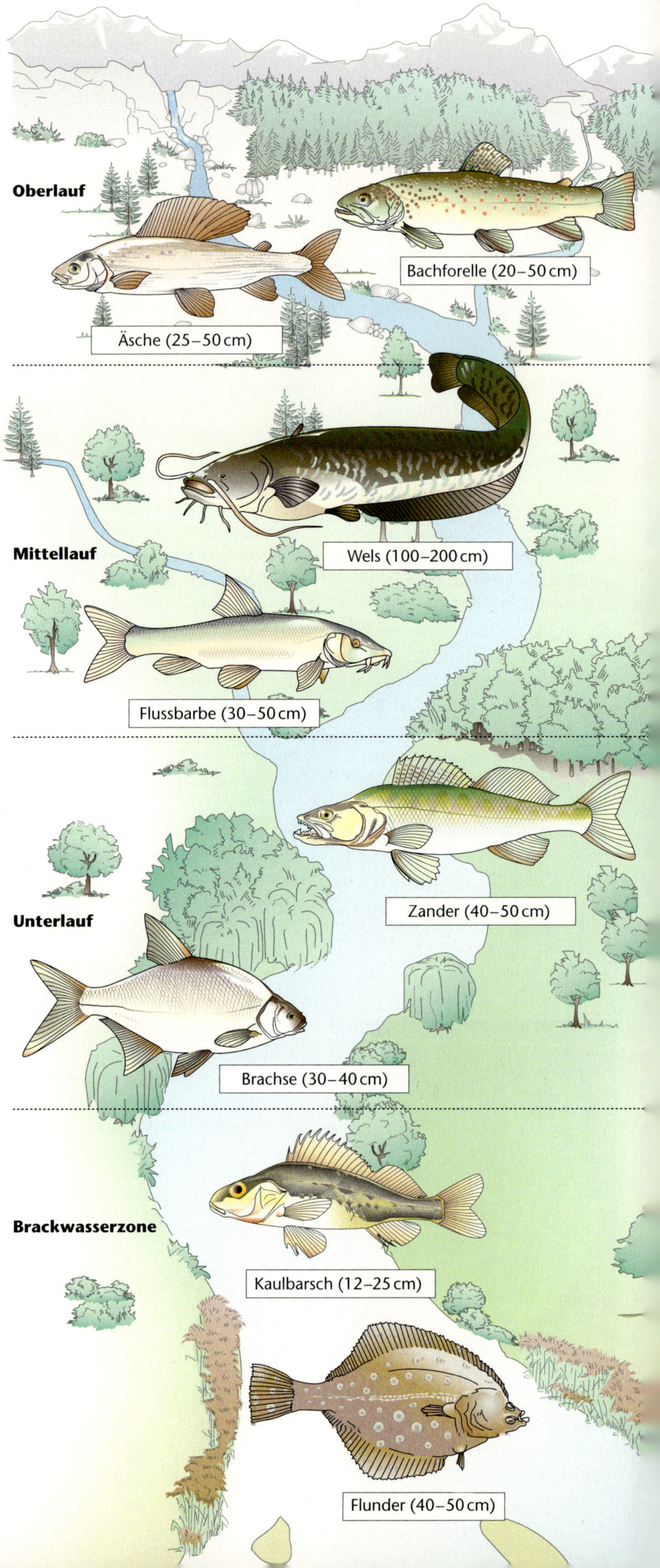

Aufgaben

1 Betrachte die Abbildung genau. Welcher Region kannst du die folgenden Eigenschaften zuordnen?
a) Schnelle Strömung – sehr kaltes Wasser – im Bachbett liegen viele Felsen – im Wasser ist viel Sauerstoff enthalten.
b) Im Wasser ist wenig Sauerstoff enthalten – das Ufer und das Flussbett sind stark mit Pflanzen bewachsen – die Strömungsgeschwindigkeit ist gering.
c) Die Wassertemperatur liegt über 20 °C – der verschlammte Boden ist sehr dicht bewachsen.
d) Das Bachbett ist mit Kies bedeckt – Pflanzen wachsen nur im Uferbereich – die Wassertemperatur beträgt ca. 14 °C.

2 Erstelle eine Lexikonseite zum Thema Süßwasserfische. Suche dir dazu ein Gewässer in der Nähe deines Wohnortes aus. Informiere dich über die Fischarten, die hier vorkommen, und schreibe zu fünf Arten kurze Texte.

Oberlauf

Temperatur	5–10 °C
Sauerstoffgehalt	(sehr) hoch
Strömung	schnell fließend
Boden	Fels, Steine
Pflanzenwuchs	wenig

Mittellauf

Temperatur	12–18°C
Sauerstoffgehalt	mittel
Strömung	mittel
Boden	Kies
Pflanzenwuchs	im Uferbereich

Unterlauf

Temperatur	15–20°C
Sauerstoffgehalt	gering
Strömung	langsam
Boden	Sand
Pflanzenwuchs	Ufer, Boden

Brackwasserzone

Temperatur	über 20°C
Sauerstoffgehalt	sehr gering
Strömung	sehr langsam
Boden	feiner Sand
Pflanzenwuchs	am Boden dicht

Gewässerbelastungen

Unsere Gewässer sind durch natürliche Verunreinigungen wie eingeschwemmte Blätter oder abgespülte Erde belastet. Hinzu kommen Abwässer verschiedenster Art. Dagegen sind Wassertiere unterschiedlich empfindlich. Experten können am Vorkommen bestimmter Tiere die Wasserqualität ablesen.

Unbelastete Gewässer
Nur ganz wenige Gewässer in Mitteleuropa sind unbelastet. Besonders Quellbäche im Bergland gehören dazu. Ihr Wasser ist klar, der Untergrund meistens steinig. Hier laichen häufig Forellen ab. Die Larven der Steinfliegen sind für solche Gewässer typisch. Sie leben je nach Art 1–3 Jahre als Larven im Wasser. Die Steinfliegen selbst haben nur eine kurze Lebensdauer von 2–3 Wochen.

1 Steinfliegenlarve

Gering belastete Gewässer
In diese Gewässer gelangen nur sehr geringe Mengen an Verunreinigungen. Es sind meistens Bäche in größeren Waldgebieten oder in großen Naturparks wie der Lüneburger Heide. Der Gewässerboden besteht aus Sand oder Kies und ist nur stellenweise mit Wasserpflanzen bedeckt. Hier findet man die Larven der Köcherfliegen. Die Larven verweben Spinnfäden und kleine Steinchen zu einem Köcher, in dem sie gut geschützt leben. Die Larve der Blassfüßigen Köcherfliege baut z. B. einen Köcher mit 2–3 Belastungssteinchen auf jeder Seite.

2 Köcher d. Blassfüßigen Köcherfliege

Mäßig belastete Gewässer
In diese Gewässer gelangen geringe Mengen von Verunreinigungen. Sie stammen aus Abwässern, aber auch aus Pflanzenteilen oder abgeschwemmtem Boden. Diese Gewässer sind sehr nährstoffreich und deshalb im Sommer dicht mit Wasserpflanzen besetzt. Hier kommt der Gewöhnliche Flohkrebs sehr häufig vor. Er wird bis zu 2 cm lang und kann sogar gegen die Strömung schwimmen.

3 Bachflohkrebs

Kritisch belastete Gewässer
Die Verschmutzung ist in diesen Gewässern sehr stark. Steine sind an der Unterseite schwarz. Algen kommen häufig vor. Die Blätter der Wasserpflanzen sind oft mit schmutzigen Ablagerungen bedeckt. Bei großer Sommerhitze nimmt der Sauerstoffgehalt im Wasser stark ab – viele Fische sterben dann.
Im Wasser ist der unempfindliche Gefleckte Schnellschwimmer ein häufiger Wasserkäfer.

4 Gefleckter Schnellschwimmer

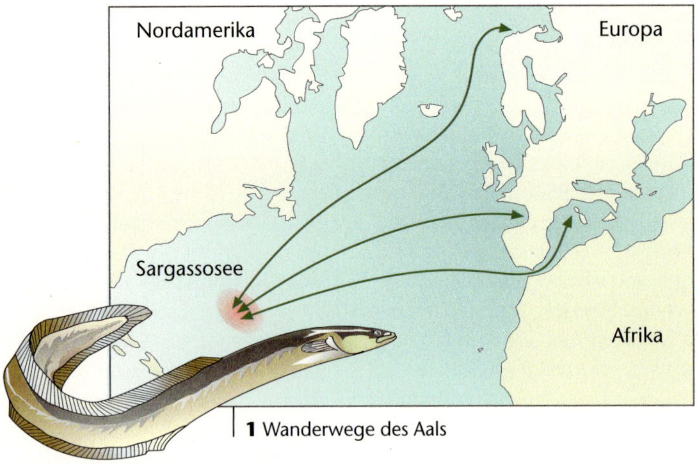

1 Wanderwege des Aals

Neben Arten wie Bachforelle oder Karpfen, die ihr ganzes Leben im gleichen Gewässer bleiben, gibt es Fische, die einen Teil ihres Lebens im Süßwasser, den anderen im Meer verbringen. Dazu gehören Aale und Lachse.

Der Aal – ein Fisch mit schlangenförmigem Körper

Der europäische Aal lebt in Gewässern, die mit dem Meer in Verbindung stehen. Zwischen Juli und Oktober wandern die geschlechtsreifen Tiere flussabwärts zum Ablaichen in den Atlantik. Das Laichgebiet liegt etwa 7000 km weit entfernt in der Sargassosee (▷B 1) im Westatlantik vor der Küste Amerikas. Auf dieser Wanderung orientieren sich die Aale am Erdmagnetfeld und an Meeresströmungen. Die Tiere fressen in dieser Zeit nicht. Die benötigten Fettreserven müssen sie sich vorher anfressen. In der Sargassosee legen sie ihre Eier ab, danach sterben die Eltern. Die geschlüpften Larven werden im Laufe von drei Jahren mit dem Golfstrom zurück nach Europa getrieben.

Während dieser Zeit verändern sie ihr Aussehen. An der europäischen Küste angekommen, wandern sie die Flüsse hinauf. Dabei werden die Fische vermutlich durch den Geruch und den Geschmack des Süßwassers angelockt.

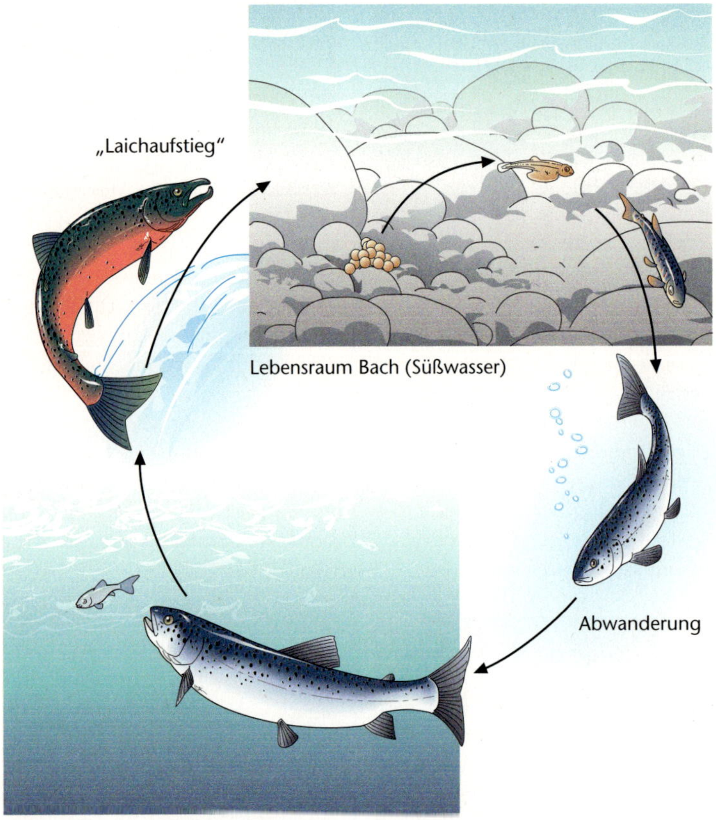

2 Lebenszyklus des Lachses

Der Lebenszyklus des Lachses

Lachse laichen im Winter in den Quellgebieten von Fließgewässern ab. Hier bleiben die Jungtiere 2–3 Jahre, dann wandern sie flussabwärts ins Meer. Dort leben die Lachse räuberisch von anderen Fischen und wachsen heran. Innerhalb der nächsten zwei Jahre werden die Tiere geschlechtsreif. Sie sind dann etwa 1 m lang und über 30 kg schwer. Die erwachsenen Tiere schwimmen aus dem Meer in die Flüsse zu den Laichplätzen. Mit ihrem sehr guten Geruchssinn erkennen sie den Fluss, in dem sie selbst geschlüpft sind. Während ihrer Wanderung überspringen Lachse Stromschnellen, Wasserfälle und Wehre, nehmen jedoch keine Nahrung zu sich.

▶ Aale und Lachse sind Wanderfische. Sie verbringen ihr Leben im Süßwasser und im Meer.

Aufgaben

1 Vergleiche die Entwicklung von Lachs und Aal. Nenne Gemeinsamkeiten und Unterschiede.

2 Zeichne den Lebenszyklus des Aals.

3 Nenne einige Gefahren, denen Aale auf ihrer Wanderung ausgesetzt sind.

4 Informiere dich im Internet, in welchen Ländern es Lachsfarmen gibt. Wie werden die Tiere dort gehalten? Gestalte dazu ein Plakat.

Hering & Co. – Nahrung aus dem Meer
Das Meer ist Lebensraum für viele Tiere. Hierzu gehören Säugetiere wie Wale ebenso wie die zahlreichen Fischarten. Um im salzhaltigen Meerwasser überleben zu können, geben die Meeresfische mit dem Wasser aufgenommenes Salz wieder ab.

Viele Meeresfische leben in riesigen Schwärmen und sind wichtige Speisefische. Im Nordatlantik sind etwa 20 Fischarten von wirtschaftlichem Interesse. Neben dem **Hering** sind dies vor allem **Kabeljau** und **Rotbarsch**. Von ihnen werden jährlich mehrere Millionen Tonnen gefangen.

Einige Arten wurden jedoch so stark befischt, dass ihre Bestände gefährdet sind. Deshalb wurden die Fangmengen bei vielen Fischarten inzwischen beschränkt.

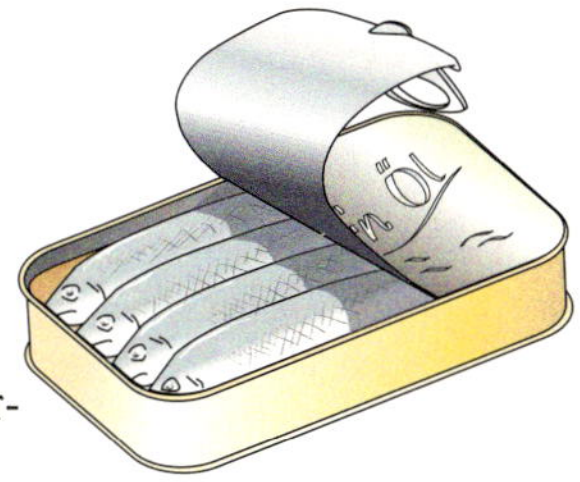

Die wirtschaftliche Bedeutung der Meeresfische ist sehr groß. Jährlich werden im Nordatlantik mehrere Millionen Tonnen Fisch gefangen.

Lexikon

Meeresfische

Die bis zu 2 m langen **Dorsche** leben in Schwärmen im Nordatlantik. Die Jungfische ernähren sich von winzigen Meereslebewesen, die erwachsenen Tiere leben räuberisch. Geschlechtsreife Dorsche nennt man **Kabeljau**.

Heringe leben im Nordatlantik in riesigen Schwärmen. Die silbrig gefärbten, etwa 30 cm langen Tiere ernähren sich von winzigen Meereslebewesen.

Der rötlich gefärbte **Rotbarsch**, ein Speisefisch, lebt in Küstennähe in 100–400 m Tiefe. Rotbarsche, die bis zu 1 m lang werden können, ernähren sich räuberisch von Heringen.

Schollen sind Plattfische, die in 10–50 m Tiefe auf dem Meeresgrund leben. Beide Augen liegen auf der rechten Körperseite.

Haie sind Fische, die sich räuberisch von anderen Tieren ernähren. Nur wenige der etwa 400 Haiarten sind für uns Menschen gefährlich.

Jährlich werden bis zu 100 Millionen Haie für die Herstellung von Delikatessen (z. B. Schillerlocken), Ölen und Cremes oder als Beifang bei der Hochseefischerei gefangen und getötet.
Einige Arten werden so stark befischt, dass sie vom Aussterben bedroht sind.

Der bis zu 1,30 m lange **Köhler** lebt im freien Wasser, wo er sich räuberisch von anderen Fischen ernährt. Das Fleisch des Köhlers wird als **Seelachs** vermarktet.

Wie erstelle ich ein Plakat?

Plakate kennst du als öffentlich angebrachte Werbung an Wänden oder LITFASS-Säulen. Ein Plakat soll für etwas werben und die Werbefachleute setzen geschickt Bild und Text ein, damit dir als Vorübergehendem die Werbebotschaft auffällt und in Erinnerung bleibt. So soll es auch mit Plakaten sein, die du für den Biologieunterricht gestaltest. Hier ein paar Tipps:

A. Das Wichtigste zuerst – die Überschrift
Die Überschrift deines Plakates muss groß und deutlich geschrieben werden, damit man rasch erkennt, um welches Thema es geht. Benütze dazu z. B. die breite Seite deines Filzstiftes.

B. Ein Bild sagt mehr …
Du findest bestimmt Bilder zu deinem Thema. Suche solche, die das Thema möglichst groß und deutlich abbilden. Gehe aber sparsam mit den Bildern um. Das Plakat soll am Ende nicht aussehen wie ein Fotoalbum.

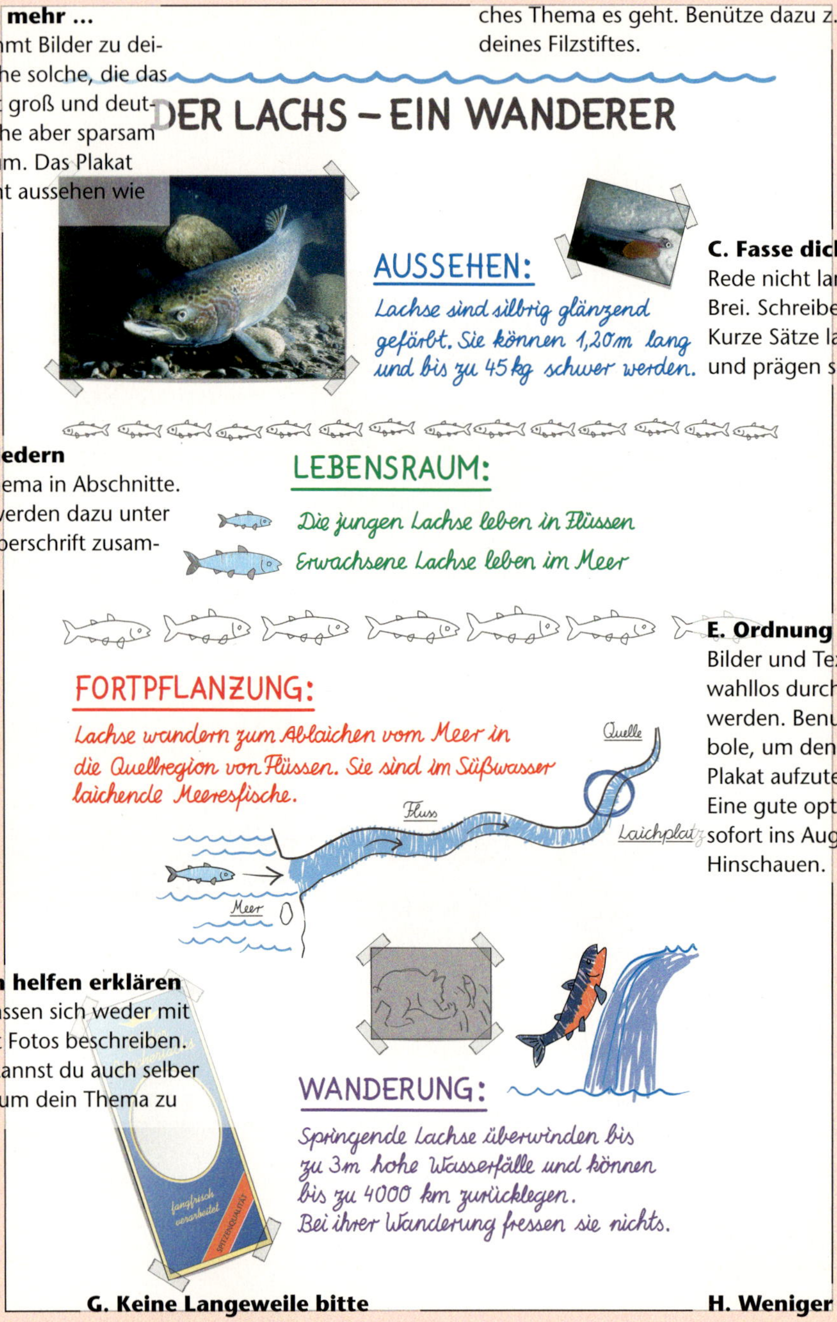
DER LACHS – EIN WANDERER
AUSSEHEN:
Lachse sind silbrig glänzend gefärbt. Sie können 1,20m lang und bis zu 45kg schwer werden.
LEBENSRAUM:
Die jungen Lachse leben in Flüssen
Erwachsene Lachse leben im Meer
FORTPFLANZUNG:
Lachse wandern zum Ablaichen vom Meer in die Quellregion von Flüssen. Sie sind im Süßwasser laichende Meeresfische.
Quelle
Fluss
Laichplatz
Meer
WANDERUNG:
Springende Lachse überwinden bis zu 3m hohe Wasserfälle und können bis zu 4000 km zurücklegen.
Bei ihrer Wanderung fressen sie nichts.

C. Fasse dich kürzer
Rede nicht lange um den heißen Brei. Schreibe nur wenig Text. Kurze Sätze lassen sich leicht lesen und prägen sich besser ein.

D. Den Text gliedern
Unterteile das Thema in Abschnitte. Gleiche Inhalte werden dazu unter einer Zwischenüberschrift zusammengefasst.

E. Ordnung schaffen
Bilder und Texte sollten nicht wahllos durcheinandergewürfelt werden. Benutze Farben und Symbole, um den Platz auf deinem Plakat aufzuteilen und zu ordnen. Eine gute optische Aufteilung fällt sofort ins Auge und verleitet zum Hinschauen.

F. Zeichnungen helfen erklären
Manche Dinge lassen sich weder mit Worten noch mit Fotos beschreiben. Für solche Fälle kannst du auch selber etwas zeichnen, um dein Thema zu erklären.

G. Keine Langeweile bitte
Auf ein Plakat darfst du auch ungewöhnliche Dinge kleben, sofern sie mit dem Thema zu tun haben.

H. Weniger ist immer mehr
Ein Plakat darf nicht zu voll und überladen sein. Es braucht auch leere Flächen. Versuche zum Rand hin immer etwas Platz zu lassen.

Rund um den Fisch

Fische – ein Leben im Wasser
Fische sind wechselwarme Wirbeltiere, die perfekt an das Leben im Wasser angepasst sind. Sie besitzen einen stromlinienförmigen Körper; zur Fortbewegung dienen Flossen.
Bei den meisten Fischen ist die Haut mit Schuppen besetzt, die den Körper schützen.
Fische haben ein besonderes Organ, das Seitenlinienorgan. Hierbei handelt es sich um einen Ferntastsinn, mit dem die Tiere Wasserbewegungen wahrnehmen.

Ein Organ, das nur Fische besitzen, ist die Schwimmblase. Mit ihrer Hilfe können Fische in unterschiedlichen Wassertiefen schweben.
Ein weiteres Kennzeichen ist die Kiemenatmung. Dabei nehmen die Fische den lebensnotwendigen Sauerstoff direkt aus dem Wasser in die Blutgefäße auf.

Befruchtung im Wasser
Die Eier werden bei den Fischen meist außerhalb des weiblichen Körpers befruchtet. Nach dem Laichen kümmern sich die Eltern selten um den Nachwuchs. Eine Ausnahme sind die Stichlinge, bei denen die Männchen das Gelege versorgen.

Fische besiedeln viele Gewässer
Fische leben in verschiedenen Gewässern, im Süßwasser und in den salzhaltigen Meeren. Viele Meeresfische, werden von den Menschen als Speisefische geschätzt. Einige Fischarten sind in der Lage, im Süßwasser und im Meerwasser zu überleben. Hierzu gehören Aale und Lachse.

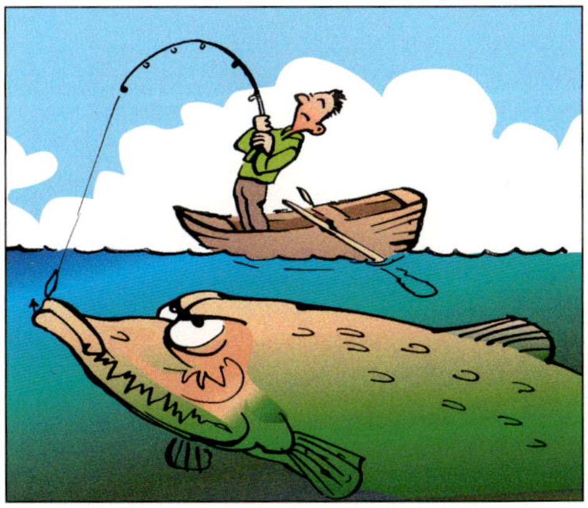

Aufgaben

1 Betrachte Abbildungen 1 und 2. Was wird auf den Fotos gezeigt?

1

2

2 Benenne in der Abbildung 3 die gekennzeichneten Körperteile.

3 Beschreibe mit eigenen Worten die Entwicklung von Fischen. Fertige dazu Skizzen an.

4 Nenne vier Fischarten, die in Gewässern des Binnenlandes leben.

5 Beschreibe, wie sich die Lebensbedingungen für die Fische in einem Fluss von der Quelle zur Mündung ändern.

6 Hering, Rotbarsch und Köhler sind wichtige Speisefische.
a) Informiere dich im Internet, wo die Fanggebiete liegen.
b) Zeichne die verschiedenen Gebiete in eine Karte ein. Benutze dabei für jede Fischart eine andere Farbe.

7 Heringe leben in Schwärmen. Welche Vorteile bietet ihnen das?

8 Bei der Kiemenatmung werden die Kiemenblättchen von Atemwasser umspült.
Welche Voraussetzungen müssen gegeben sein, dass Fische möglichst viel Sauerstoff aus dem Wasser aufnehmen können?

9 Vergleiche die Lungenatmung der Säugetiere mit der Kiemenatmung der Fische.

10 Wo findest du die „Stromlinienform" in der Technik?
Nenne Beispiele und überlege dir, welche Vorteile diese Bauweise hat.

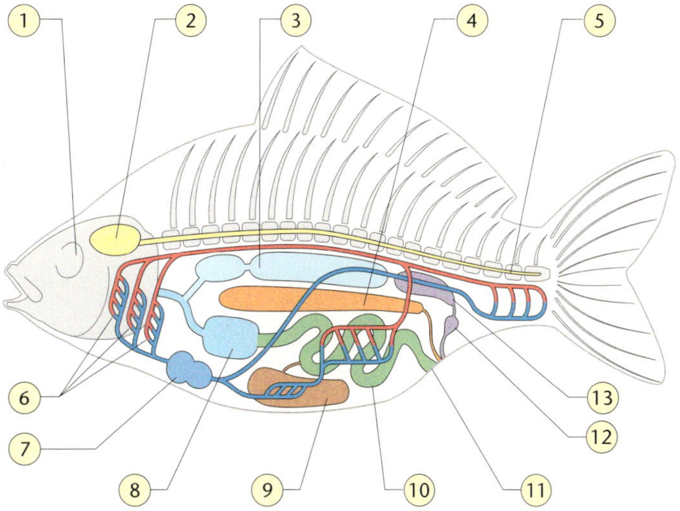

3 Zu Aufgabe 2

Lurche bewohnen zwei Lebensräume

Die Meinungen über Frösche und Kröten gehen auseinander: Die einen finden die Tiere kalt und glitschig, andere freuen sich, wenn aus ihrem Gartenteich am Sommerabend ein lautes Froschkonzert erschallt.

In Märchen und alten Überlieferungen werden Frösche und Kröten oft als ekelige, aber auch geheimnisvolle Tiere dargestellt.

Wer kennt nicht das Märchen vom Froschkönig, in dem der „hässliche" Frosch in einen schönen Prinzen verwandelt wird?

Biologen fassen Frösche und Kröten als **Froschlurche** zusammen. Außerdem gibt es **Schwanzlurche**, zu denen Salamander und Molche gehören.
Lurche leben sowohl im Wasser als auch auf dem Land. Hierüber und über das Verhalten der Tiere erfährst du auf den folgenden Seiten mehr.

Frösche sind gute Schwimmer

Ein heißer Tag! Kai und Svenja sind zum Baden an den Baggersee gefahren. Schon von weitem hören sie ein lautes Froschkonzert. „Komm, lass uns leise ranschleichen, vielleicht können wir einen Frosch beim Quaken beobachten“, sagt Svenja. Aber trotz aller Vorsicht: Kaum treten sie näher, verstummt das Konzert.

Frösche haben empfindliche Sinnesorgane. Sie hören sehr gut und spüren feinste Bodenerschütterungen sofort. Mit ihren muskulösen Hinterbeinen können sie weite Sprünge ins rettende Wasser machen. Sie strecken beim Sprung die Hinterbeine fast vollständig durch und fangen den weiten Satz mit den Vorderbeinen abfedernd auf (▷ B 1).
Brustschwimmer haben den Fröschen einiges abgeschaut: Vor dem Beinschlag werden die Beine angezogen und anschließend mit seitwärts gestellten Füßen nach hinten gestoßen (▷ B 2).

Außerdem haben Frösche zwischen ihren fünf Zehen **Schwimmhäute**, so können die Tiere schnell schwimmen.

Beim Beutefang bieten die seitlich sitzenden Augen eine gute Rundumsicht. Ist das Insekt oder der Wurm nah genug, passieren zwei Vorgänge fast gleichzeitig: Der Frosch springt kräftig ab und schon schnappt seine klebrige **Klappzunge** (▷ B 3) zu. Die Zunge zieht die Beute danach sofort ins Maul. Einmal schlucken – und schon kann der nächste Leckerbissen kommen.

▶ Mit ihren kräftigen Beinen und den Schwimmhäuten können Frösche sehr gut springen und schwimmen. Die Klappzunge dient dem Beutefang.

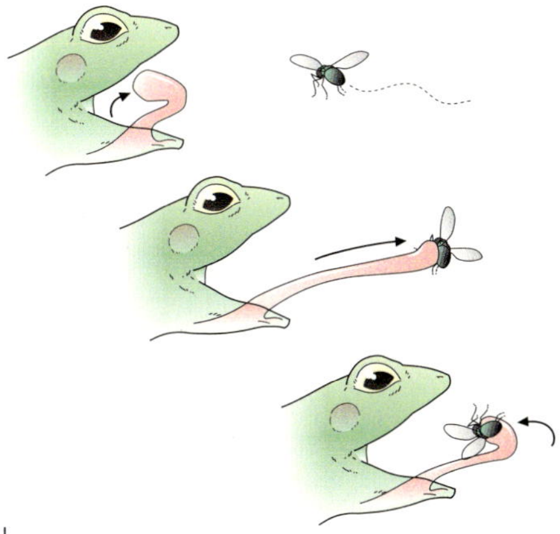

3 Frosch schnappt nach einer Fliege.

Hättest du das gedacht?

Der **Goliathfrosch** ist mit 45 cm Körperlänge der größte Frosch der Welt. Er lebt in den afrikanischen Ländern Angola und Kamerun.

Der **kleinste Frosch (Stumpffia tridactyla)** der Welt ist 10–12 mm lang und wiegt ein Viertel Gramm. Er lebt auf feuchtem Waldboden in Madagaskar.

Die in Afrika lebenden Männchen der **Haarfrösche** tragen in der Paarungszeit an den Flanken und Schenkeln durchblutete Hautfäden, die wie Haare aussehen.

1 Springender Frosch

2 Schwimmender Frosch

4 Quakender Teichfrosch

1 Grasfrösche

2 Laichballen

Huckepack zum Laichplatz

Ist im Frühjahr das letzte Eis getaut, legen die Grasfrösche ihren Laich ab. Feuchte Wälder und Wiesen sind ihr bevorzugter Lebensraum. Wenn das Wetter günstig ist, machen sich die Frösche auf die Wanderschaft zu dem Gewässer, in dem sie selbst aufgewachsen sind.

Die Männchen der Grasfrösche locken mit leise knurrenden Geräuschen Weibchen an. Kommt ein Weibchen in die Nähe, klammert sich das kleinere Männchen auf ihm fest und lässt sich huckepack zum Wasser tragen (▷ B 1). Dort gibt das Weibchen bis zu 4000 Eier ab – den **Laich** (▷ B 2). Das Männchen befruchtet die Eier sofort mit seiner Spermienflüssigkeit.

Eine Kaulquappe verwandelt sich

In den einzelnen Eiern der Laichballen entwickeln sich jetzt kleine **Kaulquappen** (▷ B 5), die nach etwa drei Wochen schlüpfen. Sie atmen durch **Kiemen**, die als kleine Büschel außen am Kopf sitzen. Als Nahrung nehmen sie mit ihrem kleinen Hornschnabel winzige Algen auf. Die Kaulquappe bewegt sich dabei mit ihrem langen **Ruderschwanz** vorwärts.
Nach und nach entwickeln sich jetzt die Hinterbeine (▷ B 6). Die Außenkiemen werden von einer Hautfalte überwachsen. Nur eine kleine Öffnung bleibt frei. Hier kann das Atemwasser wieder austreten, das durch das Maul aufgenommen wurde. Kurz vor der Umwandlung zum Frosch erscheinen die Vorderbeine und die inzwischen gebildete Lunge übernimmt die Atmung. Die Kaulquappe muss nun ab und zu auftauchen, um Luft zu bekommen. Der Hornschnabel verschwindet, das Froschmaul bildet sich aus und vom Ruderschwanz ist nur noch ein kleiner Stummel übrig.
Der nun 1,5 cm lange Jungfrosch muss langsam seine Nahrung von Pflanzen auf Fleisch umstellen. Die Larvenentwicklung dauert zwei bis drei Monate und wird als **Metamorphose** (Verwandlung) bezeichnet. Im Juni verlassen die Jungfrösche das Wasser. Die geschlechtsreifen Tiere kehren im Alter von drei Jahren zu „ihrem" Laichgewässer zurück.

Kaulquappen schlüpfen aus Eiern. Sie atmen durch Kiemen und entwickeln sich in einer Metamorphose zu Fröschen.

Amphibien

Lurche sind keine reinen Landtiere, da sie zur Eiablage ins Wasser kommen. Sie heißen deshalb auch **Amphibien** (griech., *amphi* = beide, zwei; *bios* = Leben). Übrigens: Amphibienfahrzeuge fahren auch im Wasser und an Land.

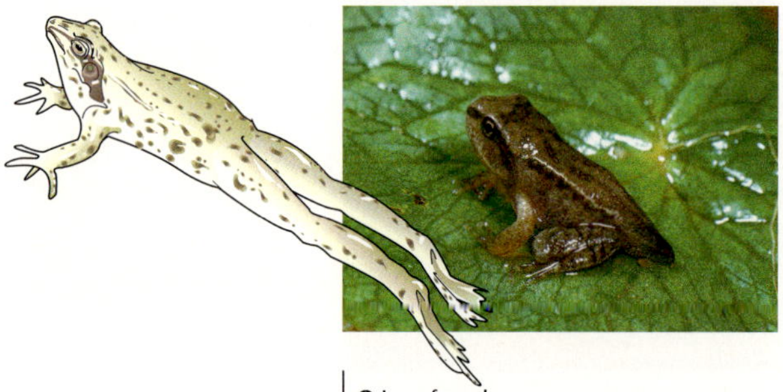

8 Jungfrosch

7 Frosch mit Ruderschwanz

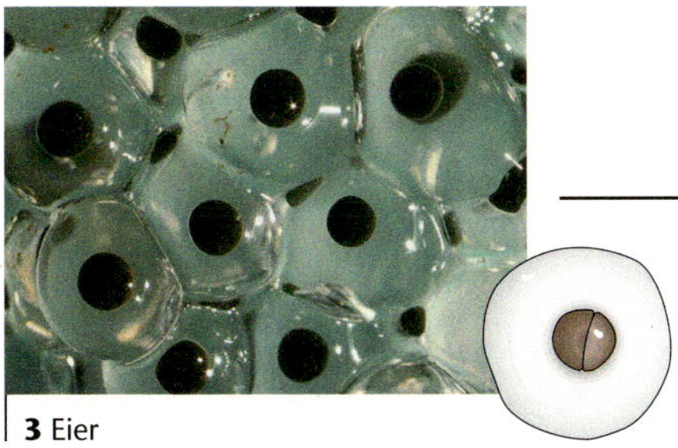

3 Eier

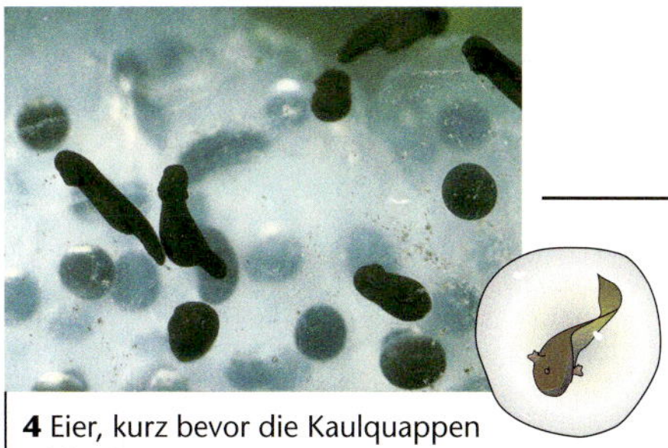

4 Eier, kurz bevor die Kaulquappen schlüpfen

Wenn es kalt wird
Lurche fühlen sich meist kalt an, sie sind **wechselwarme Tiere**. Ihre Körpertemperatur wird von der Umgebungstemperatur bestimmt. Im späten Herbst ziehen sich die Lurche deshalb an frostsichere Stellen zurück und fallen in eine **Winterstarre**. Sie wirken dabei fast leblos.

Atmung und Skelett
Vielleicht hast du dich schon gewundert, warum Frösche so lange unter Wasser bleiben können. Lurche sind zwar Lungenatmer, können aber auch über die Haut atmen. Dabei gelangt Sauerstoff aus dem Wasser durch die dünne Haut in die darunter liegenden Blutgefäße. Damit das funktioniert, muss die Haut ständig feucht sein. Hierfür sorgen Schleimdrüsen in der Haut und der Aufenthalt in feuchten Lebensräumen.

Das Skelett der Frösche zeigt viele Übereinstimmungen mit den Merkmalen der übrigen **Wirbeltiere** (▷ B9). Alle haben eine Wirbelsäule, von der diese Tiergruppe ihren Namen erhalten hat. Das Armskelett ist gelenkig mit dem Brustkorb verbunden und das Beinskelett mit dem Becken.

Lurche sind wechselwarme Wirbeltiere. Im Winter fallen die Tiere in eine Winterstarre.

Aufgaben

1 Schreibe zu den Bildern 1–8 jeweils einen kurzen, erklärenden Text.

2 In der Kulturlandschaft sind Grasfrösche an vielen Orten fast völlig verschwunden. Was könnten die Ursachen sein?

3 Nenne Anpassungen, die der Kaulquappe das Leben im Wasser ermöglichen.

4 Froschlaich zeigt immer mit der dunklen Seite nach oben. Im Laichballen ist die Temperatur gegenüber dem Wasser bei Sonnenschein bis zu 10 °C höher. Vergleiche mit der Farbe von Sonnenkollektoren und versuche zu erklären.

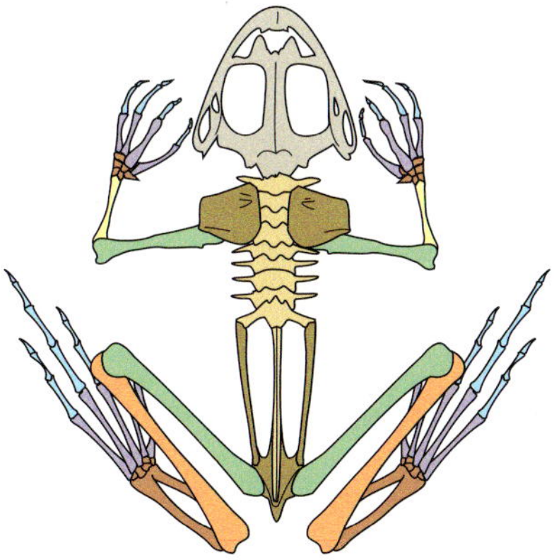

9 Skelett eines Froschlurches

6 Kaulquappe mit Hinterbeinen

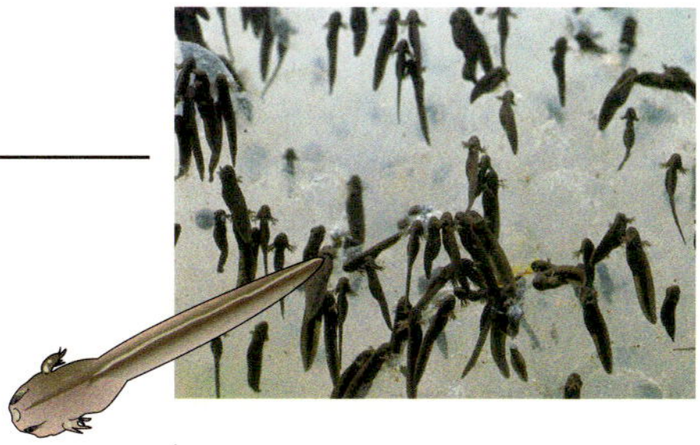

5 Kaulquappen

3 Feuersalamander

1 Lebensraum des Feuersalamanders

2 Larve des Feuersalamanders

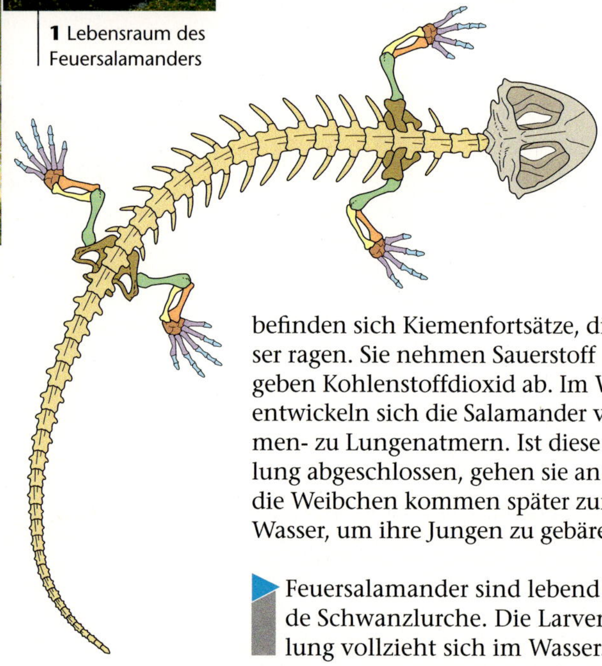

Feuersalamander sind Schwanzlurche
Dauerregen den ganzen Tag! Und dabei hatten sich Kerstin und Heike so auf ihren ersten Ferientag im Gebirge gefreut. Gegen Abend lässt der Regen endlich nach, nur die Berge rund herum sind noch wolkenverhangen. Zeit für einen kleinen Entdeckungsgang. Kerstin geht voraus und bleibt plötzlich wie angewurzelt stehen: „Schau mal, ein Lurchi!“, ruft sie begeistert ihrer Schwester zu. „Unsinn, das ist ein Feuersalamander“.

Feuersalamander (▷ B 3) gehören zu den **Schwanzlurchen**. Außerhalb der Paarungszeit entdeckst du sie trotz ihrer auffälligen Färbung nur selten. Sie halten sich tagsüber meistens versteckt und kommen höchstens bei warmem Regenwetter heraus.

Feuersalamander sind **lebend gebärende** Tiere. Die Jungtiere verlassen noch während der Geburt die Eihüllen und beginnen sofort mit der Nahrungssuche. Sie sind während ihrer Larvenentwicklung auf saubere Quelltümpel und -bäche (▷ B 1) in Laubwäldern angewiesen. Die Larven sind an den kleinen elfenbeinfarbenen Flecken (▷ B 2) an den Beinansätzen leicht zu erkennen. Auch der, von oben gesehen, viereckige Kopf unterscheidet die Tiere von Molchlarven (▷ B 7). Seitlich am Kopf befinden sich Kiemenfortsätze, die ins Wasser ragen. Sie nehmen Sauerstoff auf und geben Kohlenstoffdioxid ab. Im Wasser entwickeln sich die Salamander von Kiemen- zu Lungenatmern. Ist diese Entwicklung abgeschlossen, gehen sie an Land. Nur die Weibchen kommen später zurück ins Wasser, um ihre Jungen zu gebären.

Feuersalamander sind lebend gebärende Schwanzlurche. Die Larvenentwicklung vollzieht sich im Wasser.

Feuersalamander haben kaum Feinde. In ihrer Haut sitzen Drüsen, die eine giftige Flüssigkeit abgeben. Erbeutet ein Tier einen Feuersalamander, merkt es sich die schlechte Erfahrung und meidet die schwarz-gelbe Beute ab sofort. Die auffällige Färbung dient also der **Warnung**.

Aufgaben

1 Vergleiche die Skelette von Schwanz- und Froschlurchen.
a) Welche Gemeinsamkeiten fallen dir auf?
b) Welche Unterschiede kannst du erkennen?

2 Suche nach anderen Tierarten, die wie der Salamander, eine Warnfarbe haben.

Molche – Bewohner kleiner Gewässer

In ihrer Lebensweise sind Molche stark an das Wasser gebunden. Der in Siedlungsnähe häufige Teichmolch (▷ B 4) ist ab April in Tümpeln und Gräben zu finden. Nach der Laichzeit verlässt er das Wasser und sucht feuchte Standorte auf, in denen er unter Steinhaufen, Laub und Holz seine Verstecke findet. Wie bei den übrigen Lurchen darf die Haut der Tiere nicht austrocknen, denn sonst sind Hautatmung und Feuchtigkeitsaufnahme nicht mehr möglich. Das ist der Grund, warum sich Lurche bevorzugt in Wassernähe aufhalten. Bei Trockenheit ziehen sie sich oft in unterirdische Verstecke zurück.

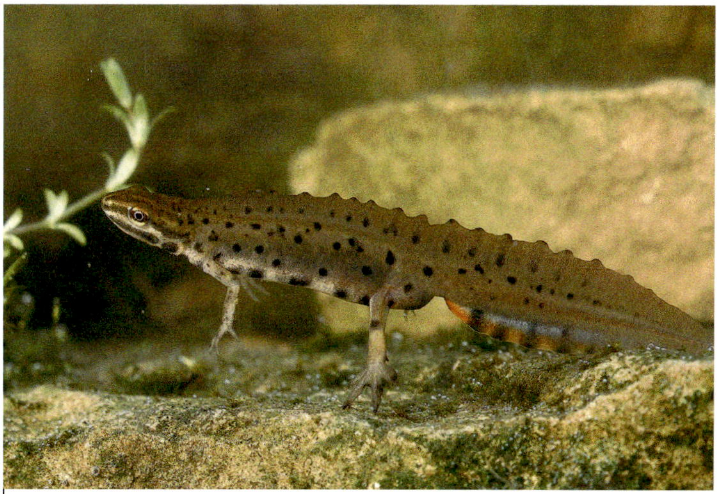

4 Teichmolch

Wenn sie sich fortbewegen, setzen Schwanzlurche zunächst ein Vorderbein

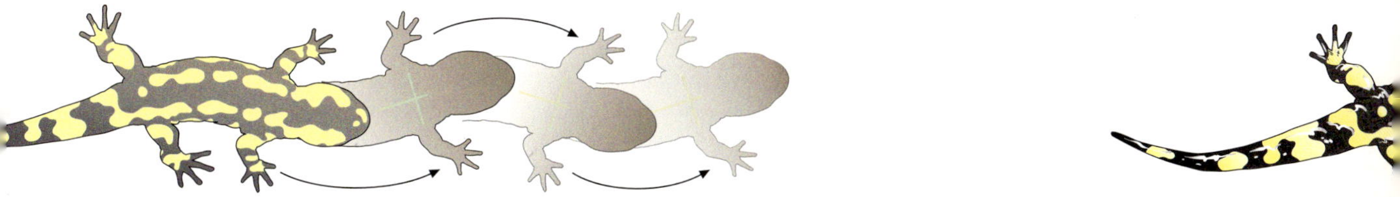

vor und ziehen dann das Hinterbein der anderen Seite nach. Dadurch gerät der Körper in eine schlängelnde Bewegung, die durch die Rumpfmuskulatur noch unterstützt wird.

Es gibt bei uns neben dem Teichmolch noch andere Molcharten. Der auf der Unterseite zinnoberrot gefärbte Bergmolch (▷ B 5) lebt in Wäldern des Hügellandes.

5 Bergmolch

Die Larven der Molche ähneln bereits stark den erwachsenen Tieren, tragen aber noch büschelige Außenkiemen. Wenn sie ein Beutetier entdecken, öffnen sie ihr Maul derart schnell, dass durch den Wassersog das Tier ins Maul gezogen wird.

Das Männchen des Kammmolches (▷ B 6) sieht mit seinem gezackten Rückenkamm wie ein kleiner Drachen aus. Auch er bevorzugt ruhig fließende oder stehende Gewässer.

6 Kammmolch

7 Larve des Kammmolchs

Den Winter verbringen die Lurche in einer Winterstarre in frostfreien Bodenverstecken.

▶ Die Larven von Molchen und Salamandern entwickeln sich wie die Larven der Froschlurche im Wasser. Molche und Salamander sind Schwanzlurche.

Vorsicht Krötenwanderung!
Jedes Jahr die gleiche Mühe! Schon Ende Februar treffen sich die Mitglieder der Naturschutz-AG zur Krötenzaun-Aktion.

Vor allem Erdkröten sind es, die abends zu ihren Laichgewässern wandern. Von Fröschen unterscheiden sie sich durch ihre warzige Haut. Die plumpen Tiere kommen nur langsam voran. Bis zu 2 km legen sie bis zum Ziel zurück. Sie sind ausgesprochen laichplatztreu, da sie wie die Grasfrösche zu dem Gewässer zurückkehren, in dem sie selbst ihre Metamorphose durchgemacht haben. Fast alle Weibchen tragen ein etwas kleineres Männchen auf dem Rücken mit zum Gewässer. Dieses Verhalten ist angeboren. Die Männchen klammern sich an allem fest, was sich bewegt und lassen auch bei Anwendung von Gewalt nicht los.

Haben die Kröten das Laichgewässer erreicht, meistens einen See oder einen Teich ohne Strömung, dauert es noch mehrere Tage, bis sie ihre Eier ablegen. Die Eier werden wie an Schnüren aufgereiht abgegeben (▷ B 4) und sofort vom Männchen besamt. Anschließend trennen sich die Tiere und wandern zum Sommerrevier zurück.

Sicher auf die andere Straßenseite
Damit die Wanderung möglichst gefahrlos verlaufen kann, werden entlang der Straße kleine Plastikzäune (▷ B 2) aufgestellt, die unten einige Zentimeter in den Boden eingelassen sind. Die Kröten laufen am Zaun entlang, bis sie nach einigen Metern in einen eingegrabenen Eimer (▷ B 3) plumpsen. An manchen Straßen werden sie auf diese Weise zu einem Tunnel geleitet. Jeden Morgen kommen Helfer, die genau aufschreiben, wie viele Tiere gefangen und anschließend gefahrlos über die Straße getragen wurden. Neben Erdkröten sind oft auch Molche, Frösche und Salamander in den Eimern zu finden. Ohne die zeitaufwändige Arbeit der vielen freiwilligen Helfer kämen an zahlreichen Gewässern in der Nähe vielbefahrener Straßen wohl keine Kröten mehr vor.

Auch Spritzmittel in den Gärten und in der Landwirtschaft sind für die heimischen Lurche sehr schädlich. Einleitungen von Abwässern in Bäche und Flüsse schädigen die Amphibienlarven.

Die Krötenzaun-Aktionen ermöglichen das Überleben der Kröten in der Nähe von Straßen.

1 Erdkrötenpärchen

2 Krötenzaun

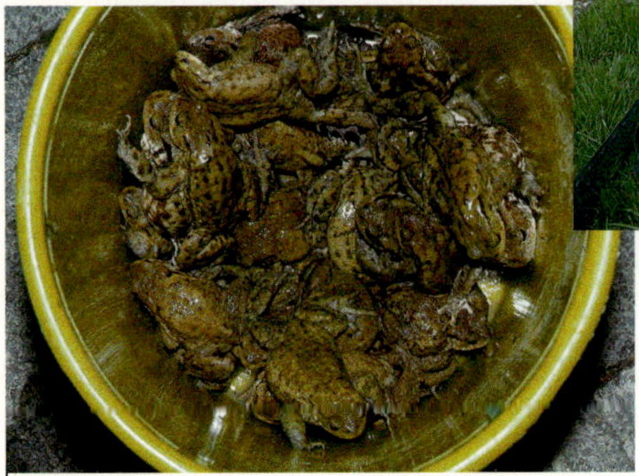
3 Sammeleimer

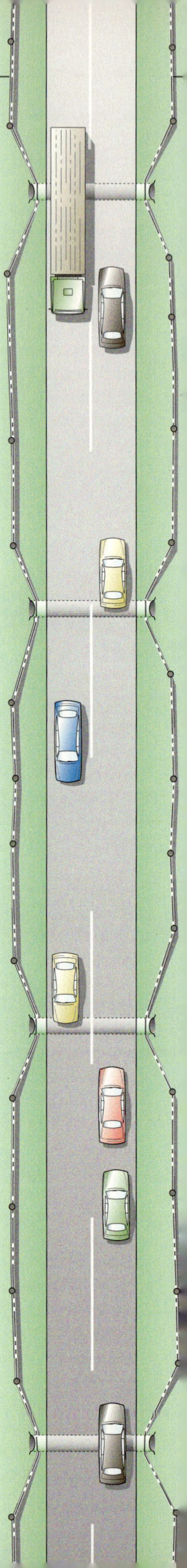

Wie können wir Amphibien helfen?
In den vergangenen Jahrzehnten sind viele Gewässer aus unserer Landschaft verschwunden. Dorfteiche wurden vielfach zugeschüttet, Tümpel als wilde Müllkippen missbraucht.
Inzwischen setzen sich viele Städte und Gemeinden für den Amphibienschutz ein: Vorhandene Gewässer werden gepflegt und geschützt, neue werden angelegt. Häufig legen auch Gartenbesitzer einen eigenen Teich an.

4 Kröten beim Laichen

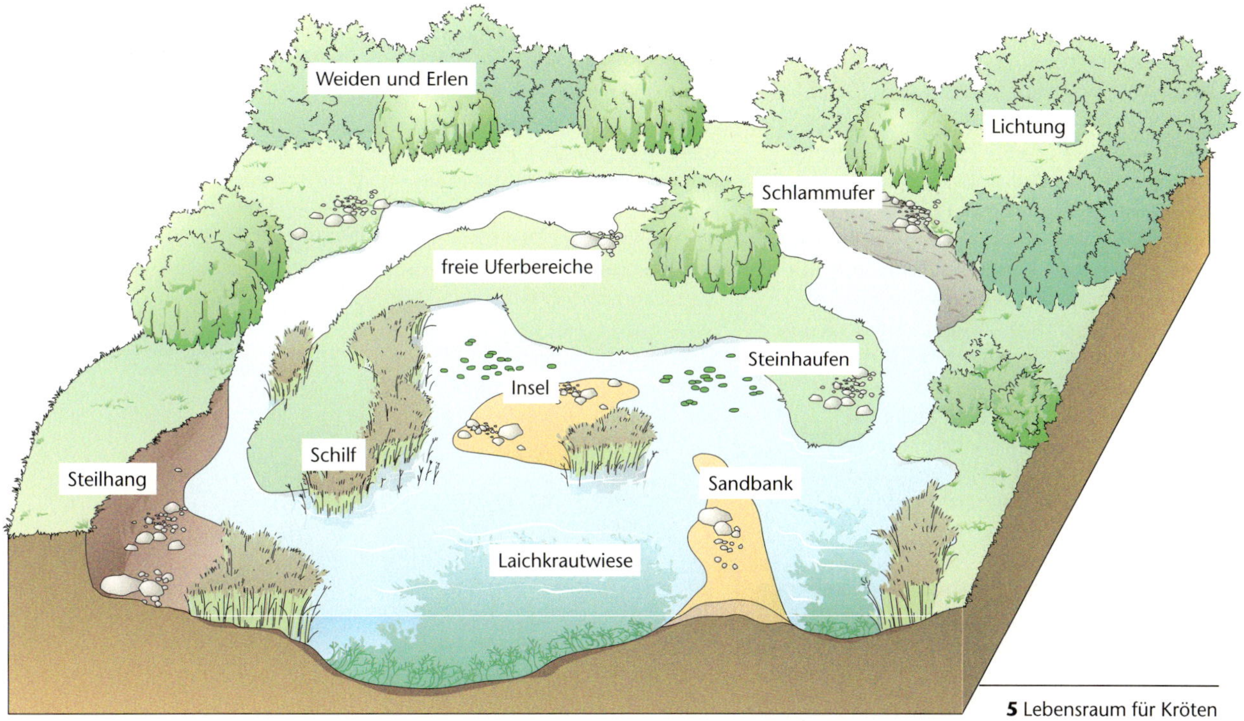

5 Lebensraum für Kröten

Aufgaben

1 Plant zum Thema „Amphibienschutz“ ein Projekt.
Hier einige Tipps:
a) Überprüft, ob die Gewässer in der Nähe eures Wohnortes als dauerhafte Lebensräume für Amphibien geeignet sind. Falls ein Schulteich vorhanden ist, legt Steinhaufen als Verstecke für Erdkröten, Molche und andere Tiere an.
b) Für Molche könnt ihr als Verstecke auch gewölbte Dachziegel oder mit Erde überschüttete Apfelsinenkistchen anlegen.
c) Legt an einer sonnigen Seite eine flache Wasserzone mit sandigem Ufer an.

2 Molche und einige andere Lurche laichen selbst in kleinen Gewässern. Baut deshalb mit Teichfolie ein eigenes Laichgewässer. Beachtet die geltenden Sicherheitsbestimmungen!

3 Kellerlöcher sind für Amphibien oft Fallgruben, aus denen es kein Entrinnen gibt. Da muss Hilfe organisiert werden (Hausmeister um Erlaubnis und Hilfe bitten).

4 Fragt bei der Gemeinde- oder Stadtverwaltung nach, ob Krötenzäune aufgestellt werden. An wen muss man sich wenden, falls eine Schulklasse mithelfen möchte?

5 Erkundigt euch bei eurem örtlichen Naturschutzverein nach Ursachen für den Rückgang der Amphibien und nach Projekten zu deren Schutz.
Schreibt dazu einen kurzen Bericht.

Vielfalt der Lurche

Die **Geburtshelferkröte** hat ihren Namen erhalten, weil das Männchen kurz nach Ablegen der Eier damit beginnt, die Eischnüre um die eigenen Hinterbeine zu wickeln. Trennt es sich jetzt vom Weibchen, so reißt die Schnur ab – auch eine Form der „Geburtshilfe". Ausgewachsene Tiere sind fast 5 cm groß. Es sind plumpe, meist grau gefärbte Kröten. Sie leben nachtaktiv in Wäldern, Steinmauern, Steinbrüchen und auch Gärten. Ihr nächtlicher Ruf erinnert an den Klang eines Glöckchens. Deshalb wird die Geburtshelferkröte im Volksmund auch „Glockenfrosch" genannt.

Die **Gelbbauch-Unke** ist fast 5 cm groß. Ihr Körper ist mit Warzen bedeckt. Auf der Unterseite hat sie leuchtend gelbe bis orange Flecken. Bei Gefahr zeigen die Unken den so genannten Unkenreflex: Sie biegen den Körper hohlkreuzförmig durch und zeigen ihre Unterseite mit der Warnfärbung. Dabei sondern sie Gift aus Hautdrüsen ab, das auch menschliche Schleimhäute stark reizt. Die Unken leben überwiegend im Wasser, aber auch in Wagenspuren, in denen sich Wasser gesammelt hat.

Die bis zu 10 cm große **Kreuzkröte** lebt vor allem in Sand- und Kiesgruben. Über den Rücken (übers „Kreuz") verläuft ein typischer heller Streifen. Wegen ihrer kurzen Beine rennt sie meistens kürzere Strecken statt zu hüpfen oder zu kriechen. Den Chor der laut rufenden Kreuzkrötenmännchen kann man in manchen Nächten kilometerweit hören. Droht ihr eine Gefahr, macht sie sich größer. Sie pumpt sich dabei auf und hebt ihr Hinterteil an.

Europäische Laubfrösche sind die einzigen einheimischen Lurche, die sogar an Glasscheiben hochklettern können. Man sieht die bis 5 cm großen Tiere im Sommer auf Pflanzen sitzen. Sie laichen in flachen, mit Schilf und Rohrkolben bestandenen Gewässern. Die kugelrunde Schallblase der Männchen sitzt unter der Kehle. Sie dient als Schallverstärker. Von weitem erinnert der Chor der Laubfrösche an quäkende Enten.

Pfeilgiftfrösche gehören zu den farbigsten Fröschen des tropischen Regenwaldes. Manche Arten werden auch in Terrarien gern gehalten. Die Indianer Südamerikas stellten aus dem Hautgift einiger Arten ein Pfeilgift her, das Tiere sofort lähmt, wenn es in deren Blut gelangt.

Die ca. 20 cm großen **Aga-Kröten** gehören in Südamerika vielfach zum Stadtbild. Nachts jagen sie die vom Licht angelockten Insekten. Anders als die übrigen Lurche fressen die Agas auch Nahrung, die sich nicht bewegt. Aga-Kröten sind in vielen anderen tropischen Ländern zur Schädlingsbekämpfung ausgesetzt worden. Oft richten sie jedoch unter den einheimische Tieren großen Schaden an: Sie verdrängen und fressen einheimische Lurche und deren Larven. Die Ausbreitung der fremden Kröte kann nicht aufgehalten werden.
Aga-Kröten können aus ihrer Ohrdrüse eine giftige Flüssigkeit verspritzen.

Schlusspunkt

Lurche bewohnen zwei Lebensräume

Lebensraum
Lurche leben sowohl auf dem Land als auch im Wasser. Es sind Amphibien, weil ihr Körper für beide Lebensräume ausgestattet ist. Es gibt Froschlurche und Schwanzlurche. Zu den Froschlurchen gehören Frösche, Unken und Kröten, zu den Schwanzlurchen Salamander und Molche.

Atmung
Die Haut der Amphibien muss ständig feucht sein, da Lurche als Hautatmer Sauerstoff durch die Haut aufnehmen und deshalb nicht nur auf die Lungenatmung angewiesen sind. Für ausreichend Feuchtigkeit sorgen Schleimdrüsen in der Haut.

Stoffwechsel
Lurche sind wie die Fische wechselwarme Tiere, deren Körpertemperatur von der Umgebungstemperatur abhängt.

Fortpflanzung
Die Larven der Lurche entwickeln sich im Wasser. Sie durchlaufen eine Metamorphose, in deren Verlauf sie ihre Gestalt verändern und von Kiemenatmern zu Lungenatmern werden. Die Hautatmung wird beibehalten.

Amphibienschutz
Die Zahl der Lurche geht in unserer Kulturlandschaft immer mehr zurück. Die Gründe hierfür sind z. B. der Mangel an Laichgewässern sowie giftige Spritzmittel. Deshalb ist es wichtig, die Tiere zu schützen und ihnen auch im Garten Unterschlupfmöglichkeiten zu bieten.

1 Wechselkröte

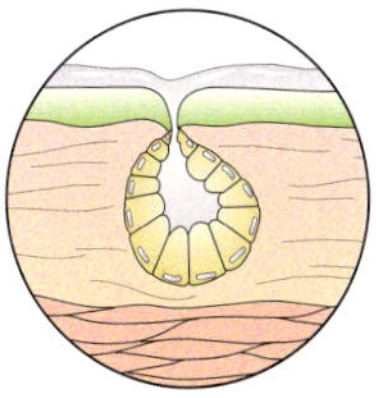

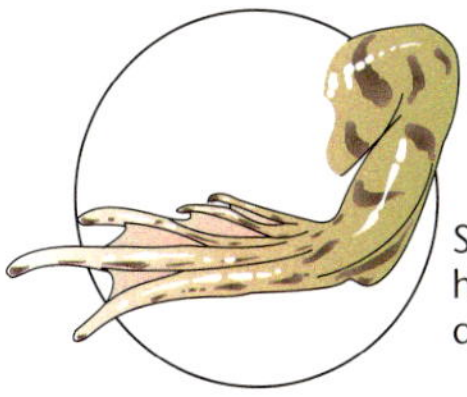

Aufgaben

1 „Im Sommer jammern viele über Mückenschwärme. Das kann ein Aufruf zum Schutz von Amphibien sein." Begründe diese Aussage. Tipp: Informiere dich über den Lebensraum von Mückenlarven.

2 Beschreibe die Ernährung von Kaulquappen und Fröschen.

3 Welche Bedingungen müssen erfüllt sein, damit die Hautatmung funktioniert?

4 Erkläre warum Lurche nicht ersticken, wenn sie während der Winterstarre bewegungslos am Grund von Gewässern überwintern.

5 Warum sondern manche Lurche aus ihrer Haut bei Gefahr bestimmte Stoffe ab? Nenne Beispiele und begründe.

6 Erkläre an einem Beispiel den Begriff „Metamorphose".

7 Beschreibe den Gasaustausch an den Außenkiemen der Molchlarven.

8 Überlege, welche Übungen im Sport an die Fortbewegung von Fröschen und Molchen erinnern.

9 Das Herz der Lurche hat nur eine Hauptkammer. Sauerstoffarmes und sauerstoffreiches Blut werden dort gemischt. Warum ist das möglich?

10 „Amphibien sind Wirbeltiere, aber keine echten Landtiere". Erkläre diese Aussage.

11 Lurche sind wechselwarme Tiere. Wie müsste ihr Körper gebaut sein, damit sie eine ständige Temperatur von 30 °C halten könnten?

12 a) Warum müssen Lurche geschützt werden?
b) Nenne Schutzmöglichkeiten in deiner Umgebung.

Vielfalt der Reptilien

Die Reptilien, auch Kriechtiere genannt, waren vor Jahrmillionen als Saurier die beherrschenden Lebewesen im Wasser, zu Lande und in der Luft. Heute treten Saurier nur noch im Kino auf. In manchen Museen stehen naturgetreue Nachbildungen der oftmals riesigen Tiere. Ihre Nachfahren leben vorwiegend in den wärmeren Ländern.

Zu ihnen gehören die Schildkröten, von denen manche Arten im Wasser, andere auf dem Land leben. Die Krokodile sind wohl die kräftigsten Reptilien. Sie ernähren sich ebenso wie die Schlangen von der Jagd auf andere Tiere. Auch Eidechsen sind Reptilien. Mit etwas Glück kannst du die flinken Tiere bei einem Sonnenbad beobachten.

Eidechsen gibt es fast in ganz Europa

Bei uns in Mitteleuropa sind Zaun- und Waldeidechsen die häufigsten Arten. Überraschst du eines der Tiere beim Sonnenbaden, verschwindet es blitzschnell in einem Versteck. Mit ihren abstehenden, seitlich ansitzenden Beinen bewegen sich Eidechsen sehr flink. Der Körper liegt dabei flach auf dem Boden. Daher erklärt sich der Name „Kriechtiere".

1 Zauneidechse

Die Zauneidechse (▷ B 1) findest du an sonnigen und unbewachsenen Böschungen, in Heidegebieten, Steinbrüchen oder auf Trockenrasen.
Die Waldeidechse (▷ B 2) kannst du auf Waldlichtungen entdecken, wenn sie sich auf einem Baumstamm oder Stein sonnt. Sie bevorzugt im Vergleich zur Zauneidechse etwas feuchtere Plätze.
Eidechsen haben eine Haut mit dichten **Hornschuppen**. Diese schützen die Tiere vor Verletzungen und verhindern, dass ihr Körper austrocknet. Da die abgestorbene Haut nicht mitwachsen kann, häuten sich Eidechsen in regelmäßigen Abständen.

2 Waldeidechse

3 Schlüpfende Zauneidechse

Eidechsen sind wechselwarme Tiere

Die Körpertemperatur der Kriechtiere wird von der Umgebungstemperatur bestimmt. Sie sind **wechselwarm**. Den Winter verbringen die Tiere in frostsicheren Verstecken. Die Tiere zeigen dann nur noch geringe Lebenstätigkeit und fallen in eine **Winterstarre**. Sobald es wärmer wird, kommen sie heraus, und die Männchen beginnen mit der Balz.
Die Zauneidechse legt im Juni bis zu 12 Eier in ein selbst gegrabenes Loch. Zwei Monate später schlüpfen die Jungen, indem sie mit ihrem Eizahn die Eischale aufritzen. Im Unterschied zu Lurchen ist die Fortpflanzung der Kriechtiere von Gewässern unabhängig. Sie sind **echte Landtiere**.

▶ Eidechsen sind wechselwarme Landtiere. Sie haben eine schuppige Haut.

Eidechsen als Jäger

Sobald sich die Eidechsen am Morgen genügend aufgewärmt haben, beginnt die Jagd auf Insekten, Spinnen und andere Kleintiere. Dabei nehmen sie mit ihrer Zunge den Geruch der Beute auf und drücken die Zunge dann gegen den Gaumen, wo das Riechorgan sitzt.
Wird eine Eidechse von einem Fressfeind am Schwanz gepackt, kann sie ihn abwerfen und damit den Angreifer ablenken. Oft gelingt Eidechsen dadurch die Flucht.

Aufgaben

1 Welche Merkmale muss ein Garten besitzen, damit dort Eidechsen leben können? Zeichne einen Plan und beschrifte ihn.

2 Eidechsen sind Wirbeltiere. Begründe diesen Satz mithilfe von Abbildung 4.

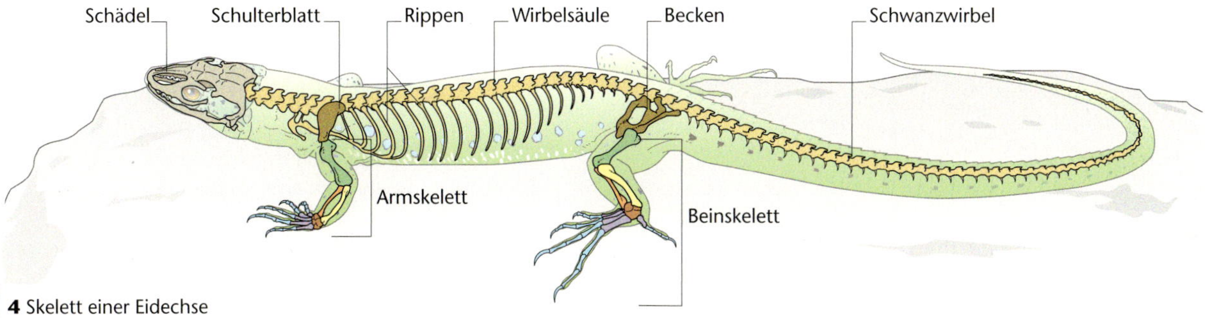

4 Skelett einer Eidechse

1 Blindschleiche mit Jungen

Vor Schlangen hatten Menschen schon immer Angst. Märchen von Riesenschlangen, die als Meeresungeheuer ganze Schiffe in die Tiefe reißen konnten, trugen sicher dazu bei. Noch heute leiden viele Kriechtiere unter alten Vorurteilen. Auch andere Tiere, die nur aussehen wie eine Schlange, werden verfolgt. Ein Beispiel hierfür ist die harmlose Blindschleiche (▷ B 1). Viele, der für den Menschen völlig ungefährlichen Tiere, werden mutwillig totgeschlagen.

Bei genauerer Untersuchung einer Blindschleiche zeigen sich aber mehr Ähnlichkeiten mit den Eidechsen als mit Schlangen. Die früher einmal vorhandenen Gliedmaßen haben sich im Laufe von Jahrmillionen zurückgebildet. Am Skelett (▷ B 2) finden sich noch Reste ehemaliger Beckenknochen und des Schultergürtels. Wie die Eidechsen kann auch die Blindschleiche bei Gefahr ihren Schwanz an einer Bruchstelle abwerfen. Die Jungen werden lebend in einer Eihülle geboren (▷ B 1), die gleich nach der Geburt zerreißt. Nur deshalb können sich die Blindschleichen übrigens weit bis nach Norden verbreiten. Eier würden in diesen kalten Regionen nicht genügend Wärme bekommen.

▶ Die Blindschleiche ist keine Schlange, sondern ist mit den Eidechsen verwandt.

Die bis zu 45 cm langen Blindschleichen leben in unterholzreichen Wäldern, auf Wiesen und in Parkanlagen. Besonders abends nach einem Regenschauer kannst du sie auf Waldwegen beobachten. Sie ernähren sich vorwiegend von Regenwürmern und Nacktschnecken, die sie mit ihren spitzen Zähnen packen.

Im Spätherbst fallen die Blindschleichen wie die anderen einheimischen Kriechtiere in **Winterstarre**. Zu mehreren ziehen sie sich dann in Erdlöcher zurück, wo sie gemeinsam die kalte Jahreszeit überstehen.

Die Blindschleiche ist nicht blind, sondern kann gut sehen. Allerdings „schleicht" sie wie eine Schlange dahin. Im Mittelalter hieß sie „Plintslicho" (Blendschleicher). Ihre Haut glänzt bronzefarben wie ein Mineral, das man heute noch „Blende" nennt.

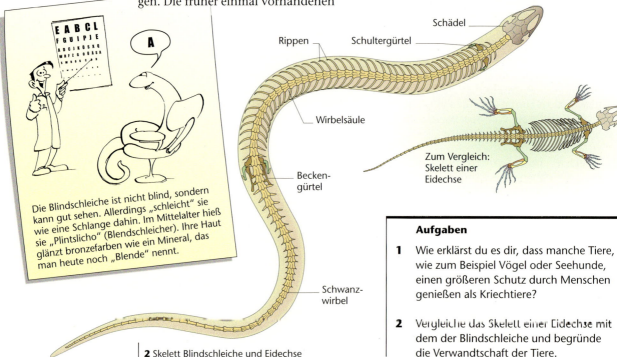

2 Skelett Blindschleiche und Eidechse

Aufgaben

1 Wie erklärst du es dir, dass manche Tiere, wie zum Beispiel Vögel oder Seehunde, einen größeren Schutz durch Menschen genießen als Kriechtiere?

2 Vergleiche das Skelett einer Eidechse mit dem der Blindschleiche und begründe die Verwandtschaft der Tiere.

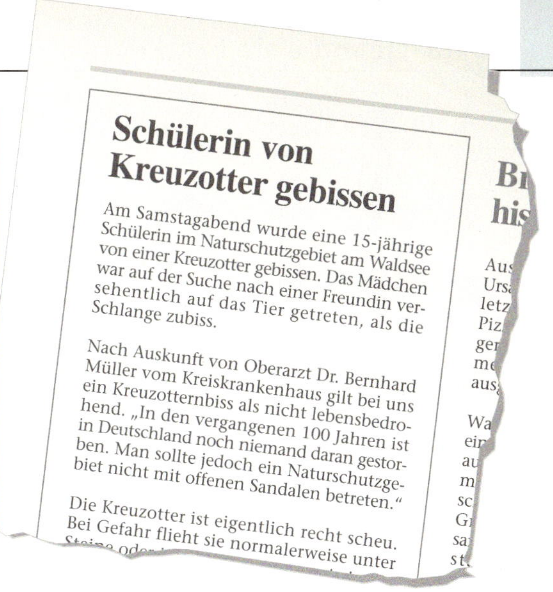

Schülerin von Kreuzotter gebissen

Am Samstagabend wurde eine 15-jährige Schülerin im Naturschutzgebiet am Waldsee von einer Kreuzotter gebissen. Das Mädchen war auf der Suche nach einer Freundin versehentlich auf das Tier getreten, als die Schlange zubiss.

Nach Auskunft von Oberarzt Dr. Bernhard Müller vom Kreiskrankenhaus gilt bei uns ein Kreuzotternbiss als nicht lebensbedrohend. „In den vergangenen 100 Jahren ist in Deutschland noch niemand daran gestorben. Man sollte jedoch ein Naturschutzgebiet nicht mit offenen Sandalen betreten."

Die Kreuzotter ist eigentlich recht scheu. Bei Gefahr flieht sie normalerweise unter

1 Die Kreuzotter hat ein schwarzes Kreuz auf dem Kopf.

2 Bauchschuppen

Kreuzottern – kein Grund zur Panik

Die Maus entkommt nicht. Blitzschnell bohren sich die Giftzähne der Schlange in die Beute. Das Gift wirkt sofort. Nach wenigen Sekunden bleibt die Maus gelähmt liegen, wird von der Schlange züngelnd aufgespürt und im Ganzen verschlungen.

Die Kreuzotter (▷ B 1) ist eine der wenigen Giftschlangen in Europa. Sie lebt in Mooren, Heidegebieten und an Waldrändern. Zu ihrer Beute zählen Mäuse, Frösche und Eidechsen. Die beiden langen **Giftzähne** befinden sich vorn im Oberkiefer und sind bei geschlossenem Maul nach hinten geklappt. Beim Öffnen werden sie mithilfe eines Gelenks aufgerichtet (▷ B 4). Durch die Zähne zieht sich ein Giftkanal, der mit einer Giftdrüse im Kopf verbunden ist.

Schlangen bewegen sich schlängelnd voran. Dabei spreizen sie die Bauchschuppen (▷ B 2) ab und bieten dadurch dem Boden einen Widerstand. Verkürzen sich die Muskeln zwischen den Rippen und der Haut, so richten sich die dort liegenden Schuppen ein wenig auf.

Kreuzottern sind selten geworden, weil ihre Lebensräume – Moore, Heiden und lichte Wälder – zurückgegangen sind. Inzwischen stehen die Tiere unter Schutz.

Kreuzottern beißen nur zu, wenn sie sich bedroht fühlen. Feste Schuhe und lange Hosen bieten genügend Schutz. Kreuzottern ziehen sich bei geringsten Bodenerschütterungen in ein Versteck zurück, sodass Menschen nur sehr selten gebissen werden.

Die Kreuzotter ist eine Giftschlange, die ihre Beute durch einen Biss mit den beiden Giftzähnen lähmt.

Die Schlange mit dem gelben Halbmond

Ringelnattern (▷ B 3) haben keine Giftzähne. Sie besiedeln Feuchtgebiete in ganz Europa. Als ausgezeichnete Schwimmer ernähren sie sich vorwiegend von Fröschen, Molchen und kleinen Fischen. Wird die Ringelnatter angegriffen, gibt sie durch eine Stinkdrüse eine übelriechende Flüssigkeit ab. Für uns Menschen ist die Ringelnatter völlig ungefährlich. Du kannst sie an dem gelben Halbmond am Kopf leicht erkennen.

Die Ringelnatter ist eine ungiftige Schlange, die in der Nähe von Gewässern lebt.

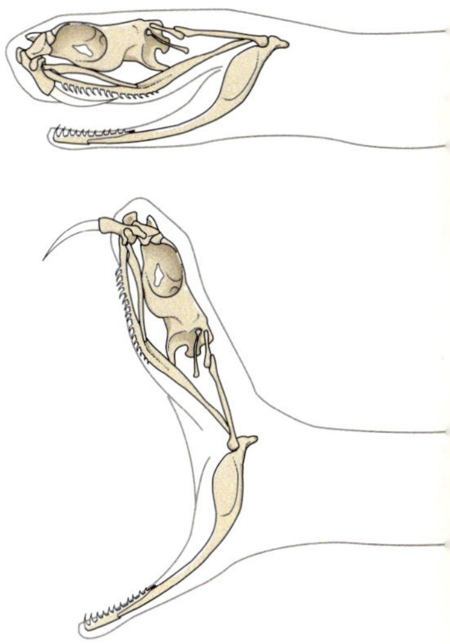

4 Schädel einer Kreuzotter

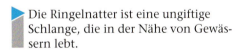

3 Ringelnatter

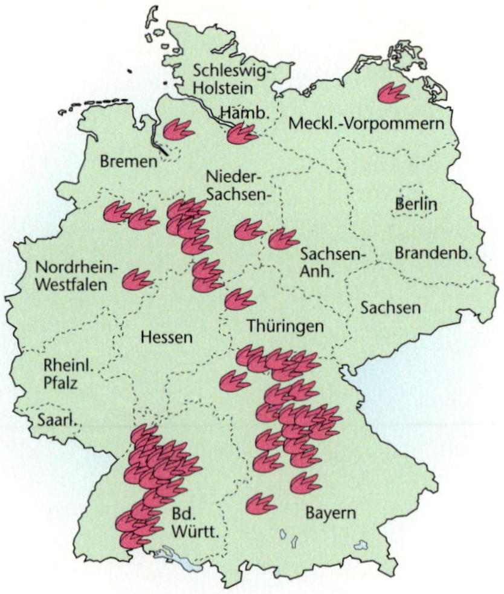

1 Fundorte von Saurierskeletten und -spuren in Deutschland

2 Saurierfährten bei Bad Essen

„Sind die Saurier da hochgelaufen?“, fragt ein Schüler staunend den Lehrer, der gerade an einer Steilwand im Wiehengebirge bei Bad Essen versteinerte Dinosaurierfährten (▷ B 2) erklärt. Allgemeines Gelächter ist die Folge.

Einige der im Wiehengebirge gefundenen Saurierfährten stammen wahrscheinlich von 10–15 m langen Pflanzenfressern, die in Herden durch flaches Wasser zogen. Im feuchten Uferschlamm hinterließen sie tiefe Fußabdrücke, die mit Sand überweht wurden und sich im Laufe der Jahrmillionen zu Stein verfestigten. Als sich später durch Kräfte aus dem Erdinneren das Wiehengebirge langsam auffaltete, wurden die ehemals waagerechten Gesteinsplatten schräg emporgekippt (▷ B 3).

Dinosaurier sind Kriechtiere, die vor rund 220–65 Millionen Jahren auf der Erde lebten. Von anderen Kriechtieren unterscheiden sie sich vor allem durch die Stellung ihrer Beine. Wie Elefanten standen sie auf säulenartigen Beinen, während zum Beispiel Krokodile oder Eidechsen seitlich abstehende Beine besitzen.

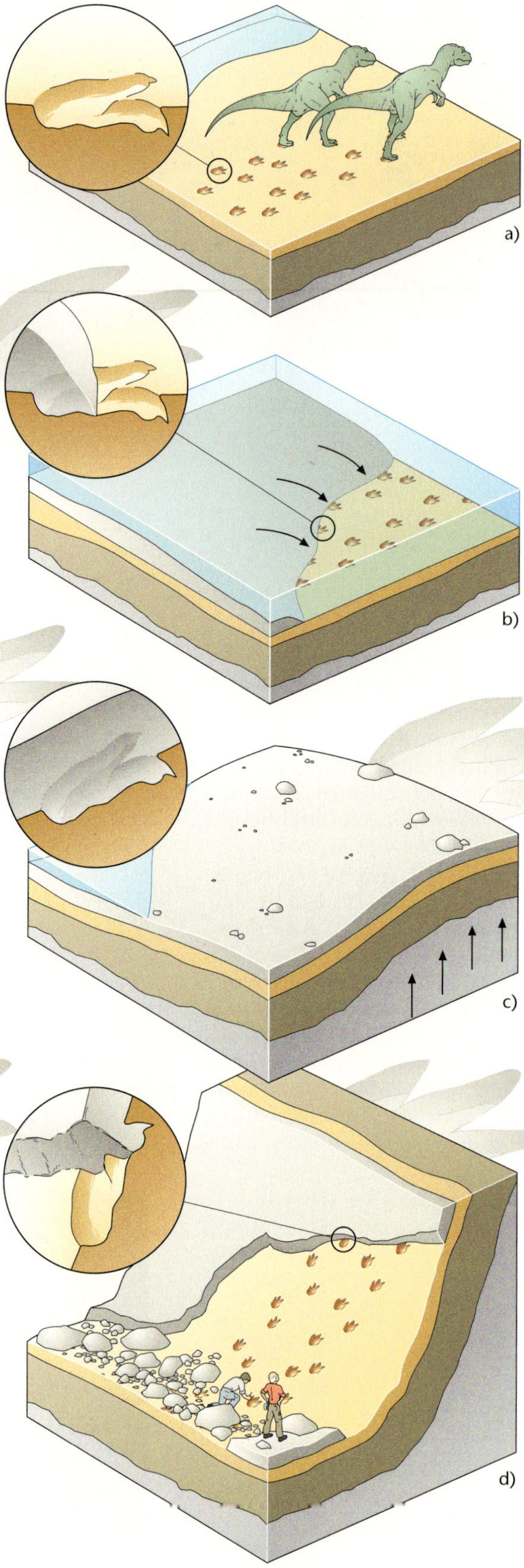

3 Entstehung von Saurierfährten

Zeitreise zu den Sauriern der Jurazeit

Wie sah es in der Jurazeit vor 145 Millionen Jahren auf der Erde aus?
Wir gehen mit einem mausgroßen Säugetier aus der Jurazeit auf eine Zeitreise:

„Wie Donnern kommt es mir vor, wenn eine Herde von Apatosauriern vorbeizieht. Mit 21 m Körperlänge und einem Gewicht von 30 t gehören sie zu den größten Sauriern. Zum Glück fressen sie nur Pflanzen. Meist stapfen sie durch tiefes Wasser, so kommen die massigen Tiere besser vorwärts. Manchmal gehen sie auch an Land, um neue Weidegebiete zu suchen. Plötzlich wird die Herde unruhig, zwei Allosaurier sind aufgetaucht. Trotz ihrer Körperlänge von 10 m sind es schnelle und gefährliche Raubsaurier. An Land holen sie jeden Apatosaurier ein. Heute haben sie Pech. Die Apatosaurier verschwinden im Wasser. Bevor die Allosaurier auf die Idee kommen, mich zu fressen, verschwinde ich schnell in meinem Bau.
Aber zum Glück haben sie am Waldrand einen weidenden Stegosaurier entdeckt. Als dieser die Angreifer bemerkt, geht er sofort in Abwehrhaltung. Dabei wölbt er bedrohlich seinen Rücken, der mit schweren Knochenplatten besetzt ist. Die hungrigen Allosaurier lassen sich aber nicht beeindrucken und greifen an. Doch der Stegosaurier wehrt sich: Mit seinem Schwanz, an dem dolchartige Stacheln sitzen, teilt er mehrere heftige Hiebe aus. Wieder Pech für die Raubsaurier!

Ein anderer hat mehr Jagdglück gehabt: Der schnelle Ornitholestes hat einen jungen Camptosaurus erwischt, der sich zu weit von seiner Herde entfernt hatte. Vor den ausgewachsenen etwa 9 m langen Pflanzenfressern muss der nur 1,80 m große Ornitholestes sich in Acht nehmen.

Am Meeresstrand darf ich mich nicht sehen lassen. Dort wimmelt es vor Sauriern. Ein Ichthyosaurier taucht ab und zu bei der Jagd nach Fischen aus dem Wasser auf. In der Luft kreisen Flugsaurier, die mich auf keinen Fall entdecken dürfen.

Über mir auf dem Baum sitzt ein Archaeopterix, der sieht irgendwie seltsam aus, sein Körper ist ganz mit Federn bedeckt …“

Laufen – Schwimmen – Fliegen bei Sauriern

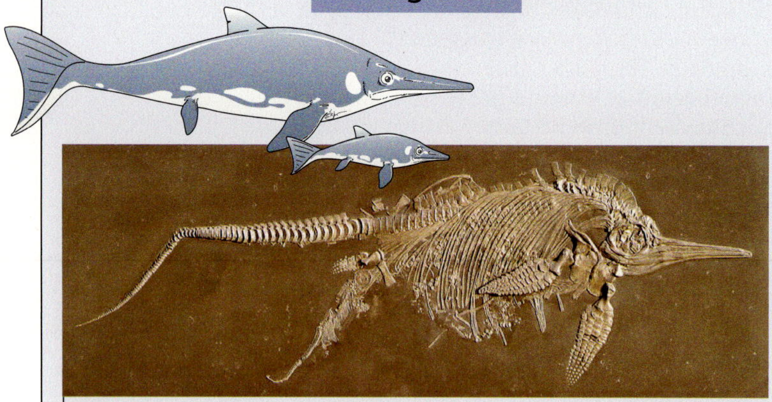

1 Skelett eines Ichthyosauriers mit Jungtier

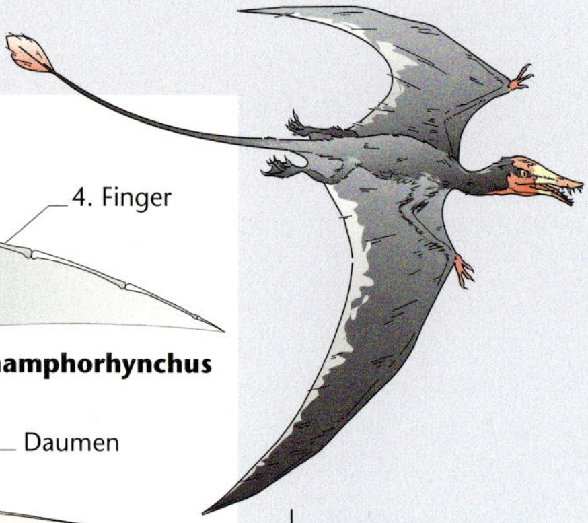

2 Rhamphorhynchus

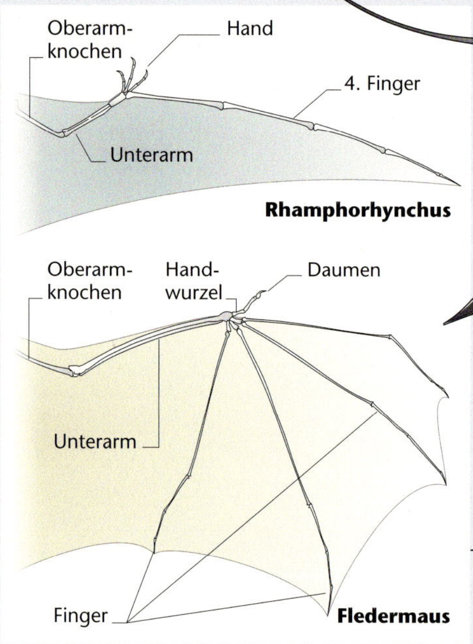

3 Armskelett von Flugsaurier und Fledermaus

Ichthyosaurier, auch Fischsaurier genannt, lebten im offenen Meer. Sie erreichten eine Körperlänge von 1,5 bis 4,5 m. Der **Leptopterygius** wurde sogar bis 12 m lang. Fischsaurier waren ausgezeichnete Schwimmer, die trotz Lungenatmung sehr tief tauchen konnten.
Da sie keine Beine hatten, konnten sie nicht an Land gehen, um Eier abzulegen. Wahrscheinlich brachten die Tiere lebende Junge im Wasser zur Welt. Man fand Skelette von weiblichen Tieren mit voll entwickelten Jungtieren im Leib (▷ B 1).

Der **Rhamphorhynchus** muss mit seiner Flügelspannweite von rund 80 cm wie ein Albatros über das Meer der Jurazeit gesegelt sein. Der Saurier hatte keine Federn, sondern eine Flughaut wie Fledermäuse. Während die Fledermäuse ihre Flughaut mit allen Fingern spannen, war bei Rhamphorynchus hierfür nur der 4. Finger vorgesehen (▷ B 2 auf 3). Er hatte scharfe Zähne, mit denen er gut Fische erbeuten konnte.

Der **Tyrannosaurus** war wohl das größte Raubtier, das je auf der Erde gelebt hat. Mit 15 m Körperlänge und einer Kopfhöhe von 6 m wirkte er furchterregend. Die Vordergliedmaßen waren ziemlich kurz, mit den kräftigen Hinterbeinen muss das Tier jedoch schnell gelaufen sein. Dabei richtete es den Schwanz auf, um das enorme Körpergewicht auszubalancieren. Der massige Schädel war mit dolchartigen Zähnen ausgerüstet, die sich fest in jedes Beutetier verbeißen oder auch Aas zerlegen konnten.

Der **Triceratops** tauchte erst am Ende der Saurierzeit auf. Er lebte im heutigen Nordamerika und war ein Pflanzenfresser. Zwei große Hörner befanden sich hinter den Augen, ein kleineres Horn vorn über der Nase. Wenn dieser Saurier mit seinen 10 m Körperlänge und einem Gewicht von 9 t mit 50 km/h auf einen Angreifer zurannte, dürfte das selbst für den Tyrannosaurus das Ende bedeutet haben.

4 Tyrannosaurus (li) und Triceratops (re)

Vielfalt der Reptilien

Die heutigen Reptilien oder Kriechtiere leben überwiegend in tropischen und subtropischen Ländern. Schlangen, Schildkröten und Krokodile sind die bekanntesten Gruppen. Obwohl sie sehr unterschiedlich aussehen, haben doch alle einige typische Gemeinsamkeiten, die sie von anderen Tieren unterscheiden.

Haut
Reptilien tragen ein Schuppenkleid oder einen Panzer. Den Schlangen helfen die Schuppen bei der Fortbewegung (▷ B 1). Schuppen und Panzer schützen den Körper vor Verletzungen.

Körpertemperatur
Reptilien sind wechselwarme Tiere. Ihre Körpertemperatur wird von der Umgebungstemperatur bestimmt. In winterkalten Gebieten fallen Reptilien in eine Winterstarre (▷ B 2).

Atmung
Die undurchlässige Haut der Reptilien lässt Hautatmung nicht zu. Deshalb sind die Tiere auf Lungenatmung angewiesen (▷ B 3).

Fortpflanzung
Reptilien schlüpfen aus Eiern. Ihre Fortpflanzung ist vom Wasser unabhängig. Sie machen kein Larvenstadium durch.

Fortbewegung
Kriechtiere besitzen seitlich vom Körper abstehende Beine. Dadurch ergibt sich ihr kriechender Gang. Haben sich die Beine wie bei Schlangen und Blindschleichen mehr oder weniger zurückgebildet, schlängeln sich die Tiere voran.

Vorfahren
Die Vorfahren der heutigen Reptilien waren Saurier, die in der Jurazeit vor rund 145 Millionen Jahren die Tierwelt der Erde beherrschten.

1 Bauchschuppen

2 Überwinternde Eidechsen

3 Schildkröte schnappt an der Wasseroberfläche nach Luft.

4 Schlüpfende Krokodile

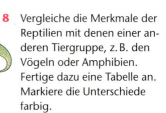

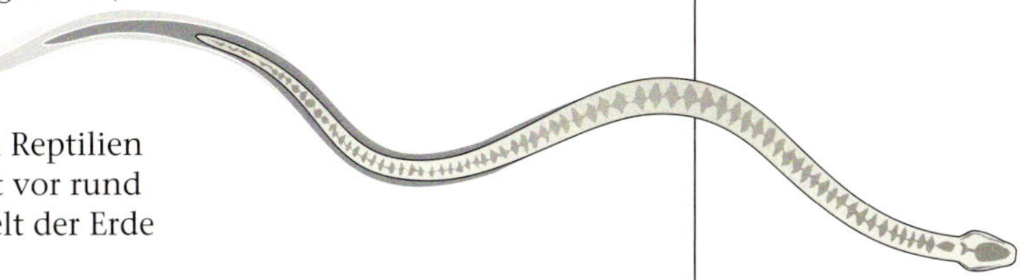

5 Plateosaurier

Aufgaben

1 Warum gehören Saurier zu den Kriechtieren? Begründe.

2 Forme aus Knetgummi das Modell eines Dinosauriers. Nimm dabei die Abbildungen im Buch als Vorlagen. Wenn du verschiedene Saurier modellierst, kannst du eine Lebensgemeinschaft darstellen.

3 Begründe, warum es in tropischen Ländern wesentlich mehr Kriechtierarten gibt als bei uns.

4 Überprüfe bei einem Zoobesuch, ob alle Kriechtiere ein Schuppenkleid tragen. Zeichne einen Hautausschnitt oder schneide aus dem Zooprospekt passende Bilder aus.

5 Manche Kriechtierarten in nördlichen Ländern behalten die Eier bis zum Schlüpfen der Jungtiere in ihrem Körper. Begründe, warum das für die Tiere von Vorteil ist!

6 Warum können Kriechtiere nicht wie Lurche über die Haut atmen?

7 Lege ein Kistenmuseum an: In flachen Apfelsinenkisten kannst du Bilder, Fotos, Fundstücke von Reptilien und Amphibien unterbringen und ausstellen.

8 Vergleiche die Merkmale der Reptilien mit denen einer anderen Tiergruppe, z. B. den Vögeln oder Amphibien. Fertige dazu eine Tabelle an. Markiere die Unterschiede farbig.

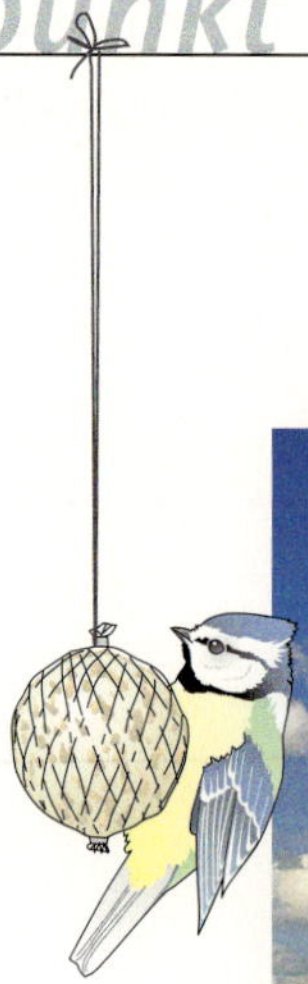

Vögel
– Beherrscher der Luft

Fliegen wie ein Vogel – das würden wir alle gern können. Immer wieder haben Menschen versucht, sich mit künstlichen Flügeln in die Lüfte zu erheben. Warum das nie richtig geklappt hat? Diese Frage wirst du bald selbst beantworten können.

Wie kaum eine andere Tiergruppe haben die Vögel nahezu alle Lebensräume für sich erobert. Du kannst sie mitten in der Großstadt, am Meer, im Wald und im Hochgebirge treffen. Dabei fällt auf, dass einzelne Vogelarten, wie zum Beispiel die Amsel, an vielen Orten vorkommen. Andere, wie den Buntspecht, findest du aber nur an ganz bestimmten Stellen.

Das Verhalten der Vögel zu beobachten macht Spaß. Du brauchst die Tiere nicht lange zu suchen. Es gibt kaum einen Garten oder eine Grünanlage, in der nicht im Frühjahr eine Amsel ihren Brutplatz hat oder eine Bachstelze auf dem Rasen kleine Insekten jagt. Wenn du dir ein wenig Zeit nimmst und die Tiere aus einiger Entfernung beobachtest, so werden sie dir schnell vertraut. Nach wenigen Tagen erkennst du einzelne Arten wieder. Dann kannst du dir ihren Namen und vielleicht sogar ihren Gesang merken.

Bei deinen „Forschungen" sind Fernglas und Notizblock nützliche Hilfsmittel. Über das Internet erfährst du etwas von anderen Vogelkennern und bekommst Bilder von Vogelarten aus aller Welt.

Aufgaben

1 Welche der abgebildeten Vogelarten kannst du in der Umgebung deiner Wohnung entdecken?

2 Fertige von zwei beobachteten Vögeln Kurzbeschreibungen an. Darin könnten Angaben über Größe, äußere Merkmale, Gesang, Nahrung, Lebensraum und Brutzeit enthalten sein.

Warum können Vögel fliegen?

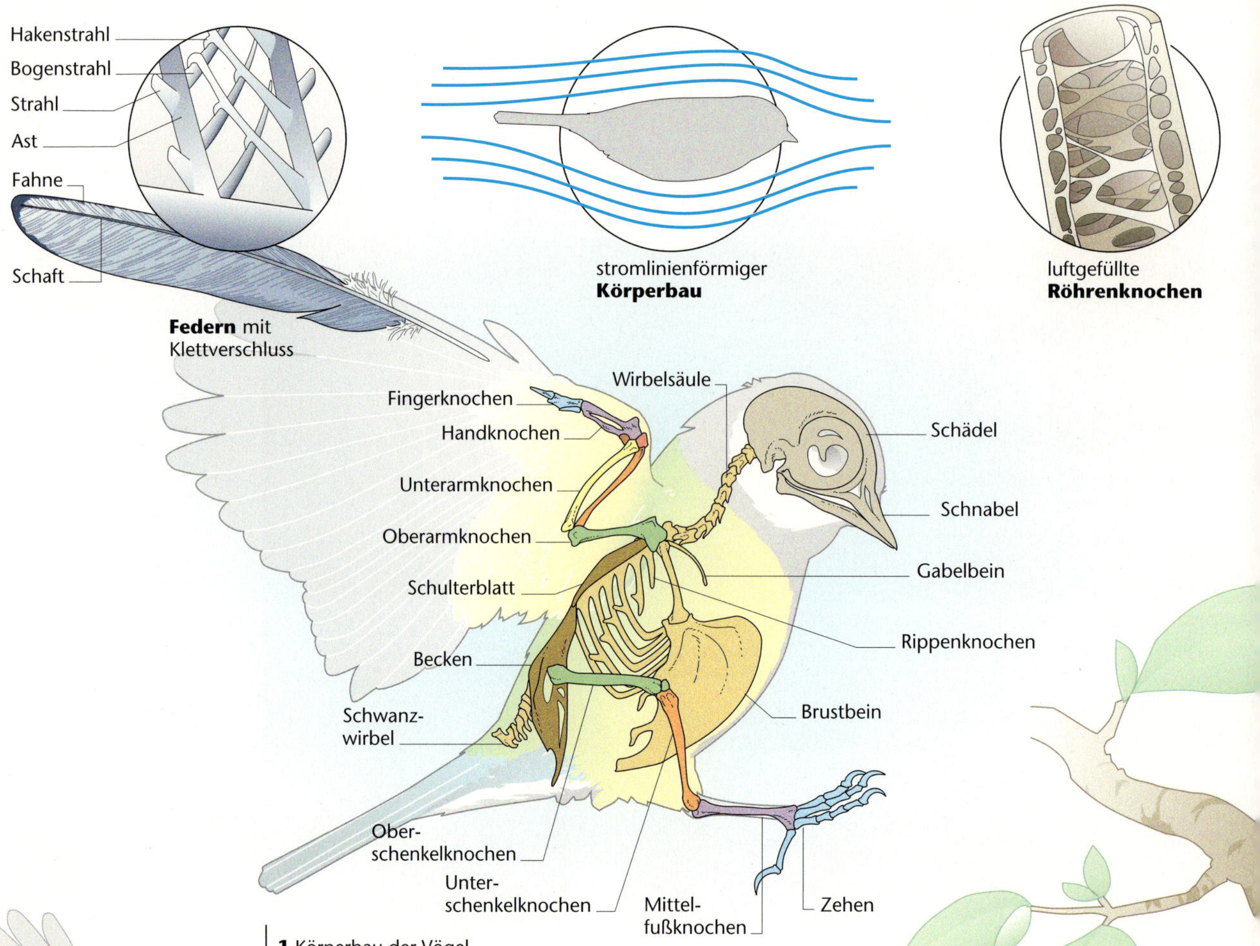

1 Körperbau der Vögel

2 Luftsäcke unterstützen die Atmung.

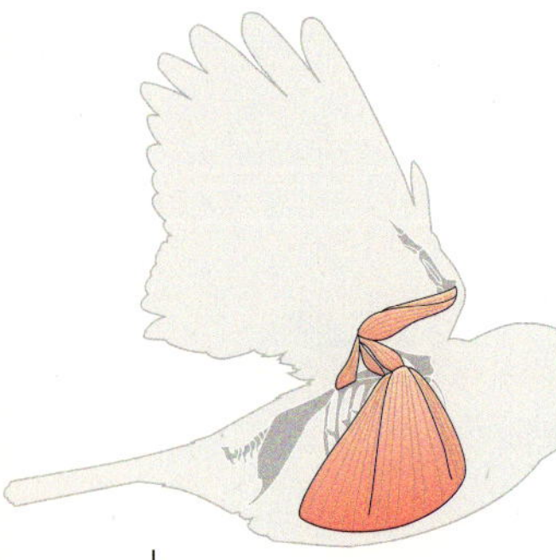

3 Die Flugmuskeln sind kräftig und ausdauernd.

Der Traum vom Fliegen

Eine Kohlmeise fliegt mit breit gefächertem Schwanz und weit ausgebreiteten Flügeln am Fenster vorbei. Mit lang gestreckten Beinen und gespreizten Zehen steuert sie auf einen Ast zu. Die vier Zehen umschließen den Zweig, der Vogelkörper sackt zusammen, die Flügel werden angelegt – eine perfekte Landung.

Das scheint ganz einfach zu sein und hat die Menschen schon immer begeistert. Manche versuchten, sich mit künstlichen Flügeln in die Luft zu erheben. ALBRECHT BERBLINGER (1770–1829), der berühmt gewordene Schneider von Ulm, ist daran ebenso gescheitert wie viele andere auch. Es genügt also nicht, Flügel anzuschnallen. Unser Körper ist einfach nicht zum Fliegen geschaffen. Wir sind zu schwer und die Kraft der Armmuskeln reicht nicht aus.

Federleicht

Das Körpergewicht der Vögel ist vergleichsweise gering. So wiegt eine Taube nur halb so viel wie ein gleich großer Igel. Ein Grund dafür sind die mit Luft gefüllten Röhrenknochen (▷ B 1) der Vögel. Diese sind bei Säugetieren mit Mark gefüllt.

Im Körper befinden sich **Luftsäcke** (▷ B 2), die mit der Lunge in Verbindung stehen. So können Vögel doppelt so viel Luft aufnehmen wie ein vergleichbares Säugetier. Die große Flügelfläche verhindert ein schnelles Absinken. Kräftige Flügelschläge drücken den Körper gegen die Luft nach oben und nach vorn.

Dass Fahrzeuge mit einer **Stromlinienform** (▷ B 1) weniger Benzin und damit weniger Energie verbrauchen als andere, haben Autohersteller inzwischen erkannt. Der Vogelkörper macht es vor: Auch er ist stromlinienförmig gebaut, sodass die Tiere bei geringem Energieverbrauch hohe Fluggeschwindigkeiten erreichen können.

Während des Fliegens wirken durch die auf- und abschlagenden Flügel ganz erhebliche Kräfte auf den Körper des Vogels. Die Flugmuskeln benötigen deshalb bei ihrer schweren Arbeit einen festen Halt. Die zusammengewachsenen Brust- und Lendenwirbel und die Knochen des Brustkorbes bilden trotz der „**Leichtbauweise**“ der Knochen ein starres und stabiles Gerüst.

Das geringe Körpergewicht, die Stromlinienform und die kräftige Flugmuskulatur ermöglichen den Vogelflug.

Federn halten warm
Ein bitterkalter Wintertag. Das Amselmännchen sitzt in einem kahlen Fliederstrauch und plustert sein Gefieder auf. Es vergrößert die isolierende Luftschicht zwischen seinen **Daunenfedern**, die den ganzen Körper bedecken. Es tut damit etwas Ähnliches wie wir, wenn wir einen Pullover unter einer Jacke anziehen. So schützt sich der Vogel mit seiner „Unterwäsche“, den Daunenfedern, gegen Wärmeverlust. Diese Eigenschaft machen wir uns übrigens bei Federbetten zunutze. Vögel sind wie wir **gleichwarme Lebewesen**, deren Körper stets die gleiche Temperatur aufweist.

Die „Oberbekleidung“ der Vögel besteht aus den **Deckfedern**, die den Vogelkörper dachziegelartig einhüllen. So schützen sie die Daunenfedern vor Nässe und Wind und geben dem Vogelkörper seine stromlinienförmige Gestalt.

Die schnellsten Flieger, z. B. Baumfalken, besitzen sehr harte Gefiederflächen. Deshalb werden diese Vögel von der Luftströmung nur wenig gebremst.

Die beiden übrigen Federtypen haben ganz besondere Aufgaben. Die **Schwungfedern** bilden die Tragflächen. Mit den **Schwanzfedern** kann der Vogel während des Fluges steuern und bei der Landung abbremsen.

Federn schützen vor Kälte und sind eine wichtige Voraussetzung für den Vogelflug.

Wie sind Federn gebaut?
Die einzelne Feder ist ein Meisterwerk der Natur (▷ B 1). Sie besteht aus einem langen Röhrchen, das zur Spitze hin immer dünner wird. Das ist der **Federkiel**, von dem seitlich zahlreiche Seitenäste abzweigen. Im oberen Teil des Federkiels, dem **Schaft**, befinden sich lufthaltige Zellen, die zum geringen Gewicht der Feder beitragen. Der untere Teil, auch **Spule** genannt, ist hohl. Mit der Spule ist die Feder in der Haut des Vogels befestigt.
Vom Schaft laufen zu beiden Seiten kleine Äste, die aneinander zu kleben scheinen.

Erst die Lupe enthüllt das Geheimnis zweier benachbarter Äste. Von dem oberen Ast laufen winzige bogenförmige Strahlen nach unten. In diese greifen zahllose kleine Häkchen, die an Strahlen des unteren Astes sitzen. Wie ein Klettverschluss greifen Haken- und Bogenstrahlen ineinander und bilden die geschlossene **Fahne** (▷ B 1). Dort kommt keine Luft hindurch.

Der weiteste Flug
Küstenseeschwalben fliegen 18 000 km bis ins Winterquartier (Australien).
Das leistungsfähigste Herz
Das Herz der Schwarzkopfmeise schlägt mit 1000 Schlägen/min.
Die größte Flughöhe
Nonnenkraniche in Sibirien fliegen auf Wanderzügen in 6 000 m Höhe.
Die größte Flügelspannweite
Der Wanderalbatros besitzt 4,20 m Spannweite.
Der schnellste Falke
Der Wanderfalke erreicht im Sturzflug 350 km/h.

4 Olympiade der Vögel

Aufgaben

1 Begründe, warum das tägliche Aufschütteln von Federbetten wichtig ist.

2 Erkläre, warum ein Fasan ein weicheres Deckgefieder besitzt als ein Habicht.

Versuche

1 Versuche, eine brennende Kerze durch eine Schwungfeder hindurch auszublasen.

2 Untersuche den Aufbau einer Vogelfeder mit der Lupe. Ziehe dabei vorsichtig die Äste der Feder auseinander und zeichne die Haken- und Bogenstrahlen.

Flugarten

Wie ein Segelflugzeug segelt am Himmel ein Mäusebussard vorüber. Seine Flügel bewegt er dabei kaum. Die aufsteigende warme Luft trägt ihn immer wieder nach oben, sodass er nicht an Höhe verliert. Seine Flügel sind nach vorn gewölbt. Wenn die Luft daran vorbeiströmt, entsteht zusätzlich ein Sog nach oben. So ist es zu erklären, dass Vögel im **Segelflug** (▷ B 1) mit geringem Kraftaufwand oft stundenlang in der Luft bleiben können.

1 Auch Möwen kann man beim Segelflug beobachten.

Kurz vor der Landung gleitet der Bussard aus geringer Höhe auf einen Maulwurfshaufen zu. Mit einigen Flügelschlägen bremst er ab und setzt mit vorgestreckten Beinen auf. Beim **Gleitflug** (▷ B 2) verliert der Mäusebussard nur langsam an Höhe. Der schwerere Adler sinkt dagegen wesentlich schneller zu Boden.

Am häufigsten ist jedoch der **Ruderflug** (▷ B 3) zu beobachten. Dabei schlagen die Vögel ihre Flügel schnell auf und nieder und halten sich dadurch in der Luft. Mit dieser Technik sind die Tiere von Luftströmungen völlig unabhängig.

2 Gleitflug

3 Ruderflug

Werkstatt

Versuche zum Fliegen

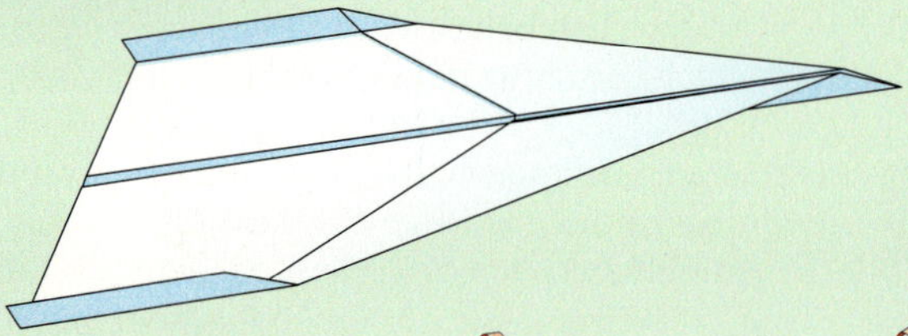

1 Wir falten einen Papierflieger

Falte mehrere Flieger mit unterschiedlicher Flügelgröße. Starte die „Vögel" der Reihe nach und miss Länge und Dauer des Gleitfluges. Fasse die Ergebnisse in einer Tabelle zusammen und versuche zu erklären.

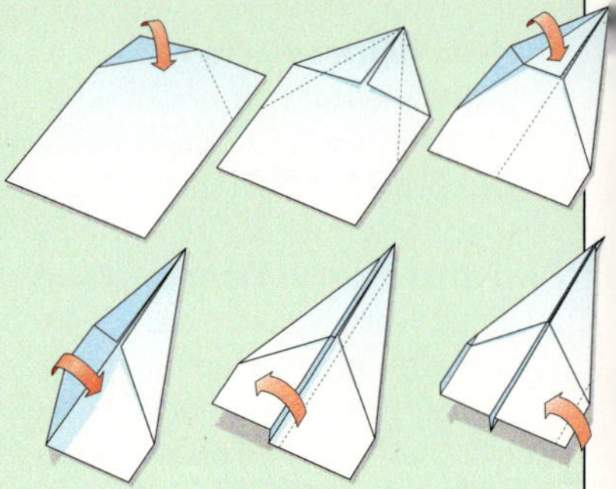

1 Bastelanleitung für einen Papiervogel

2 Was bewirkt warme Luft beim Fliegen?

Material

Glasrohr, Stativ, Kerze, Feuerzeug, Daunenfeder, Pinzette

Durchführung

Spanne ein Glasrohr senkrecht an einem Stativ ein und stelle eine brennende Kerze darunter. Bringe jetzt mithilfe einer Pinzette eine Daunenfeder oberhalb der Flamme ins Glasrohr und beobachte. Was bedeutet das Ergebnis für den Vogelflug?

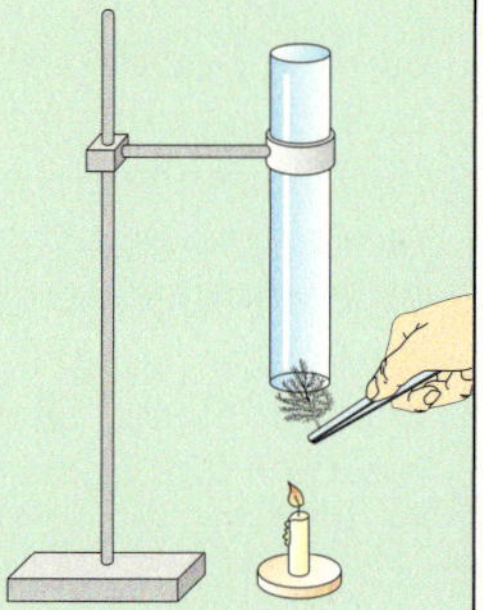

3 Die Flügel beim Fliegen

a) Zwei feste DIN A4-Papierbögen werden in der Mitte gefaltet. Nimm den ersten Bogen und klemme ihn mit der unteren Hälfte in ein Buch und puste den Bogen von vorne an. Achte darauf, dass die nach hinten zeigende Papierhälfte nicht gewölbt ist.

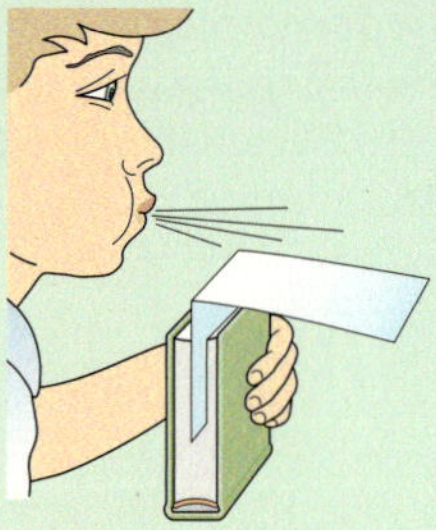

b) Lege nun den zweiten Bogen zwischen das Buch und gib der aus dem Buch schauenden Hälfte eine deutliche Wölbung nach unten. Puste jetzt wie vorher gegen den Bogen. Beschreibe den Unterschied! Was bedeutet dies für den Vogelflügel?

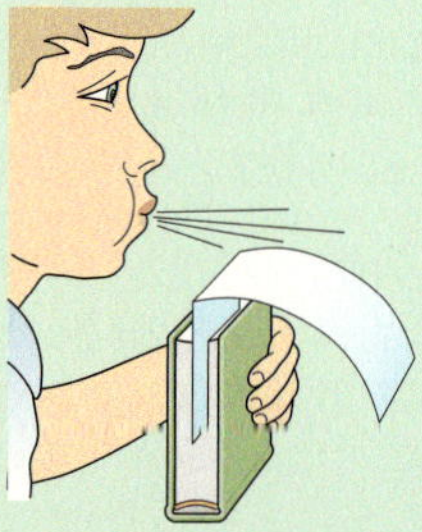

Strategie

Clever suchen im Internet

Das **Internet** hat eine Menge zu bieten: Im **WWW** (World Wide Web) z. B. findest du auch sehr aktuelles Wissen. Stelle es dir vor wie eine **riesige Bibliothek**, die 24 Stunden am Tag geöffnet hat. Mehr als eine Milliarde Webseiten gibt es schon – eine unvorstellbare Menge an Informationen, die du z. B. für deine Hausaufgaben oder ein Referat nutzen kannst. Sich in diesem gigantischen Angebot zurechtzufinden, ist nicht ganz einfach. Dafür gibt es im Internet findige Helfer: die **Suchmaschinen**. Sie führen dich durch das Labyrinth der zahllosen Webseiten.

Überlege dir zuerst einen **sinnvollen Suchbegriff**, z. B. „Turmfalke". Wenn du feststellst, dass deine Suchabfrage eine zu große Zahl an gefundenen Seiten ergibt, musst du genauer fragen. Verknüpfe dazu zwei Begriffe mit „AND" oder „+", z. B. „Turmfalke AND Nistplatz". Das schränkt die Treffermenge deutlich ein. Die Suche verläuft bei jeder Suchmaschine etwas anders. Wie du genau vorgehen musst, wird in der Suchmaschine erklärt.

Hast du deine Informationen gefunden, denk daran: nicht alles, was im Internet steht, ist richtig. Manche Webseiten dienen nur zur Werbung oder sind politisch geprägt. Wichtig ist, dass du mehrere Trefferergebnisse anschaust. Die Reihenfolge der Treffer sagt dabei nichts über die Richtigkeit der Information aus.

E-Mail

Um Informationen zu bekommen, kannst du auch die elektronische Post (E-Mail) nutzen. Das ist ein wichtiger Dienst im Internet. Viele Webseiten bieten die Möglichkeit, per E-Mail Kontakt mit Fachleuten aufzunehmen. Wenn du auf der Webseite selbst die gesuchte Information nicht gefunden hast, kannst du hier eine konkrete Frage stellen.

Webcams

So genannte „**Webcams**", das sind Videokameras, die digitale Bilder übertragen, beobachten z. B. das Nest von Störchen oder Falken. So kannst du jederzeit „life" dabei sein, wenn gebrütet oder gefüttert wird, ohne die Vögel dabei zu stören.

Einen Zoobesuch vorbereiten

Noch vor einigen Jahren konntest du nur die Ausstellungen oder Museen besuchen, die in deiner Nähe lagen. Heute kannst du fast jedem Zoologischen Garten, Vogelpark oder Naturkundemuseum einen „virtuellen Besuch" abstatten – per Mausklick. Mithilfe des Internets kannst du auch einen Ausflug in den Zoo vorbereiten.

Auf virtuelle Reise durch den menschlichen Körper gehen oder Tierfilme anschauen

Sei nicht enttäuscht, wenn die Technik manchmal nicht so funktioniert, wie du möchtest. Das kann an der Ausrüstung deines Computers liegen. Vielleicht fragst du Fachleute.

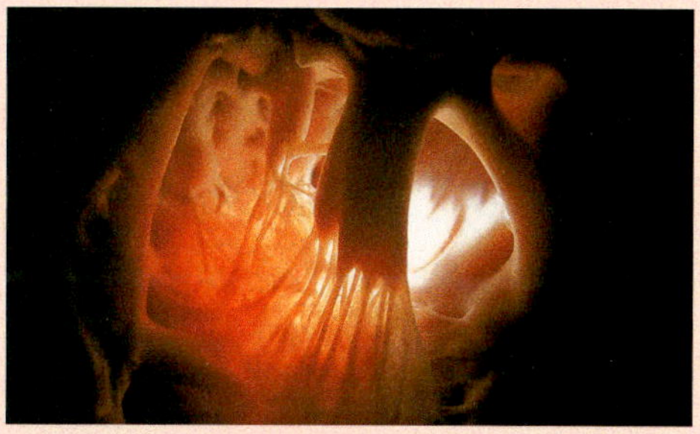

Blick ins Innere des Herzens

Aufgabe

1 Überlegt euch, wie ihr das Internet noch nutzen könnt.

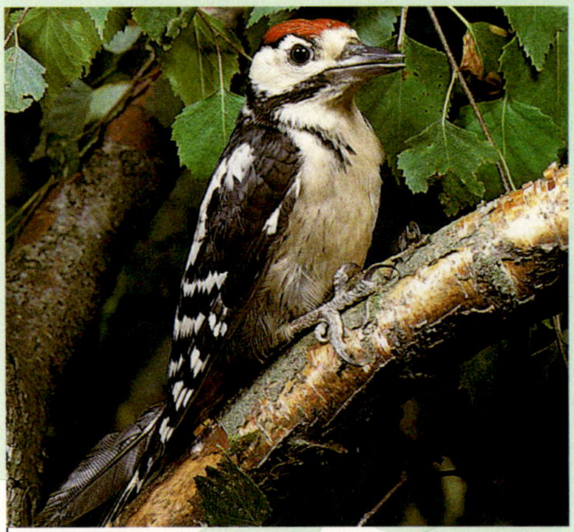

1 Buntspecht

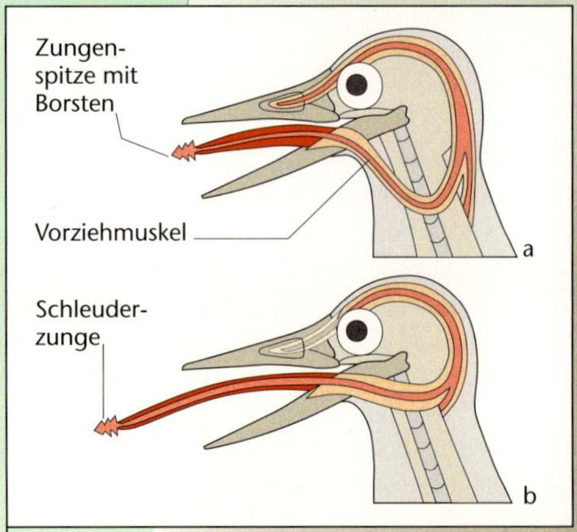

2 So funktioniert die Spechtzunge

Trommelwirbel im Wald

Trommeln verrät den Buntspecht – auch wenn man ihn nicht sieht. Das Trommeln soll Weibchen anlocken und dient gleichzeitig dazu, das Revier abzustecken.
Die Nahrung des Buntspechts besteht aus den Samen von Nadelbäumen, aus Früchten sowie Insekten und deren Larven. Mit seinem **kräftigen Schnabel** meißelt der Buntspecht Äste, Nüsse und Zapfen auf. Man nennt den Schnabel deshalb **Meißelschnabel**. Ohne besondere Stoßdämpfer würde der Vogelschädel die dabei auftretenden Erschütterungen nicht aushalten. Knochenverstärkungen und kräftige Schädelmuskeln federn die harten Schläge ab.

Mit Steigeisen und Harpune unterwegs

Die **lange Zunge** ermöglicht eine besondere Nahrungsaufnahme. Spechte können ihre Zunge weit vorstrecken. Sie ist vorne verhornt und besitzt kleine Borsten, an denen Insekten wie an den Widerhaken einer Harpune hängen bleiben (▷B2). Insekten können so aus feinsten Gängen herausgezogen werden.
Der **Kletterfuß** mit seinen spitzen Krallen ist eine weitere Besonderheit der Spechte. Wie mit Steigeisen können sie damit an Baumstämmen hinaufklettern. Zwei Zehenpaare stehen einander gegenüber (▷B3). Das untere Zehenpaar dient als Stütze, das obere wirkt wie ein Haken. Wenn sie meißeln oder hüpfend abwärts klettern, stützen sich die Spechte mit den festen Federn des **Stützschwanzes** ab (▷B3).

▶ Die lange Zunge, der Meißelschnabel, der Stützschwanz und die Kletterfüße sind Anpassungen der Spechte an ihren Lebensraum.

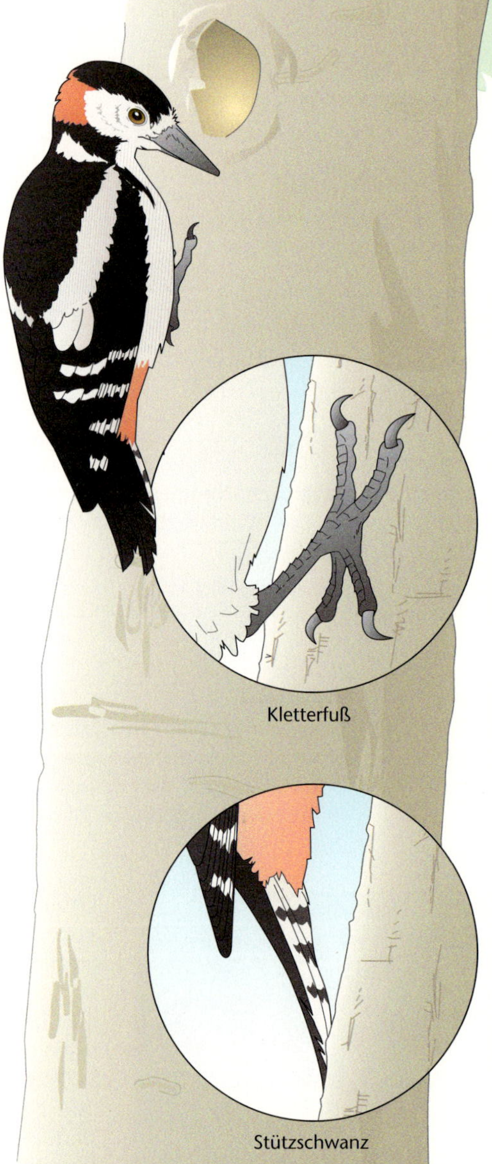

3 Anpassungen an das Leben auf Bäumen

4 Schwarzspecht an der Bruthöhle

5 Spechtschmiede und Spechtspuren

6 Grünspecht

Spuren im Wald

Beim Herumstreifen im Wald kannst du eine Entdeckung machen: An einem Baumstamm liegen dicht verstreut Haselnussschalen oder Nadelholzzapfen. Hier handelt es sich wahrscheinlich um eine **Spechtschmiede.** Besonders im Herbst und im Winter, wenn nicht mehr so viele Insekten zur Verfügung stehen, ernährt sich der Buntspecht von den ölhaltigen Samen der Nadelbäume. Er klemmt die Zapfen oder auch die Haselnüsse fest in eine Baumspalte, die er manchmal selbst zurechtmeißelt. Die Nuss behackt er stets der Länge nach, bis sie aufspringt. Da er die Baumspalte mehrfach benutzt, findet man darunter stets größere „Abfallmengen".

Nachmieter für Spechthöhlen

Buntspechte brüten in Höhlen, die sie selbst in vorwiegend morsche Bäume gemeißelt haben. Hierfür braucht ein Pärchen etwa 2–4 Wochen. Die Eier werden auf den Boden der Bruthöhle abgelegt. Ein Nest bauen die Buntspechte nicht. Beide Eltern brüten abwechselnd. Neben dem Buntspecht kommen bei uns auch der Grünspecht und der Schwarzspecht vor. Den Grünspecht sieht man gelegentlich auch am Boden, da er gerne Ameisen frisst.
Leere Bruthöhlen von Spechten sind wichtige Nistplätze für zahlreiche Waldvögel. Meisen, Stare, Dohlen und viele andere sind auf sie angewiesen.

Spechte sind Höhlenbrüter, deren Wohnungen auch anderen Vogelarten als Nistplatz dienen.

Aufgaben

1 Ist der Buntspecht aus der Sicht des Waldbesitzers ein Schädling? Begründe deine Antwort.

2 Fasse in eigenen Worten zusammen, wodurch Spechte in besonderer Weise an ihre Lebensweise und den Lebensraum angepasst sind.

3 Suche im Internet nach Spechtarten in anderen Ländern und Erdteilen. (Specht = engl. woodpecker)

4 Welche Tierarten könnten als „Nachmieter" in verlassene Spechthöhlen einziehen? Tipp: Nimm ein Bestimmungsbuch für einheimische Tiere zu Hilfe.

Entenfamilie
Die Stockente ist auf unseren Teichen und Seen ein häufiger Wasservogel. Dabei fällt auf, dass die Weibchen mit ihrem braunen Gefieder nicht so bunt gefärbt sind wie die Männchen, die man **Erpel** nennt. Das hat für die Weibchen jedoch einen großen Vorteil: Sie dürfen beim Brüten nicht auffallen, um nicht eine leichte Beute für Greifvögel und andere Feinde zu werden. Der Erpel brütet nicht. Das bunte Gefieder nützt ihm bei seiner Werbung um das Weibchen.

Die Enten bauen ihr Nest an einem trockenen Platz zwischen dichtem Pflanzenbewuchs. Manchmal benutzen Enten auch ein verlassenes Krähennest hoch oben in einem Baum. Bei den Entenweibchen sprießen vor der Fortpflanzungszeit auf der Körperunterseite „Nestdunen“, mit denen das Nest ausgepolstert wird. Verlässt das Weibchen kurz das Nest, deckt es die Eier mit diesen Federn sorgfältig zu. Die Jungen sind **Nestflüchter**, können sofort schwimmen und werden von der Mutter bei der Futtersuche betreut.

Köpfchen unter Wasser ...
An Land watscheln Enten tolpatschig daher. Als Schwimmvögel sind sie aber an ihren Lebensraum sehr gut angepasst (▷ B 1). Zwischen den drei nach vorn gerichteten Zehen besitzen Stockenten **Schwimmhäute.** Diese legen sich zusammen, wenn der Fuß nach vorn bewegt wird und spreizen sich beim Rückwärtsschlag der Füße auseinander. Dadurch wird der **kahnförmige Körper** der Ente voranbewegt. Damit kein Wasser in das Gefieder eindringen kann, werden die Federn stets mit einem Fett der **Bürzeldrüse** eingefettet. Diese Drüse befindet sich an der Schwanzwurzel. Zwischen den Federn liegt ein Luftpolster, das gegen die Kälte isoliert und im Wasser den Auftrieb erhöht.
Stockenten können nicht tauchen. Sie müssen ihre Nahrung durch **Gründeln** (▷ B 1 rechts) suchen. Dabei ragt ihr Hinterteil fast senkrecht aus dem Wasser.
Der **Seihschnabel** ist eine Besonderheit der Entenvögel. Er ist am Schnabelrand mit Hornleisten besetzt. Durch diese wird der vom Grund aufgenommene Schlamm mit der Zunge herausgedrückt. Die Nahrung wird zurückgehalten und sofort geschluckt.

▶ Stockenten sind Schwimmvögel mit besonderen Schwimmfüßen und einem Seihschnabel für die Nahrungssuche im Bodenschlamm.

Aufgabe

1 Beobachte die Stockenten bei
- der Nahrungssuche,
- der Bewegung auf dem Land,
- beim Schwimmen.

1 Anpassungen der Stockente

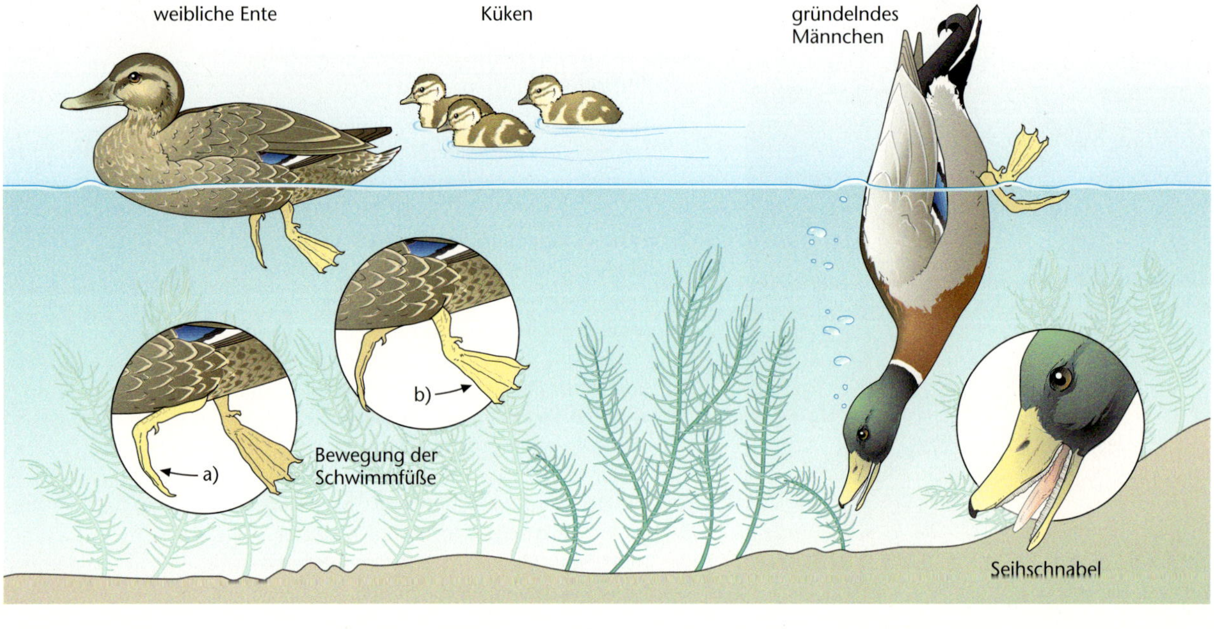

Wasservögel

Der **Haubentaucher** kann bis zu 6 m tief tauchen. Er fängt dabei Fische, Wasserinsekten, Frösche und Kaulquappen, wobei er bis zu einer Minute unter Wasser bleiben kann. Haubentaucher kann man an größeren Seen auch vom Ufer aus beobachten. Ihre Jungen sind gestreift wie Zebras.

Höckerschwäne unterscheiden sich durch ihren schwarzen höckrigen Schnabelgrund von anderen Schwänen. Schwäne fressen Wasserpflanzen. Mithilfe des langen Halses erreichen sie noch Pflanzen in 1,5 m Tiefe.
Kommt man ihrem Nest zu nahe, zischen sie bedrohlich. Damit die bis zu 13 kg schweren Vögel vom Wasser abheben können, brauchen sie eine lange „Startbahn".

Die **Teichralle** ist an ihren grünen Stelzfüßen leicht zu erkennen. Beim Laufen zucken ihre Schwanzfedern. Ihr Nest baut sie meist versteckt in Ufernähe aus Schilf. Ihre Nahrung besteht aus Insekten, Froschlaich und Schnecken, die sie von Schwimmpflanzen aufpickt.

Die **Blässralle** erkennt man leicht an dem weißen Fleck auf der Stirn. Sie besitzt an ihren drei Zehen Schwimmlappen, mit denen sie schnell schwimmen kann. Ihre Nahrung besteht aus Wasserpflanzen und Insekten.

An dem schwarzen Schnabel mit grauer Binde ist die **Tafelente** von der ähnlichen Kolbenente mit ihrem roten Schnabel zu unterscheiden. Beide tauchen nach Nahrung und gründeln nicht. Die Tafelente ernährt sich vor allem von Wasserpflanzen, aber auch von Insekten und Weichtieren. Sie kann bis zu 5 m tief tauchen.

Die **Reiherente** ist kleiner als die Stockente. Sie taucht nach Schnecken, Muscheln und Würmern. Das Nest wird an Land oder in Ufernähe gebaut. Ab Mai legt das Weibchen 5–12 Eier. Um die Jungenaufzucht kümmert sich auch das Männchen.

1 Mäusebussard

2 Mäusebussard bei der Fütterung am Horst

3 Mäusebussard am Kröpfplatz

Diesen Augen entgeht fast nichts
Wie ein Mäusebussard aus eigener Kraft am Himmel zu kreisen und die ganze Welt von oben betrachten zu können – das ist für uns leider ein unerfüllbarer Traum! Verlockend sieht das aus, wenn er im Frühjahr gemeinsam mit dem Weibchen im Balzflug über Wiesen und Feldern seine Kreise zieht und dabei laut „Hiäh" ruft.

Mit etwas Geduld kannst du ihn sogar bei der Jagd beobachten. Von einem Zaunpfahl oder einem anderen hohen Platz aus sucht er die Umgebung ab. Manchmal schlägt er seine Beute aber auch aus dem Segelflug heraus. Dann bleibt er plötzlich mit schnellen Flügelschlägen und breit gefächerten, nach unten gestellten Schwanzfedern rüttelnd in der Luft stehen. Er hat mit seinen **scharfen Augen** offensichtlich ein Beutetier erspäht. Wie ein Stein lässt er sich mit angezogenen Flügeln fallen. Kurz vor dem Boden breitet er die Schwingen aus, wie der Jäger die Flügel nennt, und bremst den Sturzflug ab. Mit den scharfen Krallen seiner **Greiffüße** erfasst er das Beutetier und tötet es durch einen gezielten Nackenbiss mit seinem **Hakenschnabel.**

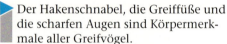

4 Mäusebussard sucht Beute.

Der Hakenschnabel, die Greiffüße und die scharfen Augen sind Körpermerkmale aller Greifvögel.

Was sind eigentlich Gewölle?
Mit der Spitze seines Hakenschnabels zerreißt er die Beute. Dabei wirkt der Schnabel an beiden Seiten wie eine Schere. Die Stücke verschlingt der Mäusebussard mit Haut und Haaren. Im Magen werden das Fleisch und sogar kleinere Knochen von Verdauungssäften zersetzt. Unverdauliche Reste werden als **Gewölle** zusammengeklumpt und ausgewürgt.
Gewölleuntersuchungen zeigen, dass Mäuse die häufigsten Beutetiere des Bussards sind. Ab und zu werden Maulwürfe, Frösche, Eidechsen und verschiedene Vögel erbeutet. Da er als Aasfresser auch verunglückte Tiere frisst, sieht man ihn oft in der Nähe verkehrsreicher Straßen.

Unverdauliche Speisereste speien Bussarde als Gewölle aus.

Nachwuchs
Seinen **Horst**, wie man das Nest der Greifvögel nennt, baut der Mäusebussard im Frühjahr auf einem Waldbaum. Als Grundlage wählt er dickere Zweige, weiter nach oben immer dünnere. Weiche belaubte Zweige bilden die Unterlage für die 2–3 braun gefleckten Eier. Nach rund fünf Wochen Brutzeit schlüpft der erste Jungvogel. Mäusebussarde sind **Nesthocker** (▷ B 2), die von beiden Eltern betreut werden. Das Männchen jagt, und das Weibchen füttert. Nach weiteren sechs Wochen sind die Jungen flügge.

Greifvögel

Den **Rotmilan** erkennt man im Flugbild an seinem tief gegabelten rotbraunen Schwanz. Er liebt offenes Gelände mit einzelnen Bäumen. Sein Horst befindet sich auf einem hohen Baum. Als Nahrung nimmt er Aas und und kleine Tiere wie Mäuse.

In großen Wiesen- und Sumpfgebieten lebt die seltene **Wiesenweihe**. Sie baut ihren Horst auf dem Boden. Ihre Nahrung besteht aus Kleinsäugern, Vögeln, Insekten und Fröschen. Den Winter verbringt sie im tropischen Afrika.

Der **Habicht** ist ein Greifvogel des Waldes. Seine Beute besteht aus Säugetieren bis Mardergröße und Vögeln bis Hühnergröße. Er verhindert, dass sich Ringeltaube und Eichelhäher zu stark vermehren.
Der ähnliche, aber nur taubengroße **Sperber** streift gelegentlich im Tiefflug auch durch Gärten und schlägt vorwiegend Kleinvögel.

Der **Fischadler** lebt an Flüssen und Seen mit Bäumen am Ufer. Er kann Fische sogar noch in 1 m Wassertiefe packen, da er sich bei der Jagd mit großer Wucht ins Wasser stürzt. Sein Horst, den er jahrelang nutzt, befindet sich auf einem Baum.

Der Turmfalke lebt in Dorf und Stadt

Ursprünglich nistete der Turmfalke nur auf hohen Einzelbäumen, im Wald oder in Felsnischen. Heute ist er in jeder Stadt in Türmen und an vielen anderen hohen Gebäuden zu Hause. Er baut selber nie ein Nest, deshalb bezieht er gerne alte Krähen- oder Elsternnester. Aber auch Nistkästen nimmt er an.
Für die Jagd sucht der Turmfalke freies Gelände auf. Hier steht er mit schnellen Flügelschlägen rüttelnd auf einer Stelle in der Luft und sucht den Boden nach Mäusen und anderen Kleintieren ab. In Großstädten stehen auch Sperlinge und Buchfinken auf dem Speiseplan.
Sobald er etwas entdeckt hat, schwebt er langsam heran und stößt dann blitzschnell herab. Seine Beute verspeist er dann auf einem Zaunpfahl oder einem anderen erhöhten Platz.

1 Turmfalke

Turmfalkenweibchen lassen sich einige Zeit vor der Brut und auch während des Brütens vom Männchen füttern. Findet das Männchen nicht genug Nahrung, wird die Brut abgebrochen. Die Zahl der Nachkommen hängt also vom Nahrungsangebot ab.

▶ Der Turmfalke ist in Städten der häufigste Greifvogel.

Aufgabe

1 Suche im Internet unter den Stichworten „Vögel" oder „birds" sowie „Webcam" nach Kameras, die in ein Greifvogelnest gerichtet sind.
a) Notiere, in welchen Abständen gefüttert wird. Was wird gefüttert?
b) Wie verhalten sich die Eltern bei der Fütterung?

2 Nistplatz mit Webcam

Die Eule aus den Krimis

Der Waldkauz ist in Mitteleuropa die häufigste Eulenart. In Winternächten bis ins Frühjahr hinein ist der etwas unheimlich klingende Balzgesang des Männchens zu hören. Das durchdringende „Huuh-huhuuuuuuuuh" kannst du auch in Kriminalfilmen bei nächtlichen Szenen hören. Zwar gilt der Waldkauz als ausgesprochener Nachtvogel, man kann ihn aber auch tagsüber in einem Baum entdecken.

1 Waldkauz beim Beutefang

Wälder, Parkanlagen, aber auch Ortschaften mit ihren hohen Gebäuden und Kirchtürmen sind sein Revier. Als Brutplätze eignen sich Baumhöhlen, Mauernischen und alte Nester von Krähen und Greifvögeln. Keine Eulenart baut ein richtiges Nest. Die 3 – 5 Eier werden einfach ohne Unterlage auf den Boden gelegt. Im Gegensatz zu jungen Greifvögeln sind Eulenküken zunächst blind.
Obwohl Eulen nachtaktiv sind, können sie auch tagsüber gut sehen. Ihre Augen sind aber für die nächtliche Jagd besonders gut geeignet. Sie sind sehr empfindlich und können deshalb auch bei wenig Restlicht bestens sehen. Die großen Augen sind allerdings unbeweglich.
Will die Eule zur Seite oder nach hinten schauen, muss sie den gesamten Kopf drehen (▷ B 2).

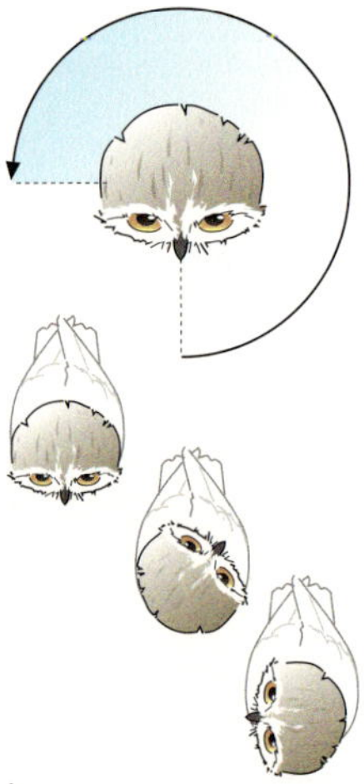
2 Eule pellt Beute an.

Eulen sind Meister im Hören

Ihre empfindlichen Ohren können selbst leiseste Töne wahrnehmen. Deshalb richten sich Eulen bei völliger Dunkelheit ausschließlich nach ihrem Gehör. Die Ränder der Ohröffnungen können aufgerichtet werden und dienen wie ein Trichter zur Schallverstärkung. Die Federbüschel am Kopf mancher Eulen haben mit dem Hörvorgang nichts zu tun, sondern sind reiner Schmuck. Die „Jagdausrüstung" des Waldkauzes wird vervollständigt durch seine Greiffüße, aus dessen Krallen es kein Entrinnen mehr gibt. Eine der drei nach vorn gerichteten Zehen kann nach hinten gedreht werden (▷ B 1), sodass die Eule noch besser zupacken kann.
Eulen haben ein sehr weiches Gefieder. Deshalb fliegen sie völlig geräuschlos. Die Vorderfahnen der ersten Schwungfedern sind an den Rändern mit einem Fransenkamm (▷ B 1) besetzt und verschlucken jedes Fluggeräusch.

Mäusefänger

Eulen jagen vor allem Mäuse, aber auch andere kleine Säugetiere, Frösche und sogar Vögel gehören zu ihrer Beute. Unverdauliche Speisereste werden wie bei den Greifvögeln als Gewölle ausgewürgt. Sind viele Beutetiere vorhanden, ziehen die Waldkäuze mehr Nachkommen auf (▷ B 3). Manche Eulenpaare brüten dann ein zweites Mal im Jahr. Gibt es wenig Beute, werden weniger Eier gelegt, und es brüten nicht alle Eulenpaare.

Das gute Gehör, die lichtempfindlichen Augen, die Greiffüße und das weiche Gefieder machen die Eulen zu erfolgreichen nächtlichen Jägern.

Aufgaben

1 Warum ist es für Eulen wichtig, lautlos zu fliegen? Nenne zwei Gründe.

2 Vergleiche Körperbau und Lebensweise von Eulen und Greifvögeln. Fasse Unterschiede und Gemeinsamkeiten in einer Tabelle zusammen.

3 Waldkauz mit Jungvögeln

Eulen

Die **Schleiereule** besiedelt offenes Gelände und nistet in Scheunen, Kirchtürmen und Ruinen. Typisch ist ihr herzfömiges Gesicht. 4–7 weiße Eier legt sie an einer dunklen Stelle auf den Boden. Ihre Nahrung besteht aus Mäusen, Maulwürfen und anderen Kleintieren. Bei der Balz geben Schleiereulen gedehnte Schnarchlaute („chrrrüh") ab.

Die **Waldohreule** lebt in Wäldern, Parks und Feldgehölzen. Manchmal ist sie sogar in Gärten mit großen Bäumen zu sehen. Sie nistet bevorzugt in alten Krähen- und Elsternnestern. Typisch sind die orangen Augen und die Federbüschel am Kopf. Letztere haben mit dem Hörvorgang nichts zu tun. Sie sind nur Schmuck.

Unsere größte Eulenart ist der **Uhu** (Körperlänge ca. 70 cm). Er hat seinen Namen von seinem Ruf – einem tiefen lauten „uhu".
Man hat ihn mit Erfolg in großen Waldgebieten, wo er ausgestorben war, wieder angesiedelt. Der Nistplatz liegt meistens versteckt in einer Felswand. Seine Beute besteht aus Säugetieren bis Kaninchengröße, aus Rabenvögeln, Tauben, Fröschen, Insekten und Eidechsen. Sogar Igel überwältigt er mit seinen großen Greiffüßen.

Der **Steinkauz** ist mit 22 cm Körperlänge eine unserer kleineren Eulenarten. Er kommt in offenem Gelände mit einzelnen Bäumen vor, wo er gern in Baumhöhlen nistet. Deshalb ist er besonders auf Streuobstwiesen, in Kopfweiden, gelegentlich aber auch in Steinbrüchen, Ruinen und Gehöften zu finden.
Kleine Säugetiere und Vögel bis Amselgröße bilden seine Hauptnahrung.

1. Vor der Untersuchung werden die Gewölle in einem Backofen über mehrere Stunden bei 150 °C erhitzt, um eventuell vorhandene Krankheitskeime abzutöten. Dann kannst du die getrockneten Gewölle auf Zeitungspapier mit Präpariernadeln und spitzen Pinzetten zerrupfen.
2. Versuche zunächst anhand der Bestimmungstabelle herauszufinden, von welcher Eulenart das Gewölle stammt.
3. Versuche die Beutetiere und deren Anzahl nach den gefundenen Schädeln und Kieferteilen zu bestimmen.
4. Versuche aus den Knochen der Gewölle nach der Vorlage ein vollständiges Skelett auf ein Blatt Papier aufzukleben. Dein Ergebnis kannst du mit einer selbstklebenden, durchsichtigen Klarsichtfolie schützen. Nach den Untersuchungen musst du dir die Hände waschen!

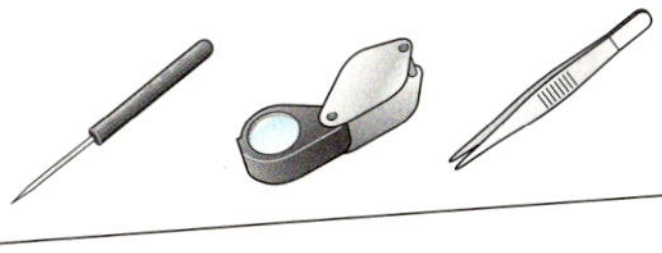

Gewölle	Schleiereule	Waldohreule	Waldkauz	Steinkauz
Länge (in cm)	2–8	4–7	3–8	3–5
Dicke (in cm)	2–3	2–3	2–3	1–2
Form	glatt, groß, abgerundet	schlank, walzenförmig	dick, unregelmäßig	besonders schlank
Farbe	schwarz	grau	grau	grau
Fundort	Kirchen, Scheunen	Waldrand, Feldgehölze	Wald, Park	Kirchen, Steinbrüche

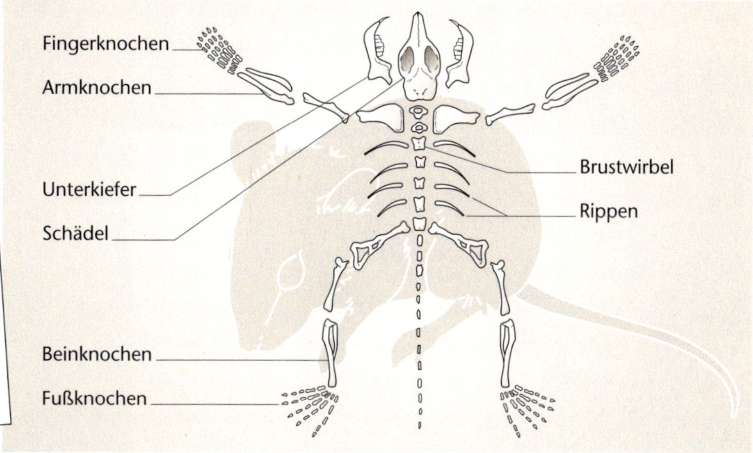

4 Wir untersuchen das Gewölle von Eulen.

1

2

3

4

Stiefeltern gesucht

Den Ruf des Kuckucks hast du vielleicht schon einmal gehört. Bist du dem lauten „Kuckuck Kuckuck"-Ruf des Männchens nachgelaufen, ist dir der scheue Vogel aber vermutlich stets entwischt. Häufig wird er von einer kleinen Schar Singvögel verfolgt, die auf ihn „hassen", ihn also beschimpfen oder sogar nach ihm hacken.

Dieses angeborene Verhalten der Vögel ist begreiflich, denn der Kuckuck ist ein **Brutschmarotzer**. So wird er bezeichnet, weil er andere Singvögel zur Aufzucht seiner Jungen ausnutzt. Während das Männchen die Aufmerksamkeit der Vögel auf sich lenkt, nutzt das Weibchen den günstigen Moment, um in Sekundenschnelle ihr Ei in ein fremdes Nest zu legen. Das fällt nicht weiter auf, denn es verschluckt schnell eines der fremden Eier (▷ B 1).

Der Kuckuck sucht ganz bestimmte Vogelarten als Stiefeltern für seine Jungen aus, wie zum Beispiel Teich- und Sumpfrohrsänger, Bachstelze oder Gartenrotschwanz. Diese Vögel nennt man **Wirtsvögel**, da sie den Jungkuckuck wie einen Gast bewirten. Das Kuckucksweibchen legt die Eier meist in das Nest derjenigen Vogelart, von der es selbst aufgezogen wurde. Erst wenn es ein Nest dieser Vogelart nicht finden kann, weicht das Kuckucksweibchen auf eine andere Art aus.

Der Kuckuck wächst immer als Einzelkind auf

Der junge Kuckuck schlüpft schon nach rund 12 Tagen. Obwohl er sich von seinen „Geschwistern" allein durch die Größe

5

6

7 Kuckuck mit einigen Wirtsvögeln

stark unterscheidet und auch noch keine Federn hat, wird er von den Wirtsvögeln nicht verstoßen. Im Gegenteil: Der große Sperrrachen und sein lautes Geschrei bewirken bei den „Eltern" besonders eifriges Füttern.

Wenige Stunden nach dem Schlüpfen spielen sich im Nest dramatische Szenen ab: Der junge Kuckuck nimmt nach und nach Eier und schon geschlüpfte Jungvögel auf seinen Rücken, klettert rückwärts bis zum Nestrand empor und wirft alles hinaus (▷ B 4). Dieses angeborene Verhalten sichert dem Kuckuck die alleinige Fürsorge der Wirtsvögel. Legt man beliebige Gegenstände ins Nest, werden auch diese gleich hinausgeworfen.

▶ Der Kuckuck ist ein Brutschmarotzer, das bedeutet, er lässt seinen Nachwuchs von anderen Vogelarten aufziehen. Deren eigene Küken kommen dabei ums Leben.

Größer als Papa!

Bald ist der Jungkuckuck dank der guten Fütterung den Stiefeltern über den Kopf gewachsen (▷ B 6). Nach rund drei Wochen verlässt er das Nest. Noch weitere drei Wochen wird er gefüttert, bis er sich endlich allein versorgen kann.

Mit seinem außergewöhnlichen Brutverhalten hat der Kuckuck großen Erfolg und kann das Überleben seiner Art auf diese Weise sichern.

Besonderheit bei der Nahrung

Eine weitere Besonderheit zeigt der Kuckuck bei seiner Nahrungswahl: Er ist in der Lage, dichtbehaarte Raupen zu verdauen, die sonst kein anderer Vogel fressen kann.

Selbst die Raupen des Prozessionsspinners (▷ B 8), die auf der menschlichen Haut zu Reizungen führen, verschmäht der Kuckuck nicht. Die Raupenhaare bleiben in der Magenwand des Kuckucks stecken und werden nach einiger Zeit zusammen mit Teilen der Magenschleimhaut ausgewürgt.

Aufgaben

1 Formuliere zu den Abbildungen 1 bis 6 jeweils eine passende Beschriftung und notiere sie in deinem Biologieheft.

2 Sucht Kinderlieder, Geschichten und Gedichte, in denen der Kuckuck vorkommt und berichtet.

3 Vergleiche die Eier des Kuckucks mit den Eiern seiner Wirtsvögel.

8 Raupen des Prozessionsspinners

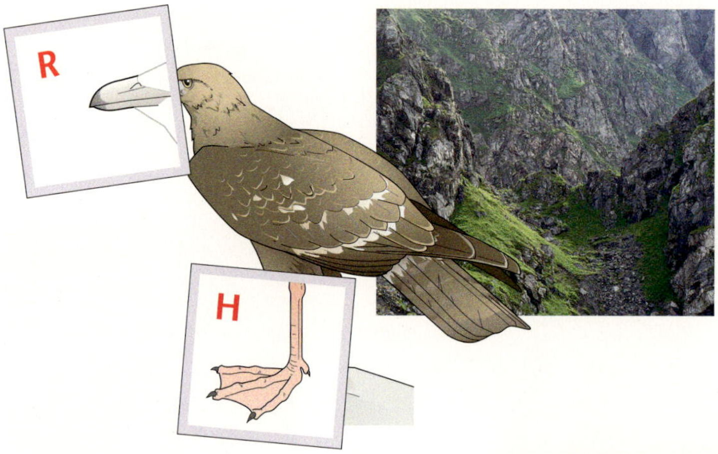

Steinadler
Der Steinadler ist mit einer Spannweite bis zu 2,30 m unser größter Greifvogel. Er lebt vorwiegend im felsigen Gebirge und kommt in Deutschland nur in den Alpen vor. Zu seinen Beutetieren zählen vor allem Murmeltiere. Mit seinem hakenförmigen Schnabel zerlegt er die Beute. Die Seitenränder des Oberschnabels sind scharfe Schneiden, mit denen auch derbhäutige Tiere aufgeschnitten werden können.

Kleiber
Die Kleiber können an Baumstämmen sogar mit dem Kopf nach unten klettern. Die drei Vorderzehen und auch die Hinterzehe besitzen lange gekrümmte Krallen, mit denen sich der Kleiber an der rauen Borke der Bäume gut festhalten kann. Seine Nahrung besteht aus Insekten, die er mit dem kräftigen spitzen Schnabel aus Baumritzen hervorholt.

Silbermöwe
Die Silbermöwe ist an den fleischfarbenen Beinen und an dem kräftigen orangegelben Schnabel zu erkennen. Der Oberschnabel ist hakenartig gekrümmt und wird auch mit harten Nahrungsteilen fertig. Fische, Vogeleier, Muscheln, Krebse und Würmer, aber auch Aas und Abfall werden gefressen. Die Silbermöwe kann wie alle Möwen gut schwimmen. Zwischen ihren Vorderzehen befinden sich Schwimmhäute.

Graureiher
Der Graureiher ist in Mitteleuropa die häufigste Reiherart. Er schreitet auf feuchten Wiesen oder im flachen Wasser vorsichtig an seine Beute heran. Meistens steht er jedoch mit s-förmig zurückgezogenem Hals ruhig da. Plötzlich schnellt der Hals vor. Mit dem langen Pinzettenschnabel spießt er seine Beute auf oder hält sie fest. Kleine Fische, Insektenlarven und Mäuse werden am häufigsten gejagt.

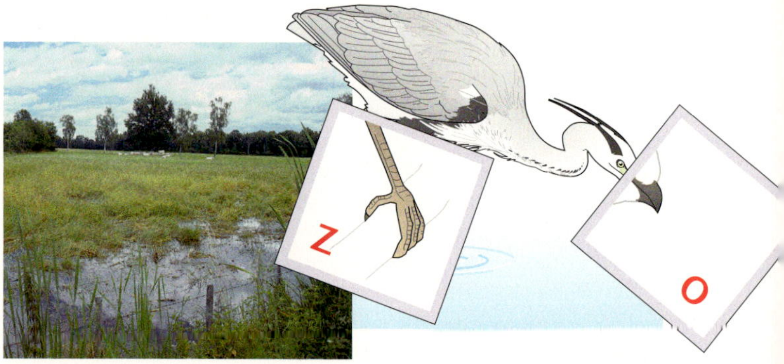

Großtrappe
Die Großtrappe ist mit rund 15 kg der schwerste flugfähige Vogel in Mitteleuropa. Sie kommt in Deutschland nur noch selten vor. Zu finden ist die Großtrappe östlich der Elbe auf weiten Äckern und Wiesen. Trappen sind Laufvögel mit kräftigen dreizehigen Lauffüßen. Mit ihrem hühnerartigen derben Schnabel nehmen sie Pflanzen auf, aber auch Insekten und sogar Mäuse.

Mauersegler
Der Mauersegler baut sein Nest in Mauerspalten und Hohlräumen an Gebäuden und Felsen. Am Himmel ist er an seinen langen sichelförmigen Flügeln und dem gabelförmigen Schwanz zu erkennen.
In pfeilschnellem Flug erreicht er bis zu 280 km/h. Er hat Klammerfüße, mit denen er sich an Mauern festhalten kann. Gehen oder hüpfen kann er damit nicht. Er fängt mit seinem kleinen Schnabel Insekten im Flug. Dabei kann er sein Maul sehr weit öffnen.

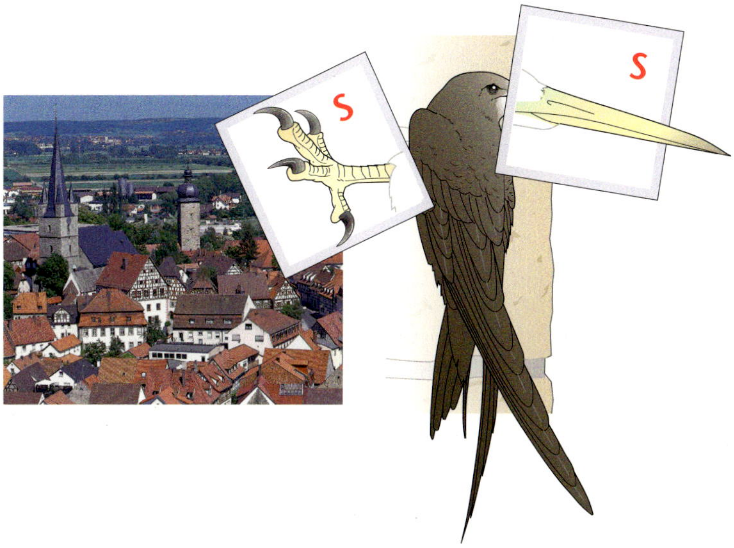

Kernbeißer
Der Kernbeißer lebt in Laub- und Mischwäldern und kommt im Winter gelegentlich auch ans Futterhaus. Er ist etwas kleiner als eine Amsel. Sein kräftiger Schnabel ermöglicht ihm sogar das Aufbeißen von Kirschkernen.
Der Kernbeißer hat Sitzfüße: Wenn sich die Gelenke beugen, werden die Sehnen gespannt, und die Zehen umklammern automatisch den Zweig.

Aufgaben

1 Schreibe die Vogelarten der linken Seite untereinander und anschließend die der rechten Seite darunter. Ordne ihnen jeweils zuerst den richtigen Schnabel und dann den Fuß zu. Richtig zugeordnet ergeben die Buchstaben auf den Kärtchen hintereinander gelesen den Namen eines Vogels, der am Haus und im Garten vorkommt.

2 Suche im Werkzeugkasten nach Werkzeugen, die du mit den jeweiligen Vogelschnäbeln vergleichen kannst. Beispiel: Pinzette – Graureiher.

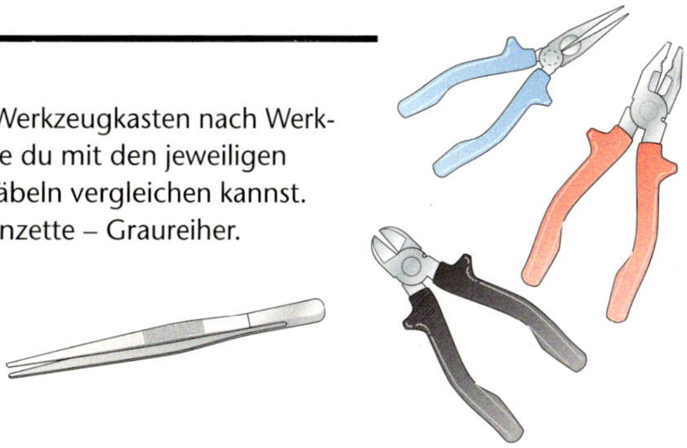

Zeitpunkt

Brieftauben – Boten des Menschen

Luftpost
Tauben im Kriegseinsatz? Ein merkwürdiger Gedanke: Das Friedenssymbol Taube im Dienste verfeindeter Streitkräfte.
Schon im 4. Jahrtausend v. Chr. begann in Ägypten die Taubenzucht. Seitdem wurde die Brieftaube immer wieder bis in die heutige Zeit als Überbringer von Nachrichten benutzt.

1 Noah entsendet Brieftaube.

Aus dem Alten Testament ist bekannt, dass Noah eine Taube dreimal ausgesandt haben soll. Sie brachte einen Ölzweig als Zeichen der sinkenden Flut zurück. Auch im Griechenland der Antike nutzte man die Schnelligkeit der Brieftauben. Damals meldeten die Tiere zum Beispiel die Ergebnisse der Olympischen Spiele in weit entfernte Gebiete. In China übernahmen Brieftauben über Jahrhunderte hinweg den Postdienst.
Im alten Rom trugen die Tauben die Siegerlisten der Wagenrennen aus dem Stadion heraus. Bereits damals wurden Wetten abgeschlossen, und man wartete schon gespannt auf die Ergebnisse.
Julius Caesar (100 v. Chr. – 44 v. Chr.) stellte auf seinen Feldzügen mithilfe von Brieftauben eine schnelle Verbindung nach Rom her, um Kriegserfolge zu melden.
Es gab damals Sklaven, die so genannten Columbarii (lat. columba, die Taube), die sich ständig um die Tauben zu kümmern hatten.

Einsatz im Krieg
Im 1. Weltkrieg (1914–18) gelangten die Brieftauben besonders in Belgien und Frankreich zu trauriger Berühmtheit. Da es noch keine wirklich leistungsfähigen Funkgeräte gab, stellten sie oft die einzige Verbindung zwischen den kämpfenden Truppen dar. Nahezu alle Einheiten, ob Panzertruppen, Marine oder Luftwaffe, bedienten sich der zuverlässigen Tiere.
Eine der berühmtesten Brieftauben hieß „President Wilson“. Obwohl der Vogel 1918 schwer verwundet worden war und einen Fuß verloren hatte, brachte die Taube die Rettung für viele eingeschlossene amerikanische Soldaten. Wilson starb am 8. Juni 1929. Die vielleicht berühmteste deutsche Taube war der „Kaiser“. Sie war besonders gut trainiert, wurde aber 1918 von amerikanischen Soldaten eingefangen und starb im Alter von 32 Jahren in amerikanischer „Gefangenschaft“.

3 Brieftaube im Kriegseinsatz

2 Fliegermeldung wird verlesen, 1916

Brieftaubensport in Deutschland
Die Brieftaubenzucht jüngerer Zeit breitete sich von Belgien aus und führte 1837 in Aachen zur Gründung des ersten deutschen Brieftaubenzuchtvereins. Inzwischen hat der Verband Deutscher Brieftaubenzüchter e.V. rund 80000 Mitglieder. Sie züchten nicht nur Hochleistungstiere, sondern nehmen mit ihren Tauben regelmäßig an Wettflügen teil. Dabei werden Tauben weit entfernt vom heimatlichen Schlag gleichzeitig auf die Heimreise geschickt (▷ B 4).

4 Brieftauben beim Start

Brieftauben können über Entfernungen von 800 km und mehr auf direktem Weg wieder nach Hause finden. Sie sind inzwischen derart an menschliche Pflege gewöhnt, dass sie in der Regel ihrem Besitzer treu bleiben.
Wie finden Brieftauben zielsicher mit einer Reisegeschwindigkeit von ca. 70–80 km/h zu ihrem Taubenschlag zurück? Ähnlich wie die Zugvögel richten sich die Tauben nach dem Magnetfeld der Erde. Auch der Stand der Sonne gibt den Vögeln Hinweise auf den richtigen Kurs.

1 Gelbkopf-amazone

2 Türkentaube

3 Halsband-sittich

4 Jagdfasan

Papageien in Deutschland?
Bei einem Blick nach oben in die Bäume glaubt Melanie zu träumen. Auf einem Ast sitzen zwei Vögel, die sie nur aus dem Zoo kennt. Papageien in Köln? Das darf doch nicht wahr sein! Ihre Biologie-Lehrerin weiß am nächsten Tag Genaueres.

Oft sieht man die Halsbandsittiche (▷ B 3) in Trupps von bis zu 50 Tieren, deren Herkunft allerdings nicht ganz klar ist. Wahrscheinlich sind einige irgendwann aus der Gefangenschaft entflohen. Auf keinen Fall sind sie aus ihrer asiatischen Heimat eingewandert. Die meisten Vögel, die entfliehen oder ausgesetzt werden, haben keine Überlebenschance. Sie sind an den neuen Lebensraum und an das raue Klima nicht angepasst. Die Halsbandsittiche aber haben es geschafft, Nahrung und Brutplätze zu finden und sich gegen Feinde zu behaupten. Sie bewegen sich geschickt in den Bäumen, wobei ihr spechtartiger Fuß, der Stützschwanz und der kräftige Schnabel helfen. Ihr Nest bauen sie in Baumhöhlen. Ihre Nahrung besteht aus Blättern, Früchten, Knospen und Rinde verschiedener Parkbäume. Nachts suchen die Tiere in kleinen Trupps ihre Schlafbäume auf. Auch in anderen europäischen Städten, wie z. B. in Stuttgart oder Wien, sind Gruppen von Gelbkopfamazonen (▷ B 1) oder Halsbandsittichen beobachtet worden.

Türkentaube und Jagdfasan
Schon immer sind Tiere zu uns eingewandert oder erfolgreich eingebürgert worden. Die ursprüngliche Heimat der Türkentaube (▷ B 2) ist wohl Indien. Türkische Kaufleute haben sie wahrscheinlich nach Vorderasien gebracht. Von dort schaffte sie es bereits Anfang des letzten Jahrhunderts ohne menschliche Hilfe, ins deutlich kühlere Mitteleuropa einzuwandern und sich auszubreiten.

Der Jagdfasan (▷ B 4), der ursprünglich in den Steppen Asiens beheimatet war, wurde zu Jagdzwecken in Mitteleuropa eingebürgert. Sein Bestand muss in manchen Gebieten aber ständig aus Zuchtanstalten, den Fasanerien, ergänzt werden, weil die Küken viel Wärme brauchen.

▶ Nur selten können Tiere aus fernen Ländern in unserem rauen Klima überleben und sich fortpflanzen.

Aufgabe

1 Warum ist das Aussetzen unbequem gewordener Heimtiere, wie Papageien, ein Verstoß gegen das Tierschutzgesetz?

Vögel – Beherrscher der Luft

Vögel besiedeln nahezu alle Lebensräume der Erde
Dabei wurden Körperbau und Verhalten den Nahrungsquellen angepasst. Oft sind es Spezialisten, die mit dem Schnabel als Werkzeug und den Krallen als Haltegriffen an ihre Nahrung gelangen.
Die Fähigkeit zu fliegen, ist dabei ihr größter Vorteil. Wenn etwa durch ungünstiges Klima die Nahrungsquellen versiegen, fliegen sie in günstigere Gebiete.

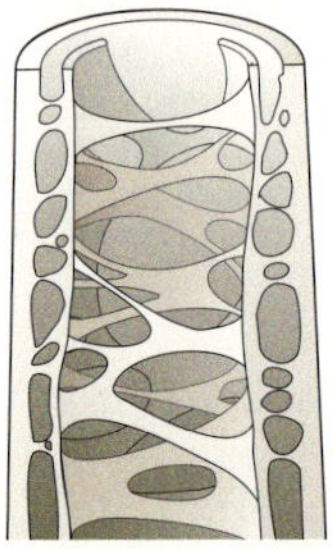
1 Struktur eines Vogelknochens

Die Knochen sind stark lufthaltig
Dadurch verringert sich das Körpergewicht – eine wichtige Voraussetzung für das Fliegen (▷ B 1).

Nur Vögel besitzen Federn
Deckfedern umschließen außen den Vogelkörper. Daunen umhüllen die Körperoberfläche und schützen gegen Kälte. Schwungfedern bilden die Tragflächen des Flügels. Schwanzfedern steuern den Flug und bremsen bei der Landung. Das Gefieder verleiht dem Körper eine Stromlinienform.

Vorder- und Hintergliedmaßen sind sehr unterschiedlich
Die Flügel ermöglichen den Vogelflug. Die Beine einzelner Vogelarten sind je nach Lebensraum unterschiedlich gebaut.
Beispiele:
- Schwimmfüße bei der Stockente
- Kletterfüße beim Specht.

Alle Vögel legen Eier
Das haben sie mit den Reptilien gemeinsam. Manche bauen ein Nest, andere legen die Eier einfach auf den Boden, während Brutschmarotzer wie der Kuckuck (▷ B 2) die Eier in ein fremdes Nest legen.

2 Bachstelze füttert Jungkuckuck im Nest.

Vögel haben eine Stimme. Sie können Laute erzeugen
Der Gesang und die Rufe der Vögel haben unterschiedliche Bedeutung. Männchen locken damit die Weibchen an. Außerdem markieren sie damit ihr Revier. Warnrufe werden bei Annäherung eines Feindes abgegeben.

Vögel zeigen gegenüber Artgenossen besondere Verhaltensweisen
Das Balzverhalten zeigen Vögel, wenn sie in Paarungsstimmung sind.
Drohverhalten wird gegenüber einem Reviereindringling gezeigt.
Zu Kampfverhalten kommt es bei der Festlegung der Rangordnung (▷ B 3).

3 Erpel der Stockente verjagt Nebenbuhler.

Vögel betreiben Brutpflege
Die Eier werden von den Eltern bebrütet. Nach dem Schlüpfen verlassen die Nestflüchter das Nest und folgen den Eltern bei der Nahrungssuche. Nesthocker dagegen bleiben noch einige Zeit im Nest und werden dort gefüttert (▷ B 4).

4 Turmfalke füttert Jungvogel.

Aufgaben

1 Nenne mindestens fünf Besonderheiten beim Körperbau der Vögel, die den Tieren das Fliegen ermöglichen.

2 Über welche Körpermerkmale muss der Pinguin verfügen, um den antarktischen Winter zu überstehen?

3 Begründe, warum Enten an Teichen und Seen nicht gefüttert werden sollten.

4 Welche körperlichen Eigenschaften müssen Nestflüchter haben, um zu überleben?

5 Der Schnabel eines Vogels kann verraten, was er frisst. Begründe diese Aussage und nenne fünf Beispiele.

6 Der Strauß ist ein Laufvogel der afrikanischen Steppe. Könnte er fliegen, wenn er größere Flügel hätte? Schaue dir das Bild der Feder an und begründe deine Meinung.

5 Zu Aufgabe 6

7 Versuche einmal die abgebildeten Vogelarten, ihre bevorzugte Nahrung und den jeweiligen Lebensraum richtig zuzuordnen. Zeichne dazu eine Tabelle und trage dort alle Begriffe ein. Du kannst aber auch die Seite kopieren, die Teile ausschneiden und richtig zugeordnet auf ein neues Blatt kleben.

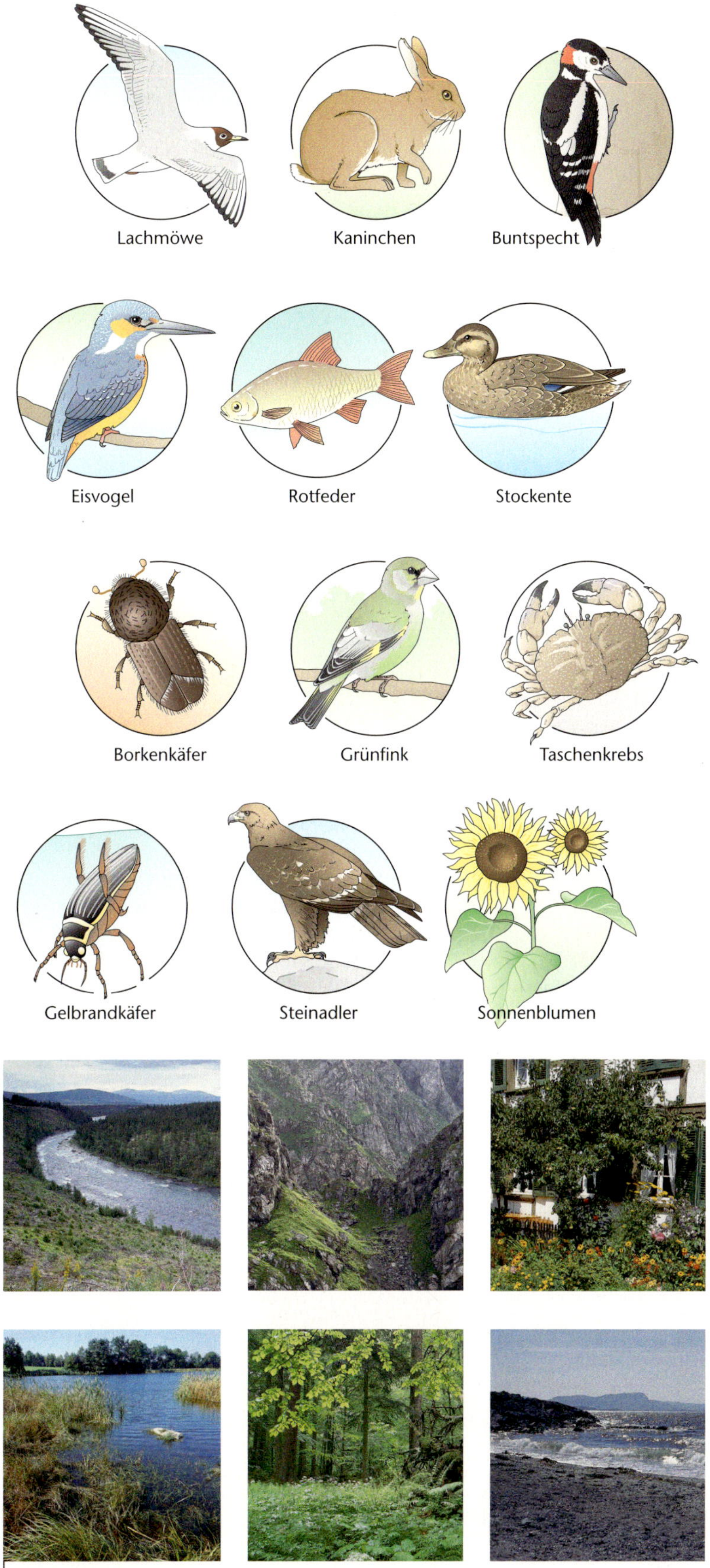

6 Zu Aufgabe 7

Säugetiere
– zu Wasser, zu Lande und in der Luft

Das größte Tier, der bis zu 33 m lange Blauwal, gehört ebenso zu den Säugetieren wie die kleine Hummelfledermaus, die nur etwa 3 cm lang ist.

Säugetiere sind eine so vielfältige Tiergruppe, dass sie fast alle Lebensräume auf der Erde besiedelt haben. Außer in der Antarktis leben sie auf allen Kontinenten. In den Eiswüsten der Arktis lebt der Eisbär und in der Hitze der Sahara fühlt sich das Dromedar wohl. Fledermäuse haben den Luftraum erobert, Maulwürfe leben unter der Erde und Wale schwimmen in den Meeren. Auf unseren Wiesen leben Hasen, Kaninchen und am Waldrand kannst du Rehe beobachten. Für das Leben in so verschiedenen Lebensräumen benötigen die Säugetiere ganz besondere Anpassungen. Einige Säugetierarten, wie z. B. Wale oder Fledermäuse, sind vom Aussterben bedroht. Ihre Lebensräume werden zerstört oder sie werden noch immer in zu großen Mengen gejagt.

Viele Säugetiere ferner Länder kannst du in einem Zoo beobachten und dich dort über ihre Lebensgewohnheiten informieren.

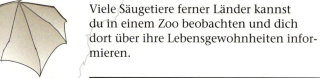

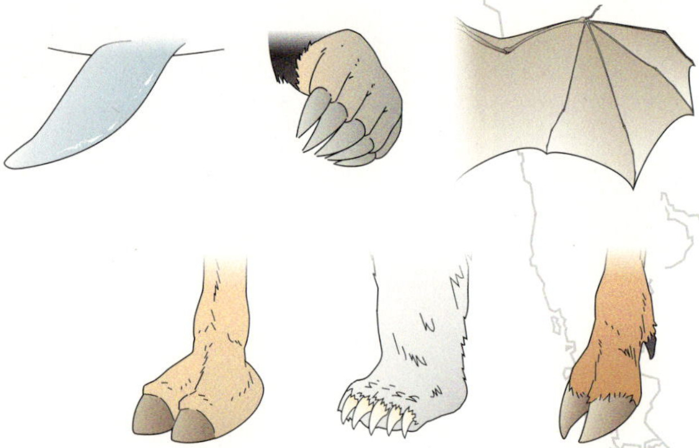

Aufgaben

1 Welche der abgebildeten Säugetiere hast du schon einmal in der Natur beobachtet? Berichte darüber.

2 Überlege, welche typischen Merkmale Säugetiere haben.

1 Rehbock mit Ricke

Rehe sind Kulturfolger
In der Dämmerung kommen Rehe (▷B 1) aus dem Schutz des Waldes auf angrenzende Wiesen und Felder. In kleinen Rudeln suchen sie hier nach Nahrung. Mit den Nutzpflanzen, die sie hier finden, ergänzen sie ihre natürliche Nahrung, die aus Wildfrüchten, Kräutern, Blättern und Knospen besteht. Damit sind Rehe typische **Kulturfolger**. So nennt man Tiere, die die Nähe menschlicher Siedlungen und Anbauflächen suchen. Rehe sind **Wiederkäuer**: Sie verschlingen ihre Nahrung schnell, um diese später, im Schutz des Waldrandes, in Ruhe wiederzukäuen und zu verdauen.

Scheu wie ein Reh
Rehe sehen nicht sehr gut, können aber einen Menschen schon aus 300 m Entfernung wittern und haben ein gutes Gehör. Die Tiere besitzen einen hellen Fellfleck am Hinterende, den **Spiegel**. Bei der Flucht dient der Spiegel für die nachfolgenden Tiere als eine Signal"lampe", der sie folgen.

Schutz für Kitze
Im Mai oder Juni bringt die Ricke 1–2 Kitze zur Welt. Da die Jungen in den ersten Lebenswochen keinen Geruch an sich haben, können Feinde sie nicht wittern. Durch ihre braune Farbe mit den weißen Punkten sind die Jungtiere gut getarnt (▷B 2). Nach der Geburt liegen die Kitze etwa 3–5 Tage auf der Erde. Dann folgen sie der Mutter und fressen etwa ab dem zehnten Tag auch selbst Pflanzennahrung.

Rehe haben einen sehr guten Geruchssinn und ein gutes Gehör. Die Kitze sind durch die Färbung und ihre Geruchlosigkeit gut getarnt.

Gibt es zu viele Rehe?
Da Rehe bei uns kaum natürliche Feinde wie Wolf, Bär und Luchs haben, können sie sich stark vermehren. Zu viele Tiere schädigen im Wald die Bäume durch Verbiss von Knospen und jungen Trieben. Deshalb muss der Mensch mithilfe der Jagd den Rehbestand in Grenzen halten.

Kräftemessen mit dem Geweih
Nur der Rehbock trägt ein **Geweih**. Es dient ihm in der Paarungszeit als Waffe gegen Rivalen im Kampf um die Weibchen. Das Geweih besteht aus Knochen und wird jedes Jahr im November oder Dezember abgeworfen. Sofort danach wächst über der Bruchstelle eine Haut, unter der sich der neue Knochen für das nächste Geweih aufbaut (▷B 4). Sind die neuen Geweihstangen im März fertig, so stirbt der Knochen ab. Die Haut, die den Knochen mit Nährstoffen versorgt hat, wird nun nicht mehr benötigt und der Rehbock streift sie ab. Da er dies an Bäumen und Sträuchern tut, kann deren Rinde geschädigt werden.

2 Rehkitz

3 Ricke säugt ihr Kitz.

Der Rothirsch ist ein Wanderer

Sommer- und Winterquartier der Hirsche liegen oft weit auseinander, sodass die Tiere weite Wanderungen auf sich nehmen müssen, wenn sie das Revier wechseln. Hirsche sind ausdauernde Läufer. In unserer zergliederten Waldlandschaft haben die Tiere allerdings Schwierigkeiten, geeignete Reviere zu finden. Hirsche sind deutlich größer als Rehe und besitzen keinen Spiegel am Hinterende. Ihre Nahrung ist ähnlich wie die der Rehe. Das Geweih des Hirsches ist wesentlich größer als das des Rehbocks. Die Geweihbildung vollzieht sich aber auf die gleiche Weise.
Der Rothirsch wirft sein Geweih im Februar oder März ab. Es dauert etwa drei Monate bis das Geweih wieder vollständig nachgewachsen ist.

Wer wird Platzhirsch?

Hirsche sind gesellige Tiere und leben in getrenntgeschlechtlichen **Rudeln**. Ein Rudel mit Hirschkühen und Jungtieren, die Hirschkälber genannt werden, umfasst etwa 8–10 Tiere.
In der Paarungszeit, der **Brunft**, treiben geschlechtsreife Hirsche ein Rudel mit weiblichen Tieren zusammen. Der Platzhirsch muss sein Revier und die Weibchen oft gegen jüngere Rivalen verteidigen. Durch lautes Röhren wird der Platzhirsch zum Kampf herausgefordert. Meist verlaufen die Kämpfe, die mit dem mächtigen Geweih ausgetragen werden, unblutig. Es kann aber auch zu schweren Verletzungen kommen. Im Mai oder Juni des nächsten Jahres bringt die Hirschkuh ein Kalb zur Welt. Das Kalb bleibt fast ein Jahr bei der Mutter, bis im nächsten Jahr ein neues Kalb geboren wird.

Hirsche leben in großen Waldgebieten. Die Männchen besitzen ein großes Geweih. In der Brunftzeit finden heftige Kämpfe der männlichen Tiere um die Weibchen und das Revier statt.

Aufgaben

1 Stelle in einer Tabelle Gemeinsamkeiten und Unterschiede von Reh und Hirsch zusammen.

2 Beschreibe die Geweihbildung bei Rehbock und Hirsch.

3 Oft werden Rehe und Hirsche im Winter vom Menschen gefüttert. Nenne Gründe für und gegen die Winterfütterung.

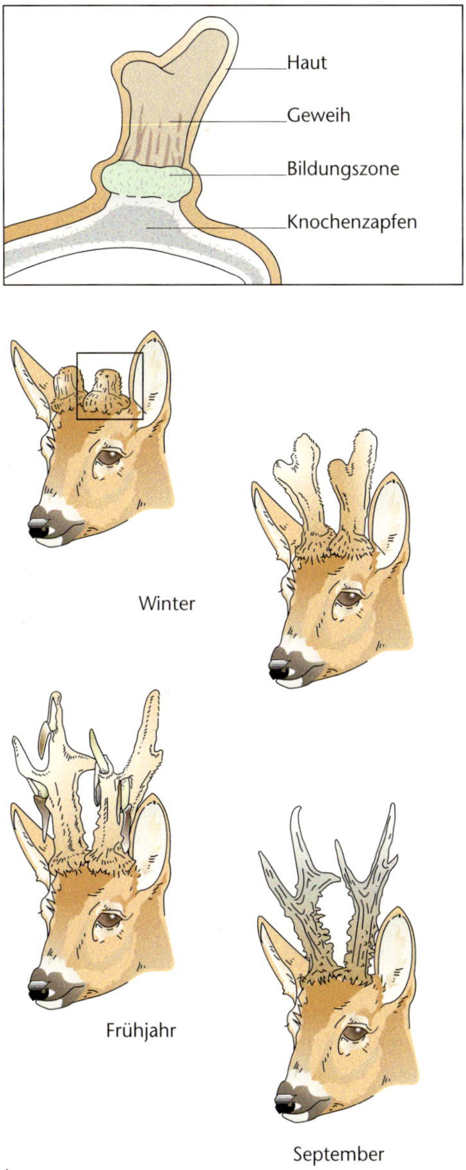

4 Geweihentwicklung beim Rehbock

5 Kämpfende Hirsche

1 Igelfamilie

Stacheln gegen Feinde

Maltes Hund rennt blitzschnell auf ein Gebüsch zu. Kurz darauf ist ein Jaulen zu hören und der Hund kommt mit eingezogenem Schwanz zurück. Er hat Bekanntschaft mit einem Igel gemacht. Der Igel hat sich zu einer stacheligen Kugel zusammengerollt und der Hund hat sich an den spitzen Stacheln die Schnauze verletzt.
Auch andere Tiere, wie zum Beispiel Füchse, können dem Igel kaum gefährlich werden. Die Stacheln des Igels sind umgebildete Haare.

Igel auf der Jagd

Der Igel gehört, wie du an seinem Gebiss erkennen kannst, zu den Insektenfressern. Das **Insektenfressergebiss** (▷B 2) besitzt viele kleine spitze Zähne.
Wenn der Igel allerdings auf seine nächtliche Futtersuche geht, ist nahezu nichts vor ihm sicher. Raupen, Käfer, Spinnen, Schnecken, Würmer, junge Mäuse, aus dem Nest gefallene Jungvögel, aber auch Frösche und Kröten werden verspeist. Selbst die giftige Kreuzotter hat im Kampf gegen einen Igel kaum eine Chance. Auch wenn sie es schafft, den Igel zu beißen, stirbt er nur selten an ihrem Gift.
Beim Aufspüren der Nahrung helfen dem Igel seine feinen Sinnesorgane. Zwar kann er mit seinen kleinen Augen nicht besonders gut sehen, aber sein **Gehör** und sein **Geruchssinn** sind sehr gut ausgeprägt.

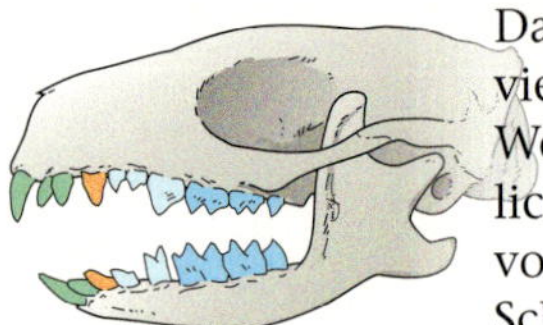

2 Schädel eines Igels

Dass Igel sich bei Gefahr einrollen können, ist zwar ein wirksamer Schutz gegen ihre natürlichen Feinde, aber gegen Autos helfen die Stacheln wenig. Da Igel nachts auch auf den Straßen unterwegs sind und nach Futter suchen, werden leider viele Tiere von Autos überfahren.
Die größte Gefahr droht den Igeln heute also vom Menschen.

Der Igel ist durch die Stacheln gut vor seinen natürlichen Feinden geschützt. Igel haben ein Insektenfressergebiss, sie können gut hören und riechen.

3 Autos sind die größte Gefahr für Igel.

Der Igel ist ein Einzelgänger

Der Igel ist meist allein unterwegs. Er lebt vor allem am Waldrand und in Hecken. Aber wir finden ihn auch in Parks und in naturbelassenen Gärten. Im Gestrüpp, in hohlen Bäumen oder unter Holzstößen sucht er Schutz und baut sein Lager. Hier schläft er tagsüber.
Zwischen Mai und August bringt eine Igelmutter 4–10 blinde und nackte Junge zur Welt. Nach etwa drei Wochen öffnen sie die Augen. Igel kommen mit Stacheln auf die Welt, die aber noch weich sind und erst nach einigen Wochen aushärten.

Im Schlaf durch den Winter

Im Herbst zieht sich der Igel in sein Lager zurück, rollt sich ein und fällt in einen **Winterschlaf** (▷ B 4). Dieser dauert meist von Ende Oktober bis März. Um diese Zeit ohne Schaden zu überstehen, hat er sich im Sommer und Herbst eine dicke Fettschicht angefressen. Damit die Fettreserve ausreicht, muss der Igel Energie sparen. Das geschieht dadurch, dass in dieser Zeit alle Lebensvorgänge stark verlangsamt ablaufen (▷ B 5).

Winterhilfe für Igel?

Die meisten Igel brauchen keine Hilfe, um den Winter zu überstehen. Nur Tiere, die bei Wintereinbruch weniger als 500 g wiegen, sind gefährdet. Wenn du ein gefährdetes Tier findest, solltest du damit zum Tierarzt oder zu einer Igelpflegestation gehen, denn es ist sehr problematisch, einen Igel den Winter über zu Hause zu beherbergen.
Der beste Igelschutz liegt darin, die Lebensbedingungen für die Tiere zu verbessern. Dazu kann man in Parkanlagen und Gärten Reisig- und Laubhaufen liegen lassen, damit der Igel diese als Lager nutzen kann.

▶ Der Igel hält einen Winterschlaf. Dann sind alle Lebensvorgänge stark herabgesetzt, damit das Tier Energie spart.

Aufgaben

1 Überlege, weshalb Igel bei Gartenbesitzern so beliebte Gäste sind.

2 a) Finde heraus, wo in deiner Nähe eine Igelpflegestation liegt. Frage dort nach, welche Regeln man bei der Pflege eines Igels im Winter genau beachten muss.
b) Welchen Vorteil hat der Winterschlaf für den Igel?

4 Igel im Winterschlaf

Atemzüge je Minute	20	5	20
Herzschläge je Minute	ca. 300	18–22	ca. 300
Körpertemperatur	35–37 °C	ca. 5 °C	35–37 °C

5 Der Stoffwechsel läuft im Winterschlaf auf Sparflamme.

1 Feldhase

2 Ist die Luft rein?

Ein Leben auf der Flucht

Der Feldhase (▷ B 1) lebt auf Wiesen, Weiden, Feldern und am Waldrand. Wenn er einen Lagerplatz sucht, so wählt er eine fertige oder selbst gegrabene Mulde, in der er gut Deckung findet und die es ihm ermöglicht, seine Feinde frühzeitig zu wittern. Ein Hase hat meist mehrere solche Lagerplätze oder **Sassen**. Bei Gefahr duckt er sich tief in seine Sasse und ist wegen seiner Tarnfarbe kaum zu sehen. Wird er doch entdeckt, bleibt ihm nur die Flucht. In Sprüngen bis zu 2,5 m und einer Geschwindigkeit von bis zu 65 km/h rennt er, Haken schlagend, seinen Feinden davon.
Seine großen Löffel, so heißen die Ohren des Hasen, und seine langen und kräftigen Hinterbeine helfen ihm beim Kampf ums Überleben.

Boxkämpfe

Hasen sind Einzelgänger. Wenn sich zwei Männchen bei der Suche nach einem Weibchen begegnen, kann es zu heftigen Auseinandersetzungen kommen (▷ B 3). Sie führen dann regelrechte Boxkämpfe aus, dabei wird meist keiner der beiden verletzt.

Hasen haben viele Nachkommen

Eine Häsin kann bis zu viermal im Jahr jeweils 3 – 5 Junge zur Welt bringen. Die Jungen kommen mit Fell, Zähnen und offenen Augen zur Welt. Sie sind **Nestflüchter**. Die große Zahl an Nachkommen ist für den Hasen wichtig, da er viele Feinde hat und meist nur wenige Jungtiere überleben.

Meister Lampe lebt gefährlich

Der Bestand an Feldhasen geht in Deutschland immer mehr zurück. Ursache hierfür ist wohl vor allem die Zerstörung ihrer Lebensräume. Es gibt kaum noch Hecken, die den Tieren Schutz bieten. Aber auch Nahrungsmangel, der durch die modernen Anbau- und Erntemethoden bedingt ist, bringt die Feldhasen in Bedrängnis.

▶ Feldhasen leben im offenen Gelände. Das gute Gehör und die langen Beine sind Anpassungen an diese Lebensweise. Die Jungen sind Nestflüchter.

3 Kämpfende Männchen

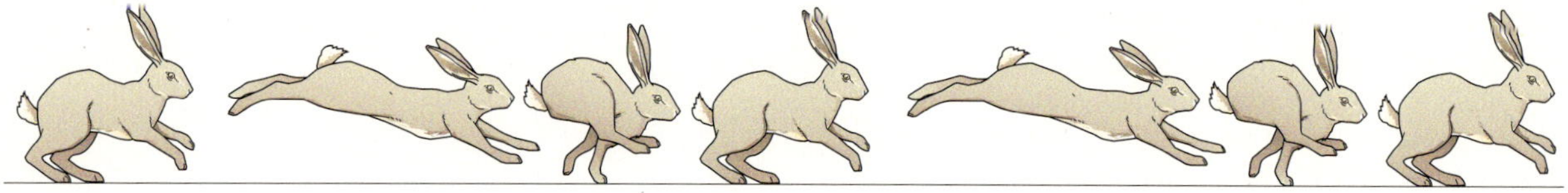

4 Wildkaninchen

6 Kaninchenkolonie

Wildkaninchen sind gesellig

Hase und Wildkaninchen (▷B4) werden oft miteinander verwechselt. Bei genauem Hinsehen kannst du aber doch wichtige Unterschiede erkennen: Feldhasen sind mit bis zu 70 cm Körperlänge sehr viel größer als Kaninchen, die nur etwa 45 cm lang werden können. Auffallend sind die sehr viel längeren Ohren der Hasen, die außerdem noch eine schwarze Spitze haben. Wildkaninchen leben in großen Gruppen oder Kolonien beieinander und legen ihre **Baue** (▷B5) in trockenen, sandigen Böden an.

Kinderreiche Familien

Das Weibchen kann 4–5-mal pro Jahr jeweils 4–10 Junge zur Welt bringen. Die Jungen werden als hilflose, nackte, blinde und zahnlose **Nesthocker** geboren. Erst nach etwa vier Wochen sind sie selbstständig. Die vielen Nachkommen sorgen dafür, dass Feinde und auch Krankheiten den Bestand an Wildkaninchen langfristig nicht gefährden können.
In manchen städtischen Parkanlagen nimmt die Zahl der Kaninchen allerdings so stark zu, dass sie schon fast zu einer Plage werden.

5 Kaninchenbau

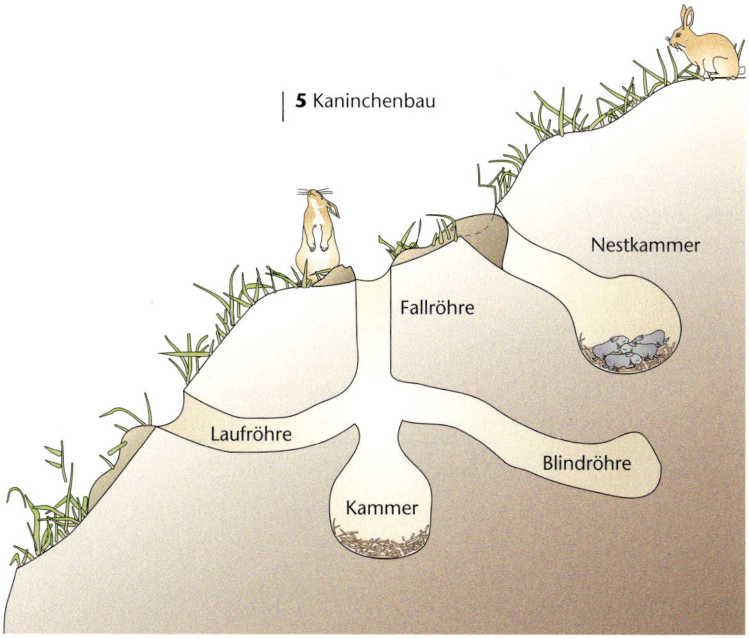

▶ Wildkaninchen sind gesellig lebende Tiere, die weit verzweigte unterirdische Baue graben. Ihre Jungen kommen als Nesthocker zur Welt.

Aufgaben

1 Sammelt gemeinsam Redewendungen, in denen der Hase vorkommt. Was sagen diese Redewendungen aus? Beispiel: „Viele Hunde sind des Hasen Tod."

2 Nenne Gründe, weshalb der Bestand der Feldhasen in Deutschland gefährdet ist.

3 Stelle in einer Tabelle die Unterschiede zwischen Feldhase und Wildkaninchen gegenüber.

4 Unterscheide Nestflüchter und Nesthocker.

5 Überlege, weshalb Park- und Gartenbesitzer Wildkaninchen nicht immer gern sehen.

6 Schreibe einen Text, der einen Tag aus dem Leben eines Wildkaninchens vorstellt.

1 Eichhörnchen beim Sprung

2 Junges Eichhörnchen im Kobel

Leben auf Bäumen

Geschickt klettert ein Eichhörnchen den Baumstamm rauf und runter und springt gekonnt von Ast zu Ast (▷B 1).
Die langen, scharfen Krallen an Fingern und Zehen haken sich in die Rinde des Baumes ein.
Der buschige Schwanz hilft den Tieren, beim Klettern, Springen und Balancieren, das Gleichgewicht zu halten.

Eine Wohnung in den Baumkronen

Eichhörnchen werden hoch oben in den Bäumen geboren. Ihr kugelförmiges Nest, der **Kobel** (▷B 2), besteht aus einem Geflecht von Zweigen. Er besitzt ein dichtes Dach und wird mit Moos und Gras ausgepolstert.
Im Frühjahr bringt das Weibchen meist fünf nackte und blinde Junge zur Welt. Die Jungtiere sind **Nesthocker**. Viele Jungtiere fallen dem Baummarder oder Greifvögeln zum Opfer.

Eichhörnchen sind Nagetiere

Die Nahrung der Eichhörnchen besteht hauptsächlich aus Eicheln, Nüssen, Bucheckern sowie den Samen aus Tannen- und Fichtenzapfen. Aber auch Insekten, Vogeleier oder sogar aus dem Nest gefallene Jungvögel werden nicht verschmäht.
Eichhörnchen gehören zu den **Nagetieren**. Wie alle Nagetiere haben sie im Ober- und Unterkiefer ein Paar kräftige Schneidezähne, die **Nagezähne** (▷B 4). Dort, wo bei uns die Eckzähne sitzen, haben Nagetiere eine Zahnlücke. Die kräftigen Nagezähne knacken jede noch so harte Nuss. Dabei nutzen sich die Zähne allmählich ab. Für die Tiere kein Problem, denn die Nagezähne wachsen ständig nach.

3 Von Eichhörnchen bearbeitete Nüsse

Eichhörnchen im Winter

Eichhörnchen halten **Winterruhe**. Sie schlafen nur einige Tage in ihrem Kobel, wachen auf und fressen von ihren Vorräten, die sie im Herbst angelegt haben. Mit ihrem sehr guten Geruchssinn finden sie die meisten der angelegten Vorräte auch wieder. Da sie aber dennoch manche der vergrabenen Samen und Früchte nicht mehr finden, tragen sie so auch zur Verbreitung von Pflanzen bei.

Lange Krallen an Zehen und Fingern ermöglichen den Eichhörnchen, schnell an Bäumen zu klettern. Der buschige Schwanz hilft ihnen dabei das Gleichgewicht zu halten.

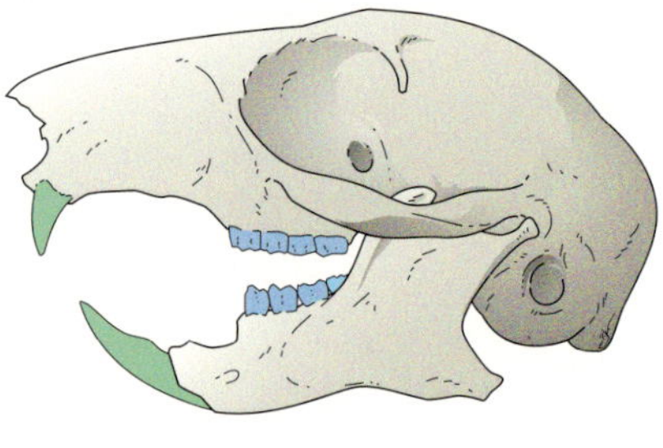

4 Schädel eines Eichhörnchens

Aufgaben

1 Nenne Beispiele von Haustieren, die zu den Nagetieren gehören.

2 Beschreibe, wie Eichhörnchen den Winter überstehen.

Eine unterirdische Erdwohnung
Die vielen kleinen Hügel auf Feldern, Wiesen und in Gärten zeigen uns, dass hier ein Maulwurf sein Revier hat. Könnten wir unter die Erde sehen, so würden wir ein weit verzweigtes unterirdisches Gangsystem erkennen, in dem neben einem großen Wohnkessel verschiedene Vorratsräume vorhanden sind (▷B3).

Der Spezialist unter Tage
Der Körper des Maulwurfs ist sehr gut an das Leben unter der Erde angepasst. Sein etwa 15 cm langer Körper ist **walzenförmig**. Die Kopfform ist spitz, sodass er gut in der Erde wühlen kann. Dabei hilft dem Maulwurf auch die rüsselartig verlängerte Nase.

Für seine Wühlarbeit unter der Erde besitzt der Maulwurf eine speziell ausgebildete **Grabhand**. Die Grabhände haben eine zusätzliche Kralle, das **Sichelbein** (▷B3), das beim Graben hilft. Das dichte Fell des Maulwurfs hat keinen Strich, deshalb kann er ohne Probleme vorwärts und rückwärts durch seine Gänge laufen.

Der Maulwurf sieht schlecht, dafür sind sein **Geruchs-** und sein **Tastsinn** sehr gut ausgebildet. Die Ohren liegen unter dem Fell und haben keine Ohrmuscheln. Dennoch hört der Maulwurf sehr gut.

Der Maulwurf – ein unermüdlicher Jäger
Mit den kleinen, spitzen Zähnen des **Insektenfressergebisses** (▷B1) jagt er vor allem Würmer, Asseln, Spinnen, Lurche, kleine Kriechtiere, Mäuse, Schnecken, Spitzmäuse und Insektenlarven. Alle 3–4 Stunden durchstreift er seine Gänge, um nach Nahrung zu suchen.

Maulwürfe sind Einzelgänger
Treffen zwei Maulwürfe aufeinander, kämpfen die Einzelgänger auf Leben und Tod. Es kommt sogar vor, dass der Sieger den unterlegenen Artgenossen auffrisst.

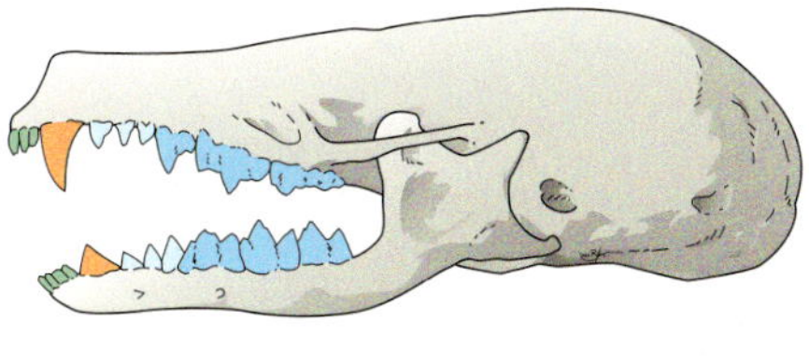

1 Schädel eines Maulwurfs

2 Maulwurf

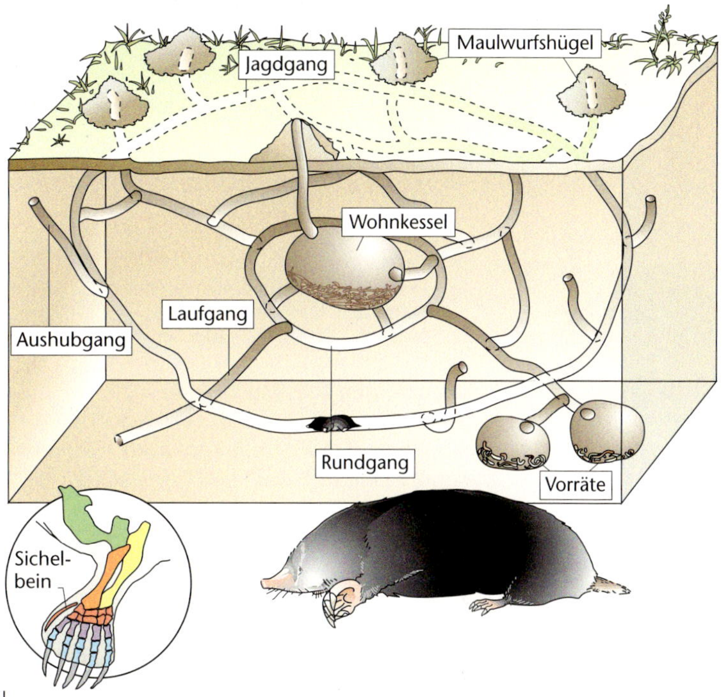

3 Bau des Maulwurfs, Grabhand

Vorräte für den Winter
Der Maulwurf hält keinen Winterschlaf. Für den Winter legt er Vorräte in speziellen Kammern an. Vor allem Insekten und Regenwürmer dienen als Nahrung in der kalten Jahreszeit. Die Regenwürmer lähmt er durch einen Biss, sodass sie zwar noch leben, sich aber nicht mehr in der Erde vergraben können.

Maulwürfe sind durch den walzenförmigen Körper, die Grabhände, das Fell ohne Strich und den feinen Geruchs- und Tastsinn sehr gut an das Leben unter der Erde angepasst.

Aufgabe

1 a) Erkläre die wesentlichen Anpassungen des Maulwurfs an das Leben unter der Erde.
b) Weshalb kann der Maulwurf ohne Winterschlaf auskommen?

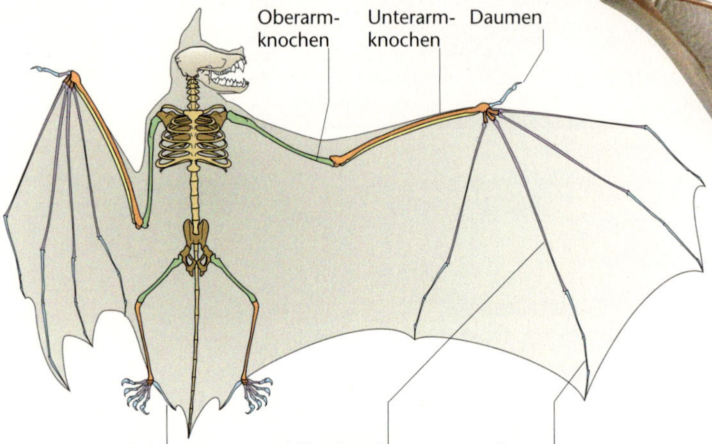

1 Skelett einer Fledermaus

2 Hufeisennase im Flug

Die mit den Händen fliegen

Fledermäuse sind weder mit den Vögeln noch mit den Mäusen verwandt. Der wissenschaftliche Name der Tiere ist sehr treffend gewählt: Chiroptera, die – mit – den – Händen – fliegen.

Eine Fledermausart, die du bei uns gelegentlich sehen kannst, ist z.B. der Abendsegler. Die Hufeisennase (▷ B 2) ist dagegen sehr selten.

Die Flügel der Fledermäuse sind elastische Häute, die zwischen den Vorder- und Hinterbeinen sowie dem Schwanz gespannt sind. Die Finger sind stark verlängert und bilden so eine Stütze für die Flughaut (▷ B 1 und 2). Der Körper der Fledermäuse ist mit einem dichten Haarkleid bedeckt. Flughäute und Ohren sind meist haarlos. Fledermäuse leben im Verborgenen: Tagsüber schlafen sie in Höhlen, auf Dachböden oder in Kirchtürmen, dabei hängen sie kopfüber an Balken oder Mauervorsprüngen und hüllen sich mit ihrer Flughaut ein (▷ B 6). Nachts gehen die Tiere auf Jagd.

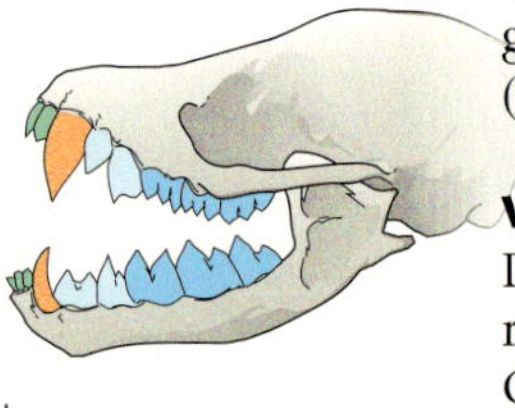

3 Schädel einer Fledermaus

Viele Fledermäuse fressen Insekten

Die heimischen Fledermausarten ernähren sich fast durchweg von Insekten. Ihr Gebiss (▷ B 3) besteht aus kleinen spitzen Zähnen. In den Tropen gibt es aber auch reine Vegetarier unter den Fledermäusen.

Mit Ultraschall durch die Nacht

Wie finden Fledermäuse in völliger Dunkelheit ihre Beute? Um das herauszufinden, ließ der italienische Naturforscher LAZZARO SPALLANZANI (1729 – 1799) Fledermäuse in einem völlig dunklen Raum mit kreuz und quer gespannten Fäden fliegen. Da an den Fäden kleine Glöckchen hingen, konnte er feststellen, dass die Tiere nie an die Fäden stießen. Verstopfte er den Fledermäusen allerdings die Ohren, so konnten sie sich nicht mehr orientieren und stießen gegen die Fäden. Erst 1938 entdeckten Forscher, dass Fledermäuse sehr hohe und für den Menschen unhörbare Schreie ausstoßen. Solche für uns unhörbaren Töne nennt man **Ultraschall**. Diese Schallwellen werden von Hindernissen und Beutetieren als Echo zurückgeworfen und von den Tieren mit ihren empfindlichen Ohren wahrgenommen. So können die Tiere auch bei völliger Dunkelheit jagen. Fledermäuse „sehen also mit den Ohren". Dabei können sie erstaunlich schnell fliegen. Manche Arten bringen es auf bis zu 50 km/h.

Hättest du das gedacht?

Die kleinste bekannte Fledermausart ist die **Hummelfledermaus** mit einem Gewicht von 2 g, einer Länge von 3 cm und einer Spannweite von 12 cm.

Der **Riesen-Flughund** hat ein Gewicht von 1,5 kg, ist etwa 50 cm lang und hat eine Flügelspannweite von 170 cm.

Einzelkinder
Im Juni bringen die Weibchen in speziellen „Wochenstuben“, eigens dafür ausgesuchten Höhlen, meist ein Junges zur Welt. Die Jungtiere werden gesäugt und sind nach etwa 6–8 Wochen selbstständig.

Kopfüber durch den Winter
Unsere heimischen Fledermäuse halten einen **Winterschlaf**. Sie hängen sich in ihren Winterquartieren in Gruppen kopfüber an Vorsprüngen auf, umhüllen sich mit der Flughaut und fallen in einen tiefen Schlaf. Mit dem Fettvorrat, den die Tiere sich im Laufe des Jahres angefressen haben, müssen sie 5–6 Monate auskommen.

Nicht gejagt – und doch bedroht
Fledermäuse stehen unter Naturschutz. Trotzdem sind unsere heimischen Arten bedroht. Eine der Ursachen hierfür ist der Verlust an Schlafplätzen, da der Mensch immer mehr Kirchtürme, Scheunen und Höhlen verschließt. Eine andere Ursache liegt in der Verwendung von Insektengiften. Diese vernichten die Nahrung der Fledermäuse. Auch die Fledermäuse können durch das Insektengift geschädigt werden.

Fledermäuse sind fliegende Säugetiere, die sich mit Ultraschall orientieren. Sie fressen Insekten und halten Winterschlaf. Fledermäuse sind bedroht.

Vampire – gibt's die wirklich?
Es gibt tatsächlich auch Vampire (▷ B 5) unter den Fledermäusen. Mit den kleinen, messerscharfen Zähnen ritzen sie die Haut ihrer „Blutspender“ unmerklich an und lecken das austretende Blut auf. Diese Vampire leben ausschließlich in Mittel- und Südamerika. Sie ernähren sich vor allem vom Blut von Pferden, Rindern, Hunden oder Ziegen. Aber auch schlafende Menschen werden nicht verschont. Der Biss an sich ist aber völlig harmlos und der Blutverlust nicht groß. Die größte Gefahr bei solchen Fledermausbissen liegt in der Übertragung ansteckender Krankheiten.

Aufgaben

1 Wie gelingt es Fledermäusen, sich in völliger Dunkelheit zurechtzufinden?

2 a) Nenne Gründe, weshalb Fledermäuse bedroht sind.
b) Wie kann der Mensch den vom Aussterben bedrohten Fledermäusen helfen?

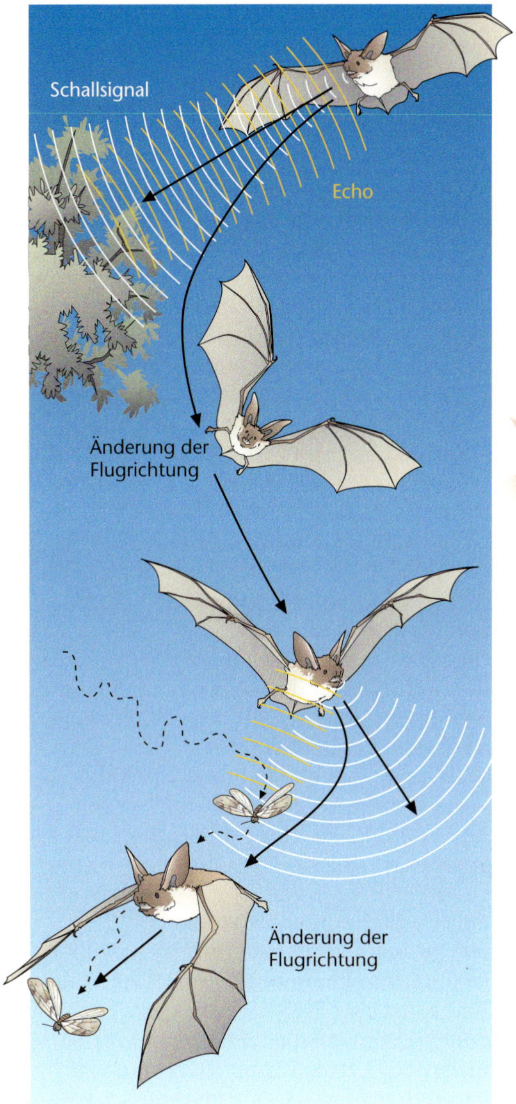

4 Fledermäuse orientieren sich mit Ultraschall.

6 Schlafende Fledermaus

5 Gemeiner Vampir

1 Blauwal

4 Großer Tümmler

Können Säugetiere im Meer leben?

„Walfisch“ sagen viele Menschen und bringen damit zum Ausdruck, dass Wale wie Fische aussehen. Wale und Delfine sind aber keine Fische; es sind Säugetiere, die im Wasser leben. Wale atmen, wie alle Säugetiere, durch Lungen und müssen deshalb immer wieder auftauchen. Durch die oben am Kopf liegende Nasenöffnung stoßen sie beim Ausatmen unter hohem Druck die Atemluft aus. Dabei entsteht die bekannte Fontäne. Ihr Körper ist **stromlinienförmig**. Als Antrieb dient die große waagerecht liegende Schwanzflosse. Die Flipper, wie die vorderen Flossen der Wale genannt werden, dienen der Steuerung beim Schwimmen.
Da ein wärmendes Fell im Wasser hinderlich wäre, haben die Wale eine **dicke Fettschicht** ausgebildet, die sie wirksam gegen das kalte Wasser schützt.
Wale bringen lebende Junge zur Welt. Wie bei allen Säugetieren werden auch die Jungtiere der Wale mit Muttermilch ernährt.

2 Krill

Ein friedlicher Riese im Meer

Das größte Tier, das auf unserer Erde lebt, ist der **Blauwal**. Er wird bis zu 33 m lang und kann über 130 000 kg wiegen. Das entspricht in etwa dem Gewicht von 30 Elefanten. Dieser Gigant ist ein äußerst friedfertiges Tier, das sich fast ausschließlich von **Krill** (▷ B 2) ernährt.

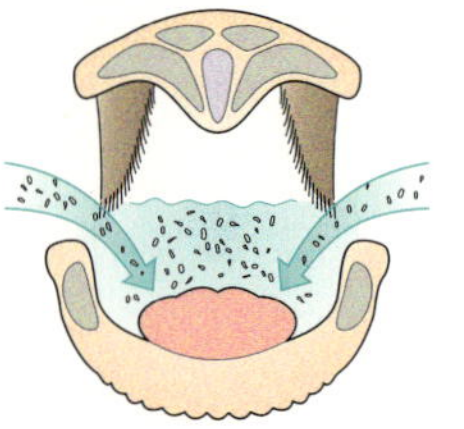

Die Nahrung wird mitsamt dem Meerwasser aufgenommen.

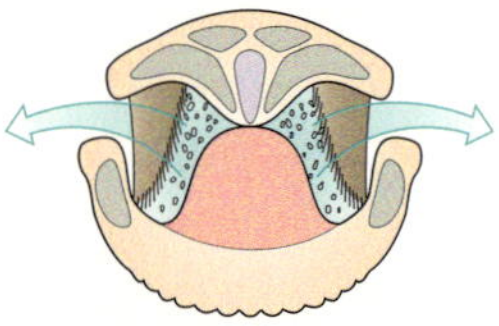

Dann wird das Wasser nach außen gedrückt, während die Nahrung von den Barten zurückgehalten wird.

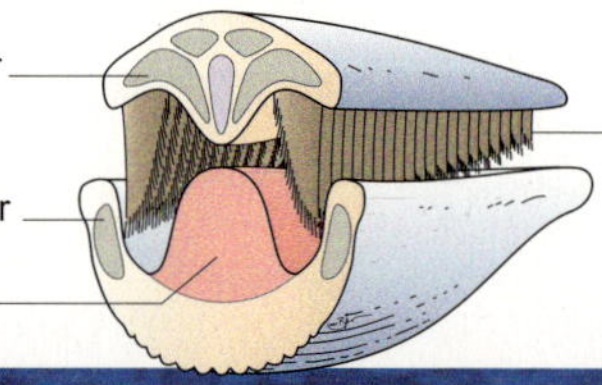

3 Bartenwal mit geöffnetem Maul

Wale ernähren sich verschieden

Der Blauwal gehört zu den **Bartenwalen**. Diese besitzen keine Zähne sondern **Barten**. Das sind kammartige Hornplatten, die vom Kiefer herabhängen und mit deren Hilfe die Bartenwale Kleintiere als Nahrung aus dem Wasser herausfiltern.

Neben den Bartenwalen gibt es auch **Zahnwale**. Sie besitzen ein Gebiss aus gleich großen Zähnen, mit denen sie ihre Beute, vor allem Fische und andere größere Wasserbewohner, jagen.
Zu den Zahnwalen gehören auch die bei den Menschen so beliebten Delfine (▷ B 4).

Orientierung unter Wasser

Delfine und einige andere Walarten besitzen, ähnlich wie die fliegenden Säugetiere, die Fledermäuse, ein **Schallortungssystem**. Sie stoßen Ultraschallwellen aus und fangen die von den Beutetieren reflektierten Schallwellen mit ihrem feinen Gehör wieder auf. Das ist in der Dunkelheit der Meerestiefe ein sehr wirkungsvolles Orientierungssystem.

▶ Wale sind an das Leben im Meer angepasste Säugetiere. Sie atmen mithilfe von Lungen. Viele Wale besitzen ein Schallortungssystem.

Aufgabe

1 Informiere dich mithilfe des Internets über den Buckelwal. Schreibe einen Steckbrief über diesen Wal.

Strategie

Lesen wie ein Profi

„Lest bis zur nächsten Biologiestunde den Text über die Wale", sagt die Lehrerin am Schluss der Stunde. „Ich möchte, dass ihr auf Fragen zum Inhalt antworten könnt."

Weißt du eigentlich, wie „Leseprofis" lesen? Hier kannst du ein paar Tipps von ihnen übernehmen.

A. Erstmal überfliegen ...
Zuerst solltest du den ganzen Text „überfliegen", das heißt flüchtig lesen. Diese erste Information ist nützlich und hilft dir, einen groben Überblick über den Inhalt des Textes zu bekommen. Achte auf die Überschriften und die fett gedruckten Begriffe. Schau dir auch die Bilder auf der Seite an.

B. ... dann genauer hinschauen
Beim genauen Lesen im Anschluss geht es darum, den Text möglichst gut zu verstehen, um sich später auch an Einzelheiten erinnern zu können. Du solltest dazu Absatz für Absatz langsam lesen und nach jedem Abschnitt den Inhalt mit eigenen Worten wiedergeben.

C. Aktiv lesen
Um den Inhalt zu verstehen und zu behalten und für einen Test oder eine mündliche Prüfung fit zu sein, reicht das aber noch nicht. Jetzt musst du „aktiv lesen". Da du auf einer Buchseite nicht schreiben darfst, mache eine Fotokopie, auf der du arbeiten kannst oder lege ein Blatt Papier neben das Buch.

D. Unbekanntes markieren
Markiere alle Wörter, die du nicht verstehst. Frage deine Lehrerin oder deinen Lehrer oder schau in einem Lexikon nach.

E. Wichtiges notieren
Unterstreiche wichtige Begriffe, ordne die gesammelten Informationen, setze Farben ein und verwende Symbole wie ? (das ist mir unklar) oder ! (das ist wichtig).

F. Zusammenfassen
Zum Schluss kommt das Zusammenfassen. Damit ist das Herausschreiben der wichtigsten Inhalte in Stichworten gemeint. Eine Faustregel besagt: die Zusammenfassung darf nicht länger als ein Viertel des ursprünglichen Textes sein.

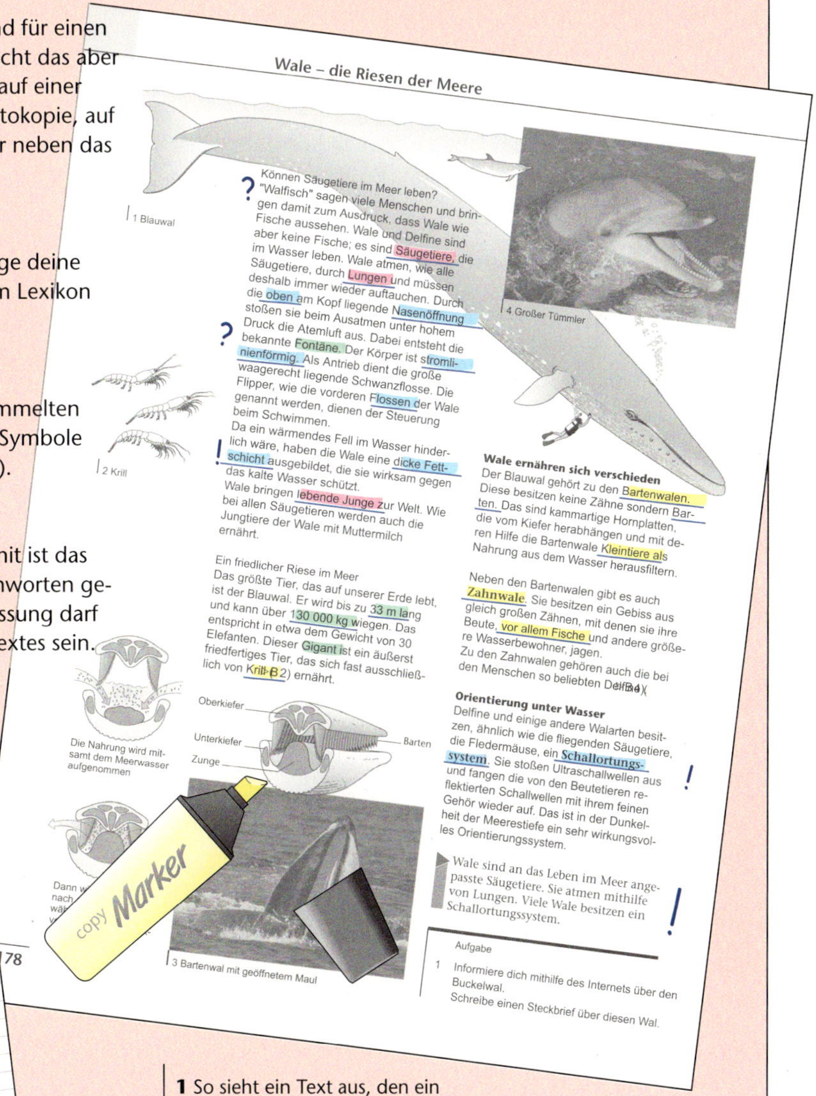

Wale – die Riesen der Meere

1 Blauwal

? Können Säugetiere im Meer leben?
"Walfisch" sagen viele Menschen und bringen damit zum Ausdruck, dass Wale wie Fische aussehen. Wale und Delfine sind aber keine Fische; es sind Säugetiere, die im Wasser leben. Wale atmen, wie alle Säugetiere, durch Lungen und müssen deshalb immer wieder auftauchen. Durch die oben am Kopf liegende Nasenöffnung stoßen sie beim Ausatmen unter hohem Druck die Atemluft aus. Dabei entsteht die ? bekannte Fontäne. Der Körper ist stromlinienförmig. Als Antrieb dient die große waagerecht liegende Schwanzflosse. Die Flipper, wie die vorderen Flossen der Wale genannt werden, dienen der Steuerung beim Schwimmen.
Da ein wärmendes Fell im Wasser hinderlich wäre, haben die Wale eine dicke Fett- ! schicht ausgebildet, die sie wirksam gegen das kalte Wasser schützt.
Wale bringen lebende Junge zur Welt. Wie bei allen Säugetieren werden auch die Jungtiere der Wale mit Muttermilch ernährt.

4 Großer Tümmler

2 Krill

Ein friedlicher Riese im Meer
Das größte Tier, das auf unserer Erde lebt, ist der Blauwal. Er wird bis zu 33 m lang und kann über 130 000 kg wiegen. Das entspricht in etwa dem Gewicht von 30 Elefanten. Dieser Gigant ist ein äußerst friedfertiges Tier, das sich fast ausschließlich von Krill (B2) ernährt.

Wale ernähren sich verschieden
Der Blauwal gehört zu den Bartenwalen. Diese besitzen keine Zähne sondern Barten. Das sind kammartige Hornplatten, die vom Kiefer herabhängen und mit deren Hilfe die Bartenwale Kleintiere als Nahrung aus dem Wasser herausfiltern.
Neben den Bartenwalen gibt es auch **Zahnwale**. Sie besitzen ein Gebiss aus gleich großen Zähnen, mit denen sie ihre Beute, vor allem Fische und andere größere Wasserbewohner, jagen. Zu den Zahnwalen gehören auch die bei den Menschen so beliebten Delfine (B4).

Orientierung unter Wasser
Delfine und einige andere Walarten besitzen, ähnlich wie die fliegenden Säugetiere, die Fledermäuse, ein **Schallortungssystem**. Sie stoßen Ultraschallwellen aus und fangen die von den Beutetieren reflektierten Schallwellen mit ihrem feinen Gehör wieder auf. Das ist in der Dunkelheit der Meerestiefe ein sehr wirkungsvolles Orientierungssystem. !

Wale sind an das Leben im Meer angepasste Säugetiere. Sie atmen mithilfe von Lungen. Viele Wale besitzen ein Schallortungssystem. !

3 Bartenwal mit geöffnetem Maul

178

Aufgabe
1 Informiere dich mithilfe des Internets über den Buckelwal. Schreibe einen Steckbrief über diesen Wal.

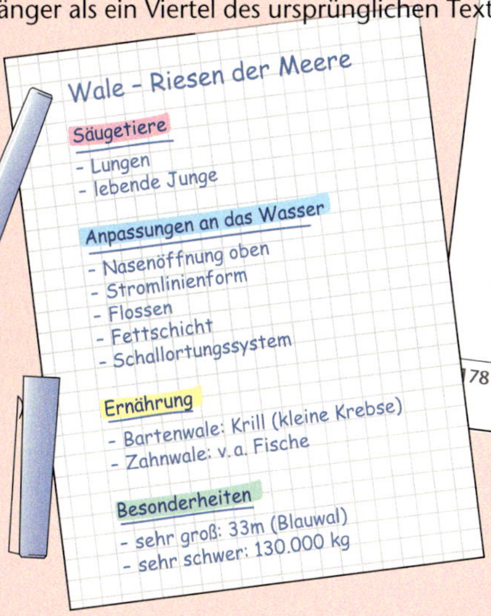

Wale - Riesen der Meere

Säugetiere
- Lungen
- lebende Junge

Anpassungen an das Wasser
- Nasenöffnung oben
- Stromlinienform
- Flossen
- Fettschicht
- Schallortungssystem

Ernährung
- Bartenwale: Krill (kleine Krebse)
- Zahnwale: v. a. Fische

Besonderheiten
- sehr groß: 33m (Blauwal)
- sehr schwer: 130.000 kg

1 So sieht ein Text aus, den ein „Leseprofi" bearbeitet hat.

Säugetiere – zu Wasser, zu Lande und in der Luft

Säugetiere haben außer der Antarktis alle Kontinente besiedelt. Sie leben im Meer und haben auch den Luftraum erobert.

Rehe und Hirsche
Rehe leben vorwiegend am Waldrand und ernähren sich als Wiederkäuer von Kräutern, Gräsern und jungen Baumtrieben. Meist leben sie in kleinen Rudeln. Die Kitze sind durch ihre Geruchslosigkeit und die Tarnfärbung sehr gut vor Feinden geschützt. Rehe sind Kulturfolger.
Der Rothirsch ist ein scheuer Waldbewohner. In der Brunftzeit muss der Platzhirsch sein Revier und seine Weibchen gegen Rivalen verteidigen.

Fliegende Säugetiere
Fledermäuse orientieren sich mithilfe von Ultraschall. Unsere einheimischen Arten fressen fast ausschließlich Insekten, die sie im Flug erbeuten. Für die Aufzucht

der Jungen und für den Winterschlaf brauchen sie gut geschützte Höhlen oder offene Türme und Speicher.

Stacheln als Schutz
Igel sind durch ihre Stacheln sehr gut vor natürlichen Feinden geschützt. Sie leben als Einzelgänger und halten einen Winterschlaf.

Feldhase und Wildkaninchen – die ungleichen Verwandten
Feldhasen sind meist einzeln lebende Tiere, die in freiem Gelände leben. Ihre kräftigen Hinterbeine machen sie zu schnellen und ausdauernden Läufern. Die Jungen sind Nestflüchter.
Wildkaninchen leben gesellig in unterirdischen Höhlen. Ihre Jungen kommen nackt und blind zur Welt.

Eichhörnchen sind Kletterkünstler
Eichhörnchen verbringen ihr Leben auf Bäumen. Der buschige Schwanz und die langen, spitzen Krallen helfen beim

Klettern. Für den Winter, in dem sie Winterruhe halten, legen sie Vorräte an.

Maulwürfe unter uns

Maulwürfe sehen sehr schlecht. Sie sind mit ihrem walzenförmigen Körper und dem ausgezeichneten Geruchs- und

Tastsinn gut an das Leben unter der Erde angepasst. Maulwürfe sind Einzelgänger, die Vorräte für den Winter anlegen.

Wale leben im Meer

Wale sind Säugetiere, die im Meer leben und mit Lungen atmen. Eine dicke Fettschicht schützt sie vor Kälte. Sie bringen lebende Junge zur Welt und säugen diese mit Muttermilch. Es gibt Zahn- und Bartenwale, die sich völlig unterschiedlich ernähren.

Aufgaben

1 Begründe, weshalb zu viele Rehe und Hirsche für den Wald schädlich sind.

2 Stelle eine Liste der Probleme zusammen, die bei der Überwinterung eines Igels im Haus auftreten können.

3 Hase und Kaninchen werden oft verwechselt. Erkläre die Unterschiede zwischen Feldhase und Wildkaninchen.

4 Erkläre, warum Eichhörnchen Wintervorräte anlegen.

5 Manche Gärtner meinen, dass der Maulwurf die Wurzeln von Pflanzen abfrisst. Was kannst du solchen Gärtnern sagen?

6 Auf den Bäumen lebt das Eichhörnchen und unter der Erde der Maulwurf. Überlege, welche Anpassungen der Maulwurf bräuchte, damit auch er auf Bäumen leben könnte.

7 Fledermäuse sind bedroht. Suche im Internet nach Informationen, wie man Fledermäusen helfen kann.

8 Stelle eine Übersicht über die Rohstoffe, die der Wal liefert, zusammen.

9 Vergleiche die Gebisse von Eichhörnchen, Maulwurf und Fledermaus miteinander. Für welche Nahrung sind diese Gebisse jeweils geeignet? Begründe deine Antwort.

10 Nach der Meinung einiger Wissenschaftler sind die Bohrinseln mit verantwortlich für die Orientierungsstörungen und das Stranden von Walen. Welche Fakten sprechen für diese Vermutung?

11 Viele Menschen sprechen von „Walfischen". Nenne mindestens fünf Fakten, die beweisen, dass diese Bezeichnung falsch ist.

Pflanzen und Tiere im Schulumfeld

Der Schulhof ist voller Leben! Mit Fernglas, Bestimmungsbuch, Lupe und vor allem offenen Augen und Ohren kannst du dort viele interessante Tiere und Pflanzen entdecken.

Die „Schulhof-Krähe“

Es hat zur Stunde geläutet. Die letzten Schülerinnen und Schüler sind im Gebäude verschwunden und auf dem Schulhof wird es still. Hier und da liegt Papier herum. Zwei Rabenkrähen, die während der Pause auf dem Schuldach gesessen haben, fliegen herab und streiten sich um den Rest eines Butterbrotes, das einem Schüler auf den Boden gefallen ist. Der stärkere Vogel zieht sich mit dem Futter an seinen Stammplatz auf der Ecke des Schuldaches zurück.

Von diesem Platz aus kann die Rabenkrähe das gesamte Schulgelände übersehen. Da sie ein Allesfresser ist, gibt es für sie überall etwas zu finden: am Schulteich, unter der Hecke und auf den Rasenflächen.

Der Schulhof lebt!

Der Schulhof lockt nicht nur Krähen an. Auch andere Vogelarten finden hier Futter. Einige suchen nach Resten von Obst oder picken die Beeren auf, die unter den Sträuchern liegen. Andere machen Jagd auf Insekten, die sich auf den erwärmten Steinen des gepflasterten Schulhofs aufhalten.

In den Sträuchern füttern Amseln ihre Jungen und in einem Nistkasten brüten Kohlmeisen. Rasen, Sportgelände und Wegränder sind voller Gänseblümchen und Löwenzahnblüten. Am Schulteich schwirren Libellen über die Wasserfläche.

Du siehst, es gibt überall viel zu entdecken.

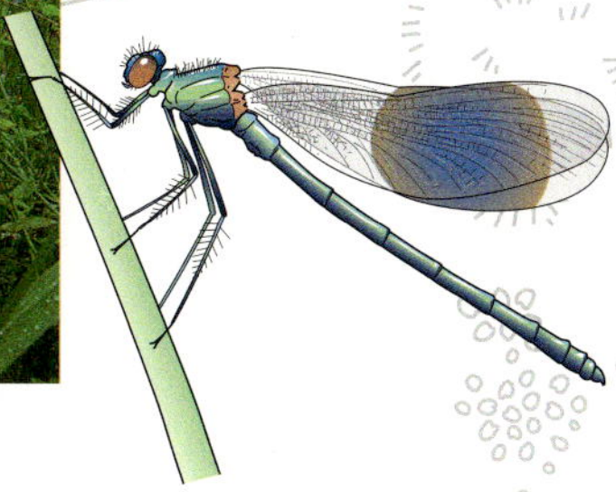

1 Kröte im Kellerschacht

Fallgruben auf dem Schulgelände

Mithilfe des Hausmeisters kannst du „Fallgruben" auf deinem Schulgelände untersuchen. Das sind z. B. Außentreppen zum Keller, die Schächte unter den Kellerfenstern und unter den Fußrosten.
Hier findest du vor allem Tiere, die in der Nacht auf Beutefang gingen und dabei in diese Fallgruben gerieten (▷ B 1).

Welche Tiere leben unter Brettern und Steinen?

Viele der kleinen Tiere sind nur in der Nacht aktiv. Manche von ihnen sind empfindlich gegen Sonnenstrahlen, denn sie würden schnell austrocknen. Deshalb verstecken sie sich am Tag unter Steinen, Brettern oder sonstigen Gegenständen, die auf dem Boden liegen.

Hier werden nicht nur Bälle getreten

Vor dem Fußballtor wachsen Pflanzen, denen es offensichtlich nichts ausmacht, ständig getreten zu werden. Man nennt diese Pflanzen **Trittpflanzen** und ihre Lebensgemeinschaft einen **Trittrasen**.
Die meisten von ihnen haben ihre Blätter flach auf dem Boden ausgebreitet, sie bilden eine **Rosette**. Die Wurzeln reichen tief in den Boden, um auch bei Trockenheit noch an das Wasser zu gelangen; Blätter und Stängel sind hart und nur schwer zu zerreißen. Trittpflanzen sind also sehr widerstandsfähig und können sogar in Pflasterritzen wachsen.

▶ Achtung: Setze gefangene Tiere nach der Beobachtung wieder in ihren Lebensraum zurück!

Aufgaben

1 Fange vorsichtig Kleintiere auf dem Schulgelände.
a) Betrachte die gefangenen Kleintiere mit der Becherlupe und bestimme sie mit einem Bestimmungsbuch.
b) Notiere die Namen der Tiere in deinem Heft und informiere dich über die Lebensweise dieser Tiere.

2 Bereitet in Gruppenarbeit eine Ausstellung zum Thema „Tiere auf dem Schulgelände" vor.
Erstellt zu jedem Lebensraum ein Plakat.

2 Tiere und Pflanzen auf dem Schulgelände

Ein eigener Garten an der Schule
Aus dem eigenen Garten Gemüse, Blumen und Obst ernten, das Jahr über Freude an Blumen haben, immer Schmetterlinge, Bienen und andere Gartentiere in Schulnähe beobachten können! Das alles ist möglich, wenn ihr einen Schulgarten anlegt.

1 Schulgarten

2 Gartenarbeit

Was ist zu bedenken, bevor ihr einen Schulgarten anlegt?
Wenn ihr einen Schulgarten plant, müsst ihr einiges beachten:
- Wo soll der Garten angelegt werden?
- Ist der Boden geeignet und nah genug am Schulgebäude?
- Habt ihr genügend Helfer für die Gartenarbeit?
- Wen müsst ihr vorher um Genehmigung bitten?
- Gibt es jemanden, der das Projekt ständig begleitet?
- Wer trägt die Kosten, die sicherlich entstehen werden?
- Wer kümmert sich in den Ferien um den Garten?
- Wie wollt ihr die Früchte oder das Gemüse verwerten, das ihr erntet?

Gärtnern ohne Gift
Kaum ist der Garten angelegt, werdet ihr feststellen, dass eine Menge Tiere – besonders Insekten – ebenfalls an den Pflanzen Gefallen finden. Die mühevoll gezogenen Jungpflanzen schmecken Schnecken und Blattläusen natürlich auch. Ihr solltet diese ungebetenen Gäste durchaus bekämpfen – aber nicht mit Gift, denn darunter würden auch andere Tiere leiden. Eine **Brennnesselbrühe** (10 kg Brennesseln auf 10 l Wasser) ist gegen einige dieser Schädlinge ein gutes Mittel. Noch besser ist es, wenn ihr im Garten für die natürlichen Feinde dieser Tiere Unterschlupf und Niststätten baut. Besorgt euch dazu Tipps und Bauanleitungen von den Naturschutzverbänden.

3 Komposthaufen

Ein Komposthaufen gehört in jeden Garten
In einem Komposthaufen könnt ihr alle Gartenabfälle und die gejäteten Wildkräuter entsorgen. Auch Küchenabfälle, Laub und Grasschnitt gehören in den Kompost. Speisereste sollte man nicht hinzufügen; sie würden Ratten und Mäuse anlocken. Nach etwa einem Jahr haben Kleintiere wie Regenwürmer, Asseln und Tausendfüßer ganze Arbeit geleistet: Das Pflanzenmaterial ist verrottet und kann als fruchtbarer Humus auf die Beete ausgebracht werden. Der Komposthaufen darf nicht zu groß sein, da er von allen Seiten ausreichend mit Luft versorgt werden muss. Er wird aus Brettern an einer halbschattigen Stelle gebaut und darf nicht zu nass werden.

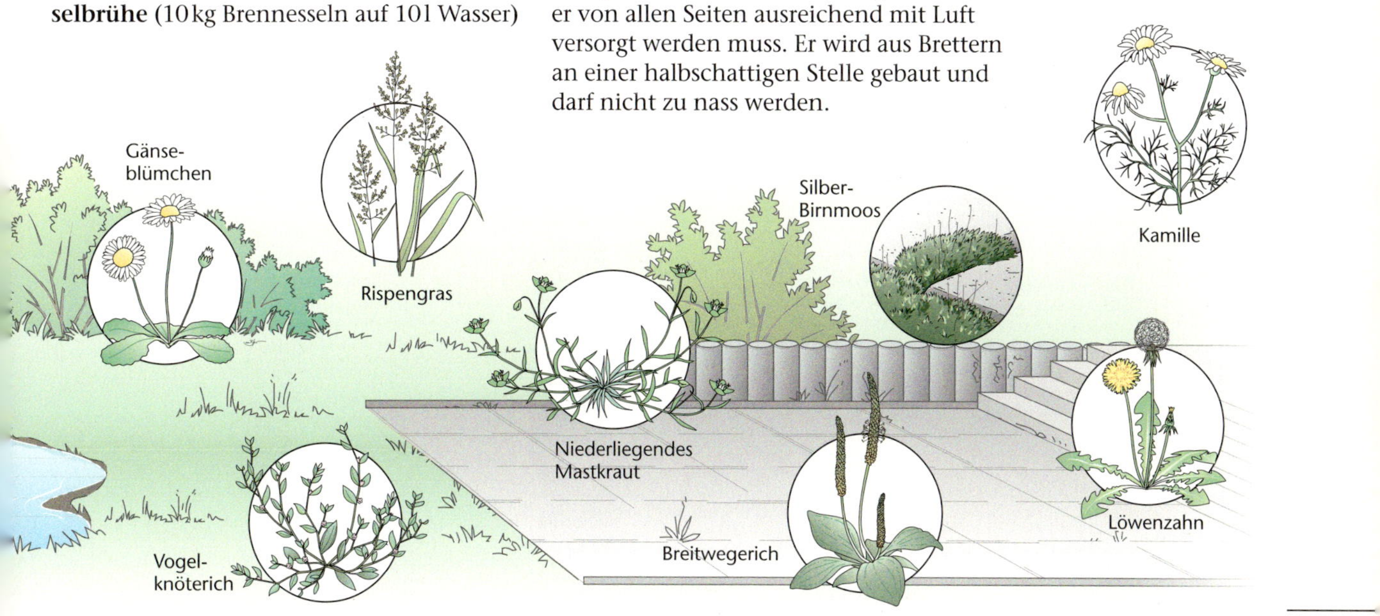

Versuche mit dem Regenwurm

Alle Versuche, an denen lebende Tiere – also auch unser Regenwurm – beteiligt sind, musst du äußerst vorsichtig und behutsam durchführen.

1 Die Fortbewegung

Material
Glasscheibe, Papier

Durchführung
Lege den Wurm auf eine befeuchtete Glasplatte und beschreibe, wie er sich fortbewegt. Das unten stehende Bild kann dir dabei helfen. Lasse den Wurm danach auf einem Blatt Papier kriechen. Sei ganz leise und beschreibe dann, was du gehört hast. Erkläre!

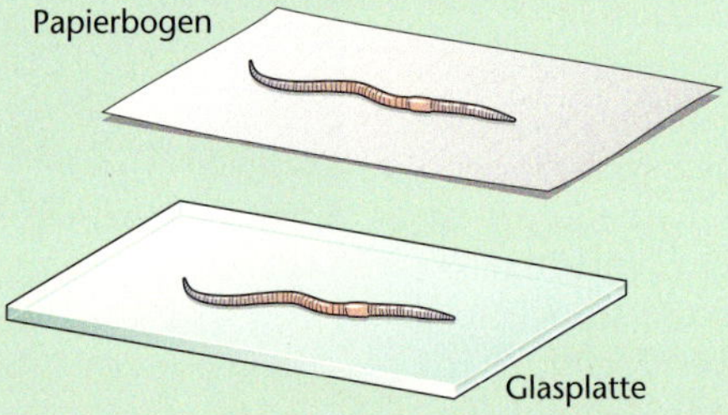

1 Welche Geräusche macht der Regenwurm?

2 Wie mögen es Regenwürmer – hell oder dunkel?

Material
Glasrohr, schwarzes Papier

Durchführung
Lasse den Wurm in eine Glasröhre kriechen. Nimm einen Bogen schwarzes Papier und umhülle einen Teil des Glasrohres damit, sodass der Wurm etwas bedeckt ist. Wie reagiert das Tier? Erkläre sein Verhalten.

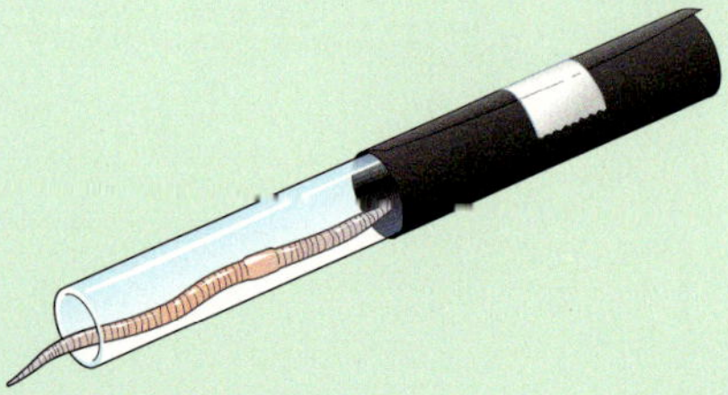

2 Mag er Helligkeit oder Dunkelheit?

3 Reaktion auf chemische Reize

Material
Pinsel, Glasscheibe, verdünnte Essigsäure

Durchführung
Ziehe auf der Glasplatte um den Regenwurm herum einen Kreis mit dem Pinsel, den du in verdünnte Essigsäure getaucht hast. Beobachte wie der Wurm reagiert, wenn er mit der Essigsäure in Berührung kommt.

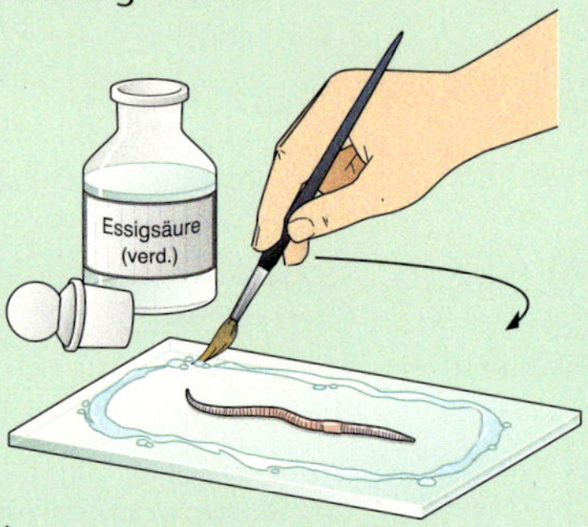

3 Mag der Wurm Essigsäure?

4 Reaktion auf Berührung

Material
Bleistift

Durchführung
Berühre den Wurm vorsichtig mit der Spitze des Bleistifts und beschreibe seine Reaktion. Versuche zu erklären.

5 Wie reagiert der Regenwurm auf Geräusche?

Durchführung
Klatsche neben dem Wurm ganz laut in die Hände. Wie reagiert er?

6 Durchmischen die Würmer wirklich den Boden?

Material
Großes Einmachglas, heller Sand, dunkle Gartenerde, dunkles Tuch, Salat, Haferflocken

Durchführung
Fülle das Einmachglas abwechselnd mit je zwei Schichten Gartenerde und Sand. Die Schichten sollten jeweils etwa 4 cm dick sein. Gib nun zwei bis drei Regenwürmer in das Glas und decke es mit dem dunklen Tuch ab.

Feuchte die Erde alle zwei bis drei Tage vorsichtig mit wenig Wasser an. Gib auch etwas Nahrung in das Glas, zum Beispiel Salatblätter oder Haferflocken.

Beobachte über einen Zeitraum von drei bis vier Wochen, was sich in dem Glas verändert. Notiere deine Beobachtungen.

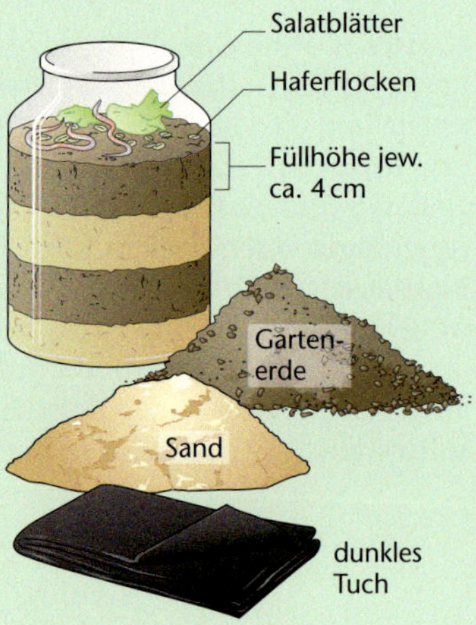

Aufgabe
Überlege dir einen Versuch, mit dem du zeigen kannst, wie der Regenwurm auf Kälte und Wärme reagiert.

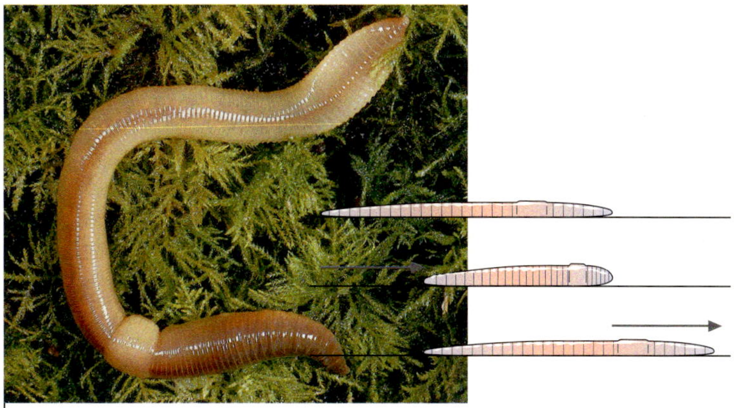

1 Ein nützlicher Geselle – der Regenwurm

Der rege Wurm
Seinen Namen hat der Regenwurm (▷ B 1) wohl daher, dass man ihn meist nur nach starken Regenfällen an der Erdoberfläche sieht. Er muss dann aus dem Boden herauskommen, um nicht zu ersticken. Eine andere Erklärung für seinen Namen stammt aus dem Mittelalter: Zu dieser Zeit sprach man vom „regen" Wurm und spielte damit auf seine unaufhaltsame Wühltätigkeit an.

Ein Wurm mit großer Bedeutung
Die biologische Bedeutung des Regenwurms ist sehr groß. Durch das Graben unterirdischer Gänge lockert er das Erdreich, sodass es gut durchlüftet wird. Der Regenwurm frisst sich regelrecht durch den Boden. Er nimmt ständig Erde auf und ernährt sich von den darin enthaltenen pflanzlichen und tierischen Überresten. Mit seinen Ausscheidungen düngt er den Boden und sorgt für die Humusbildung. Somit spielen Regenwürmer bei der Kompostierung von Abfällen in der Natur eine wichtige Rolle.

Ein nächtlicher Pflanzenfresser
Der Regenwurm kommt meist nur nachts an die Erdoberfläche, um nach Nahrung zu suchen. Er zieht mit dem Mund Pflanzenteile in seine Röhre hinein. Nur wenn sie angefault sind, können sie dem Regenwurm als Nahrung dienen. Frisches Laub kann er nicht fressen, da er weder einen Kiefer noch Zähne besitzt.

Ein schleimiger Geselle
Der Regenwurm atmet über die gesamte Hautoberfläche. Damit seine Haut feucht bleibt, sondert er **Schleim** ab. Außerdem benötigt er eine feuchte Umgebung.

Wie er leibt und lebt
Der Körper des Regenwurms kann bis zu 30 cm lang werden und ist in bis zu 180 Abschnitte gegliedert. Das Vorderteil befindet sich in der Nähe des Gürtels. Fortbewegen kann sich der Wurm mithilfe der **Chitinborsten**, die an jedem Körperabschnitt aus der Haut ragen.

Ein australischer Verwandter unseres einheimischen Regenwurms kann die erstaunliche Länge von bis zu 3 m erreichen.

Nicht ohne Sinne
Der Regenwurm kann eine ganze Reihe von Umweltreizen aufnehmen und darauf reagieren. Er besitzt am gesamten Körper **Lichtsinneszellen**, mit denen er zwischen Helligkeit und Dunkelheit unterscheiden kann. Er reagiert auch auf chemische Reize, das hilft ihm bei der Nahrungssuche. Außerdem kann er Erschütterungen und Temperaturreize wahrnehmen. Hören kann er allerdings nicht.

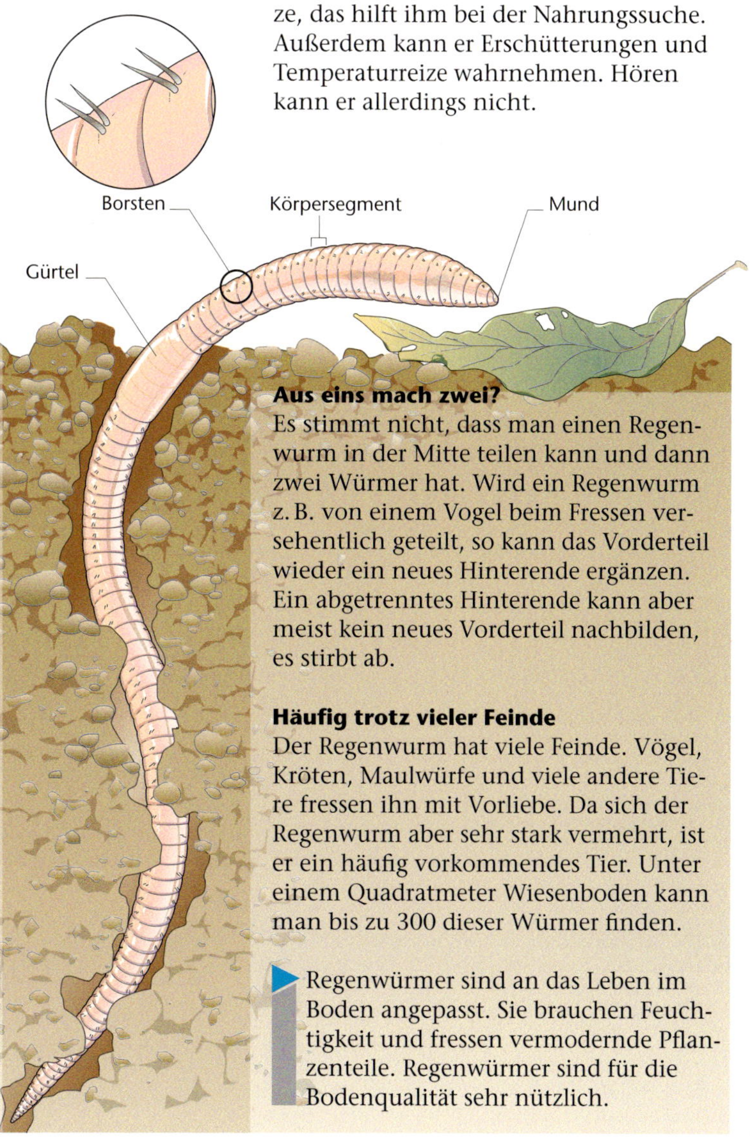

Aus eins mach zwei?
Es stimmt nicht, dass man einen Regenwurm in der Mitte teilen kann und dann zwei Würmer hat. Wird ein Regenwurm z. B. von einem Vogel beim Fressen versehentlich geteilt, so kann das Vorderteil wieder ein neues Hinterende ergänzen. Ein abgetrenntes Hinterende kann aber meist kein neues Vorderteil nachbilden, es stirbt ab.

Häufig trotz vieler Feinde
Der Regenwurm hat viele Feinde. Vögel, Kröten, Maulwürfe und viele andere Tiere fressen ihn mit Vorliebe. Da sich der Regenwurm aber sehr stark vermehrt, ist er ein häufig vorkommendes Tier. Unter einem Quadratmeter Wiesenboden kann man bis zu 300 dieser Würmer finden.

▶ Regenwürmer sind an das Leben im Boden angepasst. Sie brauchen Feuchtigkeit und fressen vermodernde Pflanzenteile. Regenwürmer sind für die Bodenqualität sehr nützlich.

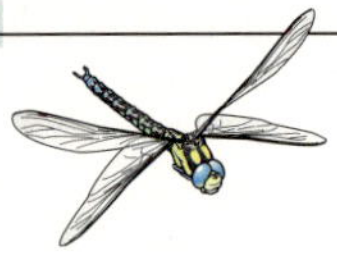

1 Rohrkolben

2 Wasser-Schwertlilie

Eine Biologiestunde am Schulteich

„Heute haben wir Bio am Teich", ruft Marie. Die anderen freuen sich auch schon, schließlich gibt es am Teich immer etwas zu sehen.

Am Ufer stehen Rohrkolben (▷ B 1) mit ihrem dicken, runden Fruchtstand. Der Lehrer erzählt, dass man diese Pflanzen früher auch Lampenputzer nannte, weil man damit die Glaszylinder der Petroleumlampen reinigte. Daneben wachsen Schilf und die schöne, gelb blühende Wasser-Schwertlilie (▷ B 2). Auf der Teichfläche schwimmen Seerosen, Froschbiss und Wasserlinsen. Ein Wasserfrosch springt vom Teichrand ins Wasser und flieht mit kräftigen Schwimmstößen unter ein Blatt der Seerose.

Eine Schülerin holt mit einer Harke ein großes Büschel der unter der Oberfläche wachsenden Wasserpest heraus. Auf dem Pflanzenbüschel sitzen mehrere Wasserschnecken und eine große Libellenlarve kriecht träge aus dem Kraut. Tamara zeigt der Klasse mehrere Wasserläufer und Sören findet an einem Schilfhalm die leere Hülle einer geschlüpften Libelle.

In Teichen können besonders viele Pflanzen- und Tierarten auf kleinem Raum nahe beieinander leben.

Aufgaben

1 Stelle mit einem Bestimmungsbuch fest, welche Pflanzen an eurem Schulteich wachsen. Welche Arten sind Ufer-, Schwimm- oder Unterwasserpflanzen? Erstelle dazu eine Tabelle.

2 Besorge dir ein feinmaschiges Netz, auch Kescher genannt. Versuche damit im freien Wasser mehrere Tiere zu fangen. Streife auch die Schwimmpflanzen ab. Bring den Fang in ein größeres Glasgefäß und bestimme die Tiere mit einem Bestimmungsbuch. Notiere die Namen und die Informationen, die du über die Tiere findest.
Setze die Tiere anschließend wieder in ihren Lebensraum zurück!

3 Untersuche das Wasser des Teichs mit einem feinmaschigen Planktonnetz. Den Fang kannst du unter einem Mikroskop betrachten und die Lebewesen zeichnen.

4 Erstelle ein Plakat mit dem Thema „Was lebt in unserem Schulteich?".

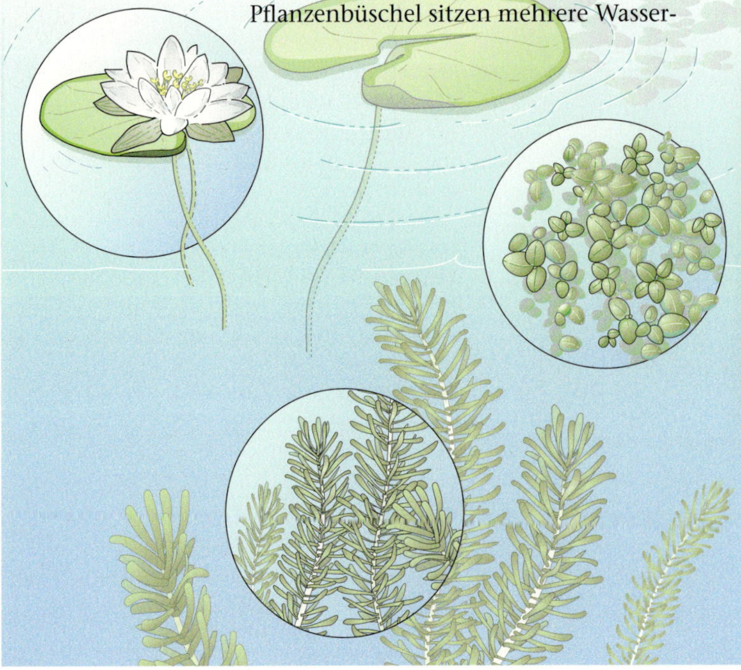

3 Tiere und Pflanzen des Sees

4 Libelle nach dem Schlüpfen

Libellen – schnelle Jäger über dem Teich

An sonnigen Tagen sieht man Libellen in den unterschiedlichsten Farben und Größen über dem Schulteich. Sie sind geschickte Flieger und jagen im Flug nach Insekten. Oft kann man Paare beobachten, die ihre Eier ins Wasser oder in Pflanzenstängeln ablegen. Aus diesen Eiern schlüpfen Larven (▷ B 1), die bis zu drei Jahren im Wasser leben. Dann verlassen die Tiere das Wasser, klettern an einem Pflanzenstängel hoch und aus der Larve schlüpft die fertige Libelle. Das Leben der Libelle dauert nur wenige Wochen.

1 Großlibelle (links) mit Larve (rechts)

Libellen sind Insekten

Libellen gehören wie Käfer, Wasserläufer, Mücken und Schmetterlinge zu den Insekten. Das ist eine riesengroße Tiergruppe, zu der mehr als drei Viertel aller Tierarten zählen. Nahezu alle Insekten haben drei Beinpaare und zwei oder vier Flügel. Der Körper ist deutlich in Kopf, Brust und Hinterleib gegliedert (▷ B 1).

2 Wasserskorpion

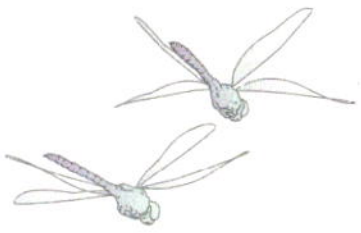

Ein gefräßiger Käfer mit Puppe

Der Gelbrandkäfer (▷ B 3) ist ebenfalls ein Insekt. Er lebt im Wasser, hält sich aber auch an der Luft auf. Das Tier kann gut fliegen. Unter seinen harten Flügeln liegen noch zwei weichere. Die Käfer leben räuberisch, greifen sich jedes Kleinlebewesen im Teich und fressen sogar kleine Fische und Frösche. Die Larve, die vollkommen anders als der Käfer aussieht, ist genauso gefräßig. Im Unterschied zur Libellenlarve sucht sie sich vor der Verwandlung zum Käfer eine kleine Erdhöhle, verändert ihr Aussehen und bleibt dort einige Tage vollkommen ruhig liegen. Die Biologen nennen diesen Zustand die **Puppe**. Aus der Puppe schlüpft dann das Vollinsekt, der Gelbrandkäfer.

> Insekten sind in Kopf, Brust und Hinterleib gegliedert und haben drei Beinpaare. Sie entwickeln sich direkt aus den Larven oder aus einer Puppe.

Aufgaben

1 Informiere dich im Internet über ein einheimisches Insekt deiner Wahl und berichte darüber in der Klasse.

2 Insekten haben sechs Beine. Stimmt das auch für den Wasserskorpion? Erkläre!

3 Gelbrandkäfer

1 Große Wegschnecke (Nacktschnecke)

2 Wasserschnecke

3 Weinbergschnecke

4 Radula

Schnecken benötigen Feuchtigkeit
Im Schulteich kannst du Wasserpflanzen mit Fraßspuren finden. Schaust du genauer hin, siehst du, dass viele **Schlammschnecken** unter den Blättern sitzen. Die Tiere haben in ihrer Mundöffnung eine Raspelzunge, die **Radula** (▷ B 4). Diese Zunge ist mit feinen Zähnchen aus einem harten Stoff, dem Chitin, besetzt. Damit raspelt das Tier Pflanzenteile ab.

Schnecken gehören zu den **Weichtieren**. Bei den meisten ist der weiche Körper durch ein Gehäuse geschützt. Schnecken benötigen ständig Feuchtigkeit. Sie sondern Schleim ab, so sind sie ständig von einer glitschigen Schutzschicht umgeben. Besonders für Landschnecken ist diese Schutzschicht lebensnotwendig.
Wir unterscheiden bei dieser Gruppe die **Nacktschnecken** von den **Gehäuseschnecken**.
Unsere größte Gehäuseschnecke ist die **Weinbergschnecke**. Sie lebt in Wäldern, Parks und Gärten und ernährt sich ausschließlich von Pflanzen. Ihre Eier legen die Tiere in selbst gegrabenen Erdhöhlen ab. In der Erde überstehen die Schnecken auch den Winter. Sie graben sich dort ein, ziehen sich in das Gehäuse zurück und verschließen es mit einem festen Kalkdeckel.

Schnecken sind Weichtiere, die stets Feuchtigkeit benötigen.

Eine Muschel im Schulteich?
Auch Muscheln gehören zu den Weichtieren. Man kennt sie von der Meeresküste, aber auch in Binnengewässern kommen einige Arten vor. In Schulteichen sind sie nur selten zu finden. Der Körper der Muscheln wird durch zwei Schalen geschützt. Schließmuskeln halten diese zusammen und eher zerbricht man die Schalen als dass man die beiden Hälften einer lebenden Muschel öffnet. Muscheln sind Filtrierer: Sie nehmen durch eine Öffnung Wasser mit Kleinlebewesen auf. Die Nahrung filtrieren sie heraus und geben das Wasser mit den Verdauungsresten wieder ab. Durch diese Lebensweise sind sie gegen Wasserverschmutzung besonders anfällig.

Muscheln sind Weichtiere, die ihre Nahrung filtrieren. Sie sind gegen Gewässerverschmutzung sehr empfindlich.

5 Teichmuschel

Aufgaben

1 Außer Muscheln und Schnecken gibt es noch andere Weichtiere. Informiere dich im Internet darüber und berichte.

2 Sammle leere Schneckenhäuser, bestimme die Arten und bereite eine Ausstellung vor.

Werkstatt

Den Schnecken auf der Spur

Vorsicht!
Mit lebenden Weinbergschnecken müsst ihr stets sehr vorsichtig und behutsam umgehen!

1 Betrachten und Beobachten der Schnecke

Material
Glasplatte

Durchführung
Setze die Schnecke auf die Glasplatte. Betrachte ganz sorgfältig ihren Körperbau (▷ B 2). Suche das Atemloch und beobachte, wie die Atemöffnung langsam geschlossen und geöffnet wird.
Betrachte nun die Schnecke auf der Glasplatte von unten und beobachte, wie sie sich fortbewegt. Beschreibe die Art der Bewegung des Fußes. Notiere deine Beobachtungen.

2 Sinnesleistungen

Material
Glasplatte, Apfel, Messer, verdünnte Essigsäure, Pinsel

Durchführung
Setze die Schnecke auf die Glasplatte und ziehe mit einem Apfelstück eine Duftspur auf dem Glas (▷ B 1). Beobachte, wie die Schnecke reagiert, und notiere deine Beobachtungen.
Ziehe danach mithilfe des Pinsels eine Essigsäurespur um das Tier. Beobachte und beschreibe wie die Schnecke reagiert, wenn sie die Essigsäurespur berührt.

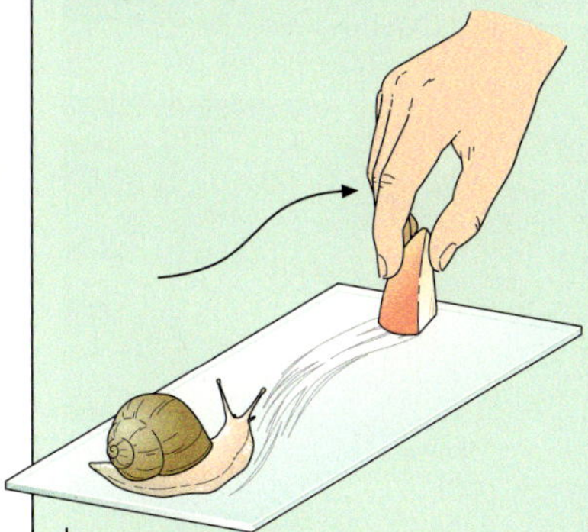
1 Zu Versuch 2

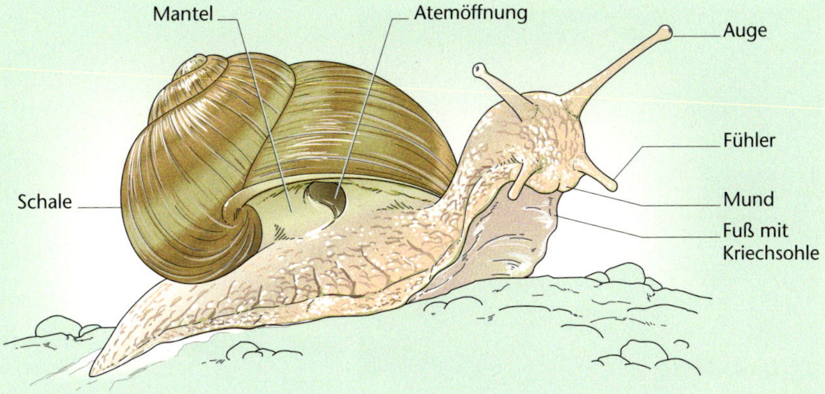

2 Körperbau einer Schnecke

3 Hindernislauf

Material
Glasplatte, Messer

Durchführung
Wenn du herausfinden willst, wie gut Schnecken Hindernisse überwinden, dann führe den folgenden Versuch aus: Lege vorsichtig ein scharfes Messer oder Skalpell flach auf die Glasplatte und setze die Schnecke darauf (▷ B 3a). Stelle das Messer nun senkrecht (▷ B 3b) auf und beobachte, wie die Schnecke sich verhält.

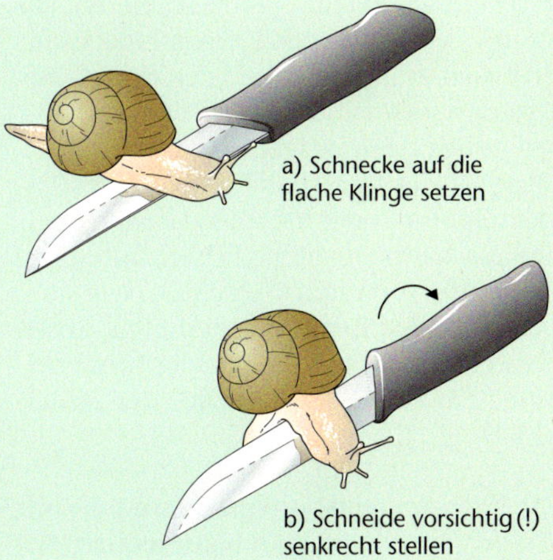

3 Zu Versuch 3

4 Die Rennschnecke

Material
Glasplatte, Lineal, Stoppuhr

Durchführung
Du kannst auch messen, wie schnell deine Schnecke ist. Miss mit der Stoppuhr, wie lange deine Schnecke braucht, um eine Strecke von 10 cm zurückzulegen. Notiere die Zeit und vergleiche sie mit den Ergebnissen deiner Klassenkameraden. Wer hat die schnellste Schnecke?

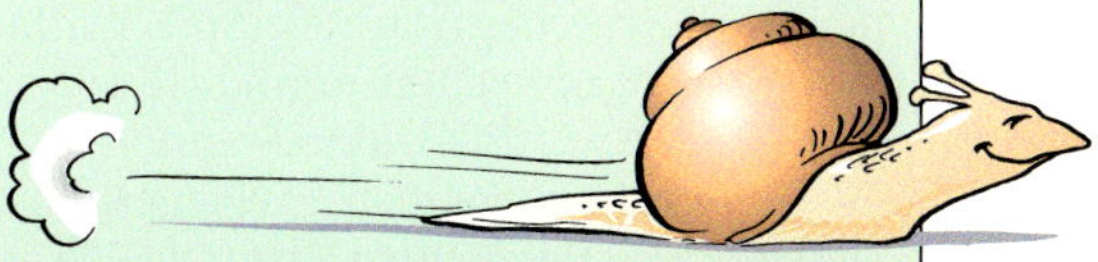

4 Zu Versuch 4

Wie frisst die Schnecke?

Material
Salatblätter

Durchführung
Füttere deine Schnecke mit einem Salatblatt. Achte auf die Geräusche und beschreibe sie.
Was kannst du hören?

1 Natursteinmauer

Obwohl **Mauern** kleine Lebensräume sind, haben sie doch eine Menge zu bieten. Du kannst dort an warmen Tagen Eidechsen beobachten und in den Fugen der Mauer wachsen viele interessante Pflanzen. Besonders artenreich sind Mauern, die ohne Mörtel aufgeschichtet wurden (Trockenmauern) oder Kalkmörtelfugen haben. Sie sind künstliche Felsen, auf denen Farnarten und Kräuter wachsen, wie sie oft nur in den Bergen vorkommen. Einige dieser Pflanzen bevorzugen die Sonnen-, andere mehr die Schattenseite der Mauer (▷B1).

Die Pflanzen der Sonnenseite sind oft mit kleinen, dickfleischigen Blättern ausgestattet, in denen sie Wasser speichern. So können sie lange ohne Wasser auskommen.

Wenn die Mauer von der Sonne beschienen wird, speichern die Steine die Wärme, sodass sie nachts schön warm bleiben. Kleine Tiere wie Eidechsen, Spinnen und Insekten haben hier ideale Lebensbedingungen. Die Tiere finden in den vielen Ritzen genügend Schutz vor zu starker Sonneneinstrahlung und vor Feinden.

Schöllkraut

Große Brennnessel

Weiße Taubnessel

Auch der Fuß der Mauer, also der Boden direkt vor der Mauer, ist ein besonderer Lebensraum. Es ist dort warm und weil der Regen an der Mauer herabrinnt, gibt es stets genügend Feuchtigkeit. Abfälle und Pflanzenreste düngen den Boden sehr gut.
Wenn der Mauerfuß nicht von Wildkräutern freigehalten wird, wachsen dort u.a. Schöllkraut, Weiße Taubnessel, Große Brennnessel sowie das Kanadische Berufkraut.

Mauern sind künstliche Felsen und Lebensraum für wärmeliebende Tiere. Die Pflanzen der Mauern können Wassermangel ertragen.

Versuche

1 Miss an einem warmen Tag die Temperaturen an verschiedenen Stellen einer Mauer (Sonnenseite, Schattenseite, Mauerkrone, Mauerfuß). Notiere die Werte.

2 a) Untersuche eine Mauer und bestimme mithilfe eines Bestimmungsbuches die Pflanzen an der Sonnenseite, auf der Mauerkrone und am Fuß der Mauer.
b) Trage in eine Tabelle ein, wo die Pflanzen an der Mauer wachsen.

Aufgabe

1 Eidechsen kannst du besonders häufig an Mauern beobachten. Begründe, warum ihnen dieser Lebensraum gefällt.

Scharfer Mauerpfeffer

Mauer-Zimbelkraut

Braunstieliger Streifenfarn

Kanadisches Berufkraut

Mauerraute

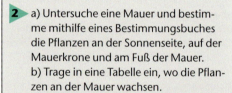

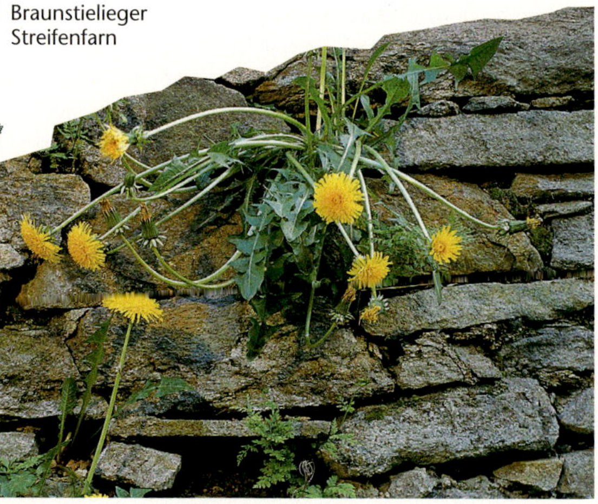

Hecken sind wertvolle Lebensräume

1 Singdrossel frisst die Früchte des Schneeballstrauches.

2 Blühende Hecke

Auf dem Schulgelände gibt es eine Hecke. Die Sträucher bieten im Sommer Schatten und der Wind kann nicht mehr so stark über den Hof pfeifen.
Im Frühling ist die Hecke voller Blüten (▷ B 2), die von Schmetterlingen und Bienen besucht werden. An einem warmen Sommerabend entdecken Kinder eine Igelfamilie, die im alten Laub unter der Hecke nach Insekten sucht.

Am schönsten ist die Hecke aber im Herbst. Dann haben sich die Blätter verfärbt und die Früchte leuchten in vielen Farben. Selbst im Winter finden viele Vögel noch einige Beeren, die sie fressen können (▷ B 1). Wenn die Sträucher ohne Laub sind, kannst du manches Vogelnest entdecken, das im Sommer gut versteckt war.

▶ Hecken und Sträucher sind Lebensräume für viele Tiere. Sie bieten Nahrung und Schutz.

Aufgaben

1 Stelle in einer Liste zusammen, welche Vorteile die Laubhecke dem Menschen und der Tierwelt bringt.

2 Diskutiert die Frage, ob eine Hecke aus Nadelhölzern Menschen und Tieren die gleichen Vorteile bringen kann.

Brennpunkt

Vorsicht Giftpflanzen!

1 Seidelbast

Manche Früchte unserer Heckensträucher sehen zwar schön aus, sind aber sehr giftig. Schon das Essen weniger dieser Früchte kann Übelkeit, Magenschmerzen, Erbrechen oder sogar den Tod herbeiführen. Am besten vermeidest du grundsätzlich, Blätter, Blüten oder Früchte unbekannter Pflanzen in den Mund zu nehmen. Bei Vergiftungserscheinungen muss unbedingt ein Arzt aufgesucht werden!

Achtung: Die Informationszentrale gegen Vergiftungen ist Tag und Nacht zu erreichen! Sucht die aktuelle Telefonnummer heraus und hängt sie in der Klasse auf.

2 Heckenkirsche

3 Eibe

4 Goldregen

Kennst du den Baum?
Wenn du feststellen möchtest, von welchem Baum ein Blatt stammt, vergleiche es einfach mit den Abbildungen unten. Bei wenigen Abbildungen funktioniert das. Um aber aus einer sehr großen Anzahl von Lebewesen das richtige herauszufinden, benutzen Biologen einen **Bestimmungsschlüssel**.

Auf dieser Seite siehst du einen einfachen Schlüssel für die häufigsten Laubbäume.

So kannst du das Blatt bestimmen:
Du beginnst beim Start. Hier werden dir zwei Möglichkeiten angeboten. Du schaust dir dein Blatt genau an und entscheidest dich dann für die richtige Antwort. Wenn am Ende der betreffenden Zeile der Name eines Baumes steht, bist du am Ziel, sonst musst du weiterbestimmen. Entscheide an jeder Wegkreuzung, welche Merkmale auf dein Blatt zutreffen. So geht es weiter, bis du den richtigen Baum gefunden hast. Zur Kontrolle vergleichst du das Blatt mit der Zeichnung.

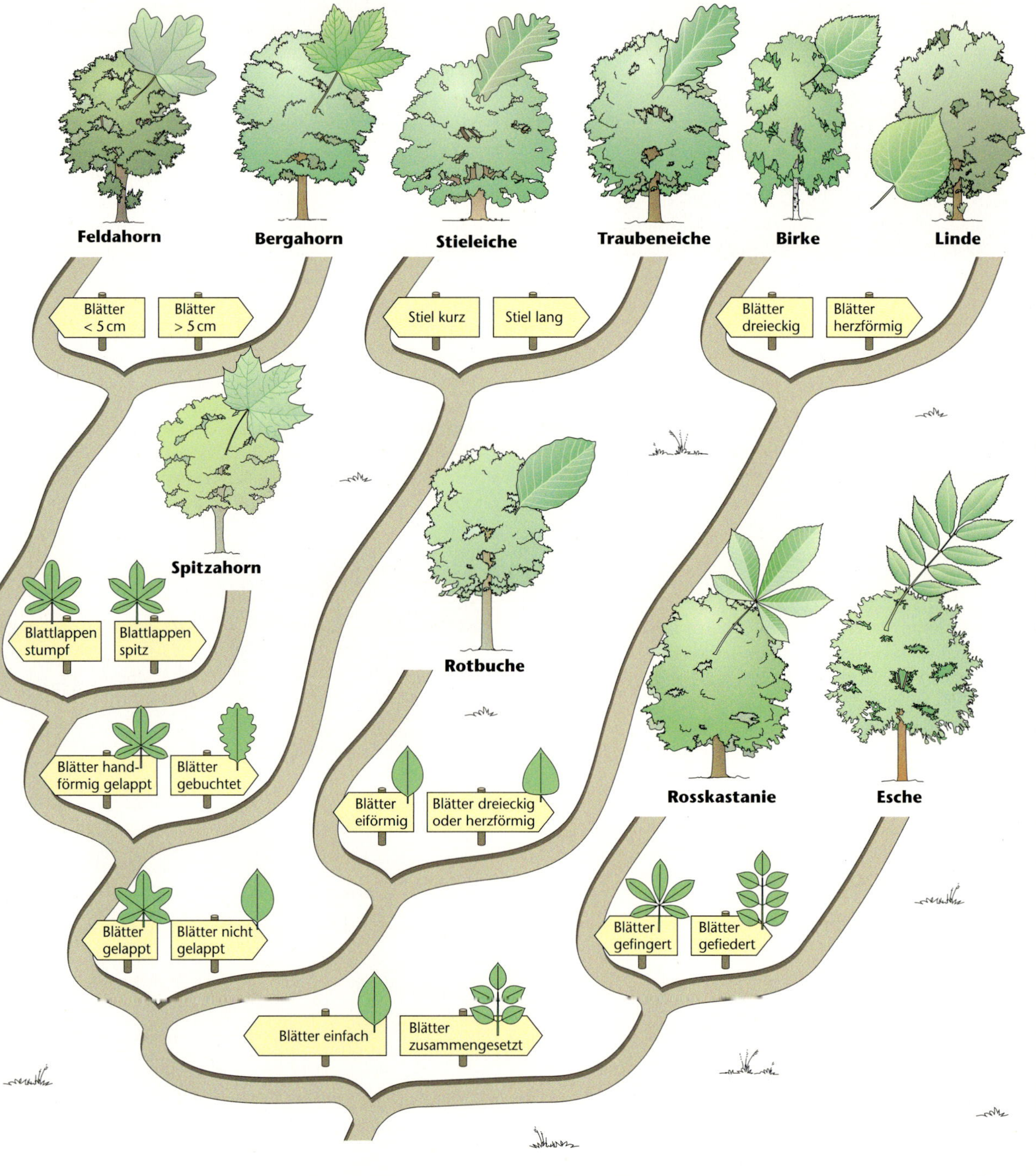

Strategie

Sammeln und aufbewahren

Auf dem Weg zum Sportplatz hast du zwei schöne Vogelfedern gefunden. Du nimmst sie mit und möchtest sie gerne aufbewahren. Vielleicht findest du noch weitere Exemplare, dann könntest du dir eine Sammlung anlegen.

Für Biologen ist das Sammeln sehr wichtig, denn beim Sammeln und Vergleichen lernen sie Pflanzen und Tiere gut kennen. Zoologen sammeln z. B. Federn oder Schneckenhäuser, Botaniker sammeln Früchte, Samen oder Blätter.

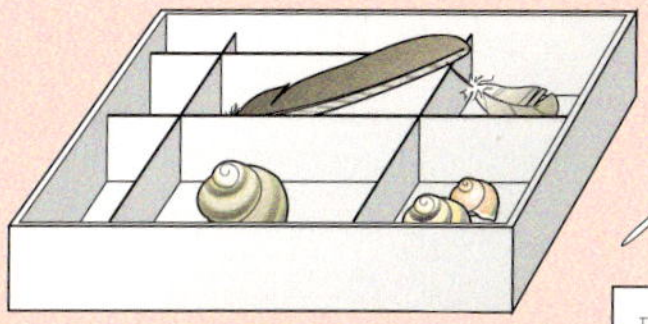

Fundstück	Schwungfeder
Art	Amsel, Weibchen
Familie	Drosseln
Fundort	Stadtpark
Datum	3. Juli 2004

A. Ein Platz für deine Sammlung
Willst du dir deine eigene Sammlung anlegen, brauchst du Schachteln oder Kartons. Unterteile sie in verschiedene Fächer und lege das Gesammelte übersichtlich auf Sägespäne, Watte oder Papier. Beschrifte alles deutlich, damit du immer wieder weißt, was es ist.

B. Ordnung muss sein
Ordne und sortiere deine Sammlung; stelle Unterschiede und Ähnlichkeiten zwischen den Sammlerstücken fest. Finde die Namen und die wissenschaftlichen Bezeichnungen heraus, frage jemanden oder schlage in Bestimmungsbüchern nach.

C. Das Herbarium
Eine besondere Sammlung ist das Herbarium, kurz Herbar genannt. Das ist eine Sammlung von flach gepressten und getrockneten Pflanzen.

Um ein Herbar anzulegen, brauchst du eine Pflanzenpresse und Zeitungen, zwischen die du die Pflanzen legst. Stelle deine Pflanzenpresse an einen sonnigen, luftigen Ort.

Sind die Pflanzen trocken, so wird jede einzeln auf einen weißen Papierbogen geklebt und mit einem Etikett versehen.

Auf dem Etikett sollte vermerkt sein, zu welcher Art und Familie die Pflanze gehört, wo und wann du sie gefunden hast.

Achtung!
Sammle keine unter Naturschutz stehenden Pflanzen. Informiere dich vorher darüber in einem Bestimmungsbuch.

Art	Ackersenf
Gattung	Senf
Familie	Kreuzblütengewächse
Fundort	Feldweg, Bauer Old
Datum	10. Mai 2004

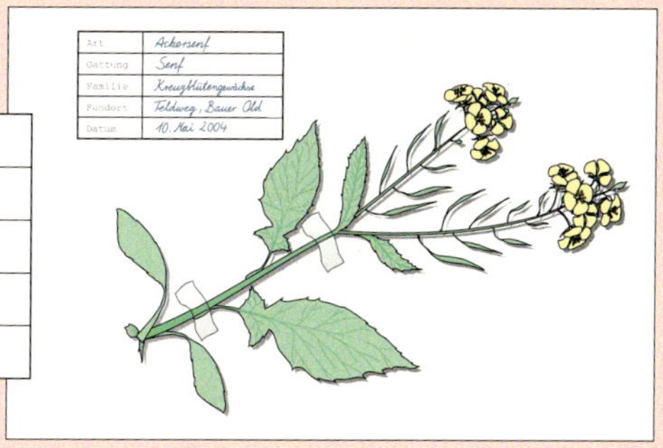

Zeige die Sammlung deinen Eltern und Klassenkameraden oder gestalte eine Vitrine in der Schule mit deinen Sammlerstücken.

1 Amselmännchen wirbt um Weibchen.

2 Amselweibchen beim Nestbau

Amseleltern

Mit Gesang lockt das Amselmännchen im Frühjahr ein Weibchen an. Nun umwirbt es die Amsel. Dabei läuft es mit gesenkten Schwanzfedern um sie herum. Ist auch das Weibchen in Paarungsstimmung, fordert es das Männchen mit aufgestellten Schwanzfedern und gestreckter Körperhaltung zur Paarung auf.
Schaust du einmal im Garten einem Amselweibchen hinterher, das mit Grashalmen im Schnabel davonfliegt, kannst du leicht seinen Nistplatz entdecken. Er befindet sich meistens nicht weit entfernt in einer Hecke oder auf Bäumen.

Arbeitsteilung

Das Nest baut bei den Amseln das Weibchen alleine (▷ B 2). Dazu trägt es trockene Pflanzenteile herbei. Halme, Blätter und kleine Zweige legt es in einer Astgabel ab und tritt sie fest. So entsteht die Nestgrundlage. Mit Drehungen des Körpers und scharrenden Beinbewegungen formt es darin eine Mulde. Überstehende Halme flicht sie mit dem Schnabel geschickt in die Wand ein. Das Nestinnere wird mit feuchtem Lehm verklebt und mit weichen Pflanzenteilen ausgepolstert. Das Weibchen braucht die Technik des Nestbauens nicht zu lernen. Sie ist angeboren.

4 Elterntier am Nest

3 Eier von Amseln

Die Technik des Nestbauens ist den Vögeln angeboren.

Das Männchen sichert inzwischen die Umgebung des Nistplatzes. Es warnt andere Männchen durch seinen Gesang davor, dem eigenen **Revier** zu nahe zu kommen. Damit ist der Lebensraum gemeint, in dem die Tiere brüten und nach Nahrung suchen. Wird diese eindeutige Warnung nicht beachtet, so folgen Drohrufe und manchmal sogar heftige Angriffe gegen den Eindringling. Das Amselrevier hat eine Größe von etwa 45 x 45 m. Zum Vergleich: Auf ein Fußballfeld würden etwa vier Amselreviere passen.

Der Gesang der Vögel dient der Reviermarkierung und lockt Weibchen an.

Aufgaben

1 Schreibe ein Naturtagebuch über den Fahrplan des Frühlings: Welcher Vogel singt als erster? Welche Zugvögel sind als erste zurück? Notiere die Reihenfolge.

2 Beobachte das Brutverhalten einer Vogelart. Achte bei deinen Beobachtungen auf einen großen Abstand zum Nistplatz. Du gefährdest sonst den Bruterfolg!
Beispiele für Beobachtungsaufgaben:
a) Welche Vogelarten haben im Garten oder in Schulnähe ihr Revier?
b) Hat das Männchen einen bevorzugten Platz, an dem es singt?
Beschreibe diese Singwarte genau.
c) Wo wird das Nest gebaut?
In welcher Höhe?
d) Wer baut das Nest?
e) Aus welchem Material wird das Nest gebaut?
f) Wie lange dauert es, bis das Nest fertig ist?

Im Unterschied zu Amseln bauen Kohlmeisen ihr Nest in einer Bruthöhle (▷B4). Die Höhle kann ein Astloch in einem alten Baum sein oder auch ein künstlicher Nistkasten. Als Nistmaterial verwenden Kohlmeisen Halme, Moos, Haare und Federn.

Junge Amseln und Meisen sind Nesthocker

Das Weibchen brütet zwei Wochen, bis das erste Meisenjunge schlüpft. Bis zu 14 Geschwister drängeln sich dann in dem kleinen Nest zusammen. So viele Nachkommen sind auch erforderlich, denn während der ersten 10 Monate sterben bereits etwa 8 von 10 Jungvögeln. Die Jungvögel sind vielen Gefahren ausgesetzt. Hauskatzen, aber auch Greifvögel wie der Sperber oder der Waldkauz, sind ihre Hauptfeinde.

Beide Eltern sorgen für Nahrung. Bis die Jungen flügge sind, bringen sie bis zu 14000 mal Insekten und Insektenlarven heran. Die jungen Meisen sind wie die Amseln **Nesthocker**, die erst nach 15–20 Tagen flügge werden und dann ihr Nest verlassen. Sie werden anschließend noch 1–2 Wochen von den Eltern betreut. Erst dann können sie allein auf Nahrungssuche gehen.

1 Junge Stockenten mit Muttertier

2 Junge Höckerschwäne mit Muttertier

	Brutdauer (Tage)	**Aufenthalt im Nest** (Tage)
Nestflücher:		
Höckerschwan	35,5	
Stockente	22–26	
Lachmöwe	22–24	
Kiebitz	24	
Nesthocker:		
Buchfink	12–13	13–14
Kohlmeise	13–14	15–20
Amsel	13–14	13–15
Mäusebussard	28–31	42–49
Weißstorch	31–34	54–55

3 Brutdauer verschiedener Vögel

4 Junge Kohlmeisen im Nest

Junge Stockenten sind Nestflüchter

Anfang Mai beginnen die Stockenten zu brüten. Das Nest wird meist in Wassernähe, zwischen hohen Kräutern versteckt, angelegt. Die Jungvögel verlassen ihr Nest bereits während der ersten Tage nach dem Schlüpfen. Sie sind **Nestflüchter**, die schon nach einer Woche zum ersten Mal ins Wasser gehen.

Nesthocker bleiben nach dem Schlüpfen noch einige Zeit im Nest und werden dort gefüttert. Nestflüchter verlassen gleich nach dem Schlüpfen das Nest und folgen ihrer Mutter.

Aufgabe

1 Im Internet findest du so genannte Web-Cams (Kameras), die Bilder aus Vogelnestern übertragen. Gib die Suchwörter „Vögel" und „Web-Cam" ein und durchsuche die Trefferergebnisse. Du kannst auch gezielt nach einer Vogelart suchen, z.B. dem Weißstorch. Fertige über einen Zeitraum von etwa einer halben Stunde ein Beobachtungsprotokoll an.

Ein Garten für Tiere

Wer möchte nicht die unten abgebildeten Tiere in seinem Garten beobachten können? Hier findest du Ideen, wie die verschiedensten Lebensräume im Garten geschaffen werden können.

Überlegt gemeinsam, welche der Ideen an eurer Schule verwirklicht werden können. Ihr werdet staunen, wie schnell sich die Tiere dann einfinden!

Tipp 1

Wenn ihr **Hecken und Büsche** aus einheimischen Gehölzen pflanzt, locken die Früchte Singvögel an, die dort auch geeignete Brutplätze finden.

Tipp 2

Eine **Wandbegrünung** aus Efeu oder Wildem Wein sieht nicht nur schön aus, sie isoliert auch das Haus und bietet Vögeln Brutplätze.

Tipp 3

Viele schöne Schmetterlinge brauchen **Brennnesseln**. Ihre Raupen fressen an den Blättern. Später schlüpfen Falter aus den Raupen.

Tipp 4

Wer seinen Rasen zur **Wiese** werden lässt, spart sich nicht nur Arbeit, er lockt auch zahlreiche Insekten an, die an den Blüten der Wiese nach Nektar suchen.

Tipp 5

In alten **Baumstümpfen** finden viele Insekten und Kleintiere Unterschlupf und Nahrung. Sie locken Singvögel und Spechte an.

Tipp 6

Sandflächen in sonniger Lage sind der Lebensraum vieler Kleintiere, die trockene und warme Böden benötigen.

Tipp 7

Ein **Steinhaufen** bietet Tieren ideale Verstecke. Da die Steine die Wärme lange speichern, ist dieses ein idealer Lebensraum für wechselwarme Tiere.

Tipp 8

Selbst ein kleiner **Gartenteich**, der mit einer Folie ausgelegt ist, lockt zahlreiche Kleinlebewesen, vor allem Insekten an.

Tipp 9

Ein **Reisighaufen** aus abgeschnittenen Ästen und Zweigen ist der ideale Platz für den Igel. Ist der Haufen hoch genug, kann der Igel dort sogar den Winter verbringen.

Schlusspunkt

Pflanzen und Tiere im Schulumfeld

In den unterschiedlichen Lebensräumen eines Schulhofes können zahlreiche Tier- und Pflanzenarten leben. In Pflasterritzen und auf dem Sportplatz wachsen besonders widerstandsfähige Trittpflanzen.

Lebensraum Teich
Teiche sind Lebensräume mit einer besonders großen Artenfülle. Zahlreiche Insektenarten und verschiedene Weichtiere kommen hier vor.

Hecken und Gärten
Hecken und Sträucher sind Lebensräume für viele Tier- und Pflanzenarten. Vor allem bieten sie zahlreichen Arten Nahrung und Nistmöglichkeiten. Auch ein Garten bietet vielen Tieren Lebensraum.

Nesthocker und Nestflüchter
Die meisten Vögel im Schulgelände sind Nesthocker. Junge Amseln werden von den Eltern im Nest gefüttert bis sie flügge sind. Nestflüchter wie Stockenten sind dagegen bald selbstständig und verlassen ihr Nest.

Aufgaben

1 „Erfinde“ eine Pflanze, die in den Ritzen von Pflastern leben könnte. Wie müsste sie gebaut sein? Welche Anpassungen müsste sie haben?

2 Unter Brettern und Steinen findest du Schnecken. Warum müssen sich die Tiere am Tag dort verkriechen?

3 Kannst du erklären, warum Amseln in jedem Jahr ein neues Nest bauen und selten das alte weiterbenutzen. (Tipp: Schau dir ein Amselnest an.)

4 Vergleiche die Entwicklung des Gelbrandkäfers und der Libelle vom Ei bis zum Vollinsekt in Form einer Tabelle. Informiere dich hierzu auch über Heuschrecken und Schmetterlinge und vergleiche.

5 In der rechten Spalte findest du Tiere abgebildet und daneben einen Buchstaben. Wenn du diese Tiere den Beschreibungen richtig zuordnest, ergeben die Buchstaben ein Lösungswort.

a) Der günstige Platz auf der Ecke des Schuldachs gibt diesem Vogel den Überblick!

b) Man findet sie häufig unter Brettern und Steinen.

c) Er sitzt im Frühling auf den ersten Blüten an der Hecke.

d) Im Keller und auf Dachböden ist dieses Tier zu finden. Hoffentlich nicht in der Schulküche!

e) Wenn du die Holzwolle der aufgehängten Tontöpfe untersuchst, findest du viele davon.

f) Er sucht im Laub unter der Hecke nach Schnecken und Würmern.

g) Am Abend ging sie auf Jagd nach Würmern und Insekten. Nun sitzt sie im Kellerschacht.

h) Sie leben in Löchern der alten Holzwand.

i) Nicht jeder freut sich über diese Gäste, die auf Mauervorsprüngen sitzen.

j) Die Beeren der Hecke locken diesen Vogel an.

A

B

Z

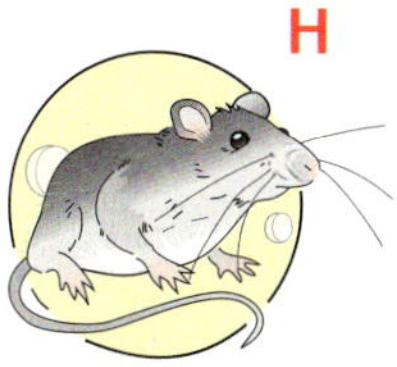
H

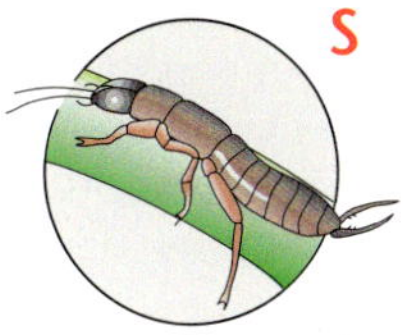
S

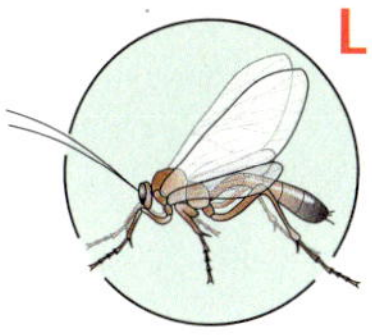
L

T

E

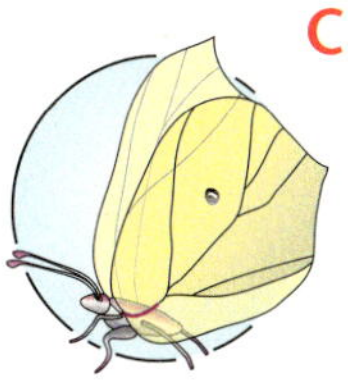
C

E

Der Wald – ein Lebensraum für Pflanze, Tier und Mensch

In den Wald zu gehen, bedeutet für die meisten: Freizeit haben. Du kannst dort joggen, Rad fahren, spazieren gehen oder einfach ausruhen. Aber der Wald bietet noch viel mehr!

Der Wald ist voller Leben. Doch Rehe, Buntspechte und viele andere Tiere sind sehr scheu. Um sie beobachten zu können, brauchst du Ruhe und Geduld.
Es gibt viel zu entdecken. Wenn du den Wald mit allen Sinnen erforschen möchtest, wirst du auf den nächsten Seiten vielfältige Anregungen bekommen.

Der Lebensraum Wald ist aber auch gefährdet, denn seit Jahrzehnten gehen ganze Baumbestände zugrunde. Die Ursachen für dieses anhaltende Waldsterben wirst du untersuchen. Dabei wirst du feststellen, welche Bedeutung ein gesunder Wald für die Umwelt hat.

Der Wald wird dir nicht nur als Erholungs- und Lebensraum begegnen. Er dient auch als Holzlieferant und ist damit ein wichtiger Bestandteil der Wirtschaft.

Schließlich geht es mit einem Abstecher in den tropischen Regenwald am Äquator. Hier gibt es auch für Wissenschaftler noch vieles zu erforschen.

Aufgaben

1 Zahlreiche Forstämter haben eigene Internetseiten. Eine Suchmaschine hilft dir weiter. Hier kannst du viele Informationen über die verschiedenen Nutzungsarten des Waldes erhalten. Stelle eine kleine Liste zusammen.

2 Plant mit den Informationen aus Aufgabe 1 eine Exkursion in den nächstgelegenen Wald und notiert dabei alles, was ihr für wichtig haltet und was für euch neu ist. Nehmt folgende Dinge mit: Rucksack, Notizbuch und Bleistift, Beutel oder Schachteln zum Sammeln. Falls vorhanden, nehmt Bestimmungsbücher, Fernglas und Fotoapparat mit.

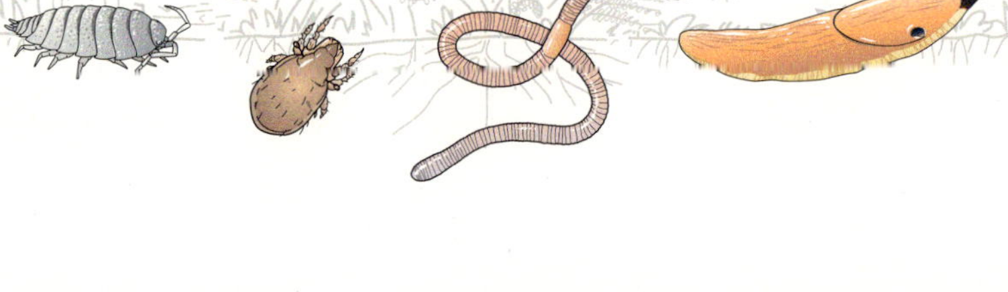

Strategie

Raus aus dem Klassenzimmer

Nicht immer nur stillsitzen; Exkursionen sind auch Unterricht, aber anders: sie sind Unterricht „vor Ort“. Auf einer Exkursion könnt ihr viele Einblicke in die Natur und eure Umwelt bekommen, die ihr im Klassenzimmer nicht so lebendig erfahren könnt.

A. So könnt ihr mithelfen ...
Eine Exkursion sollte nicht der Lehrer allein planen, ihr solltet auch eure Eigeninitiative einbringen und bei der Vorbereitung mithelfen. Sprecht zuerst das grobe Thema mit eurer Lehrerin oder eurem Lehrer ab.

B. Sammelt Informationen über das Ziel eurer Exkursion
- Studiert Karten,
- fordert Broschüren an,
- recheriert im Internet oder nehmt Kontakt mit Fachleuten auf, z. B. dem Förster.

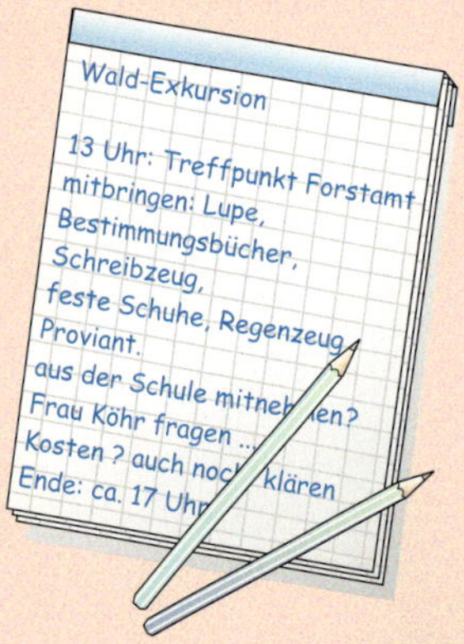

C. Legt den Ablauf fest und erstellt einen Zeitplan
- Wann geht es los?
- Wie kommt ihr an euer Ziel?
- Wo plant ihr Treffpunkte?
- Wann wollt ihr fertig sein?

D. Fragen stellen
Sammelt gemeinsam Fragen, die ihr beantwortet haben möchtet. Vielleicht kennt sich ein Mitschüler aus und kann an der Führung mitarbeiten.

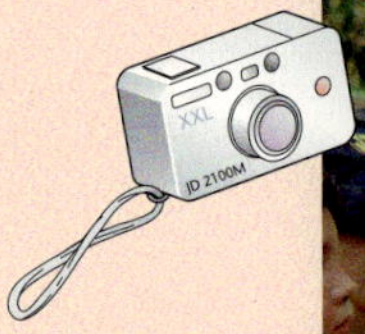

E. Was ihr braucht
- Eine Schreibunterlage, Schreibzeug und Papier zum Protokollieren.
- Technische Hilfsmittel wie Fernglas, Fotoapparat, Videokamera oder Kassettenrekorder.
- Natürlich dürft ihr auch Lupe, Gläschen und Bestimmungsbücher nicht vergessen.
- In der freien Natur solltet ihr zweckmäßig gekleidet sein: festes Schuhwerk und Regenschutz braucht ihr auf jeden Fall.

F. Was soll's denn kosten?
- Denkt rechtzeitig an die Kosten. Wie viel müsst ihr für An- und Abreise aufwänden? Müssen evtl. auch Eintrittsgelder bezahlt werden?

Noch ist die Arbeit nicht zuende ...
Nach der Exkursion solltet ihr eure Ergebnisse dokumentieren: das kann ein Exkursionsbericht sein, ihr könnt auch die gesammelten Exkursionsfunde in einer Ausstellung präsentieren. Vielleicht habt ihr auch Fotos gemacht oder gefilmt.

Viel Spaß bei eurer nächsten Exkursion!

Bei einer Exkursion durch das Forstrevier hält der Förster mit der Schulklasse am Rande eines Waldstücks an. Hohe Eichen und Birken lassen mit ihren lockeren Baumkronen genügend Licht für die Pflanzen darunter hindurch. „Stellt euch einmal vor, wir würden hier am höchsten Baum einen Fahrstuhl einrichten, um die Vögel in den Sträuchern und oben in den Bäumen beobachten zu können. Wir müssten vier Haltestationen bauen. Unten würden wir im Erdgeschoss zwischen der **Moosschicht** und der **Krautschicht** anfangen. Dann halten wir im 1. Stock in etwa 3 m Höhe in der **Strauchschicht.**“ „Den nächsten Aussichtspunkt würde ich auf Höhe der kleineren Bäume, da vorne bei der Vogelbeere in 10 m Höhe bauen – an der Spitze der **ersten Baumschicht,**“ schlägt Sebastian vor. „Gut, Endstation wäre dann die Baumkrone unserer Eiche in der **zweiten Baumschicht** in ungefähr …, ich schätze mal 20 m Höhe“, meint Luna. „Mich würde auch das Untergeschoss des Waldes interessieren, die **Wurzelschicht**. Da gibt es zwar keine Vögel, aber sicher viele andere Tiere,“ schlägt Ünal vor.

Nicht in allen Wäldern sind sämtliche Baumschichten vorhanden. In Buchenwäldern dringt nur wenig Licht durch das dichte Kronendach. Hier findet man neben der 1. Baumschicht meistens nur eine Krautschicht. Aber auch die besteht häufig nur aus Frühblühern, die im Frühjahr erscheinen, wenn die Buchen noch kein Laub haben.

Der Wald ist in Wurzelschicht, Moosschicht, Krautschicht, Strauchschicht und Baumschicht gegliedert.

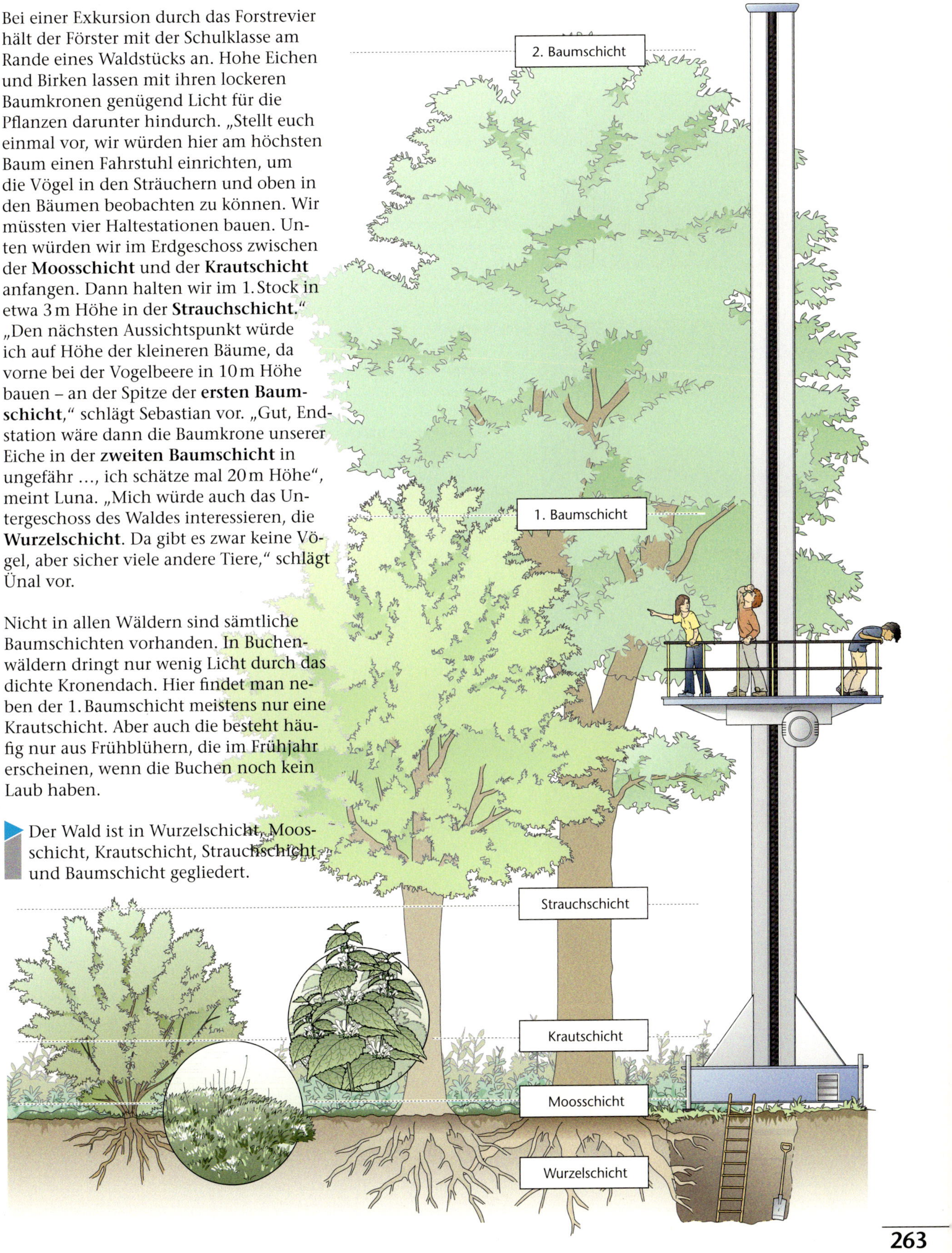

Werkstatt

Boden, Licht, Temperatur und Wasser

Boden rieselt durch die Finger

Nicht ausrollbar

Etwa bleistiftdick ausrollbar, dann zerbröselnd

Zu Würsten ausrollbar

1 Immer das Gleiche mit dem Waldboden?

Auf Sandböden wachsen ganz andere Pflanzen als auf Lehm- oder Tonböden. Wenn du wissen möchtest, wie der Waldboden beschaffen ist, kannst du das leicht mit der Fingerprobe feststellen.

Material
Schaufel, Waldboden

Durchführung
Grabe im Waldboden ein kleines Loch und nimm aus etwa 20 cm Tiefe eine Bodenprobe. Mithilfe der Tabelle kannst du nun leicht feststellen, um welche Bodenart es sich handelt. Die Erde darf nicht völlig durchnässt oder ausgetrocknet sein.

2 Licht und Dunkelheit beeinflussen das Wachstum

Material
Samen von Getreide, Kresse, Sonnenblume oder anderen Pflanzen; Blumentöpfe, Erde, Pappkartons

Durchführung
Fülle zwei Blumentöpfe mit Erde und säe in beide Töpfe einige Samen jeweils der gleichen Pflanzenart. Stelle beide Töpfe auf die Fensterbank und bedecke einen der Töpfe mit einem dunklen Pappkarton, durch den kein Licht dringen darf. Halte die Erde ständig etwas feucht.

Vergleiche einige Tage nach dem Keimen die Länge der Keimlinge. Erkläre, wie ein Keimling an einem dunklen Standort im Wald zum Licht gelangt.

3 Licht und Temperatur lassen Wasser verdunsten

Material
4 Reagenzgläser, Reagenzglasständer, Wasser, Speiseöl, jeweils zwei kleine Zweige von zwei Laubbaumarten, Folienstift

Durchführung
Zwei Reagenzgläser werden mit Wasser bis auf genau gleiche Höhe gefüllt und in einen Reagenzglasständer gestellt. Gib nun in zwei Gläser je einen kleinen Laubbaumzweig der gleichen Art. Die Zweige müssen etwa gleich groß sein und die gleiche Anzahl von Blättern haben.

Gib mit einer Pipette einen Tropfen Speiseöl in das Reagenzglas. Das Öl schwimmt oben und verhindert dadurch die Wasserverdunstung. Markiere an beiden Gläsern den Wasserstand mit einem wasserfesten Stift.

Stelle ein Glas in die Sonne, das andere in den Schatten. Vergleiche nach einigen Stunden und am nächsten Tag den Wasserstand in den Reagenzgläsern.

Mache einen Kontrollversuch mit einer zweiten Baumart. Miss an beiden Standorten die Temperatur.
Erkläre das Ergebnis!

Wie viel Wasser braucht ein Baum?
Es ist ein richtig heißer Tag! Am liebsten würden die Kinder ständig etwas trinken. „Den Bäumen geht es ebenso wie euch, sie haben einen mächtigen Durst", erklärt der Förster. „Diese hohe Buche hier ist etwa 100 Jahre alt. Sie verdunstet an jedem Sommertag ungefähr 9 000 Liter Wasser – eine solche Wassermenge passt in 45 Regentonnen."
Um an so viel Wasser zu gelangen, müssen die Bäume tief mit ihren Wurzeln in die Erde eindringen. Die dichtesten Wälder wachsen deshalb dort, wo das ganze Jahr über viel Regen fällt.

Manche Böden können Wasser nur sehr schlecht speichern. Auf den großen Sandflächen der Lüneburger Heide versickert das Wasser sehr schnell bis in große Tiefen. Hier können Buchen nur schwer leben. Ihre Wurzeln reichen nicht tief genug in den Boden, und die oberen Schichten sind nach dem Regen schnell wieder trocken. Ist der Boden dagegen lehmhaltig, so speichert er das Wasser viel besser.

Auf Sandböden können Kiefern dagegen ausgezeichnet gedeihen. Sie haben tiefe Pfahlwurzeln und verdunsten über ihre schmalen Nadeln nur wenig Wasser.

▶ Je nach Bodenart wird das Wasser unterschiedlich lange gespeichert. Die einzelnen Pflanzenarten sind an die verschiedenen Böden angepasst.

Der Kampf ums Licht
Zwischen den Bäumen des Waldes findet ein Konkurrenzkampf statt. Junge Bäume benötigen zunächst nur wenig Platz. So können auf einem Hektar Waldboden rund 1 000 000 etwa 10jährige Buchen wachsen. Sind die Bäume 120 Jahre alt und kräftig herangewachsen, ist nur noch Platz für etwa 500 Bäume. Die kleinen Jungpflanzen kommen sich anfangs nicht ins Gehege. Doch später überleben nur die Bäumchen, die am schnellsten wachsen und den Nachbarn unter ihren Blättern zum Absterben bringen. Jede Pflanze benötigt Licht zum Wachsen, gleichzeitig aber auch genügend Platz, um die Blätter dem Licht entgegen zu strecken. Wird eine Pflanze von einer anderen überdeckt, erhält sie zu wenig Licht und verkümmert mit der Zeit.

1 Junge Rotbuchen

Stieleichen benötigen mehr Licht als Buchen. Sie sind den schnellwüchsigen Buchen im Kampf um das Licht unterlegen und können deshalb im Buchenwald nur selten bestehen. Dafür wachsen Stieleichen auf trockenen, aber auch auf sehr feuchten Standorten, wo die Buchen keine Überlebensmöglichkeit haben.

▶ Pflanzen treten im Wald in Konkurrenz zueinander; zum Beispiel um das lebenswichtige Licht.

Versuch

1 ▶ Befestige mit Knetgummi oder Gips ein Glasröhrchen an der unteren Öffnung von zwei Blumentöpfen.
Fülle einen Blumentopf mit 150 g trockenem Sand, den anderen mit 150 g trockener lehmiger Gartenerde und stelle beide auf einen Messzylinder.
Gieße langsam in beide Blumentöpfe jeweils 200 ml Wasser.
Schreibe deine Beobachtung ins Heft und versuche eine Erklärung zu finden.

2 Kiefern haben Pfahlwurzeln.

3 Rotbuchen haben Flachwurzeln.

1 Farne mögen es schattig.

2 Bärlauch gehört zu den Frühblühern.

3 Walderdbeeren und Tollkirschen brauchen Licht.

Unterwegs im Rotbuchenwald

Wie in einer riesigen Halle mit einem Dach aus Blättern fühlen sich Paul und Maja auf ihrem Weg durch den Buchenwald. Die Bäume sind etwa gleich alt und gleich groß, da sie alle zur gleichen Zeit gepflanzt wurden. Kein Sonnenstrahl erreicht den Boden. Die Baumkronen sind dicht geschlossen. Der Waldboden ist fast nur mit Laub vom Vorjahr bedeckt. An manchen Stellen wachsen Farne (▷ B 1), die mit dem wenigen Licht am Boden auskommen. Nur dort, wo ein umgestürzter Baum eine Lücke gerissen hat, wächst ein fast undurchdringliches Dickicht.

Kleine Lichtungen

Auf Waldlichtungen kannst du interessante Pflanzen finden: An mehreren Stellen wachsen Walderdbeeren. Diese Pflanzen brauchen viel Licht, um Zucker für die Früchte bilden zu können.

Eine andere „lichthungrige" Pflanze ist die Tollkirsche (▷ B 3). Ihre Früchte sehen wie Kirschen aus, sind aber sehr giftig. Für Amseln und andere Vögel sind die Beeren der Tollkirsche dagegen unschädlich. Die Tiere scheiden die unverdaulichen Samen aus, die an geeigneten Standorten auskeimen. Walderdbeere und Tollkirsche sind Pflanzen, die auf Kahlschlägen und Waldlichtungen gute Lebensbedingungen finden. Der humusreiche Waldboden liefert ihnen Mineralsalze, die sie hier ohne die Konkurrenz der Bäume aufnehmen können.

Frühling im Wald

Im Frühjahr bietet der Buchenwald ein ganz anderes Bild: Der Waldboden ist fast vollständig mit blühenden Kräutern übersäht. Die Rotbuchen tragen jetzt noch keine Blätter, sodass genügend Sonnenlicht auf den Boden fällt. Der Bärlauch (▷ B 2) entwickelt sich als Frühblüher aus einer länglichen Zwiebel, die über den Winter Nährstoffe gespeichert hat. Diese stellt sie jetzt der jungen Pflanze zur Verfügung, die innerhalb weniger Wochen blühen und Früchte ausbilden muss.

▶ Licht- und Bodenverhältnisse bestimmen, welche Pflanzen an einem Standort vorkommen.

Farne sind besondere Pflanzen

Im Wald findest du Farne in der schattigen Krautschicht. Sie besitzen ein gut entwickeltes Wasser-Leitungssystem. Es zieht sich bis in die **Blattwedel** hinein, wie man die mehr gefiederten Blätter der Farne nennt. Farne entspringen aus einem unterirdischen Spross, dem **Rhizom**.

Beim Adlerfarn wächst dieses Rhizom nach allen Seiten, sodass die Pflanze sich schnell ausbreitet.

Moose schützen den Waldboden
Schattige Waldböden sind oft mit dichten Polstern des Frauenhaarmooses (▷B4) bedeckt. Moose haben wie die Farne keine Blüten und nicht einmal echte Wurzeln. Sie nehmen Wasser mit ihrer gesamten Oberfläche auf und können beträchtliche Mengen davon in ihren Zellen speichern. Die kleinen Wurzelhärchen befestigen die Pflanze im Boden, nehmen aber kein Wasser auf. Die Moospolster des Waldes saugen bei Regenwetter das Wasser wie ein riesiger Schwamm auf. Sie schützen auf diese Weise den Waldboden vor Austrocknung.

4 Frauenhaarmoos

Wird ein Bergwald abgeholzt, so sterben die Schatten liebenden Moospolster ab. Heftige Regenfälle fließen auf den kahlen Böden ungehindert ab, sammeln sich zu reißenden Strömen und verursachen große Schäden.

Werkstatt

Wir untersuchen Pflanzen im Wald

1 Kann man Moose wieder beleben?

Material
Einige Moospflänzchen, Wasser, Sprühflasche

Durchführung
Lasse einige Moospflanzen mehrere Tage liegen bis sie ausgetrocknet sind. Besprühe sie anschließend mit Wasser und prokolliere.

2 Wir erstellen eine Pflanzenkarte

Material
Bestimmungsbuch, Papier, Bleistift, Radiergummi, Zollstock, Schnur, 4 Holzpflöcke (ca. 30 cm)

Durchführung
a) Um dir einen Überblick über die Pflanzengemeinschaften eines Waldes zu verschaffen, wähle eine Untersuchungsfläche von 2 x 2 m aus. Begrenze sie an den Eckpunkten mit jeweils einem Pflock oder einem kräftigen Stock. Verbinde die Pflöcke mit einer Schnur zu einem Quadrat.
b) Bestimme nun die Namen aller Pflanzenarten deiner Untersuchungsfläche.
c) Denke dir für jede Pflanzenart ein leicht zu zeichnendes Symbol aus. Beispiel: Buschwindröschen +
d) Zeichne nun auf Papier ein Quadrat von 20 cm Seitenlänge. Es ist eine Verkleinerung deiner Untersuchungsfläche. Trage nun möglichst alle Pflanzen mit den zugehörigen Symbolen ein.

Aufgaben
1. Welche Art ist die häufigste?
2. Zu welchen Schichten des Waldes gehören die einzelnen Arten jeweils? Erstelle dazu eine Tabelle.
3. a) Welche Arten wachsen einzeln, welche in Gruppen?
b) Welche Arten wachsen im Licht, welche im Schatten?
c) Prüfe, um welche Art von Boden es sich bei deiner Untersuchungsfläche handelt.
Informiere dich darüber, welche Pflanzenarten typisch für diese Bodenart sind; welche Anpassungen an den Boden zeigen die Pflanzen?

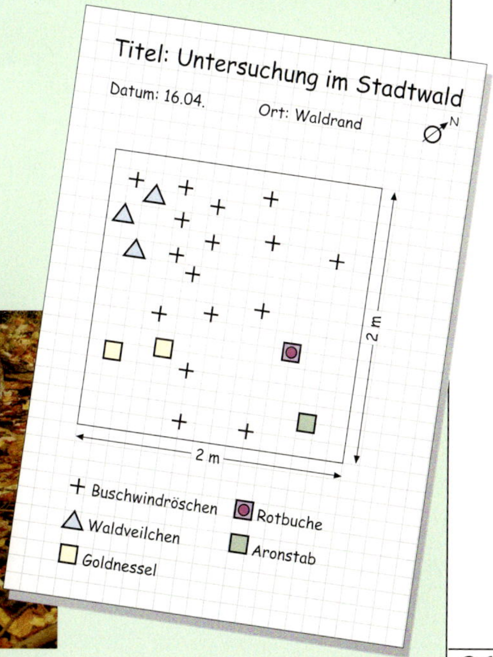

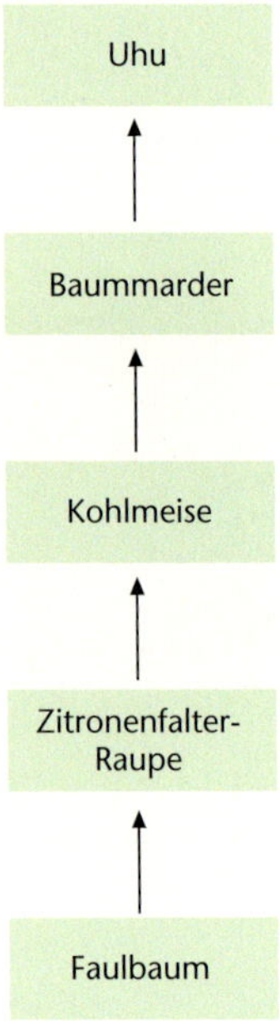

1 Nahrungskette

Nahrungsketten und Nahrungsnetze
Der Zitronenfalter ist im Frühjahr einer der ersten Schmetterlinge. Seine Raupen fressen an den Blättern des Faulbaums. Andere pflanzliche Nahrung nehmen sie nicht auf. Für die Kohlmeise ist der Schmetterling ein Leckerbissen, den sie im Flug fängt. Die Kohlmeise selbst steht jedoch auf dem Speisezettel mehrerer Fressfeinde. In Acht nehmen muss sie sich besonders vor dem Baummarder, der ihr vor allem während des Brütens und bei der Fütterung der Jungen gefährlich werden kann. Der Baummarder wiederum kennt nur einen Feind: Der seltene Uhu schafft es bei seiner nächtlichen Jagd, ab und zu einen Baummarder zu überwältigen. Am Tage hat der Marder dagegen kaum Feinde zu fürchten.

Faulbaum, Zitronenfalter, Kohlmeise, Baummarder und Uhu bilden eine **Nahrungskette**. Am Anfang steht eine Pflanze als **Erzeuger** (Produzent) von Nährstoffen. Hiervon ernährt sich die Schmetterlingsraupe. Sie ist ein **Erstverbraucher** (Konsument). Kohlmeise und Baummarder sind **Zweit- und Drittverbraucher**. Der Uhu ist in dieser Kette der **Endverbraucher**. Im Unterschied zur Raupe des Zitronenfalters nimmt die Kohlmeise jedoch auch andere Nahrung zu sich. Sie frisst andere Insekten, aber auch nährstoffhaltige Samen.

Die Kohlmeise ist also noch in weitere Nahrungsketten eingebunden. Gemeinsam bilden diese verflochtenen Nahrungsketten ein **Nahrungsnetz**. Auch der Baummarder ist bei der Jagd nicht gerade wählerisch. Er erbeutet alle Tiere, die er überwältigen kann. Würde er nur Kohlmeisen jagen, gäbe es in seinem Revier nicht genügend Nahrung für ihn. Für den Bestand der Kohlmeise ist es von Vorteil, wenn die Fressfeinde auch Jagd auf andere Tiere machen.

Tiere und Pflanzen sind Glieder zahlreicher Nahrungsketten, die miteinander ein verzweigtes Nahrungsnetz bilden.

Stoffe werden auf- und wieder abgebaut
Im Frühjahr laufen in jedem Baum – zunächst kaum bemerkt – beeindruckende Vorgänge ab: Um mehr als 400 g nimmt eine große Buche jetzt jeden Tag an Trockengewicht zu. Täglich wachsen die Blätter und ständig kommen neue hinzu. Diese Gewichtszunahme steigert sich im weiteren Verlauf des Jahres auf täglich mehr als 1000 g. Dazu nimmt die Buche jeden Tag etwa 175 l Wasser auf. Auf dem Boden ausgelegt würden ihre Blätter eine Fläche von 1000 bis 1500 m² bedecken. Um diese gewaltige Menge erzeugen zu können, nehmen die Blätter Mineralsalze aus dem Boden und Kohlenstoffdioxid aus der Luft auf. Außerdem nutzen sie die Energie der Sonnenstrahlen. Pflanzen nennt man deshalb auch **Erzeuger**.

Eine solche Laubmenge müsste nach einigen Jahren den Waldboden meterhoch bedecken, wenn nicht zahlreiche Kleinlebewesen und winzige Bakterien als **Zersetzer** im Waldboden die Blätter vollständig abbauen würden. Die Bakterien scheiden Mineralsalze aus, die nun vom Baum wieder aufgenommen werden können. Ein ständiger Wechsel von Wachsen und Abbauen sorgt für einen Stoffkreislauf, der den Pflanzen des Waldes das Leben erst ermöglicht.

In diesen Kreislauf sind auch die Pflanzenfresser als **Verbraucher** von Nährstoffen eingebunden. Den Kot der Tiere bauen Zersetzer im Boden ebenfalls ab – genau wie die Ausscheidungen und die sterblichen Überreste aller übrigen Tiere. Würde dieser Kreislauf nicht funktionieren, wäre das Leben auf der Erde schon nach kurzer Zeit nicht mehr möglich.

Erzeuger, Verbraucher und Zersetzer bilden einen Stoffkreislauf.

Aufgaben

1 Begründe, warum der Stoffkreislauf für das Leben der Pflanzen wichtig ist.

2 a) Erkläre den Stoffkreislauf am Beispiel einer Wiese. Erstelle dazu eine Skizze und beschrifte sie. Abbildung 2 kann dir hierbei als Vorlage dienen.
b) Der Stoffkreislauf in Abbildung 2 ist vereinfacht. Welche Vorgänge sind nicht dargestellt?

1 Rotbuchen im Frühjahr

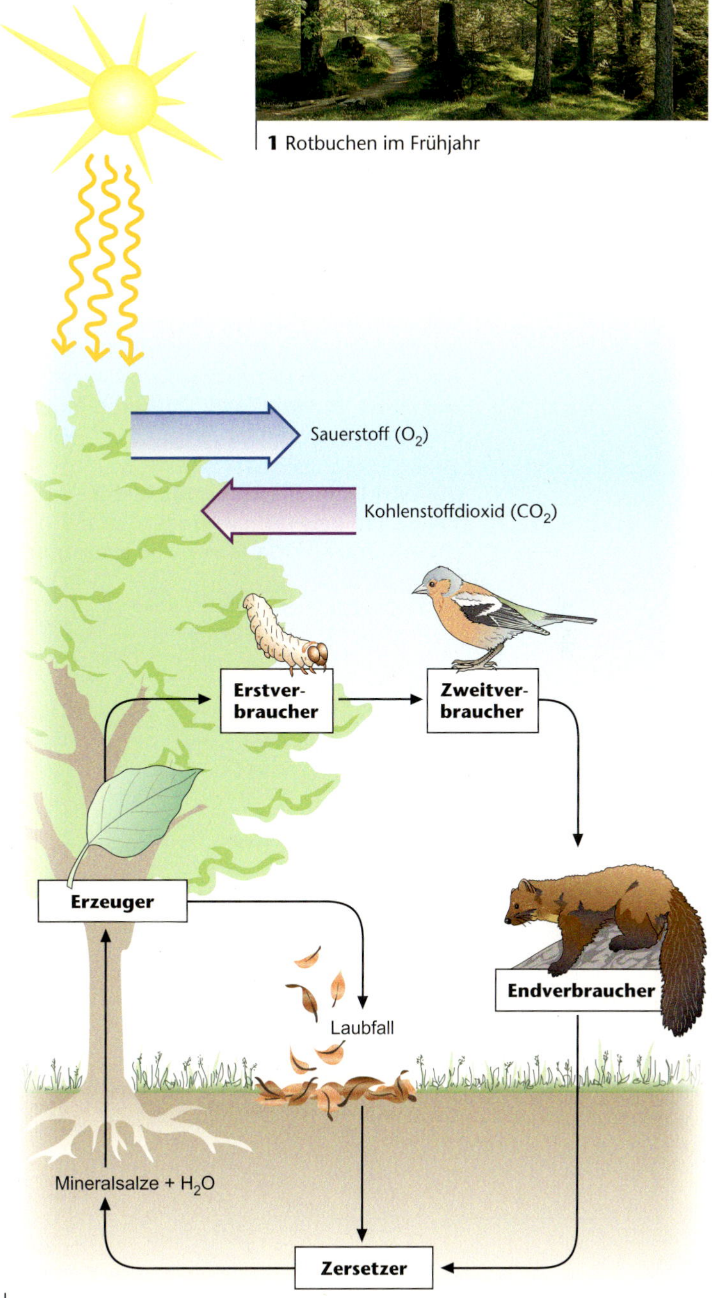

2 Stoffkreislauf, vereinfacht

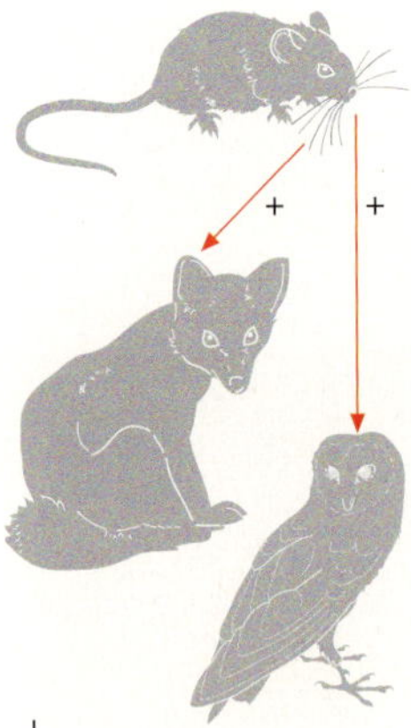

1 Zu Aufgabe 3

Jäger und Beute regeln das Gleichgewicht

Frank ist begeistert. Aus sicherer Entfernung beobachtet er mehr als 20 Rothirsche bei der Winterfütterung. „Hier ist die Natur noch in Ordnung“, sagt er leise zu seinem Vater. „Das kann man auch anders sehen“, entgegnet dieser. „Als in früheren Zeiten die Natur wirklich ungestört war, gab es erheblich weniger Hirsche und Rehe in unseren Wäldern als heute. Die Tiere haben inzwischen keine natürlichen Feinde mehr und werden hier sogar noch gefüttert.“

In den weiten Wäldern Kanadas sind die Hirsche die Hauptbeutetiere für die dort vorkommenden Wolfsrudel. Auf etwa 100 Hirsche kommt ein Wolf. Die Wölfe jagen in Rudeln von 5 bis 10 Tieren. Nimmt die Zahl der Hirsche durch die Bejagung oder aus anderen Gründen ab, wandern die jüngeren Wölfe in entferntere Jagdgebiete aus. Dadurch verkleinern sich die Wolfsrudel. Vermehren sich die Hirsche jedoch wieder, kann sich auch das Wolfsrudel wieder vergrößern. Auf diese Weise bleiben Beutetiere und Jäger immer in einem **biologischen Gleichgewicht**.

Die Wirklichkeit ist komplizierter

Viele Tiere haben nicht nur einen natürlichen Feind. So sind Mäuse die Hauptnahrung vieler Greifvögel, Eulen und auch der Füchse. Trotzdem sterben die Mäuse nicht aus. Sie haben bei gutem Nahrungsangebot so viele Nachkommen, dass die Verluste ständig ausgeglichen werden. In strengen Wintern müssen manche Eulen verhungern, weil sie wegen der hohen Schneedecke nicht an die Mäuse herankommen. Aber oft haben sich die Bestände der Eulen schon nach einem Sommer wieder erholt. Manche Vögel ziehen nach einem harten Winter mehr Jungvögel auf als in anderen Jahren. Auch hier stellt sich immer wieder ein biologisches Gleichgewicht zwischen Mäusen und deren Feinden ein.

Aufgaben

1 Abbildung 1 zeigt eine Vereinfachung. Welche Zusammenhänge werden in der Abbildung nicht wiedergegeben?

2 Welche Folgen könnte es für das biologische Gleichgewicht im Wald bedeuten, wenn Füchse übermäßig bejagt würden?

3 a) Beschreibe die Nahrungsbeziehungen zwischen Mäusen, Füchsen und Waldkäuzen (▷ B 1). Übersetze die beiden + -Zeichen dabei wie folgt: Je mehr ...., desto mehr......... gibt es.
b) Wie heißt die Umkehrung dieser Sätze?

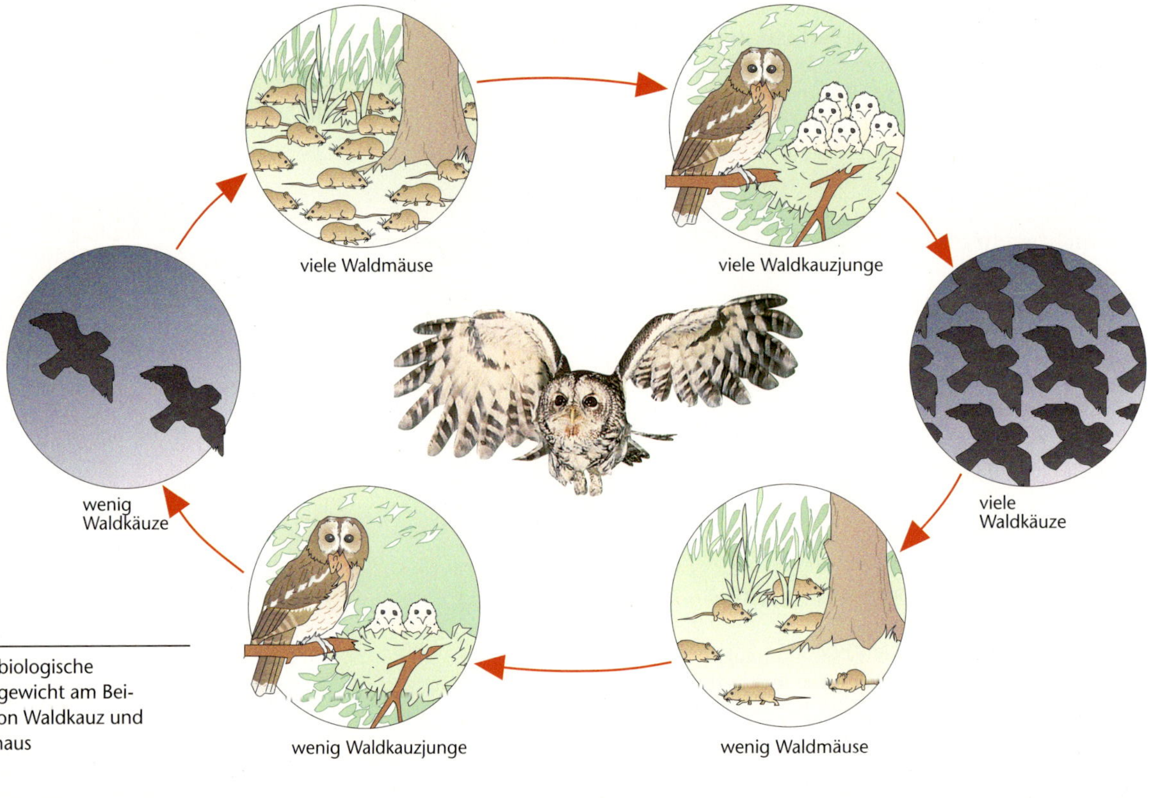

2 Das biologische Gleichgewicht am Beispiel von Waldkauz und Waldmaus

Brennpunkt

Eingriffe des Menschen

1 Wild verursacht Verbiss-Schäden.

2 Fichtenwald, angepflanzt

3 Schäden durch den Borkenkäfer

Folgen der Ausrottung
Durch die Ausrottung der Wölfe und anderer Jäger wie Luchs, Steinadler oder Uhu ist das biologische Gleichgewicht in unseren Wäldern aus den Fugen geraten. Rothirsche und Rehe vermehren sich seitdem nahezu ungestört und haben als einzigen Feind nur noch den Menschen. In manchen Wäldern richten Hirsche und Rehe durch den Fraß an jungen Bäumen und durch das Fegen mit ihren Geweihen schwere Schäden an. So ist der Verbiss besonders an jungen Laubbäumen nach wie vor sehr hoch: In manchen Wäldern wird bei etwa jedem fünften Laubbaum der Leittrieb abgefressen. Der Leittrieb ist die Spitze des jungen Bäumchens, woraus später einmal der Baumstamm wird.

Im Bergwald sind die Schäden besonders schlimm. Tannen, Fichten und Laubhölzer haben dort die wichtige Aufgabe, den Boden mit ihren Wurzeln zu festigen. Wenn die vielen jungen Bäumchen abgefressen werden, können bei Unwettern schwere Schäden eintreten. Der ungeschützte Boden wird zu Tal geschwemmt und reißt dabei tiefe Schneisen in den Bergwald.

Ersatzjäger
Die Rolle des Jägers muss in den Wäldern nun der Mensch übernehmen. In den Jagdrevieren müssen so viele Rehe und Hirsche geschossen werden, dass die Verbiss-Schäden nicht zu groß werden. Auf diese Weise konnte man in einzelnen Bergwäldern die Schäden durch das Wild deutlich senken.

Wenn der Wald angepflanzt wurde
Manche Wälder gleichen immer noch reinen Holzfabriken. In Reih und Glied stehen Fichten oder Kiefern in solchen Forsten und bieten nur noch Nahrung für wenige Tierarten. Diese finden dann aber einen reich gedeckten Tisch vor. So lebt der Borkenkäfer unter der Rinde von Nadelbäumen, wo er Fraßgänge anlegt und gemeinsam mit seinen Larven einen Baum zum Absterben bringen kann. Da sehr viele Bäume von gleicher Art und gleichem Alter in den Forsten nebeneinanderstehen, können sich Borkenkäfer in kürzester Zeit massenhaft vermehren. Spechte und andere Fressfeinde der Käfer können diese Massenentwicklung nicht stoppen. Die Folgen sind schwere Schäden, die der Förster mit Käferfallen und chemischen Mitteln allein auch nicht verhindern kann.

In Mischwäldern mit vielen verschiedenen Baum- und Straucharten und einer reichen Krautschicht treten solche Schäden durch einzelne Tierarten nicht so leicht auf. Hier hat sich ein biologisches Gleichgewicht zwischen Tier- und Pflanzenarten eingestellt.

4 Jagd

Aufgaben

1 Warum kommen in reinen Fichtenwäldern weniger Tierarten vor, als in einem Mischwald. Begründe deine Antwort.

2 Sollen Förster die Rehe im Winter füttern? Diskutiert darüber in der Klasse und fasst eure Ergebnisse auf einem Plakat zusammen.

1 Müll schadet dem Wald.

2 Lärm stört die Waldbewohner.

Wir müssen Rücksicht nehmen

Auf den ersten Blick scheint alles in Ordnung zu sein. Am Waldrand treiben die Sträucher neue Blätter aus, und auch die Nadelbäume zeigen die ersten grünen Spitzen. „Schaut mal nach oben", bittet der Förster die Schulklasse. „Fällt euch an den Fichten da vorn etwas auf?" Die Wipfel der Bäume wirken stark ausgelichtet und sind deshalb sehr durchsichtig.

Nadelbäume sind besonders empfindlich gegenüber Autoabgasen und Rauch aus den Schornsteinen der Häuser und Fabriken. Diese Schadstoffe haben den Bäumen schwere Schäden zugefügt. Am deutlichsten ist das an den Nadeln zu erkennen, die gelb werden und nach einiger Zeit abfallen (▷B4). Durch Filteranlagen, moderne Heizkessel und Katalysatoren in den Autos konnten die Schadstoffe inzwischen deutlich verringert werden. Aber die Zunahme des Straßenverkehrs ist immer noch das Hauptproblem. Früher glaubte man, nur Nadelbäume würden durch die Schadstoffe in der Luft geschädigt. Inzwischen weiß man aber, dass auch Laubbäume dadurch krank werden (▷B3). Vor allem Buchen sind gegenüber Abgasen aus dem Straßenverkehr sehr empfindlich.

Lärm und Müll schaden dem Wald

Viele Menschen verbringen, wie du vielleicht auch, im Wald einen Teil ihrer Freizeit. Du kannst dort spielen, Rad fahren oder mit deinem Hund laufen. Doch du wirst beobachtet! Viele Tiere verfolgen aus sicherer Entfernung, ob von dir eine Gefahr ausgeht. Musik, lautes Geschrei und die Fahrradklingel vertreiben sie sofort (▷B2). Hunde können zu einer richtigen Gefahr für die Tiere werden. Jedes Jahr werden im Frühjahr und Sommer viele Tiere, besonders Rehkitze, von frei laufenden Hunden schwer verletzt oder getötet. Immer wieder sieht man besonders an Waldrändern ganze Müllberge, die achtlos hier abgeladen werden (▷B1). Bauschutt, selbst Kühlschränke hat man da schon gefunden. Solche „Umweltsünden" zerstören Lebensgemeinschaften und verschandeln die Landschaft. Schon manche Glasscherbe hat wie ein Brennglas einen Waldbrand ausgelöst.

Schadstoffe der Luft, Lärm und Müll bedrohen die empfindlichen Lebensgemeinschaften des Waldes.

Aufgaben

1 Entwerft Plakate, auf denen die Ursachen der Waldschäden dargestellt werden. Fasst die Plakate zu einer Ausstellung zusammen. Material erhaltet ihr bei Forstämtern, Naturschutzvereinen und im Internet mithilfe einer Suchmaschine.

2 Stellt Regeln für das Verhalten von Spaziergängern und Sportlern im Wald auf. Fasst diese Regeln zu einem kleinen Flyer zusammen und denkt euch eine passende Überschrift aus.

3 Kranke Buche

4 Kranke Fichte

Das Klima verändert sich

1 Steppe

2 Wüste

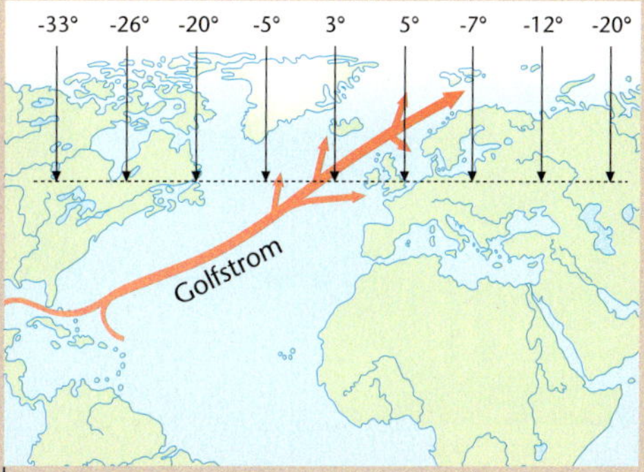

3 Einfluss des Golfstromes

Deutschland ohne Wald?

Vor rund 15 000 Jahren war Deutschland völlig waldfrei. Die Eiszeit war zwar vorüber, aber der Boden taute auch im Sommer noch nicht richtig auf. Nur Gräser und wenige andere anspruchslose Pflanzen bedeckten den Boden. Erst langsam begann es wärmer zu werden. Einige tausend Jahre später konnten Birken und Kiefern in unser Gebiet vordringen. Für Buchen, Eichen und andere wärmeliebende Baumarten war es aber immer noch zu kalt.

Klimaforschung auf Umwegen

Woher weiß man das heute? Damals entstanden in Norddeutschland die ersten Moore. Torfmoos wuchs im Laufe der Zeit zu mächtigen Torfschichten heran, in denen auch die Reste anderer Pflanzen eingeschlossen wurden. Diese Pflanzenreste sind so gut erhalten, dass die Wissenschaftler heute durch Torfuntersuchungen feststellen können, welche Pflanzen in früheren Zeiten gelebt haben. Besonders der Blütenstaub, der jedes Jahr in die Moorgewässer geriet, verrät viel über die damaligen Verhältnisse. Findet man in einer Torfschicht nur Blütenstaub von Birken und Kiefern, so muss das Klima damals sehr kalt gewesen sein.

Durch solche Untersuchungen wissen wir heute, dass unser Klima sich im Laufe der Erdgeschichte immer wieder verändert hat. Kalt- und Warmzeiten wechselten einander ab. Die Ursachen sind sehr vielfältig. Änderungen in der Erdumlaufbahn aber auch Veränderungen in der Oberflächengestalt der Erde beeinflussen das Klima. Als 5000–6000 v. Chr. die Nordsee mit dem Atlantischen Ozean südlich von England Kontakt bekam, wurde das Klima in Mitteleuropa deutlich wärmer. Der Golfstrom (▷B 3) sorgte für ein mildes Klima, wie es heute noch für Mitteleuropa typisch ist. Erst hierdurch konnten sich Baumarten wie Buche, Eiche, Linde oder Ulme bei uns ausbreiten.

Klima-Sorgen

Heute warnen Wissenschaftler vor einer weiteren Erwärmung des Klimas. Durch Straßenverkehr, Wohnraumheizungen und Industrie wurden in den vergangenen Jahrzehnten auf der Erde ungeheure Mengen an Erdöl, Kohle und Erdgas verbrannt. Dabei entstand sehr viel Kohlenstoffdioxid. Dieses Gas wird für die Erwärmung des Klimas verantwortlich gemacht. In den tropischen Ländern steigen die Temperaturen so stark an, dass sich die Wüsten immer mehr ausbreiten.

Nicht nur das Klima, auch Naturkatastrophen verändern den Wald. Lange Trockenperioden können die Ursache für verheerende Waldbrände sein, von denen sich die Natur jedoch oftmals überraschend schnell wieder erholt.

4 Waldbrand

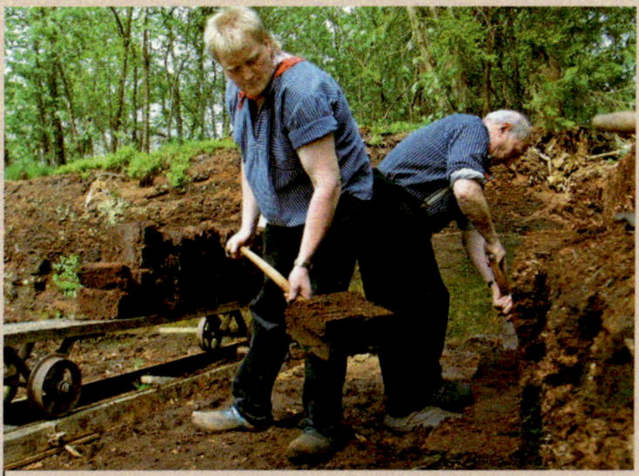

5 Torfstich

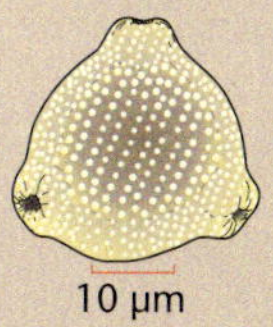

6 Birkenpollen

1 Waldnutzung

Freizeit im Wald

Wenn am Wochenende die Sonne scheint, strömen Scharen von Menschen in die nahen Wälder. Wanderer, Jogger und Mountainbiker tummeln sich auf den Waldwegen. Soll ein Waldstück wegen einer neuen Straße geopfert werden, protestiert die Bevölkerung jedes Mal heftig.
Wälder haben als Naherholungsgebiete, aber auch als Urlaubsgebiete große Bedeutung. Die Menschen schätzen die Ruhe und die saubere Luft als Ausgleich zur Hektik im täglichen Leben. Zudem bieten Wälder einmalige Gelegenheiten, Tiere und Pflanzen aus der Nähe zu erleben.

2 Freizeit im Wald

Wälder speichern Wasser

Wälder sind für uns aber noch aus anderen Gründen wichtig. Wenn es regnet, fließt das Wasser nicht sofort ab, sondern versickert langsam im Waldboden. In großer Tiefe wird es als wertvolles Grundwasser gespeichert. Quellwasser aus den Talsperren des Harz versorgt zum Beispiel die umliegenden Großstädte mit sauberem Trinkwasser. Da Wälder sehr viel Wasser aufnehmen können, steigt auch bei starken Regenfällen das Wasser in Bächen und Flüssen längst nicht so stark an wie in waldfreien Gebieten. Dadurch wird die Hochwassergefahr deutlich gesenkt.

Das Waldklima ist mild

Wenn du im heißen Sommer durch den Wald gegangen bist, hast du bestimmt schon festgestellt, dass es dort angenehm kühl war. Wälder gleichen Hitze aber auch Kälte ein wenig aus. Im Sommer ist dort die Temperatur um mehrere Grad niedriger als in der freien Umgebung. Im Winter dagegen sinken die Temperaturen bei starkem Frost nicht so stark ab wie im Umland. Aus diesem Grund haben Parkanlagen für die Menschen in der Großstadt ganz besondere Bedeutung.

Der Wald als Rohstofflieferant

Der Förster sieht den Wald aber noch mit ganz anderen Augen. Er muss wie der Leiter eines Betriebes auf Einnahmen achten – und die lassen sich im Wald vorwiegend durch den Verkauf von Holz erzielen. Papier-, Möbelindustrie und Baugewerbe verarbeiten große Mengen Holz und geben vielen Menschen Arbeitsplätze.

Hauptsächlich sind es Nadelhölzer, die in Deutschland geschlagen werden. Fichte, Tanne, Douglasie, Lärche und Kiefer liegen deutlich vor den Laubbäumen wie Buche und Eiche. Einheimische Wälder können aber den Bedarf allein nicht decken. Importholz aus Skandinavien, Russland und Überseeländern muss hinzu kommen.

Wälder werden vielfältig genutzt. Sie dienen der Erholung, als Wasserspeicher und Holzlieferanten. Auf das Klima wirken sie sich abmildernd aus.

Aufgaben

1 Begründe, warum Parkanlagen in den Städten für die Menschen so wichtig sind.

2 Der Harz, die Eifel und der Schwarzwald sind mit großen Wäldern bedeckt. Suche im Atlas einige Flüsse, die dort entspringen. Ermittle ferner, ob es dort auch Talsperren gibt. Schreibe deren Namen auf.

1 Naturpark

2 Luchs

3 Uhu

Wie sich die Wälder verändert haben

Vor 2000 Jahren war Mitteleuropa von nahezu undurchdringlichem Urwald bedeckt. Niemand räumte abgestorbene oder durch Stürme entwurzelte Bäume weg. Sie blieben einfach liegen und wurden überwuchert. Kein Bachlauf und kein Fluss war begradigt und sumpfige Wälder waren nicht trocken gelegt. Hier konnten sich Pflanzen und Tiere ungestört entwickeln. In den heutigen Forsten, die vor allem der Holzgewinnung dienen, herrschen völlig andere Lebensbedingungen: Viele kleinere Gewässer wie Tümpel und Seen sind entwässert oder zugeschüttet worden. Die Bäume wurden in Forstbaumschulen herangezüchtet und dann in Reih und Glied ausgepflanzt. Oft findet man in solchen Forsten nur eine oder wenige Baumarten.

Naturparks bewahren den Wald

Ausgewählte Wälder sind heute Naturschutzgebiete. Hier dürfen Tiere und Pflanzen wie in den ehemaligen Urwäldern leben. Es ist sogar schon gelungen, in diesen Wäldern einige Tier- und Pflanzenarten wieder anzusiedeln, die es hier seit langer Zeit nicht mehr gab. So hat sich der Luchs in mehreren deutschen Waldgebieten wieder vermehrt und auch der Uhu hat ehemalige Lebensräume wieder zurückerobert. Der Luchs ist ein katzenartiges Raubtier, das etwa 20 kg schwer wird. Er jagt andere Tiere durch Anschleichen und gezielten Sprung. Rehe sind seine bevorzugte Beute. Luchse können nur in sehr großen Waldgebieten leben, die vor Störungen durch den Menschen weit gehend geschützt sind. Die meisten kleineren Naturschutzgebiete reichen ihm nicht aus. Deshalb wurden große Gebiete zu Naturparks erklärt, in denen Naturschutz und Erholung möglich sind. Im Harz und im Bayerischen Wald findet der Luchs genügend große Waldgebiete.

Forschung in Naturschutzgebieten

Forstwissenschaftler und Biologen erforschen in Naturschutzgebieten die ungestörte Entwicklung von Tieren und Pflanzen. Sie erfahren dadurch viel über die Entwicklung der Wälder und über Wechselbeziehungen zwischen Pflanzen- und Tierarten. Die Beobachtungen und Erkenntnisse benötigen Förster, wenn sie ihre Wälder naturnah bewirtschaften wollen.

Aufgaben

1 Informiere dich darüber, wie du dich in einem Naturschutzgebiet verhalten musst. Was ist erlaubt, was verboten? Berichte darüber.

2 Suche auf Landkarten, ob sich in der Umgebung deines Wohnortes ein Naturschutzgebiet befindet. Gib den Namen dieses Gebietes als Suchwort im Internet ein und finde heraus, warum es unter Schutz gestellt wurde.

4 Naturschutzgebiet

Der Wald – ein Lebensraum für Pflanze, Tier und Mensch

1 Moosschicht

Der Wald ist in verschiedene Stockwerke gegliedert

Im Wald gehören alle Pflanzen zu einzelnen Stockwerken. Die Moosschicht ist die unterste Schicht. Darauf folgt die Krautschicht. Strauchschicht sowie erste und zweite Baumschicht schließen sich an. Unten im Boden liegt die Wurzelschicht.

Pflanzen brauchen Wasser

Pflanzen verdunsten im Sommer sehr viel Wasser. Durch die Wurzeln gelangt das Wasser aus dem Boden in die Pflanze. Pflanzen mit Pfahlwurzeln können auf trockenen Böden leben. Pflanzen mit flachen Wurzeln finden hier nicht genügend Wasser.

Pflanzen brauchen Licht

Unter dem Blätterdach eines Buchenwaldes herrschen andere Lebensbedingungen als auf einer hellen Waldlichtung. Ganz ohne Licht können Pflanzen nicht leben. Manche sind richtig lichthungrig, andere vertragen schattige Standorte.

2 Endverbraucher

Pflanzen und Tiere bilden Lebensgemeinschaften

Pflanzen sind Erzeuger wichtiger Nährstoffe für zahlreiche Tierarten. Die Pflanzenfresser sind Verbraucher dieser Nährstoffe. Sie selber werden von Fleisch fressenden Tieren als Nahrung benötigt. Erzeuger und Verbraucher bilden eine Nahrungskette, an deren Ende ein Endverbraucher, z. B. der Mäusebussard oder der Luchs steht. Da sich Verbraucher oft von verschiedenen Tier- und Pflanzenarten ernähren, sind viele Nahrungsketten zu Nahrungsnetzen miteinander verbunden.

Alle Lebewesen sind Teile eines Stoffkreislaufs

Wenn Pflanzen wachsen, nehmen sie Stoffe aus dem Boden auf. Sterben die Pflanzen, zersetzen Kleintiere im Boden die Pflanzenreste und geben diese Stoffe dem Boden zurück. Werden Pflanzen gefressen, nehmen die Stoffe den „Umweg" über mehrere Verbraucher. Kot und Tierleichen dieser Verbraucher werden auch von den Zersetzern abgebaut.

Biologisches Gleichgewicht

Beutetiere und deren Fressfeinde stehen von der Anzahl her in einem biologischen Gleichgewicht. Gibt es in einem Revier für einen Greifvogel zu wenige Beutetiere, so wandert er in andere Gebiete aus oder zieht weniger Jungtiere auf. Nimmt die Zahl der Beutetiere jedoch wieder zu, so können auch mehr Greifvögel Nahrung finden und es können mehr Junge aufgezogen werden.

Das Gleichgewicht ist gestört

Da der Mensch Raubtierarten wie Luchs und Wolf in unseren Wäldern nahezu ausgerottet hat, können sich Rehe und Hirsche stark vermehren. Sie richten in den Wäldern große Schäden an. Nur durch die Jagd und den Straßenverkehr wird die Zahl dieser Tiere verringert.

Abgase und Abfälle schaden dem Wald

Abgase und Rauch aus den Schornsteinen belasten den Wald. Die Bäume werden davon krank und können sogar absterben. Durch technische Einrichtungen und ein Umwelt schonendes Verhalten können die Schadstoffe in der Luft verringert werden. Müll belastet im Wald den Boden und stört die Lebensgemeinschaften der Tiere und Pflanzen.

Der Wald hat viele Aufgaben

Wälder sind Heimat für viele Pflanzen und Tiere, für uns Menschen sind sie wertvolle Erholungsgebiete. Sie sind aber auch Wasserspeicher und wirken sich auf das Klima mildernd aus. Das Holz der Bäume ist eine wichtige Rohstoffquelle. Von der Holz verarbeitenden Industrie hängen viele Arbeitsplätze ab.

Naturparks sichern große Waldgebiete

Der Schutz großer Waldgebiete durch Einrichtung von Naturparks sichert die Lebensgemeinschaften von Pflanzen und Tieren. Viele seltene Pflanzen und scheue Tierarten können nur in großen Waldgebieten überleben. Gleichzeitig dienen Naturparks der Forschung und sind auch Erholungsgebiete.

3 Nationalpark

4 Der Mensch hat große Raubtierarten ausgerottet.

Aufgaben

1 Da in unseren Wäldern die Endverbraucher wie Wolf oder Luchs ausgestorben sind oder nur selten vorkommen, haben sich deren Beutetiere wie Rehe und Hirsche stark vermehrt. Welche Probleme für den Wald ergeben sich daraus?

2 Zeichne Kärtchen und schreibe die Tier- und Pflanzenarten der großen Abbildung auf S. 268 darauf. Schneide die Kärtchen aus und lege sie zu verschiedenen Nahrungsketten aneinander. Schreibe weitere Tier- und Pflanzenarten auf und ergänze oder verändere damit die Nahrungsketten.

3 Nach Beendigung der letzten Eiszeit bestanden die ersten Wälder aus Birken und Kiefern. Begründe, warum Stieleichen und Buchen noch nicht vorkamen.

4 Weshalb können sich Borkenkäfer besonders gut in trockenen Jahren und in Wäldern vermehren, die nur aus einer Baumart bestehen?

5 Im Laufe einiger Jahre fallen jeweils im Herbst große Mengen Laub von den Bäumen. Dennoch werden die Laubschichten auf dem Waldboden nicht von Jahr zu Jahr dicker. Welche Begründung könnte es dafür geben?

6 Nenne die einzelnen Stockwerke des Waldes und ordne ihnen mithilfe einer Tabelle Tierarten zu, die dort leben.

7 Beschreibe die Rolle des Waldes für den Wasserhaushalt und den Bodenschutz und nenne die Folgen einer Zerstörung des Waldes.

8 Begründe, warum in einem Buchenwald mit annähernd gleichaltrigen Bäumen nur vergleichsweise wenige andere Pflanzenarten vorkommen.

9 Lege eine Sammlung von Blättern mehrerer Baumarten an. Wie man ein solches Herbarium anlegt,, kannst du auf der Strategieseite „Sammeln und aufbewahren" nachlesen.

10 a) Im Wald gibt es zwischen den Lebewesen ein biologisches Gleichgewicht. Kannst du auch in anderen Lebensräumen ein solches Gleichgewicht beobachten, etwa in einem See oder in deinem Garten? Beschreibe!
b) Nenne auch hier Beispiele dafür, dass der Mensch in diesen Lebensräumen das biologische Gleichgewicht stört.

5 Herbarium

6 Marienkäfer frisst Blattlaus.

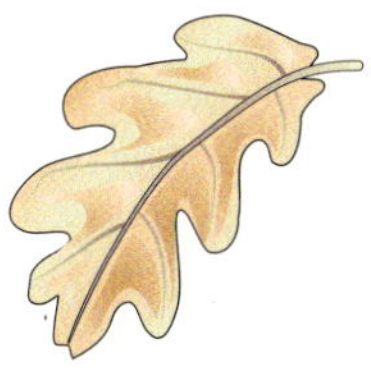

Die Biologie erforscht das Leben

3 Unterschiede von Pflanzen- und Tierzelle

Pflanzenzelle	Tierzelle
Zellwand	Zellmembran
Blattgrünkörner	Kein Blattgrün
Vakuole	Keine Vakuolen

6

Pflanzenart	Lichtbedürfnis
Usambaraveilchen	verträgt und mag Schatten
Efeutute	gedeiht auch im Halbschatten
Fensterblatt (Monstera), Grünlilie	liebt hellen Standort ohne direkte Sonne
Yucca, Madagaskarpalme	verträgt direkte Sonne, auch Mittagssonne

Menschen halten Tiere – und sind für sie verantwortlich

1 Unsere Haustiere stammen alle von Wildtieren ab:
das Hausschwein vom Wildschwein,
der Hund vom Wolf,
die Katze von der Falbkatze,
das Pferd vom Przewalskipferd,
das Rind vom Ur
und das Haushuhn vom Bankivahuhn.
Die Menschen zähmten Wildtiere und hielten sie dadurch in ihrer Nähe. Durch Züchtungen konnten sie die besonderen Eigenschaften der Tiere verstärkt nutzen.

8 Durch Züchtungen sind über 400 verschiedene Hunderassen entstanden. Da sich Rassen untereinander fortpflanzen können, sind auch Mischlinge möglich.

Bewegung hält fit und macht Spaß

3 a) Es gibt Scharniergelenke, Kugelgelenke, Drehgelenke und Sattelgelenke.
b) Scharniergelenk: Knie-, Ellbogen-, Finger- und Zehengelenk
Kugelgelenk: Hüft- und Schultergelenk
Drehgelenk: zwischen den obersten zwei Wirbeln (Atlas, Axis)
Sattelgelenk: Daumengrundgelenk

8 Mund, Rachen, Luftröhre, Bronchien, Lunge.

14 Transport von Sauerstoff durch rote Blutzellen, von Kohlenstoffdioxid und Nährstoffen. Außerdem enthält das Blut weiße Blutzellen, die der Abwehr von Krankheitserregern dienen, sowie Blutplättchen zum Wundverschluss.

„Guten Appetit!"

13 Aufgaben der Verdauungsorgane

Organ	Funktion
Mund und Zähne	Nahrungsstücke werden abgebissen und zerkleinert; mit der Zunge durchgeknetet. Der Speichel macht den Bissen gleitfähig.
Speiseröhre	Sie leitet den Speisebissen in den Magen.
Magen	Speichert die Nahrung und knetet sie durch. Der Nahrungsbrei wird mit Magensaft durchmischt. Der saure Magensaft tötet Bakterien und bereitet die Zerlegung der Eiweißstoffe vor.
Zwölffingerdarm	Verdauungssäfte von Bauchspeicheldrüse und Gallenblase gelangen hierhin.
Dünndarm	Zerlegung aller Nährstoffe in ihre Bausteine und Übernahme durch die Darmzotten in das Blut.
Dickdarm	Den unverdaulichen Resten werden Wasser und Mineralstoffe entzogen. Ausscheidung von Kot durch den After.

Eine neue Zeit beginnt

1 Primäre Geschlechtsorgane beim Jungen:
Penis, Hodensack mit Hoden und Nebenhoden
primäre Geschlechtsorgane beim Mädchen:
Gebärmutter, Eierstöcke mit Eileiter, Schamlippen

2 Die sekundären Geschlechtsorgane beim Jungen sind: typisch männliche Körperform, Körperbehaarung, tiefe Stimme.
Die sekundären Geschlechtsorgane beim Mädchen sind: weibliche Körperform, Brüste, Scham- und Achselbehaarung.

Grüne Pflanzen – Grundlage für das Leben

5 Die meisten Kiwisorten sind zweihäusige Pflanzen. Man muss also mindestens eine männliche und eine weibliche Kiwi anpflanzen, wenn man Früchte ernten will.

Pflanzen und Tiere im Wechsel der Jahreszeiten

4 Erst ab Mitte Juli haben alle blühenden Pflanzen Samen gebildet und verbreitet. Mäht man die Wiese zu früh, können sich diese Pflanzen auf der Wiese nicht vermehren.

11 Der Eichelhäher legt Vorräte von Eicheln an verschiedenen Stellen des Waldbodens an. Nicht immer findet er diese Verstecke wieder. Die liegen gebliebenen Eicheln keimen im nächsten Jahr aus. So hilft der Eichelhäher auch bei der Samenverbreitung.

Rund um den Fisch

9 **Lungenatmung:** Der Sauerstoff, der ins Blut aufgenommen wird, stammt aus der Luft. Durch die Nase oder den Mund gelangt die Atemluft durch die Luftröhre und die Bronchien bis zu den Lungenbläschen in den beiden Lungenflügeln. Die Lungenbläschen sind von einem Netz winzig kleiner Blutgefäße (Kapillaren) umgeben. Der eingeatmete Sauerstoff dringt durch die dünnen Wände der Lungenbläschen und der Kapillaren und gelangt so ins Blut. Hier wird er von den roten Blutzellen aufgenommen und zu allen Körperzellen transportiert.
Gleichzeitig gelangt Kohlenstoffdioxid aus den Kapillaren in die Lungenbläschen und wird von dort über die Atemwege nach außen abgegeben.
Die Ausatemluft strömt also in der umgekehrten Richtung (Bronchien – Luftröhre – Mund bzw. Nase) ins Freie.

Kiemenatmung: Hierbei wird der Sauerstoff aus dem Wasser aufgenommen. Das Wasser wird in die Mundhöhle eingesaugt und von dort in die Kiemenhöhle gedrückt, wo die Kiemenbögen mit den stark durchbluteten Kiemenblättchen liegen. Am hinteren Ende der Kiemenhöhle tritt das Wasser wieder aus. Es strömt somit immer nur in eine Richtung. Während das Wasser an den vielen Kiemenblättchen vorbeifließt, dringt der Sauerstoff aus dem Wasser durch die Wand der Kiemenblättchen in die darin liegenden Blutgefäße ein. Die roten Blutzellen nehmen den Sauerstoff auf und transportieren ihn zu den Körperzellen.

Bei der Lungenatmung und bei der Kiemenatmung sind Atembewegungen wichtig. Bei Säugetieren hebt bzw. senkt sich der Brustkorb, Fische öffnen und schließen den Mund, sie saugen dabei Wasser ein und pressen es in die Kiemenhöhle.

Lurche bewohnen zwei Lebensräume

1 Mückenlarven entwickeln sich im Wasser und werden dort von vielen Tieren wie Fischen und Fröschen gefressen.

2 Kaulquappen ernähren sich vorwiegend von Algen, die sie von Wasserpflanzen, von Steinen und vom Boden abschaben. Frösche ernähren sich dagegen von allen Kleintieren, die sie bewältigen können, z. B. von Würmern, Insekten und Insektenlarven.

3 Die Haut muss ständig feucht sein. Dies wird durch eine Schleimschicht gewährleistet, die durch Schleimdrüsen ständig erneuert wird.

Vielfalt der Reptilien

1 Der Körper der Saurier war mit Schuppen bedeckt oder war gepanzert. Die Körpertemperatur war vermutlich wechselwarm. Saurier atmeten durch Lungen. Die Jungen schlüpften aus Eiern. Es gab keine Larvenentwicklung wie bei den Lurchen.

3 In tropischen Ländern ist das Klima das ganze Jahr über erheblich wärmer als bei uns. Deshalb ist der wechselwarme Körper der Reptilien ständig auf „Betriebstemperatur“. Anpassungen an eine Überwinterung sind nicht erforderlich.

Vögel – Beherrscher der Luft

1
- Stromlinienform
- Federn
- luftgefüllte Röhrenknochen (Leichtbauweise)
- Flugmuskulatur
- stabiler, starrer Skelettbau
- Armskelett zu Flügeln umgebaut

3 Durch das Füttern werden sehr viele weitere Enten angelockt. Hierdurch wird das Gewässer mit Kot übermäßig verunreinigt. Die Futterreste locken außerdem Ratten an.

Säugetiere – zu Wasser, zu Lande und in der Luft

3 Folgende Unterschiede sollten genannt werden:

Feldhase	Wildkaninchen
Lauftier; lebt im freien Feld	Grabtier; lebt in Erdbauen
Ohren länger als der Kopf	Ohren kürzer als der Kopf
Einzelgänger	Lebt in Kolonien
Ca. 50–60 cm lang	Ca. 30–40 cm lang
Gewicht 5–6 kg	Gewicht 2–2,5 kg

Pflanzen und Tiere im Schulumfeld

1 Die Pflanze müsste harte Blätter und Stängel haben, die nur schwer zu zerreißen sind. Die Blätter sollten flach auf dem Boden ausgebreitet sein und möglichst eine Rosette bilden. Es dürfte der Pflanze nichts ausmachen, wenn gelegentlich auf ihr herumgetreten wird. Die Wurzeln müssten sehr tief in den Boden reichen, um bei längerer Trockenheit noch an Wasser zu gelangen.

3 Die alten Nester besitzen oft durch die Benutzung und Witterungseinflüsse nicht mehr ihre alte Form und Stabilität. Häufig haben sich auch zahlreiche kleine Insekten (Parasiten) eingefunden, die den Vogeljungen gefährlich werden könnten.

Der Wald – ein Lebensraum für Pflanze, Tier und Mensch

1 Rehe und Hirsche richten bei großer Wilddichte im Wirtschaftswald durch Verbiss und Schälen der Bäume Schäden an. Dadurch wird die natürliche Verjüngung des Waldes verhindert.

Y

Z

Fotos: U1 Getty Images (Stone/Tim Flach) – **U4.1** Getty Images (Stone/Laurence Dutton) – **U4.2** Getty Images (Stone/Kristian Hilsen) – **U4.3** Getty Images (PhotoDisc) – Getty Images (Stone/ Sarto-Lund) – **U4.5** Getty Images (Stone/Ellen Martorelli) – **3.1** MEV, Augsburg – **3.2** Okapia (Manfred Uselmann), Frankfurt – **4.1** Mauritius, Mittenwald – **4.2** Corbis (Gerhard Steiner), Düsseldorf – **4.3** Mauritius (Enzinger), Mittenwald – **5.1** Ernst Klett Verlag (Thomas Raubenheimer), Stuttgart – **5.2** Okapia (Colin Milkins), Frankfurt – **6.1** Wildlife (D. J. Cox), Hamburg – **6.2** Reinhard-Tierfoto, Heiligkreuzsteinach – **6.3** Getty Images Stone (Frans Lanting), München – **7.1** Tilman Wischuf, Tamm – **7.2** Angermayer (H. Reinhard), Holzkirchen – **7.3** Ernst Klett Verlag (Ulrike Fehrmann), Stuttgart – **10.1** Mauritius (Canstock), Mittenwald – **10.2** Astrofoto, Sörth – **10.3, 4** Tilman Wischuf, Tamm – **10.5** Juniors Bildarchiv (M. Danegger), Ruhpolding – **10.6** Reinhard-Tierfoto, Heiligkreuzsteinach – **10.7** Juniors Bildarchiv (E. Thielscher), Ruhpolding – **10.8** Mauri tius (Kerscher), Mittenwald – **10.9** Okapia (J.-K. Klein & M.-L. Hubert), Frankfurt – **12.1** Angermayer (Hans Reinhard), Holzkirchen – **12.2** Reinhard-Tierfoto, Heiligkreuzsteinach – **12.3** Wolfgang Elias, Zierenberg – **12.4** Bruce Coleman Collection (Hans Reinhard), Middlesex – **13.5** Wildlife (Diez), Hamburg – **13.6** Ulrich Niehoff, Bienenbüttel – **13.8** Cinetext, Frankfurt – **14.3** Okapia (Cyril Ruoso), Frankfurt – **14.4** Silvestris (Siegfried Kerscher), Kastl – **14.2 A, B** Gert Haala, Wesel – **15.6** Tilman Wischuf, Tamm – **16.1** Deutsches Museum, München – **16.3** FOCUS (eye of science), Hamburg – **16.1A** Manfred P. Kage / Christina Kage, Lauterstein – **16.3A** Okapia (Jeffrey Telner), Frankfurt – **18.1** Okapia (Frank Nikolaus), Frankfurt – **18.2** Nature + Science (Kooiman), Vaduz – **19.4, 5** Reinhard-Tierfoto, Heiligkreuzsteinach – **20.2** Nature + Science (Aribert Jung), Vaduz – **21.3** Manfred P. Kage / Christina Kage, Lauterstein – **21.4** Okapia, Frankfurt – **22.1** Wolfgang Elias, Zierenberg – **22.2** Juniors Bildarchiv (M. Wegler), Ruhpolding – **23.1** Ulrich Niehoff, Bienenbüttel – **24.1** Juniors Bildarchiv (M. Wegler), Ruhpolding – **24.2, 3** Reinhard-Tierfoto, Heiligkreuzsteinach – **24.4** Ulrich Niehoff, Bienenbüttel – **25.1** Tilman Wischuf, Tamm – **26.1** Silvestris (K.-H. Jacobi), Kastl – **26.2** Mauritius (Pöhlmann), Mittenwald – **26.3** Okapia (Fritz Pölking), Frankfurt – **26.4** Okapia, Frankfurt – **26.5** Okapia (Cyril Ruoso), Frankfurt – **26.6** Reinhard-Tierfoto, Heiligkreuzsteinach – **26.7** Bruce Coleman Collection (Hans Reinhard), Middlesex – **26.8** Wildlife (Diez), Hamburg – **27.9 A** Euromex microscopes BV, Arnhem – **27.9B** Nature + Science (Aribert Jung), Vaduz – **27.9 C** Okapia (E. Reschke, P. Arnold), Frankfurt – **28.1** Reinhard-Tierfoto, Heiligkreuzsteinach – **28.2** Okapia (Manfred Uselmann), Frankfurt – **29.3** Reinhard-Tierfoto, Heiligkreuzsteinach – **29.4** FOCUS (S. Julienne, Cosmos), Hamburg – **29.5** Tilman Wischuf, Tamm – **30.1** IFA (R. Maier), Düsseldorf – **31.5** IFA, Düsseldorf – **31.4 A** Okapia (J. J. Etienne, BIOS), Frankfurt – **31.4 B** Okapia (Lond. Sc. Films, OSF), Frankfurt – **32.1** Angermayer (Hans Reinhard), Holzkirchen – **32.2** Reinhard-Tierfoto (Hans Reinhard), Heiligkreuzsteinach – **33.1** Klaus Paysan, Stuttgart – **33.2** BPK (Margarete Büsing), Berlin – **33.3** Tilman Wischuf, Tamm – **33.4** Angermayer (Günter Ziesler), Holzkirchen – **33.5** Reinhard-Tierfoto, Heiligkreuzsteinach – **33.6** Tilman Wischuf, Tamm – **33.7** Okapia (Norbert Rosing), Frankfurt – **34.1** Tilman Wischuf, Tamm – **35.1** Mauritius (Mitterer), Mittenwald – **35.2** plus 49 (Gebhard Krewitt), Hamburg – **35.3** action press gmbh & co. kg (Axel Kirchhof), Hamburg – **35.4** Wildlife (Nagel), Hamburg – **35.5** Reinhard-Tierfoto, Heiligkreuzsteinach – **35.6** Angermayer (Hans Reinhard), Holzkirchen – **36.1** plus 49 (Kai Sawabe), Hamburg – **37.3** Tilman Wischuf, Tamm – **38.1** IFA, Düsseldorf – **38.2** Reinhard-Tierfoto, Heiligkreuzsteinach – **39.1** Silvestris (Lothar Lenz), Kastl – **39.2, 3, 5** Reinhard-Tierfoto, Heiligkreuzsteinach – **39.4** IFA (Wolfgang Schmidt), Düsseldorf – **39.6** plus 49 (Gebhard Krewitt), Hamburg – **39.7** DPA, Hamburg – **40.1** Reinhard-Tierfoto (Hans Reinhard), Heiligkreuzsteinach – **40.2** Angermayer, Holzkirchen – **40.3** FOCUS (S. Julienne, Cosmos), Hamburg – **42.2** Silvestris (Martin Wendler), Kastl – **42.3** Silvestris (Jürgen Lindenburger), Kastl – **43.4** Okapia (Oswald Eckstein), Frankfurt – **43.5** Angermayer (Hans Reinhard), Holzkirchen – **43.6** Silvestris (Martin Wendler), Kastl – **43.7** Okapia, Frankfurt – **44.1** Helga Lade (Thalau), Frankfurt – **44.2** Silvestris (Sunset), Kastl – **44.3** plus 49 (Sven Döring), Hamburg – **45.1** Reinhard-Tierfoto, Heiligkreuzsteinach – **46.1** Angermayer, Holzkirchen – **46.2** Bilderberg (Hans Madej), Hamburg – **46.3** IFA (E. Pott), Düsseldorf – **47.1** Harald Lange – **47.2, 3** AKG, Berlin – **47.4** Picture Press (Corbis/Zen Icknow), Hamburg – **48.2– 4** Reinhard-Tierfoto, Heiligkreuzsteinach – **49.5** Angermayer (Hans Pfletschinger), Holzkirchen – **49.6** Reinhard-Tierfoto, Heiligkreuzsteinach – **51.6 A** Okapia (Nature Agence), Frankfurt – **51.6 B** Okapia (Nature Agence), Frankfurt – **51.6 C** Okapia (Nature Agence), Frankfurt – **51.6 D** Okapia (Lanceau Nature), Frankfurt – **52.1, 3** Okapia (Hans Reinhard) – **52.4** Okapia (David Thompson), Frankfurt – **53.1, 3** Okapia (Christian Grzimek), Frankfurt – **53.4** Okapia (Hans Reinhard), Frankfurt – **54.2** Reinhard-Tierfoto (Hans Reinhard), Heiligkreuzsteinach – **55.3 A, B** Reinhard-Tierfoto, Heiligkreuzsteinach – **55.3 C** Okapia (H. Reinhard), Frankfurt – **55.3 D** Bilderberg (Milan Horacek), Hamburg – **55.4 A** Angermayer (Hans Reinhard), Holzkirchen – **55.4 B, D, E, F** Reinhard-Tierfoto, Heiligkreuzsteinach – **55.4 C** MEV, Augsburg – **56.1** action press gmbh & co. kg, Hamburg – **56.2** Corbis (Mark A. Johnson), Düsseldorf – **57.3** Mauritius, Mittenwald – **57.4** Action Press, Hamburg – **57.5** Mauritius (Pöhlmann), Mittenwald – **59.1** Reinhard-Tierfoto, Heiligkreuzsteinach – **59.3, 4** Dr. Bernd Thomas, Bergatreute – **61.3** JMS-Edition, Gandria – **65.3** Corbis (Steve Prezant), Düsseldorf – **67.1** ddp Nachrichtenagentur GmbH, München – **68.2, 3** Okapia (Manfred Kage), Frankfurt – **70.1A** Corbis (Mugshots), Düsseldorf – **70.1B** Getty Images Stone, München – **70.1C** Mauritius (Enzinger), Mittenwald – **71.2** Ernst Klett Verlag, Stuttgart – **73.3** Deutsches Rotes Kreuz, Berlin – **73.5** Johannes Lieder, Ludwigsburg – **73.4 A** Okapia (NAS, Bill Longcore), Frankfurt – **75.1** Das Fotoarchiv (Rupert Oberhäuser), Essen – **75.2** Gert Haala, Wesel – **75.3** action press gmbh & co. kg (allsport photographic plc), Hamburg – **78.1, 2** Stock Food (Pete A. Eising), München – **78.3** Stock Food (S. & P. Eising), München – **79.4** laif (Eisermann), Köln – **79.5** Das Fotoarchiv (Yavuz Arslan), Essen – **79.6** Klett-Archiv, Stuttgart – **79.7** Corbis (Gerhard Steiner), Düsseldorf – **80.3** Stock Food (Studio R. Schmitz), München – **80.1A** Superbild (Zscharnack), Unterhaching / München – **80.1B** Tilman Wischuf, Tamm – **80.1C** Stock Food (S. & P. Eising), München – **81.1A** Corbis (Neal Preston), Düsseldorf – **81.1B** Helga Lade, Frankfurt – **82.1** Ulrich Niehoff, Bienenbüttel – **84.1** Stock Food (Uwe Bender), München – **87.5** Mauritius, Mittenwald – **88.2** Mauritius (Pigneter), Mittenwald – **88.3** Okapia (Herbert Schwind), Frankfurt – **88.1A** Bonnierfoerlagen (Lennart Nilsson), Stockholm – **89.1** Getty Images Stone (David Young Wolff), München – **89.2 A** MEV, Augsburg – **89.2 B, C** Stock Food (Maximilian Stock), München – **89.2 D** Stock Food (Eising), München – **90.1** Tilman Wischuf, Tamm – **91.5 A** Ernst Klett Verlag, Stuttgart – **91.5 B** Gert Elsner, Stuttgart – **91.5 C** Stock Food (Walter Pfisterer), München – **91.5 D** Ernst Klett Verlag (Silberzahn), Stuttgart – **92.1** Mauritius (B. Lehner), Mittenwald – **92.2** Superbild (F. Bouillot), Unterhaching – **92.3** Okapia, Frankfurt – **92.RD** Ernst Klett Verlag (Silberzahn), Stuttgart – **93.4** Stock Food (S. & P. Eising), München – **93.5** Stock Food (A. Zabert), München – **94.1** Mauritius (Enzinger), Mittenwald – **95.2** Reinhard-Tierfoto, Heiligkreuzsteinach – **95.3** Greiner&Meyer (Meyer), Braunschweig – **95.4** Reinhard-Tierfoto, Heiligkreuzsteinach – **96.1** Manfred Pforr, Langenpreising – **97.1** Tilman Wischuf, Tamm – **97.2** Silvestris (Kuch), Kastl – **97.3** Silvestris (Kerscher), Kastl – **98.1** Reinhard-Tierfoto, Heiligkreuzsteinach – **98.2** Okapia (R. Müller-Rees), Frankfurt – **98.3** Reinhard-Tierfoto, Heiligkreuzsteinach – **98.4** ARDEA London Limited (John Daniels), London – **98.5** Okapia (R. Jackmann), Frankfurt – **98.6** Okapia (T. McHugh), Frankfurt – **99.7** Bruce Coleman Collection (Hans Reinhard), Middlesex – **99.8** Okapia (Stefan Meyers), Frankfurt – **99.9** Reinhard-Tierfoto, Heiligkreuzsteinach – **99.10** Okapia (St. Maslowski), Frankfurt – **99.11** Okapia (Manfred Danegger), Frankfurt – **99.12** Reinhard-Tierfoto, Heiligkreuzsteinach – **100.1** Reinhard-Tierfoto, Heiligkreuzsteinach – **100.2** Okapia (Norbert Fischer), Frankfurt – **101.1** Angermayer, Holzkirchen – **101.2** Reinhard-Tierfoto, Heiligkreuzsteinach – **101.B1, B3, B4** Reinhard-Tierfoto, Heiligkreuzsteinach – **101.B1A** Okapia (Josef Ege), Frankfurt – **101.B2** Okapia (Hans Reinhard), Frankfurt – **101.B4 A** Okapia (Hans Reinhard), Frankfurt – **102.1** Helmut Schmalfuss, Stuttgart – **102.2** Silvestris (R. Wilmshurst), Kastl – **102.3** Okapia (Martin Wendler), Frankfurt – **102.4** Okapia (P. Laub), Frankfurt – **103.1** Okapia (Manfred Danegger), Frankfurt – **103.2** Getty Images (Neil McIntre), München – **103.4** Okapia (Hans Dieter Brandl), Frankfurt – **106.1** Silvestris (Brockhaus), Kastl – **106.2** Okapia (Nils Reinhard),

Frankfurt – **106.3** Okapia (Berthold Singler), Frankfurt – **107.1** Reinhard-Tierfoto, Heiligkreuzsteinach – **108.1, 2, 7– 9** Reinhard-Tierfoto, Heiligkreuzsteinach – **108.3** Angermayer (Hans Pfletschinger), Holzkirchen – **108.4** Silvestris (Jürgen Lindenburger), Kastl – **108.5** Tilman Wischuf, Tamm – **108.6** Manfred Pforr, Langenpreising – **110.1** Greiner&Meyer (Meyer), Braunschweig – **110.2, 3** Tilman Wischuf, Tamm – **110.4** Ernst Klett Verlag (Thomas Raubenheimer), Stuttgart – **111.1 ,1A** Tilman Wischuf, Tamm – **112.1, 1A** Tilman Wischuf, Tamm – **112.2** Okapia (Jeff Foott), Frankfurt – **112.3** Prof. Dr. Horst Müller, Dortmund – **113.1** Okapia (Claudia Schäfer), Frankfurt – **113.2** Silvestris (Usher), Kastl – **113.3** Silvestris (Giel), Kastl – **113.4** Silvestris (Helmut Partsch), Kastl – **113.5** Reinhard-Tierfoto, Heiligkreuzsteinach – **113.6** Greiner&Meyer (Greiner), Braunschweig – **114.1** Angermayer, Holzkirchen – **114.2** Silvestris (Frithjof Skibbe), Kastl – **114.3** Silvestris, Kastl – **115.1** Angermayer (Hans Pfletschinger), Holzkirchen – **115.2** Silvestris (De Cuveland), Kastl – **115.3** Silvestris (Daniel Bühler), Kastl – **115.4** Silvestris (Andreas Sprank), Kastl – **116.1** Okapia (Norbert Pelka), Frankfurt – **117.1** Tilman Wischuf, Tamm – **118.1** Okapia (Norbert Fischer), Frankfurt – **119.4** Prof. Dr. Horst Müller, Dortmund – **120.1** Nature Picture Library (Neil Lucas), Bristol – **120.2** Burkhard Schäfer, Friedeburg – **120.3, 4** Reinhard-Tierfoto, Heiligkreuzsteinach – **120.5** ZEFA (Haenel), Düsseldorf – **121.1** Silvestris (Erich Thielscher), Kastl – **122.1** Okapia (Manfred Danegger), Frankfurt – **122.3** Wildlife (A. Visage), Hamburg – **122.4** Angermayer, Holzkirchen – **123.6** Okapia (Manfred Danegger), Frankfurt – **123.7** Manfred Pforr, Langenpreising – **123.8** Angermayer (Hans Pfletschinger), Holzkirchen – **123. B1** Reinhard-Tierfoto, Heiligkreuzsteinach – **123.B2** Okapia (Manfred Danegger), Frankfurt – **123.B3** Silvestris (Wothe), Kastl – **124.3** Alfred Limbrunner, Dachau – **125.1** Tilman Wischuf, Tamm – **125.2** Okapia (M. Pforr), Frankfurt – **125.3** Getty Images (John Heap), München – **125.4** Reinhard-Tierfoto, Heiligkreuzsteinach – **126.1** Reinhard-Tierfoto, Heiligkreuzsteinach – **126.2** Silvestris (Roger Wilmshurst), Kastl – **127.6** Silvestris (Konrad Wothe), Kastl – **127.7** Ernst Klett Verlag, Stuttgart – **127.B1** Okapia (Dr. Eckart Pott), Frankfurt – **129.2** Getty Images (Nancy R. Cohen), München – **129.5** Wildlife (C. Gomersall), Hamburg – **129.6** Silvestris (Uwe Walz), Kastl – **129.10** ZEFA, Düsseldorf – **129.11** Okapia (Hans Reinhard), Frankfurt – **129.12** Silvestris (Gerhard Pieschel), Kastl – **130.1** Silvestris (Usher), Kastl – **130.2** Okapia (Norbert Pelka), Frankfurt – **130.3** Silvestris (Heppner), Kastl – **130.4** Silvestris (Jürgen Pfeiffer), Kastl – **131.1** Tilman Wischuf, Tamm – **132.1** Thomas Wildemann, Bad Herrenalb – **132.2** Okapia (Herbert Kehrer), Frankfurt – **132.3** Okapia (Colin Milkins), Frankfurt – **133.4** Okapia (Hans Reinhard), Frankfurt – **133.5** Stock Food (Gerhard Bumann), München – **133.6** Stock Food (Maximilian Stock), München – **133.7** Tilman Wischuf, Tamm – **133.8** Okapia (Rolf E. Kunz), Frankfurt – **134.2** Tilman Wischuf, Tamm – **135.1** Reinhard-Tierfoto, Heiligkreuzsteinach – **135.2** Okapia (Martin Wendler), Frankfurt – **135.3** Naturfotografie Frank Hecker (Frieder Sauer), Panten-Hammer – **135.4** Okapia (Muriel Nicolotti), Frankfurt – **138.1, 1A** Tilman Wischuf, Tamm – **138.1B** Okapia (Ernst Schacke), Frankfurt – **139.1** Tilman Wischuf, Tamm – **139.2** Okapia (Karl-Heinz Hänel), Frankfurt – **139.3** Okapia (Gerhard Stief), Frankfurt – **140.1-4** Reinhard-Tierfoto, Heiligkreuzsteinach – **140.5** Greiner&Meyer (Meyer), Braunschweig – **141.1** AKG, Berlin – **141.4** Okapia (Ulrich Schiller), Frankfurt – **142.1** Silvestris (Harald Lange), Kastl – **143.3** Silvestris, Kastl – **143.4** Greiner&Meyer (Meyer), Braunschweig – **143.W2** Okapia (Ernst Schacke), Frankfurt – **144.1** Nature + Science, Vaduz – **144.2** Silvestris (Bruckner), Kastl – **145.3** Silvestris, Kastl – **145.4** Reinhard-Tierfoto, Heiligkreuzsteinach – **145.7** Okapia (Kjell-Arne Larsson), Frankfurt – **145.7A** Okapia (Ca. Biological/Phototake), Frankfurt – **146.1** Tilman Wischuf, Tamm – **146.2** Reinhard-Tierfoto, Heiligkreuzsteinach – **147.1** Okapia (M. & I. Morcombe), Frankfurt – **147.2** Silvestris (Wothe), Kastl – **147.3** Werner Zepf, Bregenz – **147.4** Dr. Eckart Pott, Stuttgart – **147.5, 6** Tilman Wischuf, Tamm – **148.1** Okapia (Hans Reinhard), Frankfurt – **148.2** Silvestris (Simon Rausch), Kastl – **149.3** Silvestris (Josef Kuchelbauer), Kastl – **152.1, 3** Tilman Wischuf, Tamm – **152.2** Silvestris (Daniel Bühler), Kastl – **152.4** Silvestris (Simon Rausch), Kastl – **152.5** Okapia (Richard Shiell), Frankfurt – **153.1, 2** Reinhard-Tierfoto, Heiligkreuzsteinach – **153.3** Okapia (W. Wisniewski), Frankfurt – **155.1** Reinhard-Tierfoto, Heiligkreuzsteinach – **155.2** Okapia (Nils Reinhard), Frankfurt – **155.3** Okapia (Manfred Metzger), Frankfurt – **155.4** Okapia (Gerhard Böttger), Frankfurt – **155.5, 1A** Silvestris, Kastl – **156.1** Okapia (Dr. Peter Wernicke), Frankfurt – **156.1A** Reinhard-Tierfoto, Heiligkreuzsteinach – **156.1B** Tilman Wischuf, Tamm – **156.1C** Okapia (Frank Krahmer), Frankfurt – **158.1** Okapia (G. Büttner), Frankfurt – **158.2** Reinhard-Tierfoto, Heiligkreuzsteinach – **159.2** Corbis (Lindsay Hebberd), Düsseldorf – **159.3** Okapia (Eberhard Morell), Frankfurt – **159.4** Okapia (Hans Reinhard), Frankfurt – **159.5** Reinhard-Tierfoto, Heiligkreuzsteinach – **160.1-3** Tilman Wischuf, Tamm – **160.4** Prof. Dr. Horst Müller, Dortmund – **161.1** Walter Haas, Stuttgart – **161.2** Tilman Wischuf, Tamm – **161.B2** Okapia (E. Pott), Frankfurt – **161.B3** Okapia (Hans Reinhard), Frankfurt – **162.1, 2** Tilman Wischuf, Tamm – **162.3** MEV, Augsburg – **163.4, 6** Tilman Wischuf, Tamm – **163.5** Reinhard-Tierfoto, Heiligkreuzsteinach – **165.4** Tilman Wischuf, Tamm – **165.5** Okapia (Hans Reinhard), Frankfurt – **165.6** Okapia (Manfred Ruckszio), Frankfurt – **166.1** Reinhard-Tierfoto, Heiligkreuzsteinach – **167.2** Wildlife (D. J. Cox), Hamburg – **167.3** Silvestris (Dietmar Nill), Kastl – **167.4** Silvestris (Stefan Meyers), Kastl – **167.5** Silvestris (Wolfgang Willner), Kastl – **167.6** Okapia (François Gohier), Frankfurt – **168.1** Reinhard-Tierfoto, Heiligkreuzsteinach – **168.2** Okapia (Klein & Hubert), Frankfurt – **168.3** Silvestris (Stefan Meyers), Kastl – **169.5** Okapia (L. Martinez), Frankfurt – **170.1** Okapia (Oliver Giel), Frankfurt – **170.3** Reinhard-Tierfoto, Heiligkreuzsteinach – **171.4** Manfred Pforr, Langenpreising – **172.1** Dr. Eckart Pott, Stuttgart – **172.3** Picture Press (M. Danegger), Hamburg – **173.4** Wildlife (R. Usher), Hamburg – **173.6** Wildlife (Diez), Hamburg – **174.1, 2** Reinhard-Tierfoto, Heiligkreuzsteinach – **175.2** Silvestris (Wolfgang Willner), Kastl – **176.2** Okapia (Stephen Dalton), Frankfurt – **177.5** Okapia (Jany Sauvanet), Frankfurt – **177.6** Angermayer (Hans Pfletschinger), Holzkirchen – **178.3, 4** Okapia (François Gohier), Frankfurt – **179.1** Mauritius (Phototeque SDP), Mittenwald – **180.1, 2** Reinhard-Tierfoto, Heiligkreuzsteinach – **180.3** Okapia (NAS/T. McHugh), Frankfurt – **181.5** Silvestris (J. & C. Sohns), Kastl – **181.6** Corbis (Steve Kaufmann), Düsseldorf – **181.7** Silvestris (Lacz), Kastl – **182.2** Reinhard-Tierfoto, Heiligkreuzsteinach – **182.3** Wildlife (D. J. Cox), Hamburg – **182.4** Angermayer (Fritz Pölking), Holzkirchen – **183.5** Reinhard-Tierfoto, Heiligkreuzsteinach – **183.6** ARDEA London Limited (Andrey Zvoznikov), London – **183.7** Silvestris (Wothe), Kastl – **184.1** Okapia (Dominique Halleux, Bios), Frankfurt – **184.2** Okapia (François Gohier), Frankfurt – **184.3** Okapia (Milos Andera), Frankfurt – **184.4** Reinhard-Tierfoto, Heiligkreuzsteinach – **184.5** Manfred Danegger, Owingen – **184.6** Okapia (Stephen Dalton), Frankfurt – **184.7** Dr. Eckart Pott, Stuttgart – **184.8** Wildlife (R. Usher), Hamburg – **184.9** Silvestris (Wolfgang Willner), Kastl – **185.10** Okapia (François Gohier), Frankfurt – **186.1** Stock Food (Gaby Bohle), München – **186.2** Tom Stack & Assoc. Inc. (Mike Severns/ www.tomstackphoto.com.), Key Largo FL 33037 – **186.3** IFA, Düsseldorf – **186.4** Reinhard-Tierfoto, Heiligkreuzsteinach – **188.1** Reinhard-Tierfoto, Heiligkreuzsteinach – **190.1-3** Reinhard-Tierfoto, Heiligkreuzsteinach – **190.4** Okapia (Christen), Berlin – **190.5** Okapia (OSF), Frankfurt – **190.6** Silvestris (Heppner), Kastl – **191.2** Okapia (Peter Parks), Frankfurt – **191.3** Okapia (Stuart Westmorland), Frankfurt – **191.4** Mauritius (Frei), Mittenwald – **194.1–3** Tilman Wischuf, Tamm – **194.4** Dr. Eckart Pott, Stuttgart – **195.1–4** Reinhard-Tierfoto, Heiligkreuzsteinach – **195.5** Okapia (Hans Reinhard), Frankfurt – **197.1** Wildlife (D. Burton), Hamburg – **197.2** Klaus Paysan, Stuttgart – **197.3** Okapia (NAS/A. Martinez), Frankfurt – **197.4** Okapia, Frankfurt – **197.5** Silvestris (Aitken Kelvin), Kastl – **197.6** Wildlife (F. Graner), Hamburg – **198.1** Okapia (Christen), Frankfurt – **198.2** Okapia (Jeff Foott), Frankfurt – **199.1** Natural History Phot. Agency (Bernard), Ardingly Sussex – **199.2** Picture Press (Corbis), Hamburg – **200.1** AKG, Berlin – **200.2** Okapia (Ingo Arndt), Frankfurt – **200.3** Getty Images Stone (Frans Lanting), München – **201.2** SAVE (F. Rauschenbach), München – **201.3** Angermayer (Hans Pfletschinger), Holzkirchen – **201.5** Angermayer (Hans Pfletschinger), Holzkirchen – **202.1, 2** Tilman Wischuf, Tamm – **202.7, 8** Angermayer (Hans Pfletschinger), Holzkirchen – **203.3, 5, 6** Angermayer (Hans Pfletschinger), Holzkirchen – **203.4** SAVE (M. Ochse), München – **204.1** Angermayer (Ernst Elfner), Holzkirchen – **204.2, 3** Tilman Wischuf, Tamm – **205.4** Tilman Wischuf, Tamm – **205.5, 6** Angermayer (Hans Pfletschinger), Holzkirchen – **205.7** Okapia (Andreas Hartl), Frankfurt – **206.1** Silvestris

(Martin Wendler), Kastl – **206.2, 3** Tilman Wischuf, Tamm – **207.4** Okapia (Herbert Schwind), Frankfurt – **208.1** Angermayer (Günter Ziesler), Holzkirchen – **208.2, 4** Tilman Wischuf, Tamm – **208.3** Reinhard-Tierfoto, Heiligkreuzsteinach – **208.5** Okapia (Ingo Arndt), Frankfurt – **208.6** Reinhard-Tierfoto, Heiligkreuzsteinach – **209.1** Angermayer (Pfletschinger), Holzkirchen – **210.1, 2** Tilman Wischuf, Tamm – **210.3** Okapia (Michel Gunther), Berlin – **211.1, 2** Tilman Wischuf, Tamm – **211.3** Angermayer (Hans Pfletschinger), Holzkirchen – **212.1** Angermayer (Pfletschinger), Holzkirchen – **213.1** Tilman Wischuf, Tamm – **213.2** Staatliches Museum für Naturkunde (Dr. Axel Kwet), Stuttgart – **213.3** Tilman Wischuf, Tamm – **214.1** Tilman Wischuf, Tamm – **214.2** Okapia (Michel Gunther), Berlin – **214.3** Natural History Phot. Agency (Anthony Bannister), Ardingly Sussex – **214.4** Silvestris, Kastl – **214.5** Wildlife (B. Stein), Hamburg – **214.6** Okapia (Werner Layer), Frankfurt – **215.2** Manfred Bergau, Bohmte – **216.3** Staatliches Museum für Naturkunde (Rotraud Harling), Stuttgart – **218.1** Staatliches Museum für Naturkunde, Stuttgart – **219.1** Staatliches Museum für Naturkunde (Dr. Axel Kwet), Stuttgart – **219.2** Angermayer (Hans Pfletschinger), Holzkirchen – **219.3** Natural History Phot. Agency (Daniel Heuclin), Ardingly Sussex – **219.4** Helga Lade (H. R. Bramaz), Frankfurt – **220.1** IFA (Nägele), Ottobrunn – **220.2** Mauritius (H. Schmied), Stuttgart – **221.5** Wildlife (C. Gomersall), Hamburg – **224.1** Okapia (Stefan Meyers), Frankfurt – **224.2** Wildlife (Delpho), Hamburg – **224.3** Okapia (Robert Maier), Frankfurt – **225.1** Silvestris, Kastl – **225.2** Bonnierförlaget (Lennart Nilsson), Stockholm – **226.1** Reinhard-Tierfoto, Heiligkreuzsteinach – **227.4** Manfred Danegger, Owingen – **227.5** Okapia (E. Pott), Frankfurt – **227.5A, 6** Reinhard-Tierfoto, Heiligkreuzsteinach – **229.1** Wildlife (Delpho), Hamburg – **229.2** Wildlife (J. Mallwitz/Panda), Hamburg – **229.3** Tilman Wischuf, Tamm – **229.4** Okapia (Eric A. Soder), Frankfurt – **229.5** Tilman Wischuf, Tamm – **229.6** Dr. Eckart Pott, Stuttgart – **230.1** Silvestris (F. Pölking), Kastl – **230.2** Wildlife (H. Thoms), Hamburg – **230.3** Silvestris (Raimund Cramm), Kastl – **230.4** Okapia (Manfred Danegger), Frankfurt – **231.1** Silvestris (Frank Hecker), Kastl – **231.2** Okapia (BIOS/F. Cahez), Frankfurt – **231.3** IFA (R. Maier), Ottobrunn – **231.4** Okapia (Gerhard Schulz), Frankfurt – **231.5** Okapia (OSF/G. I. Bernard), Frankfurt – **231.6** Okapia (Naturbild/ Laßwitz), Frankfurt – **232.3** Silvestris (Erich Kuch), Kastl – **233.1** Okapia (Manfred Danegger), Frankfurt – **233.2** Tilman Wischuf, Tamm – **233.3** Okapia (Hans Reinhard), Frankfurt – **233.4** Okapia (Manfred Danegger), Frankfurt – **234.1– 6** Paul Trötschel, Hesslingen – **235.8** Wildlife, Hamburg – **235.7 A** Wildlife (D. Usher), Hamburg – **235.7 B** Silvestris (Fischer), Kastl – **235.7 C** Silvestris (Roger Wilmshurst), Kastl – **235.7 D** Angermayer (DGPH/Rudolf Schmidt), Holzkirchen – **235.7 E** Wildlife (Wilmshurst), Hamburg – **235.7 F** Okapia (R. Müller-Rees), Frankfurt – **236.3, 6, 7** Tilman Wischuf, Tamm – **237.10** Silvestris (Fischer), Kastl – **237.11** IFA (Schösser), Ottobrunn – **237.14** Okapia (Horst Zanus), Frankfurt – **238.1** AKG – **238.2** bpk (Schreiber), Berlin – **238.3** gettyone stone, München – **238.4** IFA-Bilderteam (Fischer) – **239.1, 3** Detlev Franz, Mainz – **239.2** Okapia (Manfred Danegger), Frankfurt – **239.4** Okapia (Robert Maier), Frankfurt – **240.2** Okapia (Hans Reinhard), Frankfurt – **240.3** Reinhard-Tierfoto, Heiligkreuzsteinach – **240.4** Okapia (Naturbild/ Laßwitz), Frankfurt – **241.6 A, 6 B, 6E, 6F** Tilman Wischuf, Tamm – **241.6 C** Okapia (Nils Reinhard), Frankfurt – **241.6 D** Okapia (Ulrich J. Schönlein), Frankfurt – **242.1** Ernst Klett Verlag (Ulrike Fehrmann), Stuttgart – **242.2** Mauritius, Mittenwald – **242.3** Ernst Klett Verlag (Mara Vesely), Stuttgart – **243.4** Action Press (Kirchhof), Hamburg – **243.5** Action Press, Hamburg – **243.6** Bilderberg (Wolfgang Kunz), Hamburg – **243.7** ZEFA (S. Oskar), Düsseldorf – **244.3** Bilderberg (Nomi Baumgartl), Hamburg – **245.6** Ulrich Niehoff, Bienenbüttel – **245.7** Mauritius (SST), Mittenwald – **246.1** Peter Widmann, Tutzing – **247.4** Mosaik Verlag (Lennart Nilsson), München – **248.1** Helga Lade (BAV), Frankfurt – **249.4** Mosaik Verlag (Lennart Nilsson), München – **252.2** DPA, Hamburg – **252.3** Mauritius (age), Mittenwald – **252.4** Bilderberg (Wolfgang Kunz), Hamburg – **253.5** Ulrich Niehoff, Bienenbüttel – **253.Z1** AKG, Berlin – **254.1** Mosaik Verlag (L. Nilsson), München – **255.3** Okapia (A. Jorgensen / Petit Format), Frankfurt – **255.4** Mosaik Verlag (Lennart Nilsson), München – **256.2** Picture Press (Raith (Redaktionsbüro München)), München – **256.3** Bilderberg (Wolfgang Kunz), Hamburg – **257.1** Ernst Klett Verlag (Ulrike Fehrmann), Stuttgart – **257.2** Mauritius (age fotostock), Mittenwald – **258.1** Zartbitter e.V., Köln – **258.2** Mauritius (Mitterer), Mittenwald – **258.3** Mauritius (Lehn), Mittenwald – **258.4** Mauritius (Kumicak), Mittenwald – **259.3** IFA, Düsseldorf – **259.2 A** Getty Images Stone (Chris Windsor), München – **259.2 B** Picture Press (Frank P. Wartenberg), Hamburg – **260.1** Mauritius (Frauke), Mittenwald – **261.3** Mauritius (B. Koch), Mittenwald – **261.4 A,** B Matthias Müller, Böbingen an der Rems – **261.4 C,** D Ulrich Niehoff, Bienenbüttel.

Alle weiteren Fotos stammen von Werkstattfotografie Neumann und Zörlein, Stuttgart oder aus dem Archiv des Ernst Klett Verlags

Grafiken
Christiane von Solodkoff, Neckargemünd
S. 48, Abb. 3 – **S. 48**, Abb. 4 – **S. 49**, Abb. 5